Claudia Wirsing
Die Begründung des Realen

Quellen und Studien zur Philosophie

―

Herausgegeben von
Jens Halfwassen, Dominik Perler
und Michael Quante

Band 147

Claudia Wirsing

Die Begründung des Realen

—

Hegels „Logik" im Kontext der Realitätsdebatte um 1800

DE GRUYTER

ISBN 978-3-11-127024-1
e-ISBN (PDF) 978-3-11-073053-1
e-ISBN (EPUB) 978-3-11-073067-8
ISSN 0344-8142
DOI https://doi.org/10.1515/9783110730531

Dieses Werk ist lizenziert unter der Creative Commons Attribution-4.0 Lizenz.
Weitere Informationen finden Sie unter http://creativecommons.org/licenses/by/4.0/.

Library of Congress Control Number: 2021937614

Bibliografische Information der Deutschen Nationalbibliothek
Die Deutsche Nationalbibliothek verzeichnet diese Publikation in der Deutschen
Nationalbibliografie; detaillierte bibliografische Angaben sind im Internet über
http://dnb.dnb.de abrufbar.

© 2023 Claudia Wirsing, publiziert von Walter de Gruyter GmbH, Berlin/Boston
Dieser Band ist text- und seitenidentisch mit der 2021 erschienenen gebundenen
Ausgabe.
Druck und Bindung: CPI books GmbH, Leck

www.degruyter.com

Danksagung

Die vorliegende Arbeit wurde 2016 an der Friedrich-Schiller-Universität Jena als Dissertation angenommen. Das Manuskript ist für die Druckfassung überarbeitet und ergänzt worden.

Ich möchte mich bei all den Menschen bedanken, ohne deren Unterstützung dieses Buch nicht zustande gekommen wäre und die mir in den verschiedenen Phasen seiner Entstehung zur Seite gestanden haben.

Zuallererst möchte ich meinem Dissertationsbetreuer Klaus Vieweg herzlich danken, der meine hegelianischen Unternehmungen von Anfang an wohlwollend begleitet und dieses Projekt sorgfältig betreut hat. In all den Jahren hat er mich mit Rat und Tat unterstützt. Von den zahlreichen internationalen Forschungsprojekten und Tagungen, im Rahmen derer ich meine Überlegungen vorstellen durfte, hat diese Arbeit sehr profitiert. Für die vielen gemeinsamen Forschungsreisen, die langen Gespräche im Café „Immergrün" und den unübertrefflichen Straßenbahn-Humor danke ich ihm sehr. Anton Friedrich Koch gebührt mein Dank für die gründliche und aufmerksame Zweitkorrektur.

Danken möchte ich der Friedrich-Schiller-Universität Jena und dem Kolleg Friedrich Nietzsche der Klassik Stiftung Weimar, insbesondere dessen ehemaligem Leiter Rüdiger Schmidt-Grépály, für die großartige Möglichkeit in der „Villa Silberblick" drei Jahre lang leben und arbeiten zu dürfen. Die vom Kolleg Friedrich Nietzsche und der Fritz Thyssen Stiftung finanzierte Tagung „200 Jahre Wissenschaft der Logik", die ich 2012 gemeinsam mit Anton Friedrich Koch, Friedrike Schick und Klaus Vieweg als Forumstagung für die DGPhil in Weimar ausrichten durfte, hat zu meinem Verständnis der „Wissenschaft der Logik" enorm beigetragen. Mein Dank gilt den Teilnehmer:innen und Referent:innen der Tagung für die hilfreichen Diskussionen sowie den Fellows des Kollegs Friedrich Nietzsche für die vielen anregenden Gespräche, den intensiven Austausch und das freundschaftliche Zusammenleben im Nietzsche-Haus. Überhaupt bleibt mir das Kolleg Friedrich Nietzsche immer als ein Ort für „freie Geister" in Erinnerung, dessen intellektuelle Atmosphäre ich als ungemein produktiv und stimulierend empfunden habe.

In den vergangenen Jahren hatte ich Gelegenheit, meine philosophischen Ideen mit Freund:innen und Kolleg:innen zu diskutieren. Besonders erwähnen möchte ich Jan Urbich, dem ich mehr zu verdanken habe, als mir hier möglich ist zum Ausdruck zu bringen. Eine intensive Freundschaft und langjährige Kameradschaft haben diese Arbeit begleitet und vorangetrieben. Mit ihm habe ich wesentliche Manuskriptteile diskutiert. Für den Ansporn und die Zuwendung, die inspirierenden Gespräche auf Nietzsches Balkon, die vielen Lesegruppen in Jena,

Weimar und Leipzig und die gemeinsame Lektüre der hegelschen Logik, den Zuspruch und Glauben an dieses Projekt in einer Zeit, in der die Dinge nicht immer einfach lagen, möchte ich ihm danken. Insbesondere die Kapitel zum Schein sind aus der intensiven Lektüre mit ihm hervorgegangen.

Suzanne Dürr und Folko Zander aus Jena danke ich für die treue Freundschaft und für die vielen gemeinsamen Gespräche, Hinweise, Kommentare und konstruktive Kritik. Ich danke Suzanne dafür, dass sie diese Arbeit von Anfang bis Ende gelesen, mit mir diskutiert und mich in all den Jahren unterstützt hat. Suzannes gründliche Lektüre und Folkos wertvolle Kommentare haben dieses Buch vor vielen Fehlern bewahrt. Was ich in der gemeinsamen Lektüre seit meiner Studienzeit und den vielen Gesprächen von ihnen lernen durfte, reicht über den Inhalt der vorliegenden Arbeit weit hinaus.

Einen Großteil der Arbeit habe ich geschrieben während meiner Zeit als wissenschaftliche Mitarbeiterin am Seminar für Philosophie der Technischen Universität Braunschweig. Meinen Braunschweiger Kolleg:innen danke ich dafür, dieses Projekt mit Interesse und Dialogbereitschaft auch über die regelmäßigen Forschungskolloquien hinaus begleitet zu haben. Dazu gehören vor allem: Jan Büssers, Tobias Endres, Alexander Gunkel, Nicole Karafyllis, Stefan Lobenhofer, Fabian Ott, Claus-Artur Scheier, Hans-Christoph Schmidt am Busch, Domenico Schneider und Steffen Stolzenberger. Besonders danken möchte ich Hans-Christoph Schmidt am Busch für die wertvollen Ratschläge, sein Vertrauen in dieses Projekt und die großzügige Unterstützung dabei, diese Arbeit erfolgreich zum Abschluss zu bringen.

Viele Forschungsaufenthalte, diverse Forschungsprojekte und Institutionen haben mir, neben den bereits erwähnten, dabei geholfen, meine Arbeit voranzubringen: Von dem längeren Forschungsaufenthalt an der University of Cambridge, U.K., auf Einladung von Raymond Geuss hat die Arbeit sehr profitiert. Diverse Vorträge an der Akademie der Wissenschaften der Tschechischen Republik in Prag, der University of Chicago, der Katholischen Akademie Rabanus Maurus in Frankfurt am Main, der Monash University in Australien, der Universität Padua, der Universität La Sapienza in Rom, der Universität Taizhong in Taiwan, der University of Warwick, U.K., und der Waikato University in Hamilton, Neuseeland, haben mir ermöglicht, meine Ideen, Vorarbeiten und Ergebnisse zur Diskussion zu stellen. Diverse Publikationen und Vorstudien zu dieser Arbeit sind hervorgegangen aus dem vom Thüringer Ministerium für Bildung, Wissenschaft und Kultur geförderten ProExzellenz-Projekt „Bildung zur Freiheit: Zeitdiagnose und Theorie im Anschluss an Hegel" der FSU Jena unter der Leitung von Eberhard Eichenhofer und Klaus Vieweg.

Für fachliche Gespräche, hilfreiche Kommentare und Interesse an meiner Arbeit danke ich Stephen Houlgate, Günther Kruck, Robert B. Pippin, Friedrike

Schick, Weimin Shi und Wolfgang Welsch, deren feedback in entscheidenden Phasen richtungsweisend für diese Studie war und deren Arbeiten für mein philosophisches Verständnis von großer Bedeutung war.

Ich danke den Herausgebern der Reihe *Quellen und Studien zur Philosophie*, Jens Halfwassen, Dominik Perler und Michael Quante für die Begutachtung und Aufnahme des Bandes in die Reihe.

Für die sorgfältige und geduldige Betreuung durch den De Gruyter Verlag danke ich Marcus Böhm, Sarah Laneus und Mara Weber sehr herzlich. Lara Tunnat gebührt Dank für die gewissenhafte Korrektur des Manuskripts.

Christian Knoop von der Universitätsbibliothek Braunschweig gilt mein besonderer Dank für die großzügige finanzielle Unterstützung und Betreuung bei der Open-Access-Publikation dieses Buches.

Ich danke meinen Eltern Hartmut und Roswitha Wirsing für die Unterstützung und ständige Anteilnahme an diesem Projekt, Serge Grigoriev für die anregenden und humorvollen Küchengespräche, meinem Großvater Otto Wirsing für seine mahnenden Worte, die „Elf Thesen über Feuerbach" nicht zu vernachlässigen, und meinen Geschwistern Anne-Kathrin und Christian Gohlke dafür, dieses Thema überhaupt erst anschaulich gemacht zu haben.

All diesen Menschen, ohne die diese Arbeit nicht möglich gewesen wäre, ist dieses Buch gewidmet.

Braunschweig 2021

Inhaltsübersicht

Einleitung —— 1

I Der Begriff der Realität: Kant, Jacobi, Fichte

1 Der reine Begriff der Realität bei Kant —— 11

2 Jacobis Entwurf der realen Transgressivität —— 85

3 Der reine Begriff der Realität bei Fichte —— 100

II Die kategoriale Ordnung des Realitätsbezugs: Die Stadien der „absoluten Reflexion" in der *Wesenslogik* als dynamische Matrix von „Realität überhaupt"

4 Grundzüge der Logik und Aufriss der Fragestellung —— 133

5 Das Problem der Voraussetzungen der Logik —— 143

6 Logische und realphilosophische Kategorien —— 149

7 Der Anfang der *Wesenslogik:* Der Umbau des Bestimmens —— 159

8 Das Metaformat der Subjektivität des Wesens —— 165

9 Die Pendelbewegung des Übergangs: Die Architektur des Scheins —— 169

10 Wesentliches und Unwesentliches: Die erste Stufe der Rückfallbewegung —— 172

11 Das Sein als Schein (I): Die tragische Zuspitzung der Pendelbewegung und die iterativ-regenerativen Ansprüche des „Äußerlichen überhaupt" —— 178

12 Das Sein als Schein (II): Die Verstetigung des Seins als Geltungsanspruch —— 193

13 Die Reflexionsformen: Vorüberlegungen —— 203

14 Die absolute Reflexion als Ergebnis und Anfang —— 205

15 Die kategoriale Minimalform von „Realität überhaupt": Setzende, äußere, bestimmende Reflexion —— 213

Schlussbetrachtung —— 232

Siglenverzeichnis und Abkürzungen —— 246

Personenregister —— 248

Sachregister —— 250

Literaturverzeichnis —— 254

Einleitung

Die vorliegende Arbeit ist in zwei Hauptteile gegliedert, die auf die Rekonstruktion eines systematischen Problemzusammenhangs, nämlich der Frage nach den angemessenen, sinnvollen kategorialen Begriffen von Realität bzw. Wirklichkeit innerhalb der historischen Diskussionsstadien um 1800, zielen und die dabei schrittweise zu *einem* minimalen, d.h. kategorialen Begriff von „Realität überhaupt" hinführen, der anhand des ersten Kapitels der hegelschen *Wesenslogik* entwickelt werden soll.[1] Inhaltlich fokussiert sich die vorliegende Untersuchung damit auch auf den systematischen Stellenwert, den Kategorien des Realen vor allem in der Klassischen Deutschen Philosophie einnehmen. Die hier gestellte Frage ist deshalb fundamental-logischer Natur, indem sie an die große Bedeutung der Kategorienanalyse anknüpft, die in der Philosophie des Deutschen Idealismus seit Kant wieder zur ‚Kernfachkompetenz' philosophischer Arbeit aufgestiegen ist, und versucht aufzuzeigen, was ein systematischer Begriff der Kategorie des Realen zu leisten vermag. Dabei geht es im Folgenden nicht um eine Stellungnahme für oder gegen einen „Idealismus" bzw. „Realismus", sondern viel grundsätzlicher um die *Begründung* des Realen innerhalb ihrer Vermittlung, und damit um die Frage, wie wir um diese Vermittlung zwischen Idealismus und Realismus *wissen* bzw. diese *denken* können. Es wird sich zeigen, dass eine ausschließlich „idealistische" oder „realistische" Position selbst die Bedingungen ihrer Analyse nur einseitig einfangen und nicht hinreichend begründen kann, weil sie das begriffliche und evaluative Theoriedesign ihrer Position immer schon voraussetzen muss und damit in der Beantwortung ihrer Frage immer schon normativ befangen ist. „Ob wir nüchterne Realisten oder überschwängliche Idealisten sind", so Birgit Sandkauln, „stets nehmen wir stillschweigend an, dass

---

[1] Wenn im Folgenden von „Begriff" bzw. von einem „Minimalbegriff von Realität überhaupt" gesprochen wird, so ist damit weder *der* Begriff in seiner umfassenden Struktur des Allgemeinen, Besonderen und Einzelnen der hegelschen *Begriffslogik* gemeint, noch der Begriff des abstrakten Seins, wie er am Anfang der *Logik* als erste Minimalstruktur von „Realität überhaupt" eingeführt wird. Sofern diese Begriffe als solche angesprochen werden, wird dies explizit gemacht. Kategorialer, minimaler Begriff von „Realität überhaupt" ist hier der von mir *tentativ* eingeführte, *systematische* Begriff für die kategoriale Begriffsstruktur einer minimalen Bestimmung dessen, was Realsein logisch-metaphysisch ausmacht. Dass diese begriffliche Minimalstruktur, die ein sinnvoller Begriff von „Realität überhaupt" zu erfüllen hat, nicht an der *Seinslogik*, sondern hier im Rahmen der vorliegenden Arbeit an der *Wesenslogik* erarbeitet wird, hängt mit der in der *Wesenslogik* wesentlichen Reflexivität zusammen (vgl. zweiter Hauptteil). Damit beansprucht der hier entwickelte Begriff zwar, eine notwendige Bedingung dafür zu sein, das „Reale überhaupt" adäquat denken zu können, keineswegs aber dessen *einzige* notwendige Bedingung zu sein.

wir uns jedenfalls auf die Wirklichkeit beziehen, dass es uns selbst gibt und dass eine von uns unabhängige Welt existiert."[2] Wie sich ein Begriff von Realität sinnvoll denken lässt, der beide Aspekte zu integrieren und zu vermitteln weiß, soll im Folgenden entwickelt werden. In der Tat hat der kategoriale, d. h. „reine" Begriff der Wirklichkeit bzw. Realität eine bedeutsame Vorgeschichte in der Klassischen Deutschen Philosophie, etwa bei Kant, Jacobi und Fichte, aus welcher heraus sich auch Hegels Realitätsbegriff in kritischer Abgrenzung entwickelt hat. Der erste Hauptteil der Arbeit widmet sich deshalb diesen ‚Vorläufern'.

Dieser erste Teil der Arbeit will am Beispiel der Kategorien der Realität bzw. der Wirklichkeit dafür argumentieren, die Geschichte der Epoche „Deutscher Idealismus" bzw. „Klassische Deutsche Philosophie" auch weiterhin als einen systematisch interessanten *Zusammenhang einer Problemgeschichte* zu verstehen. Rolf-Peter Horstmanns Vorschlag, für analytische Zwecke zwischen solchen philosophiehistorischen Positionen zu unterscheiden, die geschichtliche Problemstellungen nur immanent fortentwickeln, ohne das ihnen gemeinsam zugrunde liegende Paradigma[3] zu verändern, und jenen, die das Lösungspotenzial für unbefriedigend beantwortete Fragen darüber hinaus ganz wesentlich darin sehen, auch die zugrunde liegenden „Rationalitätsstandards" selbst kritisch zu transformieren[4], ermöglicht die Verortung des Traditionsgefüges von Kant bis Hegel im Raum der zweiten Position. Wesentlich ist es demnach für Kant wie für seine idealistischen Kritiker, am Problemstand einer einheitlichen und umfassenden Theorie der Wirklichkeit durch Revision methodischer, formaler und kategorialer Voraussetzungen der jeweiligen Vorgänger zu arbeiten. Dass dabei ein *gemeinsames* Fundament erstens in einem von weitgehenden Übereinstimmungen geprägten Philosophiebegriff besteht[5] und zweitens, für die idealistischen Nachkantianer Fichte, Jacobi und Hegel, in einem „ambivalente[n] Bezug auf die Kantische Philosophie" sowie in „monistische[n] Theoriekonzeptionen"[6], erklärt

---

2 Birgit Sandkaulen: „*Ich bin Realist, wie es noch kein Mensch vor mir gewesen ist*". *Friedrich Heinrich Jacobi über Idealismus und Realismus.* Vorträge der Klasse für Geisteswissenschaften der Nordrhein-Westfälischen Akademie der Wissenschaften und der Künste, Paderborn 2017, S. 8.
3 Der philosophiehistorische Begriff des Paradigmas ist sehr klar von Wolfgang Welsch beschrieben worden (*Vernunft. Die zeitgenössische Vernunftkritik und das Konzept der transversalen Vernunft*, Frankfurt am Main 1996, S. 542–559).
4 Rolf-Peter Horstmann: *Die Grenzen der Vernunft. Eine Untersuchung zu Zielen und Motiven des Deutschen Idealismus*, 3. Aufl., Frankfurt am Main 2004, S. XIIIf.
5 Horstmann: *Die Grenzen der Vernunft*, S. 18–20.
6 Horstmann: *Die Grenzen der Vernunft*, S. 26. Der jeweils ambivalente Bezug auf die kantische Philosophie durch die Nachkantianer (Jacobi, Reinhold, Fichte, Schelling, Hegel) und ihre dabei verwendeten „Sprachregelungen" werden von Horstmann in ihrem Zusammenhang deutlich und

allerdings konkret noch relativ wenig und muss jeweils erst noch gefüllt werden. Gerade der monistische Ansatz der nachkantianischen Idealisten, „nur eine einzige Entität [...] [als] ohne jede Einschränkung wirklich oder real"[7] zu denken, kann nur dann als fruchtbare systematische Position ‚gerettet' werden, wenn einerseits *historisch* ihre Anschlüsse an die kantische Problemlage geklärt werden sowie andererseits *systematisch* die argumentative Basis begründet wird, wie „Realität überhaupt", d.h. die Minimalstruktur ihres Gegebenseins, als *logische Einheit einer begrifflichen Substanz*[8] gedacht wird. Die vorliegende Arbeit will dementsprechend in der Erkundung dieses Problemzusammenhangs von Kant bis Hegel aufzeigen, dass gerade auf der Ebene der Rationalitätsstandards und kategorialen Grundbegriffe des idealistischen Denkens – und nicht erst auf der Ebene empirischer Wirklichkeitsbegriffe – gute Gründe auftauchen, *Realität überhaupt* in einem bestimmten Sinn monistisch zu verstehen: als in sich gegliederter Zusammenhang begrifflicher Normen und Strukturen.[9] Die These dabei

---

übersichtlich als Miniaturgeschichte idealistischen Denkens herausgearbeitet (Horstmann: *Die Grenzen der Vernunft*, S. 25–69).

7 Horstmann: *Die Grenzen der Vernunft*, S. 26.

8 Damit wird nicht notwendigerweise die traditionelle Signatur der gängigen Substanzbegriffe übernommen, sondern nur der Umstand markiert, dass die Formbestimmung der Substanz als unauftrennbarer Zusammenhang von Momenten, also ihre wesenhafte und notwendige *innere Relationalität*, unabdingbar für einen angemessenen kategorialen Begriff des Realen ist.

9 In eine ähnliche Richtung geht Racío Zambrana in ihrem Buch *Hegel's Theory of Intelligibility* (Chicago/London 2015). Zambrana liest Hegels *Wissenschaft der Logik* als eine Theorie der Normativität vor dem Hintergrund seiner Theorie der Bestimmtheit und zeigt, dass Hegel eine „philosophical justification of the necessary historicity of intelligibility" (Zambrana: *Hegel's Theory of Intelligibility*, S. 3) liefert. Unsere Begriffe, so Zambrana, sind nicht einfach etwas Gegebenes, sondern „a product of reason" (Zambrana: *Hegel's Theory of Intelligibility*, S. 119), welche als Normen durch eben diese Vernunft erst autorisiert werden müssen. Während Zambrana zeigt, inwiefern „determinacy is never a simple given, but a product of reason" (Zambrana: *Hegel's Theory of Intelligibility*, S. 119), geht die hier vorliegende Arbeit noch einen Schritt weiter, indem sie v. a. anhand der *Wesenslogik* die begründungstheoretische Voraussetzung dafür liefert, *warum* Unbestimmtheit keine bloße Gegebenheit, sondern an sich selbst etwas Bestimmtes ist und daher ebenso unabhängig vom Subjekt *begrifflich* verfasst sein muss. Um Begriffe der Welt als „Produkte der Vernunft" zu verstehen, müssen wir die Intelligibilität bzw. Begriffsförmigkeit dessen anerkennen, was als Grund fungieren soll: das Unbestimmte. Begründen ist immer eine Beziehung zwischen begrifflichen Entitäten, die *füreinander* Grund und Begründetes sind. Soll also eine philosophische Begründung auch für die notwendige Geschichtlichkeit des Intelligiblen gegeben werden, so kann der eigentliche Grund dieses scheinbar unmittelbar Gegebenen, welcher die rationale Kraft des Intelligiblen ausmacht, nicht außer Acht gelassen werden. Dies wird zu zeigen sein. Dass Zambranas Hegelinterpretation auf Gegensätzen beruht, die Hegel selbst gerade vermeiden will, zeigt Stephen Houlgate in seiner Besprechung (Stephen Houlgate: „Hegel's Theory of Intelligibility by Rocío Zambrana (Review)", in: *Journal of the History of Philosophy* 55/1 (2017),

ist, dass dieser kategoriale Rahmen, der das Reale *ist*, nicht auf der Ebene eines alternativen Theoriemodells gedacht werden darf, das wiederum einerseits *dem* Realen und andererseits *anderen* Theoriemodellen gegenübersteht. Denn würde dieser kategoriale Rahmen seinem eigenen Erklärungsprogramm nach so gedacht, als stünde er neben *anderen* ontologischen Theoriemodellen im Sinne eines „linguistischen Rahmenwerks", wie es Rudolf Carnap in „Empirismus, Semantik und Ontologie" beschrieben hat[10], dann müsste er seinen eigenen geltungstheoretischen Anspruch unterlaufen, solche Theorien und ihre Alternativen zuallererst zu fundieren. Würde er außerdem so gedacht, als stünde er *dem* Realen gegenüber, dann würde er eben den ‚Fehler' wiederholen, den er – bspw. im ersten Kapitel an Kant – kritisiert: nämlich das Reale in der *Logik eines Anderen* zu dem begrifflich-kategorialen Rahmen zu denken, der dem minimalen Bestimmtsein des Realen innewohnt. Was John Searle für die Idee des „externen Realismus" geltungstheoretisch in Anspruch nimmt – nämlich, dass er keine Theorie *über* das Reale ist, weil er allen solchen notwendig zugrunde liegt[11] –, muss ebenfalls für unseren Vorschlag in Anspruch genommen werden: der Rahmen zu sein, dessen es bedarf, um überhaupt Theorien über das Reale haben zu können („[...] that realism is not a theory at all but the framework within which it is possible to have theories"[12]). Anders als bei Searle soll dieser Rahmen jedoch nicht wieder im Raum des Gegensatzes von Denken und Sein gedacht werden, so als könnte bereits der ‚naive' Realismus die notwendige Alternative zum Konstruktivismus abgeben und derart die jenseits des Begriffs liegende Realität *selbst* den Maßstab ihrer je verschiedenen begrifflichen Erfassung bereitstellen, ohne selbst begrifflich bestimmt zu sein. Vielmehr muss, das gilt es zu zeigen, eine

---

S. 172 f.) Einem Rückfall in falsche Gegensätze will der hier entwickelte kategoriale Minimalbegriff des Realen entgegenwirken. Anders als Zambrana hält die vorliegende Arbeit auch an der ontologischen These fest, dass die Kategorien nicht nur reine Denkbestimmungen sind, sondern grundlegende Strukturen unserer Wirklichkeit offenlegen.
10 Rudolf Carnap: „Empirismus, Semantik und Ontologie", in: *Bedeutung und Notwendigkeit. Eine Studie zur Semantik und modalen Logik*, Wien/New York 1972, S. 257–278, hier: S. 269. Aufgrund seiner Theorie der „linguistischen Rahmenwerke" als letzte sinnvolle ontologische Bezugssysteme von empirischem Gehalt kommt Carnap zu dem Schluss: „Die Wissenschaft kann in der Realitätsfrage weder bejahend noch verneinend Stellung nehmen, da die Frage keinen *Sinn* hat." (Rudolf Carnap: *Scheinprobleme in der Philosophie. Das Fremdpsychische und der Realismusstreit* (1928), Reprint, Hamburg 2004, S. 27)
11 „[The] external realism is not a theory. It is not an *opinion* I hold that there is a world out there. It is rather the framework that is necessary for it to be possible to hold opinions or theories about such things as planetary movements." (John Searle: *Mind, Language and Society: Philosophy of the real world*, New York 1998, S. 32) Siehe dazu auch Jacobi, bei dem sich eine ähnliche Position findet (Kap. 2 im Hauptteil I).
12 Searle: *Mind, Language and Society*, S. 32.

bestimmte *minimale*, d. h. kategoriale Beschreibungsnorm des Verhältnisses von Realität und Denken bzw. die Normativität einer begrifflichen Protostruktur, deren Objektivität dem Unterschied von (physikalisch-naturhaftem) Sein und Denken vorausgesetzt ist, als dieser notwendige Rahmen gedacht werden.

Was die Vorgehensweise der vorliegenden Untersuchung betrifft, so stellt Kants *Kritik der reinen Vernunft* mit ihrer kategorialen Zweiteilung von Realität und Wirklichkeit zunächst den zentralen Bezugspunkt dar. Im ersten Kapitel von Hauptteil I liegt das Augenmerk vor allem auf der Analyse der *Kritik der reinen Vernunft*, mit der herausgearbeitet werden soll, dass und inwiefern Kants Auffächerung des Realitätsbegriffs in verschiedene Sphären (Realität des „Ding an sich" [R_1] – Realität der Erscheinungen [R_2])[13] und Begriffsdimensionen (Kategorie der „Realität" – Kategorie der „Wirklichkeit") einem von ihm selbst nicht explizierten Ungenügen der isolierten Form der Kategorientafel geschuldet ist und in welcher Weise in Kants Argumentation bereits Lösungsstrategien angelegt sind, die auf den Ansatz Hegels hinweisen. Ein Kapitel zu Friedrich Heinrich Jacobis kategorialem Begriff des Realen soll zeigen, inwiefern dessen Entwurf einer ‚realen Transgressivität' die Grenzen dieser Zweiteilung, wenngleich noch nicht zu überwinden, so doch zu öffnen vermag: Es ist nämlich die Gewissheit der sinnlichen Empfindungen der Außenwelt, deren Inhalte dem Subjekt *als* reale Inhalte und nicht in der bloßen Form von Repräsentationalität gegeben sind.[14] Auch bei Fichte zeigt sich, allerdings erst wenige Jahre später, schließlich noch der Grundgedanke, dass weite Teile des modernen Denkens durch jenen Naturalismus geprägt sind, der sich an der kantischen Zweiteilung von Realität orientiert, welche im Anschluss an die Vorgaben der Naturwissenschaften zwei sich einander gegenüberstehende Arten von Sein voraussetzt, welche die vorliegende Untersuchung zu problematisieren sucht. Zwar ist bei Fichte die Transgressivität

---

13 Im Folgenden benutze ich die Terminologie von Realität$_1$ für die Realität des „Ding an sich" (R_1) und Realität$_2$ für die Realität der Erscheinungswelt (R_2). Dass beide notwendig zu denkende Ebenen der *einen* Realitätskonzeption sind, wird zu zeigen sein. Kant macht in jedem Fall klar, dass das „Ding an sich" die Ebene eines „unbekannten, aber nichts desto weniger wirklichen Gegenstandes" (Prol. § 13, Anm. II, S. 49) bedeutet und deshalb als Feld von Realsein angesprochen werden muss.

14 Dass meine Ausführungen mit Jacobi – und eben nicht mit Fichte – ihren Ausgangspunkt nehmen, ist der Tatsache geschuldet, dass Jacobi in seinem Text *David Hume über den Glauben oder Idealismus und Realismus* 1787 bereits vor Fichte die „ursprüngliche Einsicht" hatte, sich vom Reflexionsmodell des Selbstbewusstseins abzuwenden. Für diese Richtungswahl siehe den einschlägigen Artikel von Birgit Sandkaulen: „,Ich bin und es sind Dinge außer mir'. Jacobis Realismus und die Überwindung des Bewusstseinsparadigmas", in: *Internationales Jahrbuch des Deutschen Idealismus/International Yearbook of German Idealism* 11 (2013), Berlin/New York 2016, S. 169–196, sowie Sandkaulen: *Ich bin Realist*.

dieser Zweiteilung bereits angelegt, doch bleiben diese Überschreibungsbewegungen bei ihm letztlich, zumindest in seiner *Grundlage der gesamten Wissenschaftslehre* von 1794/95, an den Raum des absoluten Ichs als „alle Realität" gebunden. Ziel des zweiten Hauptteils der Arbeit ist es deshalb, anhand einer systematischen Rekonstruktion des ersten Kapitels der *Wesenslogik einen* kategorialen, minimalen Begriff von „Realität überhaupt" zu erarbeiten, der allen fixierten kategorialen Entitäten (Subjekt/Objekt; Identität/Differenz; Reales/Ich) *zugrunde liegt* und „insofern als Regel außer ihnen" (TWA 20, S. 62) die operativen Normen dafür formuliert, *wie* diese fixierten, abstraktesten Begriffe des Realen minimal zu denken sind, ohne in vorhegelianische Widersprüche zu geraten. Ein solcher kategorialer Begriff hat die Aufgabe, die *logischen* Verhältnisse von „Bestimmungsrichtungen überhaupt", d. h. die *aktiven* und *passiven* Hinsichten von Bestimmtheit (Bestimmen – Bestimmtsein), zu beschreiben, die ein *bezugnehmendes Subjekt überhaupt* (Reflexion) und seine *Beziehung auf ein Gegebensein überhaupt* (Unmittelbarkeit) konsistent gestalten. Natürlich stellt erst *der* Begriff am Ende der Logik das *vollständige* normative Feld der Konstruktionsregeln und der in sie eingehenden bzw. durch sie ausgedrückten Wertnahmen bereit, nach denen sich transzendental-kategoriale wie empirische Begrifflichkeiten in den Akten von Subjektivität richten. Dass der Begriff sich selbst die Normen seiner Begründung und damit seine Realität setzt[15], verweist auf die zur Kategorie des Realen wesentlich gehörige Einsicht, das Reale notwendig so zu denken, dass ihm eine (proto-)begrifflich strukturierte Bestimmtheit zukommt, die als Set normativer Muster über seine begriffliche (Re-)Konstruktion besteht und vorausgesetzt werden muss, um diese sinnvoll durchführen und erfassen zu können. Denn nur so ist die Verantwortlichkeit des Denkens gegenüber der Realität, die John McDowell betont hat, auch mit den Bedingungen ihrer begrifflichen Erfassbarkeit widerspruchsfrei zu vereinen. Dabei ist bereits in der *Wesenslogik* die minimale kategoriale Grundstruktur eines sinnvoll zu denkenden Begriffs von Realität ausgesprochen bzw. wird erstmals ermöglicht: dass nämlich das nachträglich Begriffliche so gedacht werden muss, dass es als Reaktion bzw. Resonanz auf eine Begriffsform zu verstehen ist, die dem Sinn des Realen immer schon innewohnt bzw. dieses Reale ausmacht. Der philosophische Anspruch der Arbeit ist es, diesen *einen* Grundgedanken konsistent historisch und systematisch herzuleiten und zu begründen – und zwar in der Konzentration auf die Vermeidung der aufgezeigten Selbstwidersprüche des vorhegelianischen Idealismus. Die vorlie-

---

[15] Robert B. Pippin bezeichnet dies als „normative Selbstgesetzgebung" (Robert B. Pippin: „Hegels Begriffslogik als die Logik der Freiheit", in: *Der Begriff als die Wahrheit. Zum Anspruch der Hegelschen „Subjektiven Logik"*, hg.v. Anton Friedrich Koch, Alexander Oberauer, Konrad Utz, Paderborn 2003, S. 223–237, hier: S. 230).

gende Arbeit will also *eine* argumentative Basis dafür erkunden, welche kategorialen Grund- bzw. *Minimalbedingungen* jeder Begriff von Realität erfüllen muss – nämlich Realität immer schon als immanent verbunden mit *einer* bestimmten Art von fundamentaler Begrifflichkeit bzw. Bestimmtheit zu verstehen oder, subjektivistisch formuliert: die *Voraussetzung* von begrifflichen Mustern als notwendige Bedingung ihrer nachträglichen Anwendung zu begreifen.

Dabei ist es nicht das Ziel, das Diskussionsfeld vollständig auszuschreiten und zu rekonstruieren, sondern anhand ausgewählter Positionen eine ausreichende Menge von Evidenzen für die systematische These der Arbeit zu erzeugen. Dass also bspw. die Positionen von Reinhold, Schulze und Schelling hier zu großen Teilen unbeachtet bleiben und auch innerhalb verschiedener philosophischer Ansätze (z. B. bei Fichte oder Hegel) nicht die Gesamtheit der Entwicklung des Problems, sondern nur die jeweils prominenteste Formulierung desselben beachtet wird, ist der Konzentration auf eine *systematische* Fragestellung geschuldet, für die der historische Diskursverlauf nur Mittel zum Zweck ist, die fundamentalen Konturen einer begriffslogischen Problemstellung herauszuarbeiten, aber nicht alle ihre Antwortmöglichkeiten und weiteren Binnendifferenzierungen gänzlich in ihrer historischen Genese nachzuzeichnen. Das Interesse der vorliegenden Arbeit ist demnach ein primär systematisches, welches jedoch zugleich von dem Bewusstsein getragen ist, dass „die Auffassung, historische und systematische Arbeit ließe sich haarscharf trennen, [...] dem Wesen der Philosophie nicht angemessen"[16] ist.

---

16 Vittorio Hösle: *Hegels System. Der Idealismus der Subjektivität und das Problem der Intersubjektivität*, 2. Aufl., Hamburg 1998, S. 5.

I Der Begriff der Realität: Kant, Jacobi, Fichte

1 Der reine Begriff der Realität bei Kant

„Die Kant-Auslegung ist ein unendliches
Geschäft – einmal drin, kommt man nicht mehr
heraus –, und es ist leicht, das Wesentliche wegen
der Einzelheiten aus den Augen zu verlieren."[1]

Die kantische Philosophie ist noch immer eine gegenwärtige. Angefangen beim Neukantianismus im 19. Jahrhundert, zeigt sie spätestens seit Mitte des 20. Jahrhunderts eine große Wirkungsmacht auch in der sprachanalytischen angelsächsischen Philosophie. Peter F. Strawson legte dementsprechend mit *Individuals* eine „deskriptive Metaphysik" vor, welche apriorische Begriffsschemata für die raum-zeitliche Struktur von Einzeldingen in der Welt vorsieht und sich damit beschäftigt, die wirklichen Strukturen unseres Denkens über die Welt zu beschreiben („to describe the actual structure of our thought about the world"[2]). Schließlich bahnte er mit *The Bounds of Sense. An Essay on Kant's Critique of Pure Reason*[3] der kantischen Philosophie gänzlich den Weg in die anglophone Philosophie. John Rawls hat eine ähnliche Wegbereitung für Kant in den angelsächsischen Raum hinsichtlich der Praktischen Philosophie vollzogen[4]. Und nicht minder steht Kant zu Beginn des 21. Jahrhunderts noch immer und auf neue Weise im Fokus aktueller Debatten (Neurowissenschaft, Evolutionstheorie, Philosophy of Mind, Praktische Philosophie)[5].

Die folgende Untersuchung stellt sich der Aufgabe, den *reinen Begriff der Realität*[6] in Kants *Kritik der reinen Vernunft* in seinen Grundzügen herauszuarbeiten. Ihr Ziel ist es nicht, eine Erläuterung von Kants ganzer theoretischer Philosophie zu leisten bzw. deren grundsätzliche Struktur herzuleiten. Vielmehr

---

1 Charles Larmore: *Vernunft und Subjektivität. Frankfurter Vorlesungen*, Berlin 2012, S. 24 f.
2 Peter F. Strawson: *Individuals. An Essay in Descriptive Metaphysics*, London/New York 2003, S. 9.
3 Peter F. Strawson: *The Bounds of Sense. An Essay on Kant's Critique of Pure Reason*, London/New York 1995.
4 Vgl. John Rawls: *A Theory of Justice*, Cambridge, Mass. 1971.
5 Vgl. dazu bspw. *Warum Kant heute? Systematische Bedeutung und Rezeption seiner Philosophie in der Gegenwart*, hg. v. Dietmar H. Heidemann, Kristina Engelhard, Berlin/New York 2004; *Kant in der Gegenwart*, hg. v. Jürgen Stolzenberg, Berlin/New York 2007. Zu Kant und der zeitgenössischen Philosophie vgl. auch Kurt Mosser: *Necessity and Possibility. The Logical Strategy of Kant's Critique of Pure Reason*, Washington, D.C. 2008, Kap. 5 („Kant and Contemporary Philosophy"), S. 137–187.
6 ‚Reine Realität' wird im Folgenden als Oberbegriff für alle kategorialen Realitäts- bzw. Wirklichkeitsbegriffe verwendet. Das stellt noch keine Bewertung des Unterschiedes von „Realität" und „Wirklichkeit" dar, sondern ist dem Umstand geschuldet, dass „Realität" zunächst einmal der umgangssprachlich geläufigere, weitere Begriff ist.

soll die Beschränkung auf das begriffliche Moment des Realen – im Sinne des Mottos von Charles Larmore, welches dem Kapitel vorangestellt ist – garantieren, dass vor allem der *Problemstand* des hier untersuchten kategorialen Begriffs, d. h. seine Widersprüche und selbst unverwirklichten Möglichkeiten, deutlich werden können. Die sich aus dieser methodischen Vorgabe ergebende tendenzielle Isolation des Betrachtungsgegenstandes aus seinem komplexen kantischen Bedingungsgefüge ist deshalb notwendige Voraussetzung und kann dort gerechtfertigt werden, wo allein durch sie die notwendige Trennschärfe und Prägnanz des untersuchten Terminus erzeugt wird. Da es im Rahmen eines solchen Kapitels außerdem nicht nur unmöglich ist, die Fülle der Aspekte der kantischen Ontologie – gerade auch in ihrer Aktualität für die Philosophie der Gegenwart – zu benennen[7], sondern auch, die Forschung zu diesem Thema angemessen zu sichten, beschränke ich mich von vornherein auf eine Auswahl, die nicht repräsentativ für den gesamten Forschungsstand sein soll, sondern einzig exemplarische Geltung für den untersuchten Problemzusammenhang hat.

Die kantischen *Voraussetzungen* für diese Untersuchung sind durch eine doppelte Trennung gekennzeichnet, deren Folgen für den Realitätsbegriff es zu untersuchen gilt, die aber selbst in ihrer Genese oder Geltung nicht Gegenstand der vorliegenden Untersuchung ist: 1.) die Trennung des begrifflichen Rahmens einer Realität$_1$ („Ding an sich") vom begrifflichen Rahmen einer Realität$_2$ („Erscheinungswelt") als Grundlage der kantischen Metaphysikkritik überhaupt. Sie ist der Schlüssel zur Neubegründung der Metaphysik als Wissenschaft mittels der Beschränkung von Erkenntnisaussagen auf empirische Urteile erster Ordnung und der Unterscheidung dieser Erkenntnisurteile von Selbstbeschreibungen der Vernunft (Reflexionsurteile zweiter Ordnung) mittels transzendentaler Argumente[8], sowie 2.) die Trennung der Bedeutungen von Realität und Wirklichkeit innerhalb der Kategorien. Die Gründe der ersten Trennung betreffen die Genese der kantischen Transzendentalphilosophie als Projekt der Vereinigung des empiristischen und des rationalistischen Theoriedesigns sowie die sich daraus ergebende Konfiguration von Subjektivität[9]. Die Gründe der zweiten Trennung be-

---

[7] Vgl. dazu Kiyoshi Chiba: *Kants Ontologie der raumzeitlichen Wirklichkeit. Versuch einer antirealistischen Interpretation der ‚Kritik der reinen Vernunft'*, Berlin/New York 2012. Vgl. außerdem *Kant and Contemporary Epistemology*, hg. v. Paolo Parrini, Dordrecht 1994; Robert Hanna: *Kant and the Foundations of Analytic Philosophy*, Oxford 2001.
[8] Vgl. dazu Eckart Förster (*Die 25 Jahre der Philosophie*, Frankfurt am Main 2011, S. 45–48, hier: S. 47): „Kants Metaphysikkritik ist in ihrer Radikalität nicht zu überbieten."
[9] Ebenfalls außer Acht gelassen wird hier die Relevanz der historischen Genese von Kants Transzendentalphilosophie nach 1781, wie sie zuletzt Eckart Förster (*Die 25 Jahre der Philosophie*)

dürfen einer Untersuchung, welche die Geschichte der kategorialen Unterscheidungen in der von Kant selbst nur dürftig historisch eingeordneten Deduktion der reinen Verstandesbegriffe (KrV, B 107, B 127 f.) offenlegt und zeigt, aus welchen Quellen die kantischen Kategorien ihre Intensionen beziehen.[10]

Die Frage meiner Untersuchung ist also nicht, warum Kant diese begriffliche Unterscheidung trifft bzw. ob sie überhaupt oder in bestimmter Hinsicht als sinnvoll betrachtet werden kann (dies betrifft die Fundamente seiner gesamten Erkenntnistheorie), sondern was diese doppelte Trennung für den Realitätsbegriff bedeutet und über dessen systematische Funktion Sinnvolles aussagt. Meine Untersuchung soll dabei zeigen, a) welche begriffliche Form Kant diesen jeweiligen Begriffen von Realität gibt, b) wie er sie funktional (nicht historisch) voneinander unterscheidet, c) wie er ihre Funktionen und Inferenzen im System bestimmt und d) ob sich daraus ein kohärentes Bild des Begriffs des Wirklichen ergibt.

Es ist gleich zu Beginn zu betonen, dass die vorliegende Interpretation keinen Anschluss an die einfache ontologische These von der „Zwei-Welten-Lehre" in Kants theoretischer Philosophie sucht, die mittlerweile m. E. zu Recht als adäquate Beschreibung der kantischen Voraussetzungen nicht mehr haltbar ist. Vielmehr ist – aus Gründen, die im Folgenden ausgeführt werden – davon auszugehen, dass Kant mit der Unterscheidung von „Ding an sich" und „Erscheinung(en)" zwei grundsätzliche, nicht weiter rückführbare transzendentallogische Beschreibungshinsichten des *einen* kategorialen Begriffs des „Realen überhaupt" etablieren möchte, die aber zum einen deutliche ontologische Konsequenzen mit sich bringt und zum anderen zwar als komplementäre Struktur gemeint ist, aber zu unauflösbaren inneren Widersprüchen dieses Unterschieds führt. Die Arbeit beschränkt sich somit streng auf die transzendentallogischen Bedeutungsunterschiede, die durch die verschiedenen kategorialen Realitätsbegriffe als Beschreibungsebenen des *einen* Begriffskomplexes von „Realität überhaupt" entstehen, und lässt die Frage nach den Referenten dieser Bedeutungsunterschiede, also nach den Unterschieden im Sein, zumindest dort außer Acht, wo diese nicht

---

für die Argumentation des Realitätsbegriffes nachgezeichnet hat. Wenn nicht anders angegeben, ist deshalb Kants letzte Bearbeitungsstufe der *Kritik der reinen Vernunft* ausschlaggebend.

10 Zur historischen Kritik an Kants transzendentaler Deduktion vgl. Martin Bondeli: *Apperzeption und Erfahrung. Kants transzendentale Deduktion im Spannungsfeld der frühen Rezeption und Kritik*, Basel 2006. Für die kategoriale Unterscheidung von Realität und Wirklichkeit verweist Hans Heinz Holz zu Recht auf „die scholastische Bedeutung der Wesenheit (essentia) oder des Was-Seins (quidditas)" (Hans Heinz Holz: „Realität", in: *Ästhetische Grundbegriffe. Historisches Wörterbuch in sieben Bänden*, hg. v. Karlheinz Barck u. a., Bd. 5, Stuttgart/Weimar 2010, S. 197–227, hier: S. 211).

als unmittelbare Konsequenzen aus den kategorialen Beschreibungen fokussiert werden müssen. Kant unterscheidet unleugbar kategorialsemantisch zwischen dem Begriff einer Ding-an-sich-Realität und einer Erscheinungsrealität (gerade deshalb, um sie als die beiden Beschreibungsebenen des *einen* Begriffs von Realität aufeinander beziehen zu können) und er nimmt unleugbar für beide zumindest partiell verschiedene transzendentallogische Beschreibungen vor. Es geht der vorliegenden Arbeit allein darum, ob die philosophische Semantik dieser beiden Ebenen des kategorialen Realitätsbegriffs in ihrem Verhältnis zueinander sinnvoll und konsistent von Kant bestimmt wird oder nicht, ob sie also einen konsistenten, hinreichend bestimmten und inhaltlich umfassenden kategorialen Begriff des *einen* Realen ergeben, d. h. ob die kategoriale Semantik von „Realität überhaupt" bei Kant als Set ihrer semantischen Fundamental- und Minimalelemente semantisch und funktional überzeugend, widerspruchsfrei und sachangemessen im Unterschied der Ebenen von „Ding an sich" und „Erscheinungen" gedacht werden sollte. Zugleich geht mir in den folgenden Ausführungen darum, die sich möglicherweise aus diesem Ansatz ergebenden *systematischen* Probleme so zu beschreiben, dass sie im Zusammenhang einer Problemgeschichte innerhalb der Konstellation „Deutscher Idealismus" als zu bearbeitende Fragehorizonte erscheinen können.

Kants geläufigste sowie fundamentalste Trennung der Beschreibungssysteme von „Ding an sich" und „Erscheinungen" wird also als Ausgangspunkt genommen und der Trennung von „Transzendentaler Ästhetik" und „Transzendentaler Logik" zugeordnet[11]. Diese Zuordnung ist dabei allerdings rein funktional in Bezug auf den Realitätsbegriff gedacht. Obgleich Kant in der „Transzendentalen Ästhetik" das „Ding an sich" nicht erörtert, zeigt sich einzig hier, so meine Behauptung, dessen Beziehung auf den Realitätsbegriff. Gleiches gilt für die Erläuterung der „Erscheinungswelt" innerhalb der „Transzendentalen Logik". Denn durch die transzendentale Logik der Begriffe wird die objektive Erfahrungserkenntnis überhaupt erst begründet und vermessen; erst durch die Kategorien werden die Bedingungen objektiver, d. h. allgemeiner und notwendiger Wahrheit von Aussagen begründet. Am Ende schließlich werden die verschiedenen Realitätshinsichten, die sich aus der Analyse des Realitätsbegriffs ergeben haben, zusammengeführt und in Bezug auf die Frage ausgewertet, inwiefern und in welcher Weise Kant den Begriff von Realität transzendentalphilosophisch etablieren kann – und vor allem, welche Schwierigkeiten dabei auftreten, die als

---

[11] Das heißt nicht, dass innerhalb der Erläuterungen der Realität$_1$ (Transzendentale Ästhetik) und der Realität$_2$ (Transzendentale Logik) nicht auch Passagen aus dem jeweils anderen Teil der *Kritik der reinen Vernunft* verhandelt werden. Die Zuordnung ist also keine strenge, sondern dient einzig der Orientierung.

Problembestand des Begriffs Lösungen der nachkantischen Philosophie erfordern.

Im Folgenden sollen die Überlegungen zu Kants Realitätsbegriff in drei Schritten durchgeführt werden: Zunächst (in 1.1) möchte ich darlegen, dass Kant in der „Transzendentalen Ästhetik" den Begriff einer Realität$_1$ annehmen muss, um Affektionen der Anschauung erklären zu können, dass aber der Übergang zwischen Realität und Subjekt ein unbestimmbarer, ja sogar undenkbarer bleibt. Daraus ergibt sich paradoxerweise, dass das, was der Realität$_1$ ontologisch am nächsten ist (Empfindungen), weder erkenntnis- noch denk- oder sogar objektfähig ist, d. h. eine Gegenläufigkeit von Realität und klarer Präsenz etabliert: *Wo man der Realität$_1$ im Vermögen des Subjekts am ‚nächsten' (im Sinne unmittelbarer Erfahrung) ist, dort kann sie am wenigsten als etwas Bestimmtes erfasst werden.* Damit verbunden ist die Bestimmung der Empfindung als einer „komparativen Unmittelbarkeit" (1.1.1) und die Idee, dass die Realität$_1$ als ein ereignishafter Einbruch zu verstehen ist (1.1.2). Zweitens werde ich in einer ersten Zwischenbemerkung (in 1.2) sieben Begriffsunterscheidungen von „Wirklichkeit" und „Realität" herausarbeiten, die sich in Kants unterschiedlicher Verwendung aufzeigen lassen. Drittens werde ich mich (in 1.3) der Realität$_2$ in der „Transzendentalen Logik" zuwenden und dabei die Kategorien der Realität und der Wirklichkeit genauer aufzuschlüsseln versuchen. Ich möchte einerseits aufzeigen, dass die Hegel'sche ‚Dialektik der Realität' in der Struktur des kantischen Schemas der Realität als Feld begrifflicher Zusammengehörigkeit in vielerlei Hinsicht bereits angelegt, jedoch von Kant nicht ausgeführt worden ist.[12] Andererseits möchte ich darlegen, dass der Begriff der Realität (Realität$_1$ und Realität$_2$) bei Kant die Logik seiner analytischen Aufteilung („Ding an sich" – Erscheinung, Anschauungsformen – Kategorien, Kategorien untereinander) überschreitet, indem er in mehrfacher Hinsicht transgressiv ist: Denn er tritt als Phänomen eines *inferentialistischen Begriffsnetzes* wie auch einer *begriffsüberschreitenden Erschlossenheit* auf.

---

12 Zu Interpretationen, die von einer tiefergehenden Gemeinsamkeit zwischen Kant und Hegel ausgehen, vgl. Robert B. Pippin: *Hegel's Idealism. The Satisfactions of Self-Consciousness*, Cambridge 1989, insb. S. 8–11, und als Rekurs darauf Terry Pinkard: „How Kantian was Hegel?", in: *Review of Metaphysics* 43 (1990), S. 831–838. Pippins Lesart versucht zu zeigen, dass Hegels Philosophie ein kantisches Projekt vervollständigt. John McDowell wiederum verweist darauf, dass auch Strawsons Kant-Rezeption v. a. in *The Bounds of Sense* eine stark von hegelschen Vorgaben geprägte ist: Strawsons Kant sei „more Hegel than Kant" (John McDowell: *Mind and World*, Cambridge, Mass. 1996, S. 138, Fußnote 1; vgl. auch McDowell: *Mind and World*, S. viii). Zur weiteren Auseinandersetzung McDowells mit Strawsons Kant-Leseart vgl. McDowell: *Mind and World*, Vorlesung 5.

Es ist heute beinahe zur Raison d'Être bestimmter Teile der Kant-Forschung geworden, die vielfältigen und wesentlichen Kritikpunkte an Kants System, aus denen sich die ‚idealistische' Philosophie bei Friedrich Schlegel, Friedrich Schiller, Johann Gottlieb Fichte, Friedrich Wilhelm Joseph Schelling, Friedrich Heinrich Jacobi oder Georg Wilhelm Friedrich Hegel epistemologisch, ontologisch, sozialphilosophisch, moralphilosophisch und ästhetisch entwickelt hat, zu bloßen „produktiven Missverständnissen" zu erklären. Demnach seien diese kritischen Perspektiven allesamt und mehr oder weniger am kantischen Denken vorbei entwickelt: entweder weil Kant es ganz anders gemeint habe; oder weil Kant diese Kritik immer schon gesehen und selbst bereits verhandelt habe; oder, noch zugespitzter, weil das Kritisierte bei genauer Lektüre bei Kant überhaupt nicht zu finden sei[13]. Es scheint dabei manchmal sogar, als solle die faktische historische Stoßrichtung umgekehrt werden, indem Kant nicht als Vorläufer, sondern, historisch invers, als geheimer Zielpunkt des Deutschen Idealismus begriffen wird, der die Einseitigkeiten, Missverständnisse und Aporien der ihm nachfolgenden Idealisten längst erkannt und gebannt haben soll. Diese manchmal apologetische Tendenz der Kant-Forschung scheint die verspätete Reaktion eben darauf zu sein, dass die Kant-Schüler des 19. Jahrhunderts bis hin zum Neukantianismus oftmals keinen Stein des kantischen Denkens auf dem anderen gelassen haben und Anknüpfung nur noch als weitgehende transformative Kritik durchführten. Anstatt aber dies gerade als Auszeichnung des kantischen Denkens zu verstehen, produktives Weiterdenken durch die Zugänglichkeit und den Reichtum der eröffneten Perspektiven in besonderem Maße zu ermöglichen, scheint zuweilen der dogmatische Impuls näherzuliegen, Kants Denken gegen Kritik nun besonders immunisieren zu wollen. Die vorliegende Arbeit will einen anderen Weg gehen, indem sie zeigt, wie gerade die aus ihrer Sicht berechtigten Kritikpunkte an Kants theoretischer Philosophie nicht Mängel, sondern eine reichhaltige Reflexion des Problemstandes sichtbar machen, die vor Kant nicht möglich war. Kant soll also nicht einfach bspw. von Hegel aus wegen seiner angeblichen Mängel getadelt werden. Gemäß dem in der „Einleitung" erwähnten problemgeschichtlichen Paradigma geht es vielmehr eher darum, *positiv* den besonderen Problemstand sichtbar zu machen, der in Kants theoretischer Philosophie erstmals in voller Schärfe und Komplexität herausgearbeitet worden ist.

---

13 Vgl. bspw. die Kritik an der Kritik des kantischen „Ding an sich", die ich in diesem Kapitel behandele: Bestritten wird, dass Kant jemals irgendwo eine Kausalbeziehung zwischen „Ding an sich" und mentalem Apparat explizit oder implizit behauptet hätte; bestritten wird, dass das „Ding an sich" als Rest eines metaphysischen Realismus zu verstehen sei, der den konstruktiven Idealismus Kants aufsprengen würde; bestritten wird, dass das „Ding an sich" eine derart wichtige Systemstellung einnimmt, wie es die Idealisten behaupteten.

Versteht man Philosophie nicht szientistisch als das „Lösen" von Problemen, sondern als die grundlagentheoretische *Aufdeckung* von Problemen in ihrem vollen Umfang, wie es diese Arbeit vertreten will, wird Kants epochale Leistung durch eine solche Rekonstruktion nicht geschmälert, sondern eher unterstrichen.

1.1 Die Zustoßung des Realen: Realität$_1$ in der „Transzendentalen Ästhetik"

„A n s c h a u u n g [...] findet aber nur statt, sofern uns der Gegenstand gegeben wird; dieses aber ist wiederum uns Menschen wenigstens nur dadurch möglich, daß er das Gemüth auf gewisse Weise afficire. Die Fähigkeit, (Receptivität), Vorstellungen durch die Art, wie wir von Gegenständen afficiert werden, zu bekommen, heißt **Sinnlichkeit**. Vermittelst der Sinnlichkeit also werden uns Gegenstände g e g e b e n , und sie allein liefert uns A n s c h a u u n g e n ; durch den Verstand aber werden sie g e d a c h t , und von ihm entspringen B e g r i f f e . Alles Denken aber muß sich, es sei geradezu (directe), oder im Umschweife (indirecte), vermittelst gewisser Merkmale, zuletzt auf Anschauungen, mithin, bei uns, auf Sinnlichkeit beziehen, weil uns auf andere Weise kein Gegenstand gegeben werden kann." (KrV, § 1, B 33)

1.1.1 Die Logik der Empfindung: Komparative Unmittelbarkeit

Gleich zu Beginn der *Kritik der reinen Vernunft* erklärt Kant die für ihn einzig mögliche Weise, wie im Voraus zu den subjektiven (allgemeinen) objektförmigen Konstitution einzelne Gegenstände *unmittelbar*, wenn auch subjekthaft *selbstgegeben* sein können: nämlich im passiven sinnlichen Affiziertsein durch Gegenstände. Sinnliches Affiziertsein bzw. „Empfindungen", wie Kant es auch nennt, bilden die einzige „Kontaktstelle", an der sich das „Ding an sich", als Welt der Gegenstände jenseits ihres Für-uns-Seins, und das „Subjekt" berühren: „Alles, was uns als Gegenstand gegeben werden soll, muß uns in der Anschauung gegeben werden. Alle unsere Anschauung geschieht aber nur vermittelst der Sinne; der Verstand schaut nichts an, sondern reflektiert nur." (Prol. § 13, Anm. II, S. 48) Die Gegenstände unserer Erfahrung sind „Erscheinungen, deren Möglichkeit auf dem Verhältnisse gewisser an sich unbekannter Dinge zu etwas anderem, nämlich unserer Sinnlichkeit, beruht." (Prol. § 13, S. 45) Diese Dinge an sich zu denken, die den Erscheinungen „zum Grunde liege[n]", ist „unvermeidlich": „Der Verstand also, ebendadurch daß er Erscheinungen annimmt, gesteht auch das Dasein von Dingen an sich selbst zu" (Prol. § 32, S. 86). Dieses Verhältnis von solchen für Kant unzweifelhaft *gegebenen* Dingen an sich wird ebenfalls eindeutig als Affektion benannt: „Ich dagegen sage: Es sind uns Dinge als außer uns befindliche Gegenstände unserer Sinne gegeben, allein von dem, was sie an sich selbst sein mögen, wissen wir nichts, sondern kennen nur ihre Erscheinungen, d.i. die Vorstellungen, die sie in uns wirken, indem sie unsere Sinne affizieren." (Prol. § 13, Anm. II, S. 49) Die „Behauptung einer realen Affektion durch reale Dinge an sich"[14] bei Kant ist – „gegen fichteanisierende Interpretationen"[15] der kantischen *Kritik der reinen Vernunft* – als Grundbehauptung der kantischen Erkenntnistheorie nicht sinnvoll zu eliminieren und, wie gesehen, innerhalb der *Kritik der reinen Vernunft* sowie in den *Prolegomena* gut belegt[16]. Kants gesamte „Transzendentale Ästhetik" ergibt nur von dieser offen herausgestellten Prämisse der Annahme einer „Existenz der Sachen" (Prol. § 13, Anm. III, S. 55) *außerhalb* unserer Vorstellungsvermögen und deren Gesetzen her Sinn, von wo sie dann auf diese („Existenz der Sachen") einwirken. Eben dies ist der bei Kant so ausdrücklich nicht benannte metaphysische Realismus bezüglich der Ebene der Realität$_1$ als Bedingung und Voraussetzung eben jenes „empirischen Realismus", der sich Kant zufolge mit einem „transzendentalen Idealismus" sinnvoll und konsistent vereinigen lassen soll. Die daraus hervorgehenden „Anschauungen" sind schon *Produkte* des Affiziertseins (weshalb Kant auch davon spricht, dass sie uns von der Sinnlichkeit „geliefert" werden *aufgrund* des Affiziertseins) und keine Gegebenheiten in der Form der Unmittelbarkeit[17]. Die Anschauungen haben also

---

14 Ebendies zeigt sehr klar und überzeugend Birgit Sandkaulen: „Das ‚leidige Ding an sich'. Kant – Jacobi – Fichte", in: *System der Vernunft. Kant und der Frühidealismus*, Bd. 2, hg.v. Wilhelm G. Jacobs, Hans-Dieter Klein, Jürgen Stolzenberg, Hamburg 2007, S. 175–201, hier: S. 187.
15 Sandkaulen: *Das leidige Ding an sich*, S. 187. Vgl. auch Hartmut Böhme, Gernot Böhme: *Das Andere der Vernunft. Zur Entwicklung von Rationalitätsstrukturen am Beispiel Kants*, Frankfurt am Main 1985, S. 294.
16 Die Kritik des sogenannten Kausalitätsarguments (vgl. Kap. 1.1.6 im Hauptteil I) sowie die Kritik an der ontologischen Annahme einer „Zwei-Welten-Lehre" bei Kant (vgl. die Einleitung zu diesem Abschnitt) dürfen nicht verwechselt werden mit der Einsicht in die notwendige Voraussetzung einer realen Affektion. Denn die reale Affektion setzt keine platonische Zwei-Welten-Trennung voraus bzw. impliziert diese notwendig, sondern lediglich einen Ebenenunterschied innerhalb des Konzepts von „Realität überhaupt" bei Kant als Frage des Begriffsdesigns. Ihr Unterschied zum Kausalitätsargument ist von Sandkaulen (*Das leidige Ding an sich*) hinreichend und bemerkenswert herausgearbeitet worden.
17 Gerhard Schönrich („Externalisierung des Geistes? Kants usualistische Repräsentationstheorie", in: *Warum Kant heute? Systematische Bedeutung und Rezeption seiner Philosophie in der Gegenwart*, hg.v. Dietmar H. Heidemann, Kristina Engelhard, Berlin/New York 2004, S. 126–150, hier: S. 133) übersieht den prozessualen Unterschied von Empfindungen und Anschauungen, wenn er sie als nur verschieden akzentuierte Beschreibungen *desselben* Gegenstandes bzw. *derselben* transzendentalen Handlung ansieht. Deshalb mischen sich in die vier Merkmale, die er

schon keinen reinen unmittelbaren Kontakt zur Realität$_1$ mehr, sondern sind die sinnlichen, unbestimmten, konkreten Formen, die unsere Sinnlichkeit *produziert*, wenn sie von Gegenständen *affiziert* wird. Somit ist in den Anschauungen die heterogene Gegebenheit von Dingen bereits transformiert in die *zweite subjektive sinnliche Form* der heterogenen Gegebenheit von Dingen (denn die *erste* ist die *Empfindung*). Anschauungen sind also immer schon durch das Affiziertsein[18] vermittelt und besitzen als *repraesentatio singularis* (vor den Begriffen als *repraesentatio universalis*) bereits einen repräsentationalen Gehalt, indem sie durch die Strukturierung durch begriffsförmige Muster (Form des Raumes, Form der Zeit) „etwas als etwas – wahr oder falsch – vorstellen"[19]. Empfindungen besitzen demgegenüber zwar „materialen Gehalt"[20], aber keinen epistemisch-repräsentationalen Inhalt[21]: Denn erst dort, wo sie nicht mehr im unmittelbaren Kontakt zu ihrem Gegenstand, sondern bereits durch die begriffsförmige Zurichtung des

---

für die Anschauungen bei Kant angibt, auch ein solches der Empfindung hinein, das Anschauungen *nicht* mehr im strengen Sinn zukommt: Wo sowohl Empfindungen als auch Anschauungen aufgrund ihrer gleichen Seinsweise als Produkte der sinnlichen Rezeptivität sinnlich, gegenstandsabhängig (d. h. die Existenz eines Gegenstands anzeigend) und singulär (d. h. sich auf genau einen Gegenstand beziehend) sind, gilt das Merkmal der Unmittelbarkeit im strengen Sinn nur für die Empfindungen. Der von mir hier eingeführte Begriff der „komparativen Unmittelbarkeit" macht es erst möglich, die (im Vergleich zu den Handlungen und Produkten des Verstandes) *generelle* Unmittelbarkeit der sinnlichen Rezeptivität in Einklang zu bringen mit den *innerhalb* der Produkte der sinnlichen Rezeptivität von der Anschauung zu unterscheidenden Unmittelbarkeit der Empfindung.

18 Vgl. ein zeitgenössisches Konzept von Wahrnehmung als ‚Zudringlichkeit' bei Lambert Wiesing, welches das Realismus/Idealismus-Problem folgendermaßen zu vermeiden sucht: Das Subjekt kann sich die sinnlichen Daten der Welt nicht aussuchen, es ist ihnen ausgesetzt, und wird erst durch den *Akt* der Wahrnehmung *als* Subjekt konstituiert. Transzendentale Leistungen der Konstitution von Wahrnehmungen müssen demgemäß als *abhängig* von einem vorgängigen Gegebensein des Subjekts *durch* und *in* Wahrnehmungsvollzügen gedacht werden, die so jenseits der Frage von Realismus oder Idealismus bzw. Passivität/Aktivität gedacht werden. (Lambert Wiesing: *Das Mich der Wahrnehmung. Eine Autopsie*, Frankfurt am Main 2009)

19 Dietmar H. Heidemann: „Vom Empfinden zum Begreifen. Kant im Kontext der gegenwärtigen Erkenntnistheorie", in: *Warum Kant heute? Systematische Bedeutung und Rezeption seiner Philosophie in der Gegenwart*, hg. v. Dietmar H. Heidemann/Kristina Engelhard, Berlin/New York 2004, S. 14–43, hier: S. 40; zum Unterschied von Empfindung und Anschauung bei Kant vgl. Heidemann: *Vom Empfinden zum Begreifen*, S. 39–41.

20 Heidemann: *Vom Empfinden zum Begreifen*, S. 41.

21 Tye allerdings hat in der neueren Forschung zu bestreiten versucht, dass es überhaupt qualitative Bewusstseinszustände, die zugleich nicht-repräsentational sind, gibt (vgl. Michael Tye: *Ten problems of consciousness. A representational theory of the phenomenal mind*, Cambridge, Mass./London 1995).

Subjekts in einem anderen Wirklichkeitskontext stehen, beziehen sie sich auf Inhalte als bestimmte Vorstellungsgehalte.

Wenn es um die Gegenstandserkenntnis geht, so ist Kant von Anfang an darauf bedacht, dasjenige, was im Sinne eines strengen Realismus ganz von außen kommt, zu unterscheiden von demjenigen, was im Sinne eines strengen Idealismus ganz von uns als allgemeinen Subjekten erzeugt wird. Daher zeigt schon der Anfang der *Kritik der reinen Vernunft*, dass jegliche Versuche, den kategorialen Begriff der Realität jenseits der unfruchtbaren Alternative von Realismus und Idealismus zu denken, die jeweils stets einen Aspekt von begrifflicher Realität ignorieren müssen und deshalb selbstwidersprüchlich werden, bei Kant gar nicht erst in den Blick kommen können[22].

> Die Wirkung eines Gegenstandes auf die Vorstellungsfähigkeit, sofern wir von demselben afficiert werden, ist E m p f i n d u n g. Diejenige Anschauung, welche sich auf den Gegenstand durch Empfindung bezieht, heißt e m p i r i s c h. Der unbestimmte Gegenstand einer empirischen Anschauung heißt E r s c h e i n u n g. / In der Erscheinung nenne ich das, was der Empfindung correspondirt, die M a t e r i e derselben, dasjenige aber, welches macht, daß das Mannigfaltige der Erscheinung in gewissen Verhältnissen geordnet werden kann, nenne ich die F o r m der Erscheinung. (KrV, § 1, B 34)

Hier wird die bereits angesprochene Grenze nochmals deutlich, die zwischen „Empfindung" (erste subjektive Stufe des sinnlichen Gegebenseins von Realität$_1$) und „Anschauung" (zweite subjektive Stufe des sinnlichen Gegebenseins von Realität$_1$) verläuft. Empfindung ist das unmittelbare Produkt des sinnlichen Gegebenseins von dem Subjekt *äußerlichen* Gegenständen *im* Subjekt[23] (es ist das, was uns unmittelbar passiert, und das erste, was in uns als Produkt der Vorstellung entsteht) und stellt somit die einzige als unmittelbar zu bezeichnende Berührung des Subjekts durch die Realität$_1$ dar; freilich eine solche, die ebenfalls bereits *in* der Form von Subjektivität gegeben und damit durch das *erkennende*

---

[22] Auf diesem Problem basiert die Grundidee Hegels, für welche die vorliegende Arbeit Evidenzen aufzuzeigen sucht: Der Begriff der Realität ist nicht von der Art, dass er *im* Koordinatensystem der Begriffe „Subjekt", „Objekt" und „Relation" gedacht werden kann, weil er diesen Beziehungen (Abhängigkeit des Objekts vom Subjekt [Idealismus], Abhängigkeit des Subjekts vom Objekt [Realismus]) als Sphäre der Koordination *vor- und übergeordnet* ist – weil er mithin der *Begriff* der Sphäre ist, in der Subjekt und Objekt immer schon zugleich und in Einheit getrennt und vermittelt, gegeben und konstituierend sind.

[23] Vgl. Förster: *Die 25 Jahre der Philosophie*, S. 21f. „*Sinnlichkeit* ist die *Empfänglichkeit* eines Subjekts, durch die es möglich ist, dass sein Vorstellungszustand durch die Gegenwart irgendeines Objekts auf bestimmte Weise betroffen wird." (AA, 2, 392; im Original: „*Sensualitas es receptivitas* subiecti, per quam possible es, ut status ipsius repraesentativus obiecti alicuius praesentia certo modo afficiatur".)

Subjekt konstituiert ist, auch wenn sie noch keine repräsentationale Form im engeren Sinn aufweist[24]. Man müsste hier demnach genauer von einer „komparativen Unmittelbarkeit" der Empfindung sprechen: *Im Vergleich* zu den weiteren Modi der Verarbeitung der sinnlichen Data ist die Empfindung *am unmittelbarsten*. Unmittelbarkeit meint hier *externalistisch* den Aspekt des realen Kontakts von Bewusstseinsvorkommnissen mit Dingen der Außenwelt ohne weitere Vermittlungsinstanz. Empfindung wie Anschauung allerdings sind *gleichermaßen unmittelbar* in dem Sinn, dass für beide „kein anderer Inhalt [...] (durch Übergangsregeln gesteuert) auf [ihren] aktuellen Inhalt hinführen"[25] kann. Unmittelbarkeit meint hier *internalistisch* den Aspekt fehlender regelhafter und begriffsförmiger „inferentieller Beziehungen" zwischen repräsentationalen Gehalten: Der Inhalt von Empfindungen und Anschauungen steht gleichermaßen nicht in Schluss- und Inklusionsverhältnissen zu anderen sinnlichen Gehalten bzw. kann nur durch solche inferentiellen Regelhaftigkeiten erzeugt werden.

Auf diese Weise kommt in der Wahrnehmung das Andere *des* Subjekts („Ding an sich") nur als Anderes *im* Subjekt in den Blick. Deshalb stellt sich notwendigerweise die Frage, welches *Kennzeichen des Anderen* diese ersten Produkte des Apparats der transzendentalen Subjektivität tragen bzw. mit welchen Markierungen das Andere *im* Subjekt gekennzeichnet ist.

1.1.2 Die Leere des Übergangs

Gemäß dem platonischen Begriff der „Grenze" aus dem *Parmenides*, die als Verbindung zweier beziehungsloser Elemente selbst nicht(s) ist und damit die Verbindung überhaupt im selben Maße undenkbar macht, in dem sie diese herstellt[26], findet der Übergang von der Realität$_1$ zur Form des transzendentalen

---

24 „Direkter jedoch als in Anschauungsvorkommnissen, die einen qualitativen Inhalt haben, ist kein Gegenstandsbezug möglich." (Schönrich: *Externalisierung des Geistes*, S. 138) Wenn Schönrich auch hier erneut in Bezug auf Kant Empfindung und Anschauung unter dem Oberbegriff „Anschauung" in eins setzt, so ist es doch m. E. zutreffend, die höchste Form der Unmittelbarkeit bezüglich des Gegenstandes bei Kant als immer schon subjektiv gebrochen zu verstehen: „Die denkbare Alternative, in der sich der Gegenstand in nackter Gegebenheitsweise *de re* repräsentierte, ist [für Kant, C.W.] eine Wunschvorstellung des metaphysischen Realismus." (Schönrich: *Externalisierung des Geistes*, S. 138)
25 Schönrich: *Externalisierung des Geistes*, S. 134.
26 Platon, *Parmenides*, Griechisch/Deutsch, hg.v. Hans Günter Zekl, Hamburg 1972, S. 95–99 [155e–157b]. Vgl. außerdem den Diskussionszusammenhang der „Grenze", zumeist in Abgrenzung zur „Schranke", im idealistischen Diskurs: Kant: Prol. § 57, S. 138; KrV, B 600–611; Friedrich Schlegel: *Kritische Friedrich-Schlegel-Ausgabe*, Bd. XVIII, hg.v. Ernst Behler, München/Paderborn

Subjekts ohne *an sich bestimmbare* Vermittlung beider statt. Es gibt damit keinen an sich repräsentierbaren Übergangsbereich, in welchem beide vermittelt anwesend sind oder sogar ein „Drittes" bilden. Die Inhalte der Realität$_1$ sind *plötzlich* im Subjekt eine erste subjektive Form (Empfindung), ohne dass der *Übergang selbst als eine Form* (die dann weder dem Objekt noch dem Subjekt allein angehören dürfte) bestimmbar ist[27]. Ein solches „Drittes" wie eine zu einem Raum ausgedehnte Grenze, in der das Eine (Realität$_1$) nicht mehr und das Andere (subjektive Empfindung) noch nicht ist, ist folglich bei Kant nicht denkbar: Also muss das Reale der Realität$_1$ als notwendig zu denkender *Einbruch* (als *Ereignis*[28]) in die Welt der Erscheinungen verstanden werden. Denn die Konfiguration des „Einbruchs", in der der Übergang in der Form sinnlich-räumlicher Bewegung begriffen wird, fasst ein Dreifaches: 1.) das gänzlich von außen Hinzukommende, nicht aktivisch vom „Innen" des Subjekts Erzeug- oder Steuerbare der Realität$_1$; 2.) das Wirksam-sein des Einbrechenden innerhalb der Welt der Erscheinungen, d. h. die Zielrichtung des Einbrechens als Anwesend-sein im Raum des Einbruchs (der nicht als bloßer Transitraum erscheint); 3.) die Unmöglichkeit, dem Einbrechenden einen rationalen Grund innerhalb der Welt der Erscheinungen zu geben, d. h. es in Begriffen des Erscheinungsfeldes zu vergegenwärtigen oder zu begründen. Fichtes Begriff der Einbildungskraft wird an dieser Schnittstelle – dem unbefriedigenden Geschehen des Einbruchs der Realität$_1$ – ansetzen, um dieses Dritte innerhalb des Subjekts beschreibbar zu machen (vgl. Kap. 3 im Hauptteil I). Die empirische Anschauung ist dann als zweite subjektive Form des sinnlichen Gegebenseins bei Kant bereits deutlicher als die Empfindung, die bloß noch subjektive Weise, Empfindungen konstitutiv zu *gestalten,* was sich schon allein daran

---

1963, S. 521; Fichte: GA I,2, S. 267–282. [§3, Kategorie der Limitation] und GA I,2, S. 350–361 [§4, Erster Lehrsatz, γ]; GW 21, S. 110–124 [„Grenze" und „Schranke"]. Es findet sich allerdings im griechischen Denken durchaus der Hinweis darauf, die Dialektik der Grenze im idealistischen Sinne zu denken: in der Art und Weise, wie *peras* (Grenze) etymologisch der Grund des Praxisbegriffs ist (vgl. dazu erhellend Giorgio Agamben: *Der Mensch ohne Inhalt,* Berlin 2012, S. 98 f.). Demnach ist nämlich für das Tun bzw. das Handeln seine Grenze zugleich das, was als Zweck in sich selbst fällt (Praxis) und damit zugleich Inbegriff des zu ihm Transzendenten wie Immanenten ist.

[27] Fichte (vgl. Förster: *Die 25 Jahre der Philosophie,* S. 199 f.), der zeigt, wie die Grenze des Anstoßes *auch* ‚äußerlich' zu dem durch sie bedingten ist, und Hölderlin, der die Zeitlichkeit des Übergangs selbst als Form des Absoluten denkt (vgl. dazu konzis Jan Urbich: „Poetische Eigenzeiten in Hölderlins ‚Brod und Wein' im Licht seiner Zeitphilosophie", in: *Zeit der Darstellung. Ästhetische Eigenzeiten in Kunst und Wissenschaft,* hg.v. Michael Gamper, Helmut Hühn, Berlin 2013, S. 209–244), modifizieren eben dieses Problem des Übergangs bei Kant auf entscheidende Weise und markieren so seine Dringlichkeit für einen angemessenen Begriff des Realen.

[28] Zum Begriff des „Ereignisses" vgl. Jean Baudrillard: *Das Ereignis,* Weimar 2007.

1.1 Die Zustoßung des Realen: Realität₁ in der „Transzendentalen Ästhetik"

zeigt, dass es sehr wohl „reine Anschauungen" gibt (Raum/Zeit), d. h. Anschauungen selbst reine apriorische subjektive Form sein können, es aber keine vorgängigen „reinen Empfindungsformen" gibt. Die Anschauungsformen sind also viel deutlicher eine Konstruktionsform des Subjekts, als dies bei der Empfindung der Fall ist. Deren transzendentale Formlosigkeit hingegen trägt der Notwendigkeit Rechnung, Materiales und damit Reales als Stoff der transzendentalen Produktion zuzulassen, das selbst nicht bereits in subjektiver Formung gründet, ohne jedoch dessen ebenso notwendige Art der Bestimmtheit – denn ohne diese ist kein Gegebensein möglich – wirklich denken zu können[29]. Der „Rückfall in den ‚Mythos des Gegebenen'"[30] bei Kant ist folglich anscheinend unvermeidbar und direkte Konsequenz der begrifflich ungenügenden Bestimmungen des „Einbruchs": Das Mindestmaß an Kommensurabilität von Gegenstand und subjektiver Registrierung ist nicht gegeben, wo jegliche Ordnung von Identität und Differenz erst in den sensitiven und repräsentationalen Formen subjektiver Ausstattung an dem andersartigen, d. h. an sich unbestimmtem Material hervortritt[31]. Dabei wird vor allem an den *bloßen Vorkommnissen* der Empfindung, also an der Art und Weise, wie singuläre unmittelbare Empfindungen auf Gegenstände bezogen sind, das Problem eines zu denkenden Übergangs deutlich. Denn die *Singularität* dieser Vorkommnisse – jede Empfindung ist einzigartig und unwiederholbar – und die *Singularität* ihres Bezuges – jede Empfindung bezieht sich auf *ein* bestimmtes Objekt – müssen widerspruchsfrei mit der ebenso notwendigen Allgemeinheit ihres unmittelbaren Beziehens zusammengedacht werden. Denn in *verschiedenen* Empfindungsvorkommnissen und ihrem Objektbezug muss sichergestellt sein, dass die mögliche *Selbigkeit* dieses Objekts unmittelbar erfahren werden kann:

---

29 Tatsächlich hat Kant an manchen Stellen das angedacht, was erst Fichte später systematisch-explizit entwickelt hat, um diese Leerstelle füllen zu können: noch den unbearbeiteten Stoff der Empfindung bzw. Wahrnehmung als Modifikation unserer Sinnlichkeit zu begreifen und so auch das Affizierende noch in den Theorieraum des transzendentalen Subjekts zu holen. Mit guten Gründen – um den berkeleyschen Idealismusvorwurf der „Göttinger Rezension" zu entkräften – hat er von diesem Weg abgelassen. Vgl. dazu Sandkaulen: *Das leidige Ding an sich*, S. 189f.
30 Schönrich: *Externalisierung des Geistes*, S. 142. Zum Mythos des Gegebenen vgl. Wilfrid Sellars: *Empiricism and the Philosophy of Mind*, Cambridge, Mass./London 1997, und als umfassende Kritik des Begriffs Wiesing: *Das Mich der Wahrnehmung*, S. 11–71.
31 Das von Donald Davidson kritisierte „3. Dogma des Empirismus", der Gegensatz von Begriffsschema und uninterpretiertem empirischem Inhalt, hat hier seinen historischen Ursprung (Donald Davidson: „On the Very Idea of a Conceptual Scheme", in: Ders.: *Inquiries into Truth and Interpretation*, Oxford 1974, S. 183–198, hier: S. 189). Überhaupt sind alle drei von Quine und Davidson entwickelten „Dogmen" des Empirismus, obwohl unmittelbar vor allem auf den ‚klassischen' modernen Empirismus des logischen Positivismus zugeschnitten, deutlich (das 1. Dogma analytischer und synthetischer Urteile) oder untergründiger (das 2. Dogma des Erfahrungsgehalts) letztlich an Kants Erkenntnistheorie orientiert.

Die verschiedenen und nacheinander ablaufenden Empfindungen bspw. des Essens eines Apfels in Bezug auf die Farbe von verschiedenen Seiten, das haptische Gefühl (rau), das sensorische (Geruch) etc. sollen ohne weitere Zwischenschaltung unmittelbar *dasselbe* Objekt repräsentieren. Also ist es unumgänglich, dass bereits in die unmittelbare Kontaktstelle des Subjekts zur Außenwelt Normative ihres Zusammenhangs eingeprägt sind, die nicht anders denn als begriffliche oder protobegriffliche Regeln gedacht werden können, auch wenn sie nicht den begrifflichen Formen der Prägung durch das Subjekt zuzurechnen sind[32]. Schönrich hat diese Regeln der Empfindung für die *Identität* der Objekte als „extensive Größe" der gleichen „Raumstelle" und für die *Existenzgewissheit* der Objekte als „intensive Größe" der objektabhängigen positiven Graduierung überzeugend bestimmt[33]. Wichtig ist festzuhalten, dass bereits in den noch nicht gehaltsrepräsentationalen, unmittelbaren Kontaktstellen der Empfindung begriffliche Regeln am Werk sein müssen, die einen *Proto-Objektzusammenhang der Empfindungen* und eine *potenzielle Allgemeinheit des Sinns* im singulären Wahrnehmungsgehalt[34] garantieren, ohne die sie nicht durch Anschauungsformen und Kategorien weiterverarbeitet werden könnten. In den allerersten Stufen der Anschauung wirken folglich schon nicht-singuläre Muster begrifflich-repräsenta-

---

[32] Maurice Merleau-Ponty hat diese Eigenbestimmtheit der Realien als das „Unmenschliche" in den Dingen bei ihrer subjektiven Wahrnehmung markiert: Für gewöhnlich nämlich sind wir in der Wahrnehmung eines Dinges nur auf die dem Menschen zugewandten Aspekte „aufmerksam, da im Zusammenhange unserer Beschäftigung die Wahrnehmung sich gerade so weit der Dinge annimmt, als deren vertraute Gegenwart reicht." (Maurice Merleau-Ponty: *Phänomenologie der Wahrnehmung* (1945), Reprint, Berlin 1966, S. 372 [Zweiter Teil, § 38]) Daneben aber gibt es eine Rückseite der Dinge, der unsere Aufmerksamkeit nicht gilt und die wir dennoch wie einen Schatten – als Bedingung der menschlichen Seite – erfahren, nämlich, „dass diese Rückseite – ein uns eigentümlich verschlossenes und entzogen bleibendes Sein der Dinge an ihnen selbst – da ist. Dieses eigentliche Sein der Dinge ist uns nicht zugekehrt. Es ruft uns nicht, es meint uns nicht, es braucht uns nicht. Es hat weder humane Züge noch eine humane Teleologie." (Wolfgang Welsch: *Homo mundanus. Jenseits der anthropischen Denkform der Moderne*, Weilerswist 2012, S. 320) Insofern meint Merleau-Ponty, dass die Dinge etwas „Unmenschliches bergen" und „verwurzelt sind in einem Grunde der unmenschlichen Natur" (Merleau-Ponty: *Phänomenologie der Wahrnehmung*, S. 372, 374 [§ 38]). Es ist eben diese unmenschliche Kehrseite, die das Ding zum Ding macht (vgl. Merleau-Ponty: *Phänomenologie der Wahrnehmung*, S. 375), indem sie dessen Selbstbestimmtheit als Grund seiner Realität hält, die uns als Subjekte jedoch vielmehr abstößt als anzieht, weil wir uns in ihr nicht wiedererkennen (vgl. Merleau-Ponty: *Phänomenologie der Wahrnehmung*, S. 374).
[33] Schönrich: *Externalisierung des Geistes*, S. 140 f.
[34] Zu einem m. E. problematischen Versuch, einen rein *singulären* Sinn der kantischen Anschauungen zu denken, vgl. Peter Rohs: „Bezieht sich nach Kant die Anschauung unmittelbar auf Gegenstände?", in: *Kant und die Berliner Aufklärung*, Bd. 2, hg.v. Volker Gerhardt, Rolf-Peter Horstmann u. a., Berlin/New York 2001, S. 214–228.

tionaler Ordnung: Hegel hat dies später für die deiktischen wie indexikalischen Ausdrücke in der „Sinnlichen Gewißheit" der *Phänomenologie des Geistes* offengelegt.

1.1.3 Formen der Widerständigkeit

In *welchen* Formen spielt sich dieser subjektiv-unmittelbare Kontakt mit der Realität$_1$ bei Kant genau ab? Als Beispiele für die „Formen" der Empfindung erwähnt Kant „Undurchdringlichkeit, Härte, Farbe" (KrV, § 1, B 35), also Gehalte des Fühlens und Sehens, die die Dinge als *Gegen-stand*, wörtlich als *Wider-stände* (siehe auch die affektive Wirkung von Farben), begreifen[35]. Was das „Ding an sich" also unmittelbar (wenn auch eben schon in der Form des Subjekts, als Form des Formlosen in der Empfindung) ausmacht, sind demnach *Gegenkräfte als Impulse*, welche dem Subjekt a) *zustoßen* (vgl. auch später Fichtes „Nicht-Ich" als Widerstandskraft, vor allem aber Jacobis Konzept gleichursprünglicher, widerständiger Realität des Sinnlichen) und b) es einschränken, d.h. seine Tätigkeit behindern bzw. begrenzen. Daraus ergibt sich ein Begriff von Realität$_1$ als Existenzdimension des „Ding an sich", die als *äußerliches Anderes* auf das Subjekt *treffend* bestimmt ist: Wo das Subjekt aufhört, fängt die Realität$_1$ der Gegenstände an sich selbst an. Ihre Grenze trennt beide voneinander und wird nur als Widerstand bzw. als Gegeneinander erfahrbar, sodass ihre einzige „Schleuse" – und dies ist der zentrale implizite Argumentationspunkt bei Kant – eine selbst unbestimmbare Art der Übersetzung der Widerständigkeit in Empfindung bleibt. Zwar sind die Formen der Empfindung, die Kant zur „subjectiven Beschaffenheit der Sinnesart" (KrV, § 2, B 44) rechnet, also solche „des Gesichts, Gehörs, Gefühls, durch die Empfindungen der Farben, Töne und Wärme" (KrV, § 3, B 44), quasi die *subjektive Form des Nicht-Subjekthaften*, aber als solche lassen sie „an sich kein Object, am wenigsten a priori, erkennen" (KrV, § 3, B 44).[36] Die Empfindung ist also noch sehr

---

[35] Hartmut und Gernot Böhme fassen das bei Kant ganz ähnlich, wenn sie diese Widerständigkeit als „Fremdheit" bezeichnen: „Fremdheit ist geradezu ein Kriterium der Wahrheit, das Merkzeichen dafür, daß man überhaupt den eigenen Kreis verlassen hat." (Böhme, Böhme: *Das Andere der Vernunft*, S. 297) Am Begriff des Widerstands wird später Jacobi in seiner Kritik seinen Beweis von der Notwendigkeit der Annahme einer objektiven, von uns unabhängigen Realität sowie ihrer Erkennbarkeit anknüpfen (Jacobi: *David Hume*, JWA 2,1, S. 58f.). Ebenso ist Fichtes Begriff des Anstoßes von der Irreduzibilität der Vorstellung eines an sich selbst gegen das Ich Widerständigen her gedacht (vgl. Kap. 3.4 im Hauptteil I).
[36] In den *Prolegomena* spezifiziert Kant hier zweifach: Zum einen wird im programmatischen Anschluss an Locke von sinnlichen Prädikaten wie „die Wärme, die Farbe, der Geschmack" gesagt, sie kämen nicht „dem Object an sich selbst" zu, sondern müssten als „Modificationen" des

weit davon entfernt, im strengen Sinn erkenntnisfähig zu sein: Vielmehr ist sie in Bezug auf irgendeine Stufe oder Form von Erkenntnis – sieht man selbst von Kants Beschränkung der Erkenntnis auf Aussagenwahrheit ab[37] – generell nur als ‚Noch-nicht' gekennzeichnet, weil ihr die Minimalbedingungen von Repräsentationalität als subjektive Form des Objekthaften überhaupt fehlen. Im Gegenteil: Dort, wo das Subjekt mit ihr am nächsten zur Realität$_1$ steht, ist es von ihrer Erkenntnis, d. h. den psychologischen wie logischen Bestandteilen, die zur Formung einer Erkenntnis notwendig sind, am weitesten entfernt. Das bedeutet *erstens:* Was am unmittelbarsten als Reflex auf die Realität der Dinge (Realität$_1$) begriffen werden kann (Empfindungen), d. h. das, was das *Nicht-Subjekthafte* am nächsten

---

jeweiligen Sinnes betrachtet werden (Prol. § 13, AA, 4, Anm. II, S. 289). Somit wird hier der Realismus der sinnlichen Eigenschaften, wie ihn die *Kritik der reinen Vernunft* noch unbestimmt ließ, ausgeschlossen: Es gehören „*alle Eigenschaften, die die Anschauung eines Körpers ausmachen, zu seiner Erscheinung*" (Prol. § 13, AA, 4, Anm. II, S. 289). Die Fragen jedoch, durch welche apriorischen Konfigurationen dann aber die Intersubjektivität der sinnlichen Eigenschaften gesichert ist – denn schließlich nehmen wir alle, sollte es keine pathologischen Defekte geben, ein Rot zumindest in der Grundeigenschaft des Rotseins als Rot wahr –, warum diese einen anderen Spielraum gegenüber der streng kategorialen Intersubjektivität der Erscheinungen hat, ohne doch subjektiv beliebig zu werden, und welchen Grund diese Erscheinungen in den kausalen Data des Ding an sich haben, bleiben unbeantwortet. Zum anderen spricht Kant nun offensiv von einer „sinnlichen Erkenntniß" (Prol. § 13, AA, 4, Anm. III, S. 290) und legt damit nahe, dass die Gewahrung sinnlicher Eigenschaften selbst, auch wenn sie *vor* „dem Zusammenhang der Vorstellungen in dem Begriffe eines Objects" (Prol. § 13, AA, 4, S. 290) als Form der „Wahrheit" liegen, auch eine eigenständige Weise des Erkennens bildet. Die sich daraus ergebende Unterscheidung verschiedener Erkenntnisbegriffe bzw. Reichweiten der Erkenntnis bleibt aber im Folgenden bei Kant aus. Für die hier vorliegende Untersuchung ist deshalb einzig die Dramaturgie der Erkenntnis in der *Kritik der reinen Vernunft* verbindlich, welche Erkennen im strengen Sinn erst auf der Ebene kategorialer Zusammenhänge und damit von apriorischer Objekthaftigkeit ansetzt.
37 Zum wichtigen Unterschied von „Denken" und „Erkennen" vgl. KrV, B 94; KrV, B 146; KrV, B 167 (Fußnote); KrV, B 406. Vgl. dazu allgemein Ludger Honnefelder: *Scientia transcendens. Die formale Bestimmung der Seiendheit und Realität in der Metaphysik des Mittelalters und der Neuzeit*, Hamburg 1990, S. 448 f., und Sandkaulen: *Das leidige Ding an sich*, S. 192; Graeser zeigt in seinem Kommentar zur *Einleitung* von Hegels *Phänomenologie des Geistes* sehr überzeugend auf, wie Hegel diesen Unterschied und seine Funktion bei Kant ignoriert, wenn er sein berühmtes Argument vom „Erkennen vor dem Erkennen" gegen Kant in Stellung bringt (Andreas Graeser: *G.W.F. Hegel. Einleitung zur Phänomenologie des Geistes. Ein Kommentar*, Stuttgart 1988, S. 21–175, hier: S. 32 f.). Es ist eben diese Dichotomie der „anschauungsbezogenen Erkenntnis" und des „referenzlosen Denkens", die „schon von Fichte bestritten und seitdem nicht mehr anspruchsvoll rehabilitiert" worden ist (Reinhard Brandt: „Kant", in: *Sonderheft Information Philosophie* 3/4 (2012), S. 27–32, hier: S. 30 f.). Für das sinnvolle Denken des reinen Begriffs des Realen aber, so argumentiert die vorliegende Arbeit, ist die Aufhebung dieser Trennung unumgänglich, denn mit ihrer Reintegration wird die sinnwidrige *bloße* erkennende Nachträglichkeit des Begriffs *für* das Reale korrigiert.

1.1 Die Zustoßung des Realen: Realität₁ in der „Transzendentalen Ästhetik" — 27

subjektiv registriert, ist selbst das (im ‚schlechten', allgemein nichterkenntnisfähigen Sinn) ‚bloß' *Subjektivste* im Subjekt (in der Bedeutung von „nicht-allgemein", nicht-apriorisch). Das wird am deutlichsten, wenn Kant sagt, dass „nämlich etwa Farben, Geschmack etc. mit Recht nicht als Beschaffenheiten der Dinge, sondern bloß als Veränderungen unseres Subjects, die sogar bei verschiedenen Menschen verschieden sein können, betrachtet werden" (KrV, § 3, B 45) müssen. Daraus folgt paradoxerweise: Gerade das, was am scheinbar unmittelbarsten auf die Gegebenheit von Dingen im Sinne der Realität₁ nicht-subjektiv reagiert, ist aufgrund seiner Nicht-Subjektivität im Sinne seiner Nicht-Idealität (keine allgemeine subjektive Form a priori) das im schlechten Sinn Subjektivste und damit gerade nicht fähig, Erkenntnisverhältnisse mit ihrem Fundament in objektiven, d. h. allgemeingültigen Transzendentalformen zu bilden. *Zweitens:* Was am unmittelbarsten auf die objektive (im Sinne von objekthafter „Widerständigkeit") Gegebenheit der Dinge der Realität₁ im Subjekt antwortet, ist selbst *jenseits* der Fähigkeit, Objekthaftigkeit zu registrieren. Objekthaftigkeit nämlich entsteht erst im Zusammenspiel der aprioischen Formen auf der Ebene des Verstandes, durch Kategorien und Schemata. Generell gilt *drittens:* Was die Dinge zu Objekten macht, erfasst sie nicht in ihrer Realität₁, weil es sie im Sinne transzendentaler Subjektivität erkenntnistheoretisch konstituiert[38] (Anschauungsformen – Kategorien – Schemata). Was die Dinge *noch nicht* zu Objekten macht, sondern sie im *einzelnen* Subjekt unmittelbar als Gegebenheit erfasst (Empfindung), erfasst nicht ihre Realität₁, weil es unfähig zur Objektivität und Allgemeingültigkeit (als Form der Konstanz von Dingen) ist, sondern nur das bloß Subjektive des wechselnden sinnlichen Eindrucks gebraucht.

Das Paradoxe daran ist also, dass je weiter die sinnlichen Daten der Dinge zu festen Objekten der Realität₂ werden, desto weiter entfernen sie sich von den Gegebenheiten ihrer Realität₁. Sie sind also in dieser Beziehung durch eine tendenzielle Gegenläufigkeit von Realität₁ und Realität₂ bestimmt, wo doch hin-

---

[38] Ich danke Anton Friedrich Koch für seine wertvolle Kritik, dass nämlich nicht die Dinge in Raum und Zeit vom Subjekt konstituiert sind, sondern lediglich die *Erkenntnis* der kategorialen Struktur der Dinge. Die Konstitution, so Koch, die das Subjekt in seinem Verhältnis zu den Dingen leistet, ist nur epistemischer, nicht ontischer Natur. Ich teile diese Ansicht (vgl. Fußnote 95 und Fußnote 189 im Hauptteil I), auf die ich auch bei Fichte aufmerksam mache (vgl. Fußnote 287 im Hauptteil I und Fußnote 5 in der Schlussbetrachtung). Diese epistemische Lesart bestimmt aber trotzdem eine doppelte ontologische Unabhängigkeit der Gegenstände der Erfahrung. Ontologisch unabhängig vom Subjekt ist nämlich in der Tat das Ding an sich, aber eben auch, so Kant, der Gegenstand der Erscheinung. Kant entwirft damit, so die zentrale These des Kant-Kapitels dieser Arbeit, zwei begriffliche Ebenen der *einen* begrifflich zu beschreibenden Realität, die er als Zusammenhang entwickeln will (als zwei komplementäre Beschreibungen von Realsein), die sich aber zugleich nicht konsistent als Aspekte *einer* Realität zusammenbringen lassen.

sichtlich der Genese des Erkennens eine Sukzessivität beider Bewusstseinsinhalte stattfinden soll (denn die kategoriale Formung baut auf den sinnlich gegebenen Daten auf und bewegt sich innerhalb von deren konkreten Vorgaben, welche durch die Schematismen integriert werden). Zugleich aber binhaltet die Eigenschaft der Widerständigkeit, mit der unmittelbare Empfindungen den Impuls der äußeren Realität registrieren und die gerade nicht-objekthaft ist sowie keine Erkenntnis erzeugt, ein wesentliches Merkmal der *Objekthaftigkeit überhaupt*, durch welches diese überhaupt erst zur Bedingung *individueller* Objekte wird: die „Undurchdringlichkeit" von Objekten nämlich. Erst wenn individuelle Objekte als gegeneinander undurchdringlich angenommen werden, ist es möglich, zwei verschiedene Objekte zu denken, die in allen Eigenschaften sowie noch dazu in ihrer Ortseigenschaft identisch sind, ohne doch ontologisch-numerisch identisch zu sein[39]. Kant jedoch sieht nicht, dass die sinnliche Widerständigkeit in der Empfindung bereits unmittelbarer Reflex einer begrifflichen Form ist, die der apriorischen Struktur von „Objektivität überhaupt" zukommen muss.

1.1.4 Das Mannigfaltige als reale Bestimmtheit

Zugleich jedoch muss es notwendigerweise eine *reale Bestimmtheit* der Dinge in der Empfindung geben, die nicht von den bloß subjektiven Bedingungen von Bestimmtheit als Einheit überhaupt (transzendentale Einheit der Apperzeption) und deren Derivationen in den Kategorien her kommt, sondern die als den Dingen an sich selbst zugehörig betrachtet werden muss. Denn auch das „Mannigfaltige" (KrV, § 1, B 34) der Empfindung ist in gewisser Weise bestimmt, wenn auch nicht durch die Formen der Einheit des Verstandes (transzendentale Einheit – Kategorien). Genau hier liegt m.E. der unauflösbare und von Kant selbst unbeschreibbare Widerspruch seines Modells: ursprünglich gegebenes Bestimmtsein, das jedem subjektiven Akt der Bestimmung vorhergeht und es ermöglicht, nicht denken zu können. Förster hat deshalb – aus der Perspektive kantischer Programmatik – Recht, wenn er schreibt: „Dieser Einwand ist aber nur gültig aus der Perspektive eines Realismus, demzufolge uns Gegenstände bereits in irgendeiner Weise gegeben sind, bevor der Logiker seine Wahl trifft. Das ist aber gerade für Kant nicht der Fall. Da er vielmehr erklären will, wie auf der Basis von Vorstel-

---

[39] Vgl. hierzu Peter Mittelstaedt: „Der Objektbegriff bei Kant und in der gegenwärtigen Physik", in: *Warum Kant heute? Systematische Bedeutung und Rezeption seiner Philosophie in der Gegenwart*, hg.v. Dietmar H. Heidemann, Kristina Engelhard, Berlin/New York 2004, S. 207–231, hier: S. 211f.

lungen ein Bezug auf etwas vom Subjekt Unterschiedenes überhaupt erst möglich ist, kann für ihn eine Quantifikation über Gegenstände nicht primitiv sein."[40] Försters Schlussfolgerung wird deshalb hier zumindest versuchsweise Ernst genommen: „Eine wirksame Kritik an seinem Verfahren müsste deshalb tiefer ansetzen als bei der Konventionalität gegenwärtiger Logiken: nämlich auf der Ebene der Wahrnehmungstheorie, bei der Frage nach dem Gegebenen bzw. dessen Konstitution."[41]

Drei Hinweise sind in dieser Hinsicht anzubringen. *Erstens* fordert die konstitutive apriorische und aposteriorische Unterbestimmtheit der Gegenstände der Erfahrung[42] durch den transzendentalen Apparat und seine Formbedingungen, dass den Gegenständen eine Fülle von empirischen Bestimmungen zukommen muss, die sich weder aus transzendentalen Bedingungen ableiten lässt, noch gar mit diesen zusammenfallen kann. Es gibt weder eine Anschauungsform noch eine Kategorie für den Inhalt und die Intensität von Farben: Diese Einsicht zwingt Kant beinahe notwendig einen Realismus bezüglich der Existenz wie auch der empirischen Bestimmtheit von Gegenständen der Realität$_1$ auf, die aufgrund der Bipolarität des kantischen Modells (Subjekt und Erscheinungswelt – „Ding an sich") einzig auf der Seite der Realität$_1$ verortet werden *können* und zugleich verortet werden *müssen*. „Kann man dieses wohl Idealismus nennen? Es ist ja gerade das Gegentheil davon" (Prol. § 13, Anm. II, S. 289), sagt Kant in den *Prolegomena* und verweist damit auf seine eigene Programmatik, transzendentalen Idealismus und empirischen Realismus als notwendige Einheit seiner Theorie zu begreifen, die sich ergänzen und stützen sollen, wollen sie nicht jeweils grund- und bodenlos erscheinen[43]. Damit jedoch stellt er sich nicht dem Folgeproblem, das Paradox der sich *jeder* Bestimmtheit – auch der Bestimmtheit selbst – entziehenden, zugleich aber als notwendig vorauszusetzenden Bestimmtheit der Dinge an sich aufzulösen. Wann immer Kant die realistische Voraussetzung seiner Transzendentalphilosophie bedenkt, zieht er sich auf die bloße Existenzbehauptung zurück (vgl. Prol. § 13, Anm. II und Anm. III, S. 288–294), die den Dingen an sich „ihre Wirklichkeit lasse[n]" (Prol. § 13, Anm. III, S. 292) will. *Zweitens* bereitet bereits der

---

40 Förster: *Die 25 Jahre der Philosophie*, S. 36.
41 Förster: *Die 25 Jahre der Philosophie*, S. 36 f.
42 Dieses Problem, dass „durch die transzendentalen Gesetze unseres Verstandes das Besondere unbestimmt ist und es darum immer zufällig ist, wie verschieden und mannigfaltig die besonderen Naturprodukte sein mögen" (Förster: *Die 25 Jahre der Philosophie*, S. 152), beschäftigt Kant in der „Kritik der teleologischen Urteilskraft" in der *Kritik der Urteilskraft* erneut.
43 Vgl. zum Problem dieser Einheit in Bezug auf die „Transzendentale Ästhetik" auch Rolf-Peter Horstmann: „Was bedeutet Kants Lehre vom Ding an sich für seine transzendentale Ästhetik?", in: Ders.: *Bausteine kritischer Theorie. Arbeiten zu Kant*, Bodenheim 1997, S. 35–55.

Begriff des „Mannigfaltigen" gewisse Schwierigkeiten. Die Daten der Realität$_1$ sind nämlich begrifflich als „Mannigfaltiges" gefasst; d. h. die ursprüngliche, erste Form der Inhalte der Realität$_1$ soll eine bestimmte Form der Vielheit sein, nämlich die *ohne* innere Relation des Vielen, bei der „eine jede einzelne Vorstellung der andern ganz fremd, gleichsam isolirt und von dieser getrennt wäre." (KrV, A 97)[44] Mannigfaltigkeit steht hier deshalb programmatisch noch jenseits der bestimmten Relationen von Identität und Differenz der Elemente des Vielen[45]: Das wird erst

---

[44] Förster spricht davon, dass bei Kant „die Sinnlichkeit selbst nur unverbundene Eindrücke liefert" (Förster: *Die 25 Jahre der Philosophie*, S. 38). Dies könne allerdings genetisch nicht als unüberprüfter Dogmatismus im Rahmen der Vorstellungen über Sinnlichkeit in seiner Zeit gelten, sondern habe konsequent systeminterne Gründe: „Vielmehr folgt für ihn [Kant, C.W.] die Unverbundenheit des sinnlichen Materials *allein* aus der Passivität der Sinnlichkeit" (Förster: *Die 25 Jahre der Philosophie*, S. 39). Zum Vorwurf des „Atomismus" an Kants Theorie der Sinnlichkeit vgl. Dieter Henrich: *Identität und Objektivität*, Heidelberg 1976, S. 110, 117. Ein solcher Datensensualismus, wonach „die primären Gegebenheiten von Wirklichkeiten für die Erkenntnis Präsentationen von einfachen Qualitäten in einem diffusen Beieinander im Raume sind" (Henrich: *Identität und Objektivität*, S. 17), müsste nach Ronald Harri Wettstein erklären, „daß das Mannigfaltige unserer Vorstellungen von den Gegenständen der Außenwelt bereits als kleinste Einheiten aufgefaßt werden darf" (Ronald Harri Wettstein: *Kritische Gegenstandstheorie der Wahrheit. Argumentative Rekonstruktion von Kants kritischer Theorie*, 2. Aufl., Würzburg 1983, S. 96). Wettstein verweist darauf, dass eine solche Überlegung bei Kant nicht aufzufinden ist. Das Problem dabei ist dann aber, wie diese einfachen Qualitäten zu einem geordneten Zusammenhang und damit zu einzelnen Objekte werden. Wettstein schlägt vor, „das Mannigfaltige als Erfahrungskontext zu deuten, dessen *Kohärenz* dann durch die *Grundeinheiten* dieses Kontextes, die aber theoretisch zu ermitteln sind, *erschlossen* wird." (Wettstein: *Kritische Gegenstandstheorie der Wahrheit*, S. 97) Damit ist zwar möglicherweise eine brauchbare Methodologie bzw. Heuristik entworfen, in der das Mannigfaltige seinen Platz hat, aber keine Aussage über die Art der Zuschreibung der Bestimmungen des Mannigfaltigen im Verhältnis von An-sich und Für-uns getroffen.

[45] Kant darf hier als Vorläufer eines begründungstheoretischen Fundamentalismus gelten, wie er in den Rechtfertigungstheorien empirischer Urteile des klassischen logischen Positivismus und der analytischen Philosophie seit Anfang des 20. Jahrhunderts hervorgetreten und später von Quine, Sellars und noch später von McDowell als „klassischer Empirismus" kritisiert worden ist (ungeachtet der Unterschiede zu einem reinen Empirismus bei Kant, weshalb Kant nach Meinung von Heidemann: *Vom Empfinden zum Begreifen*, S. 14 ff., nicht unter die Kritik bei Sellars falle). Dieser begründungstheoretische Fundamentalismus basiert auf der Idee, dass die letzten Fundamente mit Rechtfertigungsfunktion für empirisches Wissen keine alltäglichen Wahrnehmungen ganzer Gegenstände oder Sachverhalte, sondern nur noch einzelne „Sinnesdaten" seien, die als Partikel materialer Eindrücke im Subjekt den unmittelbaren, rein auf sinnlicher, ungeformter Wahrnehmung basierenden Kontakt mit der Wirklichkeit ausmachen und noch jenseits jeder intelligiblen, von Begriffs- und Sinnhorizonten bestimmten repräsentationalistischen Aneignung lägen (vgl. die klassische Position bei Clarence Irving Lewis: *Mind and the World Order. Outline of a Theory of Knowledge*, New York 1929). Bei Kant sind gerade im Begriff des Mannigfaltigen solche Tendenzen klar zu erkennen.

durch die Synthesis des Verstandes den Daten als Form gegeben. Wir haben es hier also mit einer *reinen Vielheit ohne innere Relation des Vielen als Form der Erfahrung der Realität$_1$* zu tun⁴⁶. Die Handlung der „Synthesis überhaupt" als „Verbindung" der sinnlichen Anschauungen im Begriff kommt nämlich zuerst und einzig den Verstandesaktivitäten zu (vgl. KrV, § 15, B 129 f.). Die direkte sinnliche Materie ist deshalb *verbindungslos*, d. h. der erste ‚Abdruck' der Realität$_1$ in der Anschauung besteht für Kant in verbindungsloser Mannigfaltigkeit. Doch ist „Vielsein" nicht auch schon ein Verhältnis und damit eine Bestimmung von Identität und Differenz? Im Schematismuskapitel spricht Kant von der Zeit als der „formale[n] Bedingung des Mannigfaltigen des inneren Sinnes, mithin der Verknüpfung aller Vorstellungen" (KrV, B 177) und zeigt damit an, dass die innere Anschauungsform der Zeit das Mannigfaltige in die Ordnung des zeitlichen Nacheinander bringt und damit verknüpft, d. h. als Verschiedene in die Form des Nacheinander setzt und dabei jedes Einzelne mit sich identisch sein lässt. Wie also kann es, kritisch gefragt, eine reine „Vielheit" ohne das Verhältnis von Identität und Differenz geben? Auch eine „reine" Vielheit hat das Moment der Differenz begriffslogisch stets an sich selbst, wo sie doch mehr als eins bzw. mindestens eine Zweiheit ist; und wo mindestens zwei sind, muss unterschieden werden können. Und ebenso hat sie das Moment der Identität an sich, da diese Vielen mit sich als Einzelne stets identisch sein müssen⁴⁷. Bereits in der Form des Mannigfaltigen, die Kant kategorial von der Verstandesleistung und den Formen ihrer Vermittlungsprozeduren trennt, ist unausweichlich die differenzierende Verstandesleistung – oder etwas ihr Analoges, aber von den Dingen selbst Herkommendes – und damit ein begriffliches Fundament⁴⁸ schon enthalten.⁴⁹ Man

---

46 „Kant betont immer wieder, daß das Gegebene als solches keine Einheit enthält, keine Ordnung, kein Gesetz. [...] Das gegebene Mannigfaltige enthält keinerlei Verbindung, Ordnung, Gesetzmäßigkeit." (Böhme, Böhme: *Das Andere der Vernunft*, S. 298)

47 Diese unabweisbare begriffliche Logik der inneren Interdependenz – Hegel würde von „Reflexionsbestimmungen" sprechen – von Identität und Differenz hat Platon im *Sophistes* im Rahmen seiner Lehre von den megisté gené bereits entwickelt (Platon: *Sophistes*, Griechisch/Deutsch, hg. v. Christian Iber, Frankfurt am Main 2007, bes. S. 137 ff. [256 eff.]) und an den „Metakategorien" der Einheit und Zweiheit im *Parmenides* ontologisch so fundiert, dass diese so etwas wie eine letztgültige Unhintergehbarkeit von Identität und Differenz für alles Seiende garantieren.

48 Ganz ähnlich hat Sellars implizit gegen Quine argumentiert, dass die empirisch-sinnliche Datenbasis der ‚unmittelbaren' Wahrnehmung nicht ein äußerliches, durch fundamentale Unbestimmtheiten geprägtes *Anderes* zu ihrer Strukturierung durch Theorien darstellt, die deshalb durch ganz verschiedene und sogar widersprüchliche Theorien konsistent erfolgen kann (vgl. Willard Van Orman Quine: „Three Indeterminacies", in: *Perspectives on Quine*, hg. v. Robert Barrett, Roger Gobson, Oxford 1993, S. 1–16), sondern selbst schon durch und durch begriffs- und

kann der Mannigfaltigkeit als Form der sinnlich unmittelbaren Empfindungen der Realität$_1$ keine Form geben, die nicht immer schon von dem geprägt ist, was Kant einzig dem Verstand als begriffliche Leistung zugesteht. So zeigt also auch die Reflexion auf die Begriffsverhältnisse der Gedankenbestimmungen des „Mannigfaltigen" als Form der unmittelbaren Gegenwärtigkeit der Realität$_1$ im Bewusstsein, dass eine *reale Bestimmtheit* ihrer Gegenstände angenommen werden muss, die höchstens in Analogie zu Formen der Bestimmtheit des transzendentalen Apparates stehen kann, aber sowohl aus deren Funktionalität als auch aus deren Dramaturgie bei Kant herausfällt. Schließlich gilt es in diesem Zusammenhang auch noch darauf hinzuweisen, dass eine „radikale Begriffs-Unabhängigkeit"[50] der Anschauungen gegenüber Begriffen einen methodischen Selbstwiderspruch Kants zur Folge hätte: Die „Transzendentale Deduktion" wäre

---

theorieimprägniert gedacht werden muss (vgl. Thomas Blume: „Sellars im Kontext der analytischen Nachkriegsphilosophie", in: *Wilfrid Sellars. Empirismus und die Philosophie des Geistes*, Paderborn 1999. S. VII–XLV, hier: S. XXIIf.). Dass „Alles Factische [...] selbst schon Theorie" (Goethe: *Maximen und Reflexionen*, S. 432 [Nr. 488]), also immer schon durch begrifflich-theoretische Formen vermittelt ist, hat Sellars' wirkmächtiger Aufsatz *Empiricism and the Philosophy of Mind* in der analytischen Diskussion verankert und Wolfgang Welsch zur Grundlage seiner umfassenden historischen wie systematischen Kritik der „Weltfremdheit" und des Subjekt-Objekt-Gegensatzes der Philosophie gemacht (Welsch: *Homo mundanus*). Was dies aber für den kategorialen Begriff der Realität bedeutet, gilt es noch herauszufinden.

49 Die Stufen der Synthesis des Mannigfaltigen, als die „drei Synthesen zur Erkenntnis eines jeden Sinnesgegenstands" (Förster: *Die 25 Jahre der Philosophie*, S. 138), welche Kant in KrV A als „Apprehension", „Reproduction" und „Recognition" unterscheidet und den Vermögen sukzessive zuordnet (S. 98–110: Apprehension der Anschauung, Reproduktion der Einbildungskraft und Rekognition dem Verstand), lösen dieses Problem nicht. Zwar scheinen sie zum einen als ursprüngliche Handlungen des Bewusstseins – Verbindungen mehrerer Vorstellungen zu einer Abfolge (Apprehension), Wiedererinnern bzw. Festhalten vergangener Vorstellungen (Reproduktion) und ihr ordnungsgemäßes Zusammenstellen im Begriff (Rekognition) – stets schon am Werk zu sein, wo überhaupt „Etwas" als Bewusstseinsinhalt vorliegt und demgemäß „selbst die Einheit von Raum und Zeit erst möglich" (Förster: *Die 25 Jahre der Philosophie*, S. 42) machend. Zugleich aber gehören sie der Dramaturgie der Vermögen an und beruhen ebenfalls darauf, dass eine vorgängige Weise von „Etwas-sein" immer schon gegeben ist, um selbst wirksam werden zu können: Die Abfolge der Apprehension in der Anschauung ist die von quantitativ und qualitativ unterschiedenen Elementen in der Form des objektiven „Etwas". Zur grundsätzlichen subjekthaften Zeitlichkeit der Realität sowie zur transzendentalen Idealität von Raum und Zeit bei Kant vgl. auch präzise Leslie Stevenson: *Inspirations from Kant. Essays*, Oxford/New York 2011, S. 58–62 („The Reality of the Past") und S. 42–51 („Three Ways in Which Space and Time Could Be Transcendentally Ideal").

50 Diese Position kritisiert Schönrich (*Externalisierung des Geistes*, S. 133) in Bezug auf Robert Hannas Behauptung der „logische[n] Priorität von Anschauungen gegenüber Begriffen" (*Externalisierung des Geistes*, S. 133; vgl. Robert Hanna: *Kant and the Foundations of Analytic Philosophy*, Oxford 2001, S. 195ff.).

1.1 Die Zustoßung des Realen: Realität₁ in der „Transzendentalen Ästhetik" — 33

sinnlos, wenn es keine *Regelhaftigkeit* der Anschauung gäbe, die als Gebrauchswissen der Wahrnehmung rekonstruiert werden könnte. Wie eng aber bei Kant die Normativität eines Regelwissens und Regelgebrauchs mit dem „Begriff des Begriffs" überhaupt verbunden ist, hat die Kant-Forschung überzeugend dargelegt[51].

Drittens impliziert schon Kants „kopernikanische Wende" das in Rede stehende Problem exakt, nimmt man sie mehr beim Wort, als Kant dies in der *Kritik der reinen Vernunft* in der Formulierung „Umänderung der Denkart" (KrV, B XVI) tut:

> Es ist hiemit eben so, als mit den ersten Gedanken des Copernicus bewandt, der, nachdem es mit der Erklärung der Himmelsbewegungen nicht gut fort wollte, wenn er annahm, das ganze Sternheer drehe sich um den Zuschauer, versuchte, ob es nicht besser gelingen möchte, wenn er den Zuschauer sich drehen und dagegen die Sterne in Ruhe ließ. (KrV, B XVI)

Interpreten haben stets auf die Inversion der Revolution des Kopernikus in dieser Analogie bezüglich des Verhältnisses von Betrachter und Gegenständen aufmerksam gemacht: Kants „kopernikanische Wende" rücke, gerade entgegengesetzt zu Kopernikus, den Betrachter ins Zentrum der Gegenstandsbeziehung. Bedeutungsreicher aber ist in Kants inverser Analogie seine implizite Hindeutung auf den *Grund* der Revolution des Kopernikus, nämlich die Erläuterung der „Himmelsbewegungen". Gerade hier nämlich zeigt sich das eigentliche fundamentale Missverständnis Kants im Hinblick auf seine eigene Analogie. Kopernikus' „Umkehr der Denkungsart" war der Versuch, für das Phänomen der retrograden Planetenbewegungen eine plausiblere Erklärung zu finden, als es Theorien des ptolemäischen Weltbildes anbieten konnten[52]. Im Zuge dieser Neuerklärung des Phänomens des schleifenförmigen Laufs der Planeten am Firmament ermöglicht es das neue Weltbild, *scheinbare* von *wirklichen*, d. h. wahren und ansichseienden, Bewegungen der Planeten zu unterscheiden und den Zusammenhang zwischen beiden Modi zu erläutern. Nur für den Betrachter auf der Erde sieht es demnach so aus, als würden die Planetenbahnen am Himmel an

---

51 Vgl. stellvertretend und konzis Schönrich: *Externalisierung des Geistes*, S. 127–132.
52 Vgl. zur Theorie des heliozentrischen Weltbildes Kopernikus' *Commentariolus* (vollständiger Titel: *Nicolai Copernici de hypothesibus motuum coelestium a se constitutis commentariolus* [Nikolaus Kopernikus' kleiner Kommentar über die Hypothesen der Bewegungen der Himmelskörper, die von ihm selbst aufgestellt wurden]). Die genaue Datierung des Werkes ist unbekannt, jedoch diskutiert die Forschung über die Entstehung des Manuskripts im Zeitraum zwischen 1504 und 1514. Zur Epizykeltheorie, welche die retrograde (rückläufige) Planetenbewegung (Schleifenbahn von Planeten) erklärt, vgl. Kopernikus' Hauptwerk *De Revolutionibus Orbium Coelestium* (Über die Umschwünge der himmlischen Kreise) von 1543. Den kopernikanischen Hintergrund schlüsselt weitaus detaillierter Jens Lemanski („Die Königin der Revolution. Zur Rettung und Erhaltung der Kopernikanischen Wende", in: *Kant-Studien 4* (2012), Bd. 103, S. 448–472) auf.

jeweils bestimmten Punkten ihres Laufs eine partielle Rückwärtsbewegung vollführen. Eigentlich jedoch – und die Pointe von Kopernikus ist es, diese Eigentlichkeit evident gemacht und hinreichend begründet zu haben – entsteht der Eindruck retrograder Dynamik durch die unterschiedliche Geschwindigkeit, mit der sich die Erde im Verhältnis zu anderen Planeten um die Sonne bewegt. Eben diese platonische Unterscheidung innerhalb der Phänomene kann Kant nicht oder nur unzureichend treffen[53]: Zum einen muss er die Erscheinungen als Synthesis von subjekthaften, in transzendentaler Konstruktion gründenden und von ansichseienden, vom „Ding an sich" herrührenden Eigenschaften begreifen, um ihnen ein *fundamentum in re* zu geben; zugleich aber kann dieser Unterschied *an* den Erscheinungen selbst nicht deutlich bestimmt werden. Im Auseinanderfallen von Dass-Sein (*quodditas*) und Was-Sein (*quidditas*) der Data des „Ding an sich"[54] in der Erscheinung bleibt der Raum der Realität$_1$ konstitutiv unbestimmt, ohne als solcher ohne Bestimmung sein zu können. Die Erscheinungen haben mithin einen semantischen Überschuss der Realität$_1$ an sich, der sich aber vollständig in den subjekthaften Gegebenheiten der Erscheinungen verbirgt, weil er nur in seiner bloßen, abstrakten Negation bestimmt ist, ohne jedoch wie in Hegels Logik des „Wesens" deshalb im Schein als seinem Nichtsein bestimmt zu sein (vgl. GW 11, S. 246). Kant kann nicht erklären, wo die erste unmittelbare Bestimmtheit der Dinge an sich selbst herkommt, die sie schon mitbringen müssen, *damit* sie in der Empfindung bestimmt werden können. Dafür aber hat er keinen Begriff, da alle Bestimmtheit immer nur durch das Subjekt herbeigeführt wird, erst im Subjekt entspringt, nur in der Formatierung von Subjektivität ihren Begriff hat und einzig für derart formatierte Erscheinungen als Gegenstände möglicher Erfahrung gilt[55]:

---

[53] In den *Prolegomena* bezieht sich Kant zwar explizit auf die retrograde Planetenbewegung als Grund für die „kopernikanische Wende" des Kopernikus, verwechselt jedoch eben diese beiden Perspektiven, indem er die objektive Wahrheit des Kopernikus über die Dinge selbst assoziativ mit dem Wahrheitsbegriff der Erscheinungen verbindet, wie er ihn selbst entwirft: „Den Gang der Planeten stellen uns die Sinne bald rechtläufig bald rückläufig vor, und hierin ist weder Falschheit noch Wahrheit, weil, so lange man sich bescheidet, daß dieses vorerst nur Erscheinung ist, man über die objektive Beschaffenheit ihrer Bewegung noch gar nicht urteilt." (Prol. § 13, Anm. III, S. 291)
[54] Vgl. Manfred Frank: *Idealismus und Realismus. Vorlesung im Wintersemester 2009/2010*, S. 7. Diese großartigen Vorlesungen liegen leider nicht in Buchform vor, sind aber im Internet abrufbar [Abgerufen auf: https://www.scribd.com/document/237151069/Idealismus-Und-Realismus-1 (Stand: 28.2.2021)].
[55] Vgl. Förster (*Die 25 Jahre der Philosophie*, S. 32f.), der auf die wichtige kantische Unterscheidung von „Gegenstände[n] der Erfahrung" und „alle[n] uns möglichen Erscheinungen" aufmerksam macht: Es gibt demnach einen kantischen Gegenstandsbereich, der *weiter* als objekthafte Formen der Erfahrung ist und dafür geeignet sein könnte, Bestimmungen jenseits bloß subjektiver Bestimmtheit zu denken, ohne aus deren Zugriffsbereich gänzlich herauszufallen.

Klar sagt Kant, dass von diesen apriorischen Formen der „Bestimmtheit überhaupt" in Bezug auf das „Ding an sich" „nicht die mindeste Bedeutung mehr übrig bleibt" (Prol. § 32, S. 87). Hegels Kritik, dass das „Ding an sich" nicht völlig unbestimmt sei, weil seine Bestimmung eben in seiner Unbestimmtheit liege (vgl. GW 20, S. 80 f., § 44), und deshalb als Konzept an seinem konstitutiven Selbstwiderspruch zugrunde gehe, trifft gewissermaßen den Kern des Problems: Realität – auch die Realität$_1$ des „Ding an sich" – ist von Bestimmtheit nicht zu trennen, auch dort nicht, wo das System diese notwendig als „Noch-Nicht" von Bestimmtheit bestimmt.[56]

1.1.5 Inbegriffe der Realität$_1$: „Ding an sich" und synthetische Einheit des Ich

Kant entwickelt bekanntermaßen zwei *Inbegriffe* der Realität$_1$, die als Grenzbegriffe das Feld der Unbestimmtheit des stets vorgängig Wirklichen bilden. In ihnen wird das begriffliche Problem einer unbestimmten Bestimmtheit der Realität$_1$ verdichtet deutlich: zum einen objektseitig das notorische „Ding an sich", zum anderen subjektseitig das Ich der „synthetischen Einheit der Apperzeption"[57]. Einige der für unser Anliegen bedeutsamen Passagen zum „Ding an sich" finden sich im Abschnitt „Von dem Grunde der Unterscheidung aller Gegenstände überhaupt in Phaenomena und Noumena" (KrV, B 294 ff.)[58] Kant macht klar, dass das „Dinge an sich selbst" (KrV, B 310) ein reiner „*Grenzbegriff*" (KrV, B 311 f.) ist,

---

Leider wird bei Kant nirgends sichtbar, dass dieser Unterschied in dieser Hinsicht worden begriffen sein könnte.

56 Aristoteles' dichotomische Unterscheidung von zwei Weisen des Hervorgegangenseins von Seiendem in der *Physik* darf als Folie der hier vorgeschlagenen Korrektur an Kant gelten: „Unter den vorhandenen Dingen sind die einen *von Natur aus*, die anderen sind auf Grund anderer Ursachen da." (Aristoteles: „Physik", in: Ders.: *Philosophische Schriften*, Bd. 6, hg. u. übers. v. Hans Günter Zekl, Hamburg 1995, S. 25 [Buch II,1, S. 192b]) Denn „*Naturbeschaffenheit*" (Aristoteles: *Physik*, S. 26 [Buch II,1, S. 192b]) markiert den Aspekt eines vorgängigen Selbstbestimmtseins von Dingen, der im Unterschied zur produktiven Bestimmtheit durch den Menschen als ursprünglicher Wechselgrund mit dieser gedacht werden muss.

57 Vgl. die Forschungsdiskussionen bei Karl Ameriks („Apperzeption und Subjekt. Kants Lehre vom Ich heute", in: *Warum Kant heute? Systematische Bedeutung und Rezeption seiner Philosophie in der Gegenwart*, hg.v. Dietmar H. Heidemann, Engelhard, Berlin/New York 2004, S. 76–100) und, immer noch grundlegend, Konrad Cramer („Über Kants Satz: Das: Ich denke, Kristina muß alle meine Vorstellungen begleiten können", in: *Theorie der Subjektivität*, hg.v. Konrad Cramer, Hans Friedrich Fulda, Rolf-Peter Horstmann, Ulrich Pothast, Frankfurt am Main 1987, S. 167–203).

58 Vgl. zur problematischen Unterscheidung von Noumena und Phenomena James Van Cleve: *Problems from Kant*, New York/Oxford 1999, insbes. Kap. 10 („Noumena and Things in Themselves"), S. 134–171, sowie Appendix D („Unperceived Phenomena"), S. 233–235.

d. h. einzig in „negativer Bedeutung" (KrV, B 309) gemeint ist, weil seine „objective Realität aber auf keine Weise erkannt werden kann" (KrV, B 310). Er ist deshalb nur von „negativem Gebrauche" dahingehend, dass er als „Einschränkung der Sinnlichkeit" zu fungieren und zugleich eine Selbsteinschränkung des Verstandes zu sein habe:

> Unser Verstand bekommt nun auf diese Weise eine negative Erweiterung, d.i. er wird nicht durch die Sinnlichkeit eingeschränkt, sondern schränkt vielmehr dieselbe ein, dadurch daß er Dinge an sich selbst (nicht als Erscheinungen betrachtet) Noumena nennt. Aber er setzt sich auch sofort selbst Grenzen, sie durch keine Kategorien zu erkennen, mithin sie nur unter den Namen eines unbekannten Etwas zu denken. (KrV, B 312)

Diese Passage ist der Versuch, die Paradoxie des Begriffs des „Ding an sich" durch die analog paradoxe, metabegriffliche Beschreibung „negative Erweiterung" zu erfassen. Denn sehr wohl erkennt Kant hier, dass der Verstand sich selbst *überschreitet*, indem er das „Ding an sich" postuliert und so paradoxerweise genau das macht, was er zugleich für sich bestreitet: nämlich das zu definieren, was sich der Definition gemäß gerade nicht definieren lässt. Kant sieht also, dass die Definition einer Grenze zugleich auch ihre Überschreitung bedeutet[59], kommt jedoch deshalb trotzdem nicht an die Hegel'sche Konsequenz heran, sie aus diesem Selbstwiderspruch eines Wissens vom Nicht-Wissbaren bzw. der Verkennung des abstrakten Wissens vom „Ding an sich"[60] deshalb als falschen, weil einseitigen Verstandesbegriff zu begreifen.[61] Vielmehr hält er daran fest, dass der Verstand negativ über sich hinausgehen kann, indem er ein Jenseits seiner selbst postuliert (und sich so über sich selbst hinaus erweitert), dieses Jenseits aber für gänzlich unbekannt erklärt (und so in seinen Grenzen bleibt). So wird das „Ding an sich",

---

59 Vgl. Friedrich Schlegel: „Man kann keine Gränze bestimmen, wenn man nicht diesseits und jenseits ist. Also ist unmöglich die Gränze der Erkenntniß zu bestimmen, wenn wir nicht auf irgend eine Weise (wenn gleich nicht erkennend) jenseits derselben hingelangen können." *Kritische Friedrich-Schlegel-Ausgabe*, Bd. XVIII, S. 521 [23]. Vgl. dazu Manfred Frank: *Einführung in die frühromantische Ästhetik*, Frankfurt am Main 1989, S. 288 f.
60 Vgl. GW S. 20, 80 f., § 44. Das Problem, ob sowohl Hegels Argumente der Grenzüberschreitung jeder Grenzsetzung als auch das angebliche Wissen vom Nicht-Gewussten am „Ding an sich" valide sind, diskutiert, mit Verweis auf Inwood, Graeser: *Kommentar zur Einleitung zur Phänomenologie des Geistes*, S. 54.
61 Wie Förster überzeugend gezeigt hat, kennt Kant in Bezug auf den Begriff der Antinomie durchaus ein nicht nur grenzsetzendes, sondern platonisch-dialektisch grenzenüberschreitendes, den vorherigen ausschließenden Gegensatz in einen höheren Begriff integrierendes antinomisches Verfahren – nämlich in der Antinomie der praktischen Vernunft (Förster: *Die 25 Jahre der Philosophie*, S. 130–132) –, nur kommt es eben in Bezug auf den Begriff des „Ding an sich" nicht zum Tragen.

1.1 Die Zustoßung des Realen: Realität₁ in der „Transzendentalen Ästhetik" — 37

wie Hegel geschrieben hat, „die leere Form der Entgegensetzung, objektiv ausgedrückt" (GW 4, S. 5): also die Bestimmtheit des „Anderen überhaupt", die zugleich die einzige Bestimmung der Nicht-Bestimmtheit in sich trägt, weil sie als *gänzlich unerkennbar* markiert ist[62]. Es sind dabei drei Hauptargumente, die bei Kant dafür zu finden sind, ein „Ding an sich" als *Unerkennbares* trotzdem annehmen zu müssen:

1) „[D]ie Vorstellung von etwas *Beharrlichem* im Dasein ist nicht einerlei mit der *beharrlichen Vorstellung*; denn diese kann sehr wandelbar und wechselnd sein, wie alle unsere und selbst die Vorstellungen der Materie, und bezieht sich doch auf etwas Beharrliches, welches also ein von allen meinen Vorstellungen unterschiedenes und äußeres Ding sein muß" (KrV, B XLI, Anm.). Da die einzelnen Vorkommnisse der Empfindung und Anschauung, so Kant, *per definitionem* nicht beharrlich, sondern „in den Sog der Rekurrenz hineingezogen"[63] sind, d. h. ständig auftauchen und verschwinden (weil sie zeitlich strukturiert sind), ein Beharrliches jedoch im Prozess des Objektbezuges vorhanden ist, wo wir bspw. *demselben* Gegenstand nacheinander *verschiedene* Eigenschaften zuschreiben, muss das Beharrliche jenseits der Repräsentationsvorkommnisse zu finden sein. Auch wenn man laut Kant also „zu solchen Objekten keinen anderen Zugang als den repräsentationalen über die Inhalte in Anschauungsvorkommnissen"[64] finden kann und sie deshalb nur *von innen* als Externes markiert werden können, ist ihre Annahme als unabhängig existierende absolut notwendig, um das interne Funktionieren des transzendentalen Apparates, wie er faktisch vorliegt, erklären zu können. Dass „dieser Begriff [...] für Gegenstandserkenntnis ganz unverzichtbar"[65] ist, folgt somit daraus, dass ein Etwas als „Correlatum [...] zur Einheit des Mannigfaltigen in der sinnlichen Anschauung" (KrV, B 306/KrV, A 250) gedacht

---

62 Horstmann (*Was bedeutet Kants Lehre vom Ding an sich für seine transzendentale Ästhetik?*, S. 38–44) diskutiert eine These der Kant-Forschung (Paul Guyer), die aufzuzeigen versucht, dass Kant darüber hinaus bei der Begründung des subjektiven Charakters der Raumvorstellung Aussagen über Eigenschaften des „Ding an sich" macht: nämlich indem die Nicht-Räumlichkeit und die Nicht-Zeitlichkeit der Dinge an sich nicht als nur denknotwendiger Schluss aus dem subjektiv-apriorischen Charakter von Raum und Zeit abgeleitet würden, sondern umgekehrt der subjektive Charakter der Schluss aus der Nicht-Räumlichkeit und der Nicht-Zeitlichkeit der „Dinge an sich" sei; damit aber würde sich Kant auf eine Erkenntnisaussage bezüglich der „Dinge an sich" und ihrer Eigenschaften festlegen. Horstmann kritisiert diese These zwar aus gutem Grund, jedoch macht ihre *prinzipielle* Anerkennbarkeit als Position in der Kant-Forschung klar, dass das nachkantianische Unbehagen an der kategorialen Ambivalenz des „Ding an sich"-Begriffs bis heute nicht verstummt ist.
63 Schönrich: *Externalisierung des Geistes*, S. 147.
64 Schönrich: *Externalisierung des Geistes*, S. 145.
65 Honnefelder: *Scientia transcendens*, S. 453.

werden muss, damit die Erscheinung selbst nicht zu einem bloß Gedachten verkommt, von dem sie sich vielmehr in der Differenz von Denken und Erkenntnis als Gegenstand ja gerade unterscheidet. Zugleich jedoch ist dieser letztgenannte Aspekt der intentionalen Differenz von Vorstellung und Inhalt natürlich essenziell: „Denn sonst würde der ungereimte Satz daraus folgen, daß Erscheinung ohne etwas wäre, was da erscheint." (KrV, B XXVIf.)[66] In der Auflage A heißt es weiterhin:

> Dies war das Resultat der ganzen transzendentalen Ästhetik, und es folgt auch natürlicher Weise aus dem Begriffe einer Erscheinung überhaupt: daß ihr etwas entsprechen müsse, was an sich nicht Erscheinung ist, weil Erscheinung nichts vor sich selbst, und außer unserer Vorstellungsart sein kann, mithin, wo nicht ein beständiger Zirkel herauskommen soll, das Wort Erscheinung schon eine Beziehung auf Etwas anzeigt, dessen unmittelbare Vorstellung zwar sinnlich ist, was aber an sich selbst, auch ohne diese Beschaffenheit unserer Sinnlichkeit, (worauf sich die Form unserer Anschauung gründet), Etwas, d.i. ein von der Sinnlichkeit unabhängiger Gegenstand sein muß. (KrV, B 308/KrV, A 251f.)

In dieser Hinsicht fungiert der „Ding an sich"-Ausdruck in doppelter Semantik: Zum einen sichert er den „stofflichen Affektionsgrund"[67] der Erscheinungen, d.h. die Dimension ihrer genetisch-kausalen Situiertheit in den materialen Tatsachenverhältnissen der Welt sowie die intentionale Gefülltheit der Vorstellungen als nicht bloß zufällige, von bloßen Einbildungen nicht zu unterscheidende Zustände. Zum anderen bildet er als „identische Substanz hinter den individuell verschiedenen und veränderlichen Wahrnehmungsobjekten" (*essentia*) die „Totalität der Bedingungen"[68] des Wissbaren vom einzelnen Gegenstand, d.h. den vollständigen, wahrhaften Erkenntniszusammenhang der Erscheinungen und damit deren „substantiale Wesenheit"[69]: die epistemische Norm dafür, dass das vom Einzelnen Gewusste zumindest *prinzipiell* einem Wesen der Sache entspricht. Schon von diesen Funktionen her ist klar, dass der „Ding-an-sich"-Ausdruck

---

66 Vgl. Sandkaulen: *Das leidige Ding an sich*, S. 196. Vgl. auch die klaren Aussagen in der *Grundlegung zur Metaphysik der Sitten*, wo es heißt: „Es ist eine Bemerkung, welche anzustellen eben kein subtiles Nachdenken erfordert wird [...], daß alle Vorstellungen, die uns ohne unsere Willkür kommen (wie die der Sinne), uns die Gegenstände nicht anders zu erkennen geben, als sie uns afficiren, wobei, was sie an sich sein mögen, uns unbekannt bleibt [...]. Sobald dieser Unterschied [...] einmal gemacht ist, so folgt von selbst, daß man hinter den Erscheinungen doch noch etwas anderes, was nicht Erscheinung ist, nämlich die Dinge an sich, einräumen und annehmen müsse [...]. Dieses muß eine, obzwar rohe, Unterscheidung einer *Sinnenwelt* von einer *Verstandeswelt*" (*Grundlegung*, AA, 4, S. 450f., dazu auch Prol. AA, 4, S. 337) abgeben.
67 Gerd Irrlitz: *Kant-Handbuch. Leben, Werk, Wirkung*, Stuttgart/Weimar 2002, S. 176.
68 Irrlitz: *Kant-Handbuch*, S. 173.
69 Irrlitz: *Kant-Handbuch*, S. 176.

notwendigerweise nicht bloß ein semantischer Überschuss des Erscheinungsbegriffs sein kann, sondern tatsächlich die Realität seines Begriffsinhalts als *Bedingung* der Erscheinungen meinen muss. Dass dafür die Kategorie der Substanz über die Grenzen ihres Gebrauchs in der Welt der Erscheinungen hinaus auf die Welt der Dinge an sich erweitert werden muss, ist ebenso notwendige Konsequenz des gesamten Arguments – doch bei Weitem nicht das größte Problem. Birgit Sandkaulen hat nämlich *en détail* vorgeführt, dass zur „Rettung" der Affektionslehre durch das „Ding an sich" eben nicht auf bestimmte explizite und implizite Vorschläge Kants zurückgegriffen werden kann, die das Sprengpotenzial des affizierenden „Ding an sich" gegen den Theorierahmen wieder kassieren könnten, indem sie das affizierende Ding mit Instanzen oder Vorkommnissen *innerhalb* der transzendentalen Subjektivität identifizieren. Erstens können „die als affizierend behaupteten Gegenstände"[70] nicht identisch sein mit der „Vorstellung vom Gegenstand = X", die Kant in der „A-Deduktion" als „Einheit von Gegenständlichkeit überhaupt" (analog zur transzendentalen Einheit der Apperzeption) kennzeichnet: Als „gänzlich unbestimmte[r] Gedanke von Etwas überhaupt" (KrV, B 309/KrV, A 253) ist ihnen eine *bestimmte* Affizierung *bestimmter* Empfindungen und Wahrnehmungen auch als Selbstaffektion nicht sinnvoll abzugewinnen[71]. Zweitens aber – und in der Forschung als „Verteidigungsversuch" weitaus prominenter[72] – kann auch der Bezug auf Kants Aussagen zum „Noumenon" hier nicht weiterhelfen. Zwar bezeichnet Kant in der Tat mit dem Begriff des „Noumenon" in der „Amphibolie der Reflexionsbegriffe" ausdrücklich einen Begriff des Verstandes, der nicht in der Gefahr steht, „sein eigenes Feld zu erweitern", weil Kant mit diesem Begriff nicht „auf Dinge an sich selbst zu gehen" wagt, sondern lediglich „einen Gegenstand an sich selbst [meint, C.W.], aber nur als transzendentales Objekt, das die Ursache der Erscheinung (mithin selbst nicht Erscheinung) ist, und weder als Größe, noch als Realität noch als Substanz etc, gedacht werden kann" (KrV, B 344). Dieser Begriff des Verstandes ist rein funktional dafür da, innerhalb der Grenzen des Verstandes dessen Innen auszumessen: „Da wir aber keine von unseren Verstandesbegriffen darauf anwenden können, so bleibt diese Vorstellung doch für uns leer, und dient zu nichts,

---

70 Sandkaulen: *Das leidige Ding an sich*, S. 190. Verwirrenderweise fasst Kant sowohl diese Einheit von „Gegenständlichkeit überhaupt", das Noumenon und auch das eigentlich-reale „Ding an sich" gelegentlich unter dem Begriff „transzendentaler Gegenstand" bzw. „transzendentales Objekt" zusammen. Umso wichtiger ist die Differenzierung, die Sandkaulen herausgearbeitet hat.
71 So wird freilich Fichte dann argumentieren; vgl. Sandkaulen: *Das leidige Ding an sich*, S. 196 – 201.
72 Vgl. die Hinweise auf die so verfahrende Forschung bei Sandkaulen (*Das leidige Ding an sich*, S. 192).

als die Grenzen unserer sinnlichen Erkenntnis zu bezeichnen, und einen Raum übrig zu lassen, den wir weder durch mögliche Erfahrung, noch durch den reinen Verstand ausfüllen können." (KrV, B 345) Noumena sind so bloße Funktionen des reinen Denkens und nirgends des Erkennens: Man würde wohl heute von „Gedankenexperimenten" sprechen. In Bezug auf sie wird von den Kategorien nur ein rein transzendentaler Gebrauch gemacht (Kant spricht vom „reine[n] Gebrauch der Kategorien", KrV, A 253), der als *unschematischer* Gebrauch derselben diese nicht auf Anschauungen oder sinnliche Vorstellungen bezieht, sondern bloß die Denkmöglichkeiten der Grenzen des Denkens durchreflektiert. Doch auch dieser Begriff des Noumenon kommt für den Affektionsgrund der sinnlichen Empfindungen als tragendes Konzept nicht infrage: Denn in diesem Begriff wird die Wirksamkeit eines affizierenden Gegenstandes zu einer bloß logischen *Möglichkeit* eines in sich selbst hochproblematischen Grenzbegriffs[73]. Die reine Denkmöglichkeit einer Ursache aber kann nicht selbst die Rolle realer Affektionsursachen einnehmen: Notwendige wirkliche Affektionsursachen können nicht in der Beschreibung reiner *Möglichkeiten* gedacht werden. Den affizierenden Dingen an sich kommen mithin Bestimmungen zu, die weder die „Vorstellung vom Gegenstand = X" noch das „Noumenon" integrieren können; mit der Berufung auf diese Begriffe lässt sich das Problem des „Ding an sich" also nicht lösen.

So widerlegt sich m.E. auch der Versuch, gegen die freilich falsche Fassung der „transzendental-metaphysische[n] [...] Position [...] als ‚Zwei-Welten-Sicht' [...] der Dinge an sich"[74] den Unterschied von Erscheinungen und „Dingen an sich" als einen rein funktionalen, bloß logischen oder gar zu vernachlässigenden innerhalb der Frage nach dem Zusammenhang von sinnlicher Anschauung und Denken zu verstehen, der keine systemsprengenden Kräfte freisetzen würde. Denn es ist gerade durch das Ausschlussverfahren hinsichtlich der Kandidaten für das „Ding an sich" sichtbar geworden, dass der begriffliche Unterschied nicht als völlig beziehungslos auf einen *notwendigen* Unterschied der entsprechenden Verhältnisse des Denkens auf ein *außerhalb* seiner gelegenes Reales gedacht werden kann – auch wenn diese Denkverhältnisse selbst nicht das Thema der kantischen Erörterungen sind[75]. „Dinge an sich" müssen als außerhalb der Gel-

---

[73] Vgl. Sandkaulen: *Das leidige Ding an sich*, S. 191 f.
[74] Horstmann (*Was bedeutet Kants Lehre vom Ding an sich für seine transzendentale Ästhetik?*, S. 44–48, hier: S. 44) argumentiert für eine solche Beschränkung der Lesart des „Ding an sich" und verweist auf weitere Literatur zum Thema.
[75] Es ist hier also nochmals darauf hinzuweisen, dass Kants Lehre vom „Ding an sich" nicht einfach ontologisch-metaphysisch im Sinne einer Zwei-Welten-Lehre verstanden wird. Gesagt wird nur, dass die Bedeutungsunterschiede, die Kant zwischen „Ding an sich" und „Erschei-

tungsbedingungen der transzendentalen Subjektivität gleichwohl *existierende Korrelate* der sinnlichen Erfahrung gedacht werden, d. h. die *Annahme ihrer Realität* ist selbst denknotwendig für den Begriff des Gehalts sinnlicher Erfahrung, damit dieser nicht selbstwidersprüchlich wird. Kant argumentiert epistemologisch: Es gibt zu diesen „Dingen an sich" keinen erkennenden Zugang, der die für Erkenntnisaussagen notwendigen transzendentalen und empirischen Elemente hinreichend verknüpft; gleichwohl müssen sie gedacht werden *als* unerkennbar. Es ist zuzugestehen, dass Kant sicher darauf abzielte, seine ontologischen wie epistemologischen Aussagen zum „Ding an sich" einer Programmatik des nicht-metaphysischen und nicht-epistemologischen Denkens des „Ding an sich" als bloß funktionalem Ausdruck einer negativen Beschreibung des Erkenntnisvorgangs unterzuordnen bzw. diese Aussagen darin aufgehen – oder wenigstens verschwinden – zu lassen. M. E. gelingt dies jedoch nicht: Deshalb ist die Anwendung einer eigenständigen Dimension der *Realität* auf die Welt des „Ding an sich" nicht nur gerechtfertigt, sondern aus der Logik der grundbegrifflichen Unterscheidungen Kants heraus sogar denknotwendig. Diese Denknotwendigkeit jedoch ist selbst noch keine positive ontologische Behauptung und droht daher auch nicht, von sich aus in eine einfache ontologische Zwei-Welten-Lehre abzurutschen: Sie betrifft einzig den Begriffszusammenhang dessen, was als Verbindung von Realität$_1$ und Realität$_2$ als Komplex des „Realen überhaupt" gefasst wird. Kant sagt klar, dass seine *Kritik der reinen Vernunft* „das Object *in zweierlei Bedeutung* nehmen lehrt, nämlich als Erscheinung oder als Ding an sich selbst" (KrV, B XXVII), die als „zwei Seiten" (KrV, B 566) desselben Wesens zu verstehen sind. Die sich daraus ergebende Kritik der These einer Zwei-Welten-Lehre bei Kant und das Beharren auf der „one-world interpretation"[76] darf jedoch nicht dazu führen, diese *eine* Welt als notwendig geschlossen und begrifflich kohärent anzunehmen. Das ist sie bei Kant eben nicht: Die Beschreibungen und Funktionszusammenhänge von R_1 und R_2, obwohl sie grundsätzlich als „Teile" (KrV, B 574) des *einen* Realitätsbegriffs gefasst sind, fügen sich nicht zu einer kohärenten und konsistenten Beschreibung zusammen. Dies liegt, wie bisher gesehen, vor allem an den Problemen der Affektionstheorie der R_1-Ebene und den sich aus ihr ergebenden Problemen des Begriffs der realen Bestimmtheit. Ich plädiere also dafür, das Aufgeben der veralteten „Zwei Welten"-Kritik an Kant nicht mit dem Verschwinden der Probleme zu verknüpfen, die in dieserKritik auch artikuliert worden sind.

---

nungen" entwickelt, als korrelativ-referenziell auf Unterschiede im Bereich der korrespondierenden Gegenstände bezogen *gedacht werden müssen.*
76 Colin Marshall: „Kant's One Self and the Appearance/Thing-in-itself Distinction", in: *Kant-Studien* 4 (2013), Jg. 104, S. 421–441, hier: S. 422.

2) Kant knüpft in diesem Zusammenhang die „*Erfahrung*" der Selbstgewissheit des Ich als Existenzgewissheit „*[m]eines Daseins in der Zeit*", d.h. die Selbstgegenwart des „*empirischen Bewußtsein[s] meines Daseins*" (KrV, B XL, Anm.), an die sich daraus notwendig ergebende Gewissheit eines „*Wirkliche[n] außer mir*" (KrV, B XL, Anm.). „*[D]ie Realität desselben, zum Unterschiede von der Einbildung*" (KrV, B XL, Anm.), beruht dann darauf, dass die empirische Daseinsgewissheit des Ich als Faktum jeder Erfahrung einzig in Bezug auf ein Anderes, das dafür ebenfalls existieren muss, um dieses Andere zu sein, gegeben sein kann. Zwar ist bei Kant, wie Dieter Henrich gezeigt hat, das Bewusstsein der eigenen Subjektidentität eine ganz eigenständige „Art von Wirklichkeit, die weder die der Gegebenheit von Vorstellungen noch die der Objekte der Erkenntnis ist"[77], trotzdem aber ist das Ich nur in ursprünglicher Wechselwirkung mit Anderem wirklich; Selbstbewusstsein ist keine selbstgenügsame, sich selbst erzeugende Wirklichkeit, sondern Grund wie zugleich Folge einer ursprünglichen Wechselkonstitution mit einem Anderen außer ihm. Aus der vorliegenden Wirkung, der empirischen Gewissheit der eigenen Existenz, wird auf die notwendige Wirklichkeit der Ursache, nämlich eines existierenden Anderen außer dem Ich, geschlossen. Dass dies aber auch dann noch im Rahmen von Kants System *im Positiven undenkbar bleibt, obwohl es positiv gedacht wird*, wenn auf diese Weise aus der Logik der Genese des Ich auf seine Notwendigkeit geschlossen worden ist, wird hier und auch an anderer Stelle bei Kant nicht thematisiert.

3) Gerhard Schönrich hat einen interessanten Vorschlag gemacht, um aus der Zeichenlogik von Kants Theorie des Selbstbewusstseins einen weiteren Beleg für die Existenz des „Ding an sich" abzuleiten, der bei Kant angelegt, aber nicht ausformuliert sei. „Die Repräsentation eines Repräsentierten ist immer auch eine Selbstrepräsentation"[78]: Denn die auf Objekte bezogenen Vorkommnisse der Anschauung repräsentieren in diesem Bezug nicht nur die Objektinhalte, sondern auch immer – diese Selbstbezüglichkeit ist Ausdruck der Form des Selbstbewusstseins („Ich denke"), die alle Repräsentationen an sich tragen – *sich selbst als repräsentierende*. Folglich unterscheiden alle Repräsentationen an sich selbst ihre Objektinhalte und die Art und Weise ihrer Repräsentation. „Nur eine Repräsentation, die sich selbst als Repräsentation von dem unterscheidet, auf das sie sich bezieht, die also zur Selbstrepräsentation wird, kann diesen Bezug auch als ein dem Repräsentiertsein externes Etwas anzeigen"[79]: Damit ist gesagt, dass

---

[77] Dieter Henrich: *Das Ich, das viel besagt. Fichtes Einsicht nachdenken*, Frankfurt am Main 2019, S. 294.
[78] Schönrich: *Externalisierung des Geistes*, S. 148.
[79] Schönrich: *Externalisierung des Geistes*, S. 148.

die Repräsentation an sich selbst anzeigt, dass sie *mehr* sei als nur eine Repräsentation. „Daß es ein externes Etwas gibt, kann so immerhin von der Innenseite der Repräsentation aus angezeigt werden"[80]: Das aber löst das Problem, ob und wie dieses Externe widerspruchsfrei zu denken ist, in keiner Weise, sondern erhöht im Gegenteil die Dringlichkeit, es als unabweisbare Evidenz des Denkens auch *wirklich zu denken*. Dem schon von den Zeitgenossen (Fichte, Schelling, Jacobi, Hegel) immer wieder kritisierten Problem des Verstoßes gegen die eigene Systemlogik entkommt Kant also nicht (vgl. dazu näherhin die Kapitel zum „Ding an sich"). Denn einerseits behauptet Kant, dass „der Gebrauch der Kategorien keinesweges über die Grenze der Gegenstände der Erfahrung hinausreichen" (KrV, B 308) darf. Andererseits wird das „Ding an sich" zum einen (wie bereits gezeigt wurde) als Beharrliches in der Art der Substanz gedacht, ohne das der Wechsel der Empfindungsvorkommnisse nicht denkbar ist, zum anderen als notwendig zu denkender Anstoß (Affektion) für die Empfindung und so die Logik des Verstandes „negativ erweitert", ohne dafür wiederum begriffliche Regeln bezüglich des Gesamtzusammenhangs von R_1 und R_2 anbieten zu können. Dass etwas mit Beziehung auf unsere Vermögen nicht zugleich als es selbst in Unabhängigkeit von unseren Vermögen erscheinen kann, wenn beide Beziehungen sich unvermittelt gegenüberstehen, erscheint demnach als Zentralproblem dieser Argumentation. Kants verschwiegener, unüberbrückbarer (d.h. i.S. Hegels: abstrakter) Grundgegensatz von „An-sich" und „Für-uns"[81] wird deutlich, wenn er davon spricht, dass die „Gegenstände[] an sich selbst" zu denken bedeutet, „ohne ihr Verhältniß auf unsere Anschauung" (KrV, § 6, B 52). Dass etwas aber an sich im Raum des epistemologischen Für-Andere sein kann, dass sich also ein Ansichsein für Andere öffnen bzw. ‚geben' kann, ohne durch dieses Andere, *dem* es sich als repräsentationaler Gehalt gibt, immer schon vollständig geformt, überformt und überschrieben zu sein, wäre ein adäquater *Begriff* von Realität. Denn dieser nimmt den Überschreitungsvektor der notwendigen *inneren* Unterschiede des Begriffs von Realität ernst, den Kant jedoch aus der Formation seiner terminologischen Grundunterscheidungen heraus nicht konsequent denken kann und

---

80 Schönrich: *Externalisierung des Geistes*, S. 148.
81 Darin liegt das platonische Erbe Kants: Die von Platon als „Charaktere" eingeführten Metabestimmungen der *megisté gené*, „Ansichsein" (*auta kata auta*) und „Beziehung auf Anderes" (*pros heteron*), die bei Platon gebraucht werden, um das Problem der kategorialen Eigenständigkeit der Kategorie des „Verschiedenen" zu lösen, sind auch bei Kant als abstrakter Gegensatz und damit als unvermittelbarer wechselseitiger Ausschluss (Hegel würde dies „seinslogisch" nennen) definiert (Platon: *Sophistes*, S. 133 [255c–d]).

folglich stets auf *äußere* Unterschiede begrenzt[82]. In Kants Gebrauch der Formulierung des „An-sich" wird der „Reflexionsausdruck", der das „An-sich" eigentlich – auch gemäß seiner scholastischen Quelle des „res per se spectata" – sein soll, immer wieder auf nicht-reflektierte Weise mit dem ontologischen Gebrauch ineinandergeschoben oder zumindest auf diesen hin geöffnet, d.h. an entscheidender Stelle dort unterbestimmt, wo er die ontologische Lesart positiv ausschließen sollte[83]. Das Ding ‚an sich selbst *betrachtet*', d.h. nur unter der Perspektive seines Unabhängigseins *gedacht*, korrespondiert nämlich stets mit einem Seinsaspekt, der das *reale Gegebensein* dieses Betrachteten als *ebenfalls* notwendig zu denken mitführt und sogar als Bedingung dieses Gedacht-werden-Könnens impliziert. Hegel hat in der *Logik* diesen Aspekt bei Kant, gemäß der von ihm entwickelten Logik des Scheins, als eine „leere Bestimmung" (GW 11, S. 246) der Erscheinung bezeichnet: Weil Kant die notwendig zu denkende reale Beziehung der Erscheinungswelt auf ein in ihr erscheinendes Wesentliches nicht widerspruchsfrei denken kann, lädt er stattdessen die Erscheinung mit den Charakteristika des Seins auf, um ihr eine logische Stabilität zu verleihen, ohne die sie sonst gänzlich haltlos wäre. So ist die Logik der Erscheinung „nur aus dem Seyn in den Schein übersetzt worden" (GW 11, S. 247), um durch die Charakteristika einer

---

82 Adorno hat in seiner Kant-Vorlesung das Grundproblem des „Ding an sich" konzise, wenn auch in der Terminologie der alten „Zwei-Welten-Theorie"-Lesart umrissen: „[I]n der ‚Kritik der reinen Vernunft' heißt ‚Ding an sich' zunächst einmal soviel wie: die uns gänzlich unbekannte und unbestimmte Ursache unserer Erscheinungen, die Ursache der Affektionen, die Ursache der sinnlichen Daten, – von denen ich Ihnen gesagt habe, daß sie selber auch noch als ein ganz Unbestimmtes gefaßt würden, die aber bei Kant als durch ein solches unbekanntes Ding verursacht aufgefaßt werden. Wie Kant dazu kommt, überhaupt ein solches unbekanntes Ding zu postulieren und gar zwischen ihm und unseren Erlebnissen Kausalität zu postulieren, während die Kausalität bei ihm doch lediglich eine immanente Kategorie, also eine Kategorie der Ordnung unserer Phänomene ist und nicht etwa eine Kategorie, die sich auf Tranzendentes, der Erfahrung Unzugängliches bezieht, – das möchte ich Ihnen jetzt nicht noch einmal sagen. Ich glaube, ich habe Ihnen darüber bereits genug gesagt, indem ich Ihnen gezeigt habe, daß die scheinbar dogmatische Voraussetzung des Dinges bei Kant keinen anderen Grund hat als den, daß er gewissermaßen der Reduplikation der Erkenntnis mit sich selbst entgehen wollte; daß er festhalten wollte an einem Begriff von Wirklichkeit, der nicht identisch ist: der also nicht einfach mit dem Bewußtsein selber zusammenfällt." (Theodor W. Adorno: „Kants *Kritik der reinen Vernunft*" (1959), in: Ders.: *Nachgelassene Schriften*, Bd. IV, 4, hg.v. Rolf Tiedemann, Frankfurt am Main 1995, S. 141f.)
83 Vgl. dazu und zum ontologischen, reflexionslogischen, definitorischen und epistemologischen Sinn von „An sich" Graeser: *Kommentar zur Einleitung in die Phänomenologie des Geistes*, S. 40f. Auch Otfried Höffe (*Immanuel Kant*, 8. Auflage, München 2014) betont die irreduzible Doppelperspektive Kants sowohl einer Zwei-Welten-Lehre als auch einer Zwei-Welten-Perspektive. Irrlitz (*Kant-Handbuch*, S. 168–176) klärt über die Traditionshorizonte der „Ding an sich"-Vorstellung auf.

1.1 Die Zustoßung des Realen: Realität₁ in der „Transzendentalen Ästhetik" — 45

durch sich bestehenden seienden Substanz, „u n m i t t e l b a r bestimmtes" (GW 11, S. 247) zu sein, eben die Festigkeit als Raum des Realen zu gewinnen, die ihr durch ihre unsichere Beziehung auf das „Ding an sich" wegzubrechen droht[84].

Gerade an Kants eigener Begründung der subjektiven Idealität der Anschauungsformen wird dieses Problem sichtbar. Denn wie Kant sinnvollerweise argumentiert, kann der Raum nichts von den Dingen Abstrahiertes sein, weil die Rede von Gegenständen, also der rein formelle Begriff von „Gegenständlichkeit überhaupt", Räumlichkeit bereits voraussetzt. Raum ist das Prinzip des Andersseins und des Unterscheidens von Gegenständen an sich: „Die Möglichkeit also der äußeren Wahrnehmung als solcher *setzt* den Begriff des Raumes *voraus* und *erzeugt* ihn nicht" (AA, 2, § 15, S. 402).[85]. Fichte hat die Logik dieser Einsicht aufgenommen und wiederum als Prinzipienhaftigkeit des Ich für das Nicht-Ich überhaupt gefasst[86]. Das aber bedeutet, dass sich die Ausschließlichkeit der transzendentalen Idealität des Raumes selbst negiert bzw. auf ihr Anderssein überschreitet: dort nämlich, wo Kant von „Dingen an sich" bzw. von an sich gegebenen Dingen *in räumlichen Begriffen, d. h. im Unterschied* zueinander und zum Subjekt, spricht – in seiner Theorie der Affektion. Denn so macht er selbst deutlich, dass die Bestimmtheit des Raumes bzw. die Bestimmtheit des Unterschiedenseins gegenständlicher Entitäten *notwendig als das Subjekt und das Ding an sich übergreifend* zu denken ist (als An-sich *im* und zugleich *gegen* das Für-uns[87]): Sie macht einen Unterschied aus, der jedem anderen Unterschied (auch dem von Subjekt und „Ding an sich", Für-uns und An-sich) notwendig vorgelagert ist und diesen erst ermöglicht. Ob diese inferentialistische Überschreitungsbewegung des

---

84 Vgl. dazu Christian Iber: *Metaphysik absoluter Relationalität. Eine Studie zu den beiden ersten Kapiteln der Wesenslogik*, Berlin 1990, S. 78–82.
85 Im Original Latein: „Possibilitas igitur perceptionum externarum, qua talium, *supponit* conceptum spatii, non *creat.*" Vgl. Förster (*Die 25 Jahre der Philosophie*, S. 77–85), der zeigt, wie die Konstruktion eines Raumschematismus in den *Anfangsgründen* die Transzendentalphilosophie vollendet, wegen ihrer Aporien (Förster: *Die 25 Jahre der Philosophie*, S. 85) bei Kant aber unvollendet bleibt.
86 „Es ist die gewöhnliche Meinung, daß der Begriff des Nicht-Ich ein diskursiver, durch Abstraktion von allen Vorgestellten entstandner Begriff sey. Aber die Seichtigkeit dieser Erklärung läßt sich leicht darthun. So wie ich irgend etwas vorstellen soll, muß ich es dem Vorstellenden entgegensetzen. Nun kann und muß allerdings in dem Objekte der Vorstellung irgend ein X. liegen, wodurch es sich als rein Vorzustellendes, nicht aber als das Vorstellende entdekt: aber *daß* alles, worin dieses X. liege, nicht das Vorstellende, sondern ein Vorzustellendes sey, kann ich durch keinen Gegenstand lernen; vielmehr gibt es nur unter Voraussetzung jenes Gesetzes erst überhaupt einen Gegenstand." (GA I,2, S. 267)
87 Vgl. Förster (*Die 25 Jahre der Philosophie*, S. 22 f.): Kants Begründung, warum der Raum nicht *auch* wirklich-objektiv sein kann, hat das Problem, dass sie *innerhalb* der Logik der Ideen und damit innerhalb der Bedingungen eines subjektiven Vermögens vollzogen wird.

Realen als dinghaftes Anderssein nun im Paradigma „Raum" gedacht wird oder nicht, spielt demgegenüber sogar eine untergeordnete Rolle. Dass allerdings in diesem Kontext eben die Logik des Raumes notwendig transgressiv ist, zeigt auch Kants „Widerlegung des Idealismus" (KrV, B 274 ff.), welche den „Skandal der Philosophie und der allgemeinen Menschenvernunft, das Dasein der Dinge außer uns (von denen wir doch den ganzen Stoff zu Erkenntnissen, selbst für unseren inneren Sinn her haben,) bloß *auf Glauben* annehmen zu müssen" (KrV, Vorrede, B XL, Fußnote), beseitigen will. Das transzendentale Argument gegen diesen „materialen" Idealismus – sowohl in seiner „problematischen" (Descartes) als auch in seiner „dogmatischen" (Berkeley) Form (vgl. KrV, B 274) – koppelt nun gerade die Gleichursprünglichkeit und Wechselbegründung von Selbstbewusstsein und Weltbewusstsein, wie sie in der großen Fußnote zur Vorrede B erstmals klar entworfen worden war (KrV, Vorrede, B XL, Fußnote), an ein letztes, beharrliches Substrat der Außenwelt:

> Ich bin mir meines Daseins als in der Zeit bestimmt bewußt. Alle Zeitbestimmung setzt etwas B e h a r r l i c h e s in der Wahrnehmung voraus. Dieses Beharrliche aber kann nicht etwas in mir sein, weil eben mein Dasein in der Zeit durch dieses Beharrliche allererst bestimmt werden kann. Also ist die Wahrnehmung dieses Beharrlichen nur durch ein D i n g außer mir und nicht durch die bloße V o r s t e l l u n g eines Dinges außer mir möglich. (KrV, B 275)

„Beharrlichkeit" und „Außer-uns-sein" als dessen notwendige Begriffsbestimmungen verorten das „Ding an sich" in einer Realität des Raumes, die gemäß dem Argument *Bedingung* für die subjektive Realität der Erscheinungen in den Anschauungsformen Zeit und Raum ist. Damit aber ist die Notwendigkeit angezeigt, dem *Verhältnis* von Subjekt und Realgrund seiner Vorstellungen („Ding an sich") eine selbst realbestimmte Form räumlichen Gegebenseins zu geben, die der Form seiner transzendentalen Ausstattung (Anschauungsformen – Kategorien) immer schon vorhergeht.

Wie problematisch diese kantische Konstruktion angelegt ist, lässt sich sehr gut an den neueren Lösungsversuchen dieses Problems und ihrer selbst problematischen Argumentation ablesen. Wilfrid Sellars wirkungsmächtige Auseinandersetzung mit Kants Erkenntnistheorie in *Empiricism and the Philosophy of Mind* (1956), vor allem aber in *Science and Metaphysics. Variations on Kantian Themes* (1967)[88] ist von der Idee getragen, Kant gerade vor der Anklage des „myth of the given" in Schutz zu nehmen. Anders als der traditionelle Empirismus verfalle Kant nicht in den logischen Fehler, als Rechtfertigungsinstanz unseres Wissens ein

---

[88] Wilfrid Sellars: *Science and Metaphysics. Variations on Kantian Themes*, Atascadero 1992. Vgl. dazu Dietmar H. Heidemann: *Vom Empfinden zum Begreifen*, S. 14–44.

bloß sinnlich Gegebenes, nicht-epistemisch Empfundenes anzunehmen. Denn wo Kant konstatiere, dass „der Verstand [...] nichts anzuschauen und die Sinne nichts zu denken" (KrV, B 75) vermögen, weil „Gedanken ohne Inhalt [...] leer, Anschauungen ohne Begriffe [...] blind" (KrV, B 75) sind, da sei ersichtlich, dass erkennender Weltbezug immer schon auf begriffliche Strukturen zurückgreife und nicht auf ein bloß unmittelbar-sinnlich Gegebenes („naturalistic fallacy"). Doch damit wird in Bezug auf den Begriff der Realität das Problem bei Kant mehr verdeckt als kenntlich gemacht oder gar gelöst. Sellars bemüht sich, vor allem in *Science and Metaphysics*, die Stufen zwischen der unbegrifflichen, unmittelbaren Empfindung und dem Urteilswissen bei Kant mittels Unterscheidungen wie „sinnliche Vorstellungen – anschauliche Vorstellungen" etc. derart weiter auszudifferenzieren, dass sich der Gegensatz von Sinnlichkeit und Verstand einem Kontinuum ihrer jeweiligen Verschränkung annähert. Dadurch aber bleibt das hier beschriebene *normative Gefälle* zwischen den Dimensionen von Genese und Geltung in Bezug auf einen verlässlichen Realitätsbezuge unberührt. Der *Übergang* von Realität$_1$ zu Bewusstsein, wo er möglichst unverzerrt gegeben ist in der Empfindung, bleibt der Transformation der Empfindungen in Wissen durch Anschauungsformen und Kategorien in gewissem Maße äußerlich. Der letzte (bzw. erste) Schritt, die letzte (erste) Vermittlung zwischen unmittelbaren Sinnesdaten und Proto-Wissen, d.h. durch begriffliche Strukturen vermittelte Anschauung, bleibt unbeeinflusst von den komplexen begrifflichen Formen auf sie folgender vermittelter Anschauung, weil sie weiter als erster Übergang vom Begriffslosen zum schwach Begrifflichen gedacht werden muss[89]. Wo Kant kein Anderssein des Begrifflichen bereits *im* unmittelbar Sinnlichen und damit im Realen selbst denken kann, weil sein „Begriff des Begriffs" es nicht zulässt, Begrifflichkeit als etwas das Subjekt und das Reale in verschiedenen Formen Überspannendes zu denken, kann keine subjektive begriffliche Regel gedacht werden, die „in ihrer Anwendbarkeit auf konkrete Anschauungen zugleich offen und spezifisch genug ist, um das durch den Begriff intendierte Objekt zu treffen."[90] John McDowells Auseinandersetzung mit Kant, die in gleicher Weise die protobegrifflichen

---

[89] Deshalb sind die Argumente Kants, welche die Funktion der „Synthesis" in Anschauung und Verstand als dieselbe bestimmt (KrV, B 104f.) bzw. Anschauung und Verstand aus einer gemeinschaftlichen „Wurzel" hervorkommen sieht (KrV, B 863), keine Lösungen des Problems, weil diese Einheitsbegriffe nicht als *primäre* Verschränkungen, die immer schon wirksam sind, *in Funktion* gezeigt werden. Vgl. Heidemann (*Vom Empfinden zum Begreifen*, S. 40 f.), der genau diese von der Realität$_1$ her unvermittelte Schwelle zwischen Empfindung und Anschauung markiert und zeigt, dass die Verschränkungen von Sinnlichkeit und Verstand bei Kant erst ab der zweiten Stufe der Anschauung komplett greifen.
[90] Heidemann: *Vom Empfinden zum Begreifen*, S. 26.

Strukturen unmittelbaren sinnlichen Weltbezuges zu denken versucht, bleibt ebenfalls an dieser hegelianischen Grenze stehen. Nur wenn man zeigen kann, wie das Zusammenspiel von sinnlichen Daten und begrifflichen Formen als Genese von realitätshaltiger Erkenntnis selbst im Objekt vorhergeht, ohne doch damit den Unterschied von objektivem Gehalt und subjektiven Erkenntnisstrukturen aufzuheben, ist die Chance gegeben, eine sinnvolle Realitätsnähe des Erkennens zugleich mit dem partiellen Unabhängigsein dessen, was man mit „Realität" meint, zu denken. Es ist also zwar richtig, darauf hinzuweisen, dass Kants „kopernikanische Wende" lautet: *Nicht wir richten uns nach den Dingen, sondern die Dinge richten sich nach uns* – d. h. sie lautet *nicht* so: *Wir richten die Dinge nach uns*. Doch dieses programmatische Bekenntnis, dass es einen aktiven Anteil der Dinge an sich gäbe, der selbst sich nach unserer Beschreibung ausrichte, wodurch eine Adäquation gesichert sei, läuft zentralen Gedankenschritten der kantischen Argumentation zuwider und bleibt so letztlich ungeklärt.

Zum einen ist und bleibt, das machen die Terminologie der Affektionstheorie und die Logik des „Ding an sich" klar, Kant so Vertreter des Begriffs eines „ontologischen Realismus"[91], der sich in Form eines Rests nicht gänzlich wegerklären lässt, wenn er auch keine Zwei-Welten-Lehre impliziert. Zum anderen aber verfehlt er eine vernunftgemäße Beschreibung realistisch gedachter Objektivität, indem er auf abstrakte Weise das An-sich und das Für-uns, d. h. Sein und Bestimmbarkeit, auseinanderhält, ohne zu sehen, dass bereits der *Akt der Unterscheidung* beider einen dritten Standpunkt *neben* dem Für-uns und dem An-sich voraussetzt, in dessen Metasprache, die den *gemeinsamen* Grund beider Sphären enthält, sich allein die Objektivität beider Realitätssphären formulieren ließe. Nur so kann der Fehler vermieden werden, die Logik der Sprache, die zum Objekt werden soll, immer zugleich im Rücken zu haben und damit eine rein *interne* Unterscheidung eines Begriffsschemas zu einer *externen* zu machen.[92]

---

91 Schon Fichte (*Zweite Einleitung in die Wissenschaftslehre*, GA I,4, S. 236, Fußnote), spricht von einem „Kantischen Realismus". Vgl. auch Manfred Frank: „Was heißt ‚frühromantische Philosophie'?", in: *Athenäum 19* (2009), S. 15–43, hier: S. 42. Gerade die Einarbeitung der ersten Rezension der KrV durch Garve in den „Göttingischen Anzeigen von gelehrten Sachen" in die *Prolegomena* hat – in Abwehr des Idealismusvorwurfs im Sinne Berkeleys – zur zumindest punktuellen, jedoch nicht durchgehenden und systematisch-konsistenten Betonung der Existenzbehauptung, d. h. des Realismus des „Ding an sich", geführt. Vgl. dazu Förster: *Die 25 Jahre der Philosophie*, S. 59–64.
92 Davidson hat in der Kritik des Dualismus von Schema und Inhalt genau dieses Paradox nachgezeichnet (Davidson: *On the Very Idea of a Conceptual Scheme*, S. 183–198). Vgl. auch Wolfgang Detel: *Geist und Verstehen. Historische Grundlagen einer modernen Hermeneutik*, Frankfurt am Main 2011, S. 380 ff. Dabei hat Detel aufgezeigt, dass die vollständige Inkommensurabilität verschiedener Begriffsschemata, hier der des An-sich und des Für-uns, undenkbar und

1.1 Die Zustoßung des Realen: Realität₁ in der „Transzendentalen Ästhetik"

> Ist aber das zweite, weil Vorstellung an sich selbst [...] ihren Gegenstand dem Dasein nach nicht hervorbringt, so ist doch die Vorstellung in Ansehung des Gegenstandes alsdann a priori bestimmend, wenn durch sie allein es möglich ist, etwas als einen Gegenstand zu erkennen. (KrV, B 125)

Ein konsistenter Begriff von Realität muss es demnach schaffen, diese Dimensionen zu vereinen, ohne sie damit auf bloße Subjektivität des Für-uns zu reduzieren. Kants eigener „Grundsatze der durchgängigen Bestimmung" (KrV, B 599) des Seienden, demnach „alles Existirende [...] durchgängig bestimmt" (KrV, B 601) sei, schmilzt zu einem „transzendentalen Ideal" der Vernunft zusammen: d.h. zu einer ewig aufzusuchenden Einheit des in der Erscheinung real Gegebenen[93]. Zugleich aber, das zeigt die vorliegende Untersuchung, muss diese Einheit *als formal gegeben* immer schon vorliegen, damit auch die kantischen Unterscheidungen überhaupt sinnvoll sein können. Deshalb ist die Verlängerung der Bestimmtheit des Realen als Handlungen des Verstandes und der Vernunft hin zum „Ding an sich" für Kant zugleich mit der Auslöschung von „Bestimmtheit überhaupt" verbunden. Das „All der Realität (omnitudo realitatis)", in welchem der „Allbesitz der Realität [...] eines Dinges an sich selbst als durchgängig bestimmt vorgestellt" (KrV, B 604) wird, ist als *Grenzwert* allen Bestimmtseins „das Unbeschränkte" (KrV, B 604), welches als Gesamt „alle[r] mögliche[n] Prädicate der Dinge" (KrV, B 603) notwendig angenommen werden muss. Denn Bestimmungen als „wahre Verneinungen" (KrV, B 604) – „omnis determinatio est negatio" – können nur aufgrund eines vorgegebenen Unbeschränkten vollzogen werden, das alle *Möglichkeiten* der Bestimmung bei sich führt, selbst aber unbestimmt ist, um bestimmte Möglichkeiten nicht *notwendig* vorauszusetzen und damit auszulöschen. Der Realgrund eines letzten Gegebenen, den Kant im *Beweisgrund Gottes* noch objektiv gedacht hatte[94], wird nun zur methodischen Annahme bestimmenden Denkens reduziert und die Realität des „Ding an sich" als *Begriff* zu einem „Alles", das zugleich in Bezug auf

---

damit sinnlos wäre. Allein nämlich um diesen Unterschied von An-sich und Für-uns sinnvoll behaupten zu können, ist eine geteilte Basis beider Schemata notwendig (vgl. Detel: *Geist und Verstehen*, S. 386), welche in der vorliegenden Untersuchung als *notwendig übergreifender Begriff des Realen* entwickelt wird. Kants Theorie impliziert damit eine notwendige Metasprache, welche die Differenz von An-sich und Für-uns überspannt und sie so erst zu einer sinnvollen Differenz macht: Der Grund und Gehalt dieser Sprache aber ist das *Reale selbst*.
93 „Die durchgängige Bestimmung ist folglich ein Begriff, den wir niemals in concreto seiner Totalität nach darstellen können, und gründet sich also auf einer Idee, welche lediglich in der Vernunft ihren Sitz hat, die demn Verstande die Regel seines vollständigen Gebrauchs vorschreibt." (KrV, B 601)
94 Vgl. Förster: *Die 25 Jahre der Philosophie*, S. 92f.

die Bestimmung überhaupt „Nichts" ist. Die wiederum materiale, individuelle und doch *allgemeingültige* Bestimmung unserer Wirklichkeitserfahrung, die nicht durch die transzendentale Ausstattung gesteuert ist, wird auf diese Weise, d. h. von einem real notwendigen völlig Unbestimmten des „Ding an sich" her, wiederum gänzlich unerklärbar.

Auch das „Ich" der „synthetischen ursprünglichen Einheit der Apperception" kann sich nicht in seinem Sein (verstanden als Sein der Realität$_1$), sondern nur in seinem Erscheinen selbst erkennen (KrV, § 25, B 157), d. h. sich nur als empirisches Ich, das sich selbst Erscheinung ist, auf sich wirklich beziehen und sich erfassen[95]. Kants Unterscheidung von „Erkennen" und „Denken" wird hier besonders schmerzhaft, nämlich in existenzieller Weise, als Abgrund bedeutsam. Das Ich als Grund seiner objektkonstitutiven Prozesse bleibt sich selbst gegenüber nur notwendige Annahme und hypothetische Unterstellung. Das „Dasein" des Ich an sich wird bei Kant nur als bloß gedachter Akt des Bestimmens gedacht, d. h. als letztbegründende (*arché*) und letztursächliche (*causa sui*) Form von „Bestimmtheit überhaupt", nämlich als synthetische Einheit der Apperzeption. Diese muss als Identität des Bewusstseins in wechselnden Vorstellungen notwendig angenommen werden, um durch die Selbigkeit des Bewusstseins die *Konstanz* von Gegenständen sowie die Einheit ihrer Elemente und damit die Form von *Etwas überhaupt für mich* denken zu können. Deshalb ist das „Dasein" des Ich nicht selbst wiederum wie ein Gegenstand in der Erkenntnis bestimmbar, weil das Muster aller synthetischen Prozesse im Ich a) Grundlage alles Bestimmens ist, also in jedem Bestimmen bereits vorausgesetzt ist[96], und b) alles Bestimmen einen sinnlichen Stoff braucht, der aber bezüglich der synthetischen Einheit des Ich notwendig fehlt, sodass, wenn das Ich sich bestimmt, es sich notwendig als Er-

---

[95] Marshall hat völlig recht, gegen die Zwei-Welten-Interpretationen des „Selbst" bei Kant (empirisches Selbst vs. transzendentales und reines Selbst) zu argumentieren, dass „dividing the self is deeply un-Kantian" (Marshall: *Kant's One Self and the Appearance*, S. 428) und dass vielmehr statt der Unterscheidung verschiedener Arten des Selbst bei Kant verschiedene Arten der Selbstrepräsentation des einen Selbst gemeint sind (Marshall: *Kant's One Self and the Appearance*, S. 426). Auch die vorliegende Arbeit geht von der „one-world intepretation" (Marshall: *Kant's One Self and the Appearance*, S. 422) bezüglich des „Ding an sich"/Erscheinungswelt bzw. des Selbst aus. Das ändert jedoch nichts an dem Umstand, dass die Beschreibungen des jeweiligen Verhältnisses von Realitätsebene und Subjekt bzw. von den „Charakteren" (Marshall: *Kant's One Self and the Appearance*, S. 428) des Subjekts zu dessen Einheit widersprüchlich sind und sich nicht zu einer kohärenten Beschreibung einer Aspektvielfalt fügen; eben dies ist das (logische) Problem, nicht die sich daraus vielleicht ableitende Ontologie.

[96] McDowell (*Mind and World*, S. 99): „the possibility of understanding experiences, ‚from within', as glimpses of objective reality is interdependent with the subject's being able to ascribe experiences to herself; hence, with the subject's being self-conscious."

1.1 Die Zustoßung des Realen: Realität₁ in der „Transzendentalen Ästhetik"

scheinung bestimmt – „und ich habe also demnach keine *Erkenntniß* von mir *wie ich bin*, sondern bloß, wie ich mir selbst *erscheine*." (KrV, B 158) Das Dasein des Ich als reines An-sich ist so bei Kant verschattet und eine reine Denknotwendigkeit, die notwendig keine Erkenntnis sein kann: Das Bewusstsein der „synthetischen ursprünglichen Einheit der Apperception" richtet sich darauf, „nicht wie ich mir erscheine, noch wie ich an mir selbst bin, sondern nur daß ich bin." (KrV, B 157) Kant trennt in Bezug auf das Ich an sich also eine bloß denknotwendige Daseins- und Funktionsgewissheit von der Selbsterkenntnis[97]: Das Ich an sich kann sich nur denken als etwas, das notwendig existiert, aber nicht, wie es an sich existiert. „[I]ch existire als Intelligenz, die sich lediglich ihres Verbindungsvermögens bewußt ist" (KrV, § 25, B 158 f.), denn alles andere, dessen ich mir von mir bewusst bin, betrifft das Ich als Erscheinung. Indem Kant die Aussagen über das Ich der synthetischen Einheit der Apperzeption als denknotwendige, aber erkenntnisfreie, rein begriffslogische Schlussfolgerungen deklariert, um den Hiatus von Realität₁/Realität₂ und dessen Erkenntnislimitationen zu retten, können Bestimmungen für die Realität₁ formuliert werden, ohne dadurch in einen offensichtlichen Selbstwiderspruch zu geraten: auch wenn zugleich ihr epistemischer Status – so sind sie gültig als Analogien, wörtlich zutreffende Beschreibungen etc. – undeutlich geworden ist. Der Grund aller transzendentalen Arbeit des Subjekts an den sinnlichen Daten ist so aber mehrfach grundlos geworden: a) in dem hermeneutischen Verbot, die körperlich-sinnliche Daseinsgewissheit des Ich als Ausdruck einer epistemisch gewissen Realität des Ich im Sinne der Realität₁ zu verstehen; b) in dem epistemischen Verbot, die Denknotwendigkeit des Ich der Apperzeption als Modus von Erkenntnis zu begreifen, durch welchen eine Form von Bestimmtheit generiert wird, die in transzendentalen Derivationen die Objektwelt der Erscheinungen strukturiert, in einer Überschreitung der Grenze von Realität₁/Realität₂ als Gegebensein von Bestimmtheiten der Ding-an-sich-Realität,

---

97 Vgl. die „Vorrede zur zweiten Auflage", B S. XL–XLI, wo Kant in einer großen Fußnote zur Daseinsgewissheit des Ich Stellung nimmt und das *„intellektuelle Bewußtsein* meines Daseins, in der Vorstellung *Ich bin*, welche alle meine Urteile und Verstandeshandlungen begleitet", und welches reziprok durch die Gewissheit äußerer Dinge sich gestützt findet bzw. diese stützt, von einer „Bestimmung meines Daseins durch *intellektuelle Anschauung*", welche einzig wirkliche Selbsterkenntnis wäre, unterscheidet. Gunnar Hindrichs hat hier eine sehr interessante Interpretation vorgelegt. Nach Hindrichs bedeutet das „Ich bin" „kein blindes Sein, sondern die Vorwegnahme von Bestimmtheit", welches eine „Charakteristik des Ichseins" erlaubt. „Als Antizipation dessen, was in der vom ‚Ich denke' gebundenen Ontologie zu stehen vermag, bestimmt sich die Erzeugung im Bezug auf das, was noch nicht ist. […] ‚Ich bin' besagt kein Ein-für-allemal meines Daseins, sondern das fortwährende Werden jener Sachhaltigkeit, die das ‚Ich denke' stets von Neuem zur Bestimmung bringt." (Gunnar Hindrichs: „‚Ich denke' und ‚Ich bin'", in: *Konzepte 3* (2017) S. 101–110, hier: S. 110)

zu der das Substrat des „Ich denke" gehört[98]. Somit wird auch hier deutlich, dass der Logik des *Bestimmtseins überhaupt* der Realität$_2$ eine notwendige, aber bei Kant verschwiegene Tendenz anhaftet, diese Form von Bestimmtheit auf gleichen oder analogen Formen der Realität$_1$ zu gründen. Realität muss demgemäß begriffslogisch als *Geflecht unterschiedener und in der Unterscheidung in Begründungsverhältnissen aufeinander bezogener Weisen der Bestimmtheit* begriffen werden, welches der Unterscheidung von An-sich und Für-uns bzw. den Weisen des transzendentalen Bestimmens notwendig vorgelagert ist. Genau das aber macht das System der kantischen Unterscheidungen vor allem in der abstrakten Form des Unterschieds, den er zur Anwendung bringt, unmöglich, auch wenn es stets darauf abzuzielen scheint. Hierin hat der hermeneutische „Trick" Fichtes, zwischen „Geist" und „Buchstaben" der kantischen Philosophie zu differenzieren, seinen Grund[99].

1.1.6 Das Problem des „Ding an sich"

Die Kritik an der Stellung des Subjekts zum „Ding an sich" bei Kant kann als der Dreh- und Angelpunkt der „Überwindung" Kants durch die Idealisten gesehen werden. Ihre Diskussion in der Forschung füllt beinahe ganze Bibliotheken.[100] Dabei hat ein wesentlicher Diskussionsstrang die Kritik am „Ding an sich" stets in

---

98 Es ist in diesem Rahmen nicht notwendig, die Lehre von der synthetischen Einheit der Apperzeption weiter zu untersuchen. Für die Frage nach den kategorialen Begriffen der Realität hat sie hier keinen darüber hinausgehenden Erklärungswert: Denn in ihr legt Kant einzig den letzten Grund aller Synthesen des Verstandes und der Vernunft, die Urform aller Synthesis, offen. Die Kategorien „Realität" und „Wirklichkeit" sowie die (widersprüchliche) Bestimmung der Realität$_1$ stellen demgegenüber *bestimmtere*, mit *weiteren* notwendigen kategorialen Eigenschaften versehene Versionen begrifflicher Synthesis dar. Für diese bietet die abstrakte Grundform der Synthese, die das Mannigfaltige als Gehalte *eines* Bewusstseins bestimmt, keine weitere Aufklärungschance: Sie sagt einzig, dass alle Bewusstseinsinhalte qua ihrer „Bestimmtheit überhaupt" notwendig durch Formen der Synthese gebildet werden, die in der Ursynthesis ihrer Zugehörigkeit zu *einem* Bewusstsein wurzeln. Darüber hinaus hat Marshalls Versuch, den Unterschied der Charaktere des Selbst (empirisches Selbst – transzendentales und reines Selbst) als Unterart des Gattungsunterschieds von „Ding an sich"/Erscheinungen zu verstehen, ebenfalls keine Auswirkungen auf die Probleme, welche die jeweiligen kategorialen Beschreibungen der Felder von Realität$_1$ und Realität$_2$ erzeugen (Marshall: *Kant's One Self and the Appearance*, S. 429 ff.).
99 Fichte: *Zweite Einleitung in die WissenschaftsLehre*, in: GA I,4, S. 209–271, hier: S. 231 f. Vgl. dazu Horstmann: *Die Grenzen der Vernunft*, S. 47 f., 53 f.
100 Als kleine Forschungsübersicht vgl. die Diskussion und die Fußnotenhinweise bei Sandkaulen: *Das leidige Ding an sich*, und für den englischsprachigen Raum zuletzt Marshall: *Kant's One Self and the Appearance/Thing-in-itself Distinction*.

der Form des Kausalitätsarguments vorgetragen, das spätestens in Hans Vaihingers Kommentar zur *Kritik der reinen Vernunft* kanonisch festgehalten worden ist.[101] Dessen Pointe ist die Markierung des Verhältnisses von affizierendem „Ding an sich" und Subjekt als Kausalverhältnis (Affektion des Subjekts durch das „Ding an sich") und damit als ungebührliche Erweiterung einer rein auf die Welt der Erscheinung beschränkten Kategorie auf das noumenale „Ding an sich". Diese Kritik, das hat Birgit Sandkaulen aufgezeigt, ist so nicht direkt dort zu finden, von wo sie die Idealisten (Schelling, Fichte, Hegel) entnommen zu haben glaubten[102] bzw. ist dort nur ein untergeordneter, abgeleiteter Aspekt einer weitaus umfassenderen Kritik (siehe das Kapitel zu Jacobi): nämlich in Friedrich Heinrich Jacobis *David Hume über den Glauben, oder Idealismus und Realismus. Ein Gespräch* (1787) in der *Beilage Über den transzendentalen Idealismus*.[103] Ernst Cassirer schließt noch an diese Quelleninterpretation an, wenn er Jacobis Verdienst gerade wesentlich darin sieht, die inneren Widersprüche des affizierenden „Ding" bezüglich der Kausalität so scharf gefasst zu haben, dass danach Kants Lehre nicht ihrem Buchstaben gemäß stehenbleiben konnte.[104] In diesem Anschluss an Jacobi lautet die Kritik demnach: Bereits die Unterscheidung zwischen „Ding an sich" und Erscheinung selbst ist im Rahmen des Theorieprogramms eines transzendentalen Idealismus selbstwidersprüchlich, weil so eine materiale Realität außer der Erscheinung angenommen werden muss, um den Grund sinnlicher Affektionen einsichtig zu machen, zugleich aber alle Realität nur Erscheinungscharakter haben soll und deshalb „Kant von einem vom Ich verschiedenen Etwas nichts wissen dürfe, leider aber zu viel von ihm wisse."[105] „Der transzendentale Idealismus, so könnte Jacobi resümieren, kann nicht nur keinen Beweis für die Realität der Außenwelt liefern, konsequent gefaßt kann er nur das Gegenteil beweisen."[106] Diese Kritik übersieht allerdings, dass Kant transzendentalen Idealismus und empirischen Realismus programmatisch durchaus als Einheit zu denken versucht; nur gelingt dieses Zusammendenken eben nicht vollständig. Jacobis Kritik an Kants aufklärerischen und zugleich restriktiven Vorstellungen von „Realität überhaupt" geht aber, wie gesagt, weit über den bloß kategorialen Begriff von Realität und seine Einteilungen hinaus; sie betrifft vor

---

101 Vgl. Sandkaulen: *Das leidige Ding an sich*, S. 179 f.
102 Vgl. Sandkaulen: *Das leidige Ding an sich*, S. 180–182.
103 Jacobi: *David Hume*, JWA 2,1, S. 5–112 [*Beilage*, S. 103–112], hier: S. 109 ff.
104 Ernst Cassirer: *Das Erkenntnisproblem in der Philosophie und Wissenschaft der neueren Zeit* (1907), Reprint, Bd. 3, Darmstadt 1995, S. 33.
105 Horstmann: *Die Grenzen der Vernunft*, S. 55. Zur interessanten Uminterpretation dieser Kritik bei Fichte vgl. ebf. Horstmann: *Die Grenzen der Vernunft*, S. 55.
106 Horstmann: *Die Grenzen der Vernunft*, S. 33.

allem empirisch evidente Sachverhalte wie Freiheit, das Unbedingte und das Lebendige sowie die *empirische* unbedingte Gewissheit der Realität der Außenwelt überhaupt.[107] Der Kausalitätsvorwurf wird eigentlich explizit zuerst im *Aenesidemus oder Über die Fundamente der von dem Herrn Professor Reinhold in Jena gelieferten Elementar-Philosophie* (1792) von Gottlob Ernst Schulze entwickelt[108] und schließlich dann bei Fichte[109] aufgegriffen[110]. Hegel zieht daraus zum einen die Konsequenz, dass das „Ding an sich" einen begriffsauflösenden Widerspruch von Selbstbeschreibung und Sein darstellt. Was nämlich programmatisch das Andere zu allem Bewusstsein sein soll, ist durch diese Bestimmung zugleich vollends bewusstseinsimmanent bestimmt und damit unproblematische Erscheinung im kantischen Sinn (vgl. GW 20, S. 80 f., § 44); bei Kant selbst ist dies im Widerspruch des „ganz *unbestimmten* Begriff[s]" des „Ding an sich" im Gegensatz zum „*bestimmten* Begriff" [KrV, B 307] deutlich sichtbar. Als gewöhnlicher Fall kategorialer Bestimmung *als* unbestimmt kann es deshalb – und dort wird die Kausalität wieder ernst genommen – in Analogie zu Fichtes Nicht-Ich gesetzt werden: „Was bei Kant ‚das Ding-an-sich' heißt, das ist bei Fichte der Anstoß von außen, dieses Abstraktum eines Anderen als Ich, welches keine andere Bestimmung hat als die des Negativen oder des Nicht-Ich überhaupt." (TWA 8, S. 147, § 60 [Zusatz 2]) Schließlich fasst Schelling in seinen Münchner Vorlesungen *Zur Geschichte der Neueren Philosophie* die zentralen Vorwürfe an Kants „Ding an sich" (Substanzform, Unbestimmtheitswiderspruch, Kausalitätsunterstellung) konzis zusammen[111] und prägt die polemische Formel „hölzernes Eisen"[112] dafür. Strawson hat in seinem wirkmächtigen Kommentar zur *Kritik der reinen Vernunft* das Kausalitätsargument gegen Kant bestätigt: Es sei bezüglich der Kritik eine unabweisbare „premise that all our ‚outer' perceptions are caused by things which exist independently of our perceptions and which affect us to produce those perceptions"[113]. Resümierend heißt es dann bei Strawson: „Experience is simply what emerges from the affecting relation, and all the distinctions we draw within

---

107 Vgl. dazu konzis Horstmann: *Die Grenzen der Vernunft*, S. 34–42.
108 Gottlob Ernst Schulze: *Aenesidemus oder Über die Fundamente der von Herrn Professor Reinhold in Jena gelieferten Elementar-Philosophie*, hg.v. Manfred Frank, Hamburg 1996, S. 184 f. [263 f.].
109 Johann Gottlieb Fichte: *Zweite Einleitung in die Wissenschaftslehre für Leser, die schon ein philosophisches System haben*, GA I,4, S. 209–271, hier: S. 235 f.
110 Vgl. Sandkaulen: *Das leidige Ding an sich*, S. 180.
111 Vgl. Friedrich Wilhelm Joseph Schelling: „Zur Geschichte der Neueren Philosophie (1827)", in: Ders.: *Schriften von 1813–1830*, Reprint, Darmstadt 1976, S. 283–482, hier: S. 364–367.
112 Schelling: *Zur Geschichte der Neueren Philosophie*, S. 366.
113 Strawson: *The Bounds of Sense*, S. 250. Strawson spricht davon, dass Kant dies ‚beständig behaupte' (Strawson: *The Bounds of Sense*, S. 253 f.)

experiences are drawn within the sphere of what emerges from this relation."[114] Damit verfehlt Kant aber nach Stephen Houlgate gerade „the actual nature of being that is disclosed in our experience"[115], wie es Hegel später in der *Wissenschaft der Logik* im spekulativen Denken begrifflich einfangen wird: „Hegel has proven that things relate to other things preciseley *as* they are in themselves. Their ownmost nature manifests itself *in* these relations and does not remain hidden from view."[116] Hegels Kritik am „Ding an sich" als einem „Abstractum" (GW 21, S. 47), so konstatiert Houlgate, besteht folglich auch nicht darin, dass das „Ding an sich" ein „*abstrakter* Begriff" [abstract concept][117] sei, sondern nur der „Begriff eines abstrakten *Objekts*" [concept of an abstract *object*][118] – „ein dem Denken fremdes und äußerliches" (GW 21, S. 47). Gerd Irrlitz erkundet in seiner komplexen Zusammenfassung der historischen Quellen wie werkinternen Argumentationsstrukturen des gesamten „Ding an sich"-Komplexes bei Kant eine wesentliche Verwendungsweise des Begriffs ebenfalls als den „subjektfreie[n] Gegenstand als Ursache der Erscheinungen, ein materielles Substrat als letzter Affektionsgrund (noumenon im negativen Sinne)"[119] zukommt und meint in Bezug auf die sich daraus ergebenden Widersprüche: „Ihn [Kant, C.W.] interessieren die Aporien des Dingbegriffes nicht"[120]. Auch die „Lösung" des Problems, die Irrlitz im Antinomien-Kapitel des Dialektik-Teils der *Kritik der reinen Vernunft* angelegt sieht – dass das „Ding an sich" als das „*noch Unerkannte*, und in der Konsequenz das asymptotisch Bekannte durch den Prozess der Verwandlung in ‚Dinge für uns'" als der „unendliche Erschließungsprogress der Erscheinungen, der tendenziell auch die Dinge an sich aufschließe"[121], betrachtet werden müsse –, löst das Problem nicht wirklich, weil damit lediglich der Zusammenfall von Erscheinungswissen und noumenalem Wissen in eine unbestimmte, vielleicht nie erreichbare Zukunft verlegt, die Unterscheidung beider aber nicht angegriffen wird und so zugleich der mögliche Zusammenfall kategorial unmöglich erscheint. Eine ähnliche „Lösung" deutet Robert B. Pippin in Bezug auf Brandoms Hegellektüre an, wenn Kant im Sinne der Kritik am „Mythos des Gegebenen" so verstanden wird, als solle die ganze Rede von der Unerkennbarkeit des „Ding an sich" nur ausdrücken, dass

---

114 Strawson: *The Bounds of Sense*, S. 255.
115 Stephen Houlgate: *The Opening of Hegel's Logic. From Being to Infinity*, West Lafayette, Ind. 2006, S. 131.
116 Houlgate: *The Opening of Hegel's Logic*, S. 341.
117 Houlgate: *The Opening of Hegel's Logic*, S. 135.
118 Houlgate: *The Opening of Hegel's Logic*, S. 339.
119 Irrlitz: *Kant-Handbuch*, S. 172.
120 Irrlitz: *Kant-Handbuch*, S. 172.
121 Irrlitz: *Kant-Handbuch*, S. 172f.

Objekte deshalb nicht an sich selbst betrachtet werden können, weil unsere letzten begrifflichen Regeln „nicht empirisch abgeleitet sind"[122], mithin nicht unmittelbar-abbildend in den Dingen selbst wurzeln, und dass sie verstanden werden müssen „nicht etwa aufgrund einer Erklärung, die bis zu etwas direkt in der Erfahrung Verfügbarem zurückverfolgt werden kann"[123]. Förster hingegen versucht das Kausalitätsargument zu entkräften[124], und zwar im impliziten Anschluss an eine bereits von Jacobi kritisierte ‚Verteidigung' Kants, wonach Kausalität lediglich eine Uminterpretation des logischen Grund-Folge-Zusammenhangs sei.[125] Kant behaupte mit der Verknüpfung von sinnlicher Rezeptivität und Noumenalität keine Ursache-Wirkungs-Beziehung und nehme somit keinen ungebührlichen *Gebrauch* der Kategorien in objektiver Weise vor, sondern analysiere lediglich eine *Bedeutungsbeziehung* innerhalb des Begriffs rezeptiver Sinnlichkeit, die „zwei in einem Begriffe *nothwendig* verbundene Bestimmungen [...] als Grund und Folge verknüpft [...] und zwar entweder so, daß diese *Einheit* als *analytisch* (logische Verknüpfung) oder als *synthetisch* (reale Verbindung), jene nach dem Gesetze der Identität [...] betrachtet wird" (AA, 5, S. 111). Damit ist die eigene kantische Lesart des „Noumenon" und seiner Konstruktionsregeln (KrV, B 344) reaktiviert. Förster hat sicher recht, wenn er anmerkt, dass die Komponente der Begriffsbedeutung hier für Kant eine zentrale Rolle spielt, auch dort, wo sozusagen notwendige Gedankenexperimente in Form des Noumenon angezeigt sind, um Elemente des Systems wie ‚Erscheinung' und ‚Ding an sich' überhaupt unterscheiden zu können. „Folglich *muss* das Ding an sich so gedacht werden, dass ein Wesen mit einer anderen, nicht-rezeptiven Anschauung es tatsächlich wahrnehmen und als wirklich erkennen *könnte*."[126] Försters Rettungsversuch übersieht aber m.E. zum einen, dass Kant (siehe Kap. 1.1.1) durchaus in kausalistischer Terminologie argumentiert, wo er das *Zustandekommen* von Empfindungen in Affektionsbegrifflichkeiten beschreibt, also keineswegs nur im Raum „analytischer" Bedeutungserläuterung bleibt. Zum anderen ist nicht zu sehen, wie Kant sinnvollerweise die *semantischen Beziehungen* innerhalb des Begriffs der Sinnlichkeit *erläutern* kann, ohne sie zugleich notwendig als reale Funktionen

---

122 Robert B. Pippin: „Brandoms Hegel", in: *Hegel in der neuen Philosophie*, hg.v. Thomas Wyrwich, Hegel-Studien, Beiheft 55, Hamburg 2011, S. 367–406, hier: S. 372.
123 Pippin: *Brandoms Hegel*, S. 372.
124 Förster: *Die 25 Jahre der Philosophie*, S. 117–120.
125 Vgl. Jacobi: *David Hume*, JWA 2,1, S. 50–52. Eine ganz ähnliche Gedankenfigur findet sich auch bei Nicholas Rescher: „Noumenal Causality", in: *Kant's Theory of Knowledge. Selected Papers from the Third International Kant Congress*, hg.v. Lewis White Beck, Dodrecht/Boston 1974, S. 175–183.
126 Förster: *Die 25 Jahre der Philosophie*, S. 120.

1.1 Die Zustoßung des Realen: Realität₁ in der „Transzendentalen Ästhetik" — 57

einer realen Genese durch Affektion zu verstehen, d. h. als Verursachungsbeziehung.¹²⁷ Unmissverständlich heißt es demgemäß in der Auflage A der KrV anhand des „Paralogismus der Idealität (des äußeren Verhältnisses)":

> [W]enn man äußere Erscheinungen als Vorstellungen ansieht, die von ihren Gegenständen, als an sich außer uns befindlichen Dingen, in uns gewirkt werden, so ist nicht abzusehen, wie man dieser ihr Dasein anders, als durch den Schluß von der Wirkung auf die Ursache, erkennen könne [...]. Nun kann man zwar einräumen: daß von unseren äußeren Anschauungen etwas, was im transzendentalen Verstande außer uns sein mag, die Ursache sei, aber dieses ist nicht der Gegenstand, den wir unter den Vorstellungen der Materie und körperlicher Dinge verstehen; denn diese sind lediglich Erscheinungen [...]. Der transzendentale Gegenstand ist, sowohl in Ansehung der inneren als äußeren Anschauung, gleich unbekannt. (KrV, A 372)¹²⁸

Kant gesteht hier, im semantisch wertlosen Konjunktiv verbleibend, die Notwendigkeit ein, die *Form* der Ursache irgendwie in Bezug auf das „Ding an sich" denken zu müssen bzw. richtiger: nicht völlig vermeiden zu können. Nur so nämlich – das hat Jacobi in der *Beylage* klar erkannt¹²⁹ – ergibt die Rede von der Rezeptivität der Sinnesorgane überhaupt Sinn: Zu deren semantischem Genom gehört es, ein Anderes als Affizierendes benennen zu müssen, das „den äußeren Erscheinungen [...] zum Grunde liegt" (KrV, A 379 f.). Der Schluss auf äußere Dinge bezüglich ihrer inneren Wahrnehmung, „indem ich diese als die Wirkung ansehe, wozu Etwas äußeres die nächste Ursache ist" (KrV, A 368), ist mithin zwar nicht korrekt (denn die äußeren Dinge im Raum als Ursachen unserer Vorstellungen von ihnen sind zugleich nur im Raum *in uns*, d. h. als Erscheinungen; vgl. die von Kant erläuterte doppelte Bedeutung von „außer uns", KrV, A 373), zugleich aber auch nicht einfach falsch (negativ: Denn die Unerweislichkeit des „Ding an sich" verbietet es, auch Aussagen über ihr Nichtvorhandensein zu machen; positiv: Denn die Logik des Affiziertwerdens muss ein irgendwie unbekannt Affizierendes setzen). Ebenfalls in der Auflage A erörtert Kant dies zugleich an der platonischen Semantik von „Erscheinungen", die notwendigerweise Erscheinungen *von* Etwas sein müssen, das unerkennbar als Gegenstand, d. h. intentionales Objekt bzw. ursächlicher Gehalt, überhaupt hinter ihnen liegt und zugleich in einer *realen* Wirkamkeit zu ihnen stehen muss, die Veranlassung (Ursache) wie Repräsentationalität (Grund) beinhaltet:

---

127 In diesem Sinne bemerkt Graeser, dass es bei Kant „das Ding an sich [ist], von dem das Subjekt affiziert wird" (Graeser: *Kommentar zur Einleitung zur Phänomenologie des Geistes*, S. 46).
128 Zum Wechsel des Gebrauchs von „transscendental" zwischen Auflage A und B, der sich hier manifestiert, vgl. Förster: *Die 25 Jahre der Philosophie*, S. 115 f.
129 Jacobi: *David Hume*, JWA 2,1, S. 108, 111.

> Nun sind aber diese Erscheinungen nicht Dinge an sich selbst, sondern selbst nur Vorstellungen, die wiederum ihren Gegenstand haben, der also von uns nicht mehr angeschaut werden kann, und daher der nichtempirische, d.i. transzendentale Gegenstand = X genannt werden mag. (KrV, A 109)

Es *gehört* demnach zur Bedeutung des Grund-Folge-Zusammenhangs von „Ding an sich" und Erscheinungen, sich in Form von Ursache-Wirkungs-Beziehungen zu *verwirklichen*. Empfindungen *liegen nur vor*, wo sie als rezeptive Reaktionen auf Noumena *durch* diese bewirkt werden: Anders ist die Bedeutung ihrer *Existenz* nicht denkbar. Deshalb gehört diese Kausalität *auch* zu ihrem semantischen Schlüssel. Das bspw. sieht auch Wilfrid Sellars in *Empiricism and the Philosophy of Mind* so, wenn er die *kausale* Grundbeziehung der außermentalen Realität auf das Bewusstsein als notwendig zu denken annimmt, um das Vorliegen von Sinnesdaten erklären zu können[130], zugleich aber die Rechtfertigung (Geltung) der Bewusstseinsinhalte von deren kausalem Zustandekommen (Genese) gegen naturalistische Verkürzungen durch die Identifikation beider klar unterscheidet. Ebenso bestimmt Donald Davidson die Beziehung von Empfindungen auf Überzeugungen, d. h. von sinnlich-perzeptiven Gehalten auf begrifflich-propositionale Gehalte, als Beziehungen von „kausaler Art. Empfindungen lösen manche Überzeugungen aus und bilden in *diesem* Sinn die Basis oder das Fundament dieser Überzeugungen."[131] Sowohl zwischen objektiver Realität und den sinnlich-passiven Perzeptionsorganen des Subjekts als auch zwischen den Gehalten der Perzeption und den Gehalten von Gedanken müssen demnach *kausale* Wirkbeziehungen angenommen werden, die sich nicht sinnvoll auf die kategorial unterschiedene Grund-Folge-Beziehung reduzieren oder zurückführen lassen, wie es Förster für Kant vorschlägt. Kants nur scheinbar saubere Trennung von „Denken" (Bedeutung) und „Erkennen" (Bestimmen eines Objekts) darf dort nicht zum Argument werden, wo sichtbar ist, dass Kant sie selbst unterlaufen muss: Das scheinbar störungsfreie *Nebeneinander* des notwendigen Gedankenexperiments „Ding an sich" (Noumenon) und seiner realen Unerkennbarkeit macht es sich zu leicht, wo notwendige Gedankenbestimmungen des „Ding an sich" (Unerkennbarkeit, Ursache bzw. Gründe für Empfindungen) das *Gewicht* und die *Funktion* realer Erkenntnisse gewinnen.[132] Hegels Kritik des Denkens bzw. Erkennens ‚vor

---

130 Vgl. Blume: *Sellars im Kontext der analytischen Nachkriegsphilosophie*, S. XIII.
131 Donald Davidson: „Eine Kohärenztheorie der Wahrheit und der Erkenntnis", in: Ders.: *Subjektiv, intersubjektiv, objektiv*, Frankfurt am Main 2004, S. 233–270, hier: S. 243.
132 Ähnlich gegen die ‚Rettung' des kantischen Arguments argumentiert auch Frank, *Idealismus und Realismus:* S. 122; die Bedeutung der kausalen Grundannahme unterstreicht auch Markus

dem Erkennen', das sich nicht die Hände an den Geltungsbedingungen des Erkennens schmutzig machen will (vgl. GW 20, S. 50 f., § 10), scheint hier m. E. noch immer zuzutreffen. Kants transzendentale semantische Argumente sind zunächst einmal Behauptungen wie Erkenntnisaussagen auch; sie beanspruchen Geltung und geben Bestimmungen, auch wenn diese ihre Gründe in Denknotwendigkeiten, nicht in empirischen Daten haben sollen. Diesen klaren Gegenstandsbezug aufzuweichen, nur um Kant vor Widersprüchen zu bewahren, erscheint mir deshalb als nicht sinnvoll. Auch Schönrich weist dementsprechend deutlich auf den „kausalen Kontext"[133] der Empfindungen hin und betont die „kausale Vorgeschichte einer Anschauung"[134] bei Kant. Des Weiteren trifft er die wichtige Unterscheidung zwischen *„Anschauungsvorkommnissen"* und *„Anschauungsinhalt"*[135]: Kausale Verursachung betrifft demnach nur die „Anschauungsvorkommnisse"; der „Anschauungsinhalt" kann nämlich, wie im Fall von Halluzinationen oder Täuschungen, auch ohne kausale Verursachung entstanden sein und darf nur im Fall richtiger Wahrnehmung als repräsentationales Produkt der kausalen Verursachung gelten. Allerdings ändert dies nichts an dem Problem, ob und wie repräsentationale Gehalte in ihrer begrifflichen Form durch eine reale Begriffsbeziehung wie der Kausalität gedacht werden müssen. Denn Halluzinationen können nur gedacht werden als nicht aktuell, aber notwendig in der Vergangenheit durch äußere Gegenstände verursachte Wahrnehmungsgehalte, die durch die reproduzierende Einbildungskraft wiederaufgerufen und höchstens neu kombiniert werden; es handelt sich hierbei um Täuschungen, d. h. um *falsch* repräsentierte Gehalte einer Verursachung. Zugleich stellt das Fehlen überzeugender „psycho-physischer Gesetze, die dem Anschauungsvorkommnis einen Ort in der Kausalkette zuweisen könnten"[136], für die hier erörterte Fragestellung kein Problem dar: Die Frage nach der *subjektinternen* Kausalität zwischen der „Bewußtseinsmodifikation" und dem „physikalisch beschreibbaren Körperereignis"[137], also nach dem ebenfalls kausalen Zusammenhang zwischen somatischer Affektion des Körpers durch das „Ding an sich" und dem Auftreten von mentalen Bewusstseinszuständen, mag zwar durchaus dahingehend mit der Frage nach der *subjektexternen* Kausalität zwischen „Ding an sich" (Realität$_1$) und Subjekt an sich verbunden sein, insofern es sich hier nicht um völlig verschiedene Arten von

---

Willaschek: „Der transzendentale Idealismus und die Idealität von Raum und Zeit", in: *Zeitschrift für philosophische Forschung* 51/4 (1997), S. 537–564.
133 Schönrich: *Externalisierung des Geistes*, S. 133.
134 Schönrich: *Externalisierung des Geistes*, S. 133.
135 Schönrich: *Externalisierung des Geistes*, S. 133.
136 Schönrich: *Externalisierung des Geistes*, S. 134.
137 Schönrich: *Externalisierung des Geistes*, S. 135.

Kausalität handelt. *Dass* aber im Faktum der Affektion eine (wie auch immer zu erklärende) Verursachungsbeziehung zwischen „Ding an sich" und Subjekt (als wiederum inneres, aber *auch* nicht nur kausales Zusammenspiel von Körper und Geist) anzunehmen ist, zeigt Kant darin, dass der konkrete Weltbezug als Möglichkeit korrekter oder falscher Repräsentation von existierenden Sachverhalten sonst nicht sinnvoll zu denken ist. Deshalb ist Schönrich zuzustimmen, wenn er mit Gerold Prauss (*Die Welt und wir*) betont: „Repräsentierendes Mittel und repräsentierter Gegenstand sind keine separierbaren Relata einer äußeren Beziehung, sondern Momente einer prozessualen Einheit."[138] Das aber heißt, einen Begriff des Realen zu entwickeln, welcher es erlaubt, unter dem Dach einer gemeinsamen Grundstruktur, die als organische Einheit gemeinsamer Bestimmbarkeit und Regelhaftigkeit begrifflich verfasst sein muss, äußeren Gegenstand und erfahrendes Ich zusammenzudenken. Der kantische „Anschauungsinternalismus"[139], der „behauptet, dass uns Anschauungsvorkommnisse allein über ihren [subjektiven, C.W.] Inhalt zugänglich sind"[140], und dass deshalb „dem repräsentationalen Inhalt der Lieferung [...] die Adresse des Lieferanten nicht aufgeprägt"[141] sei, verfehlt diesen Zusammenhang notwendigerweise und vermag ihn nur als kausalistischen Widerspruch zu denken. Der „Anschauungsexternalismus" greift jedoch erst dann vollständig, wenn er im Versuch, „die kausale Vorgeschichte der Entstehung einer Anschauung zur Festlegung ihres Gegenstandsbezugs"[142] heranzuziehen, die Voraussetzung der gemeinsamen begrifflichen Grundstruktur akzeptiert, die das übergreifend Reale ausmacht. Erst so nämlich kommen die Glieder der kausalen Kette als im Rahmen eines gemeinsamen und nicht weiter fundierbaren Begriffsschemas überhaupt vergleich- und aufeinander beziehbare in den Blick.

Ebenso wenig reicht es zur Rechtfertigung Kants aus, darauf hinzuweisen, dass eine solche Kausalbeziehung der Affektion in den wechselseitigen Modi von Aktivität und Passivität zwischen Subjekt und „Ding an sich" eine Logik von Substanzen voraussetzt, die von Kant für das Ich an sich selbst aber natürlich, wo es nicht als Erscheinung und damit als Gegenstand kategorialer Konstruktion erfasst wird, abgelehnt wird (in der Kritik der Paralogismen der rationalen Psychologie in der „Transzendentalen Dialektik", KrV, B 407 f.). Vielmehr fügt dieses Argument der Kritik an Kant noch eine zweite Ebene *hinzu*: Nicht nur die Kausalität wird in der passiven Affektionsbeziehung des Subjekts ungebührlich auf

---

138 Schönrich: *Externalisierung des Geistes*, S. 137.
139 Schönrich: *Externalisierung des Geistes*, S. 134.
140 Schönrich: *Externalisierung des Geistes*, S. 134.
141 Schönrich: *Externalisierung des Geistes*, S. 134.
142 Schönrich: *Externalisierung des Geistes*, S. 134.

das Verhältnis von Subjekt und „Ding an sich" appliziert, sondern auch ihre Voraussetzung in der Form von Objekthaftigkeit, die im Substanzbegriff liegt. Schließlich ist auch der Versuch, aus der kausalen *Affektion* ein bloßes, in sich geschlossenes *Gegebensein* zu machen und somit die Notwendigkeit des Bezugs auf ein „Ding an sich" auszulöschen, zum Scheitern verurteilt: Wie ist ein Gegebensein von Etwas für das Subjekt sinnvoll zu denken, wenn es nicht einen Grund dieses Gegebenseins gibt, der die Normativität dafür bereitstellt, dieses Gegebene richtig oder falsch, wahr oder unwahr zu repräsentieren, weil er *im* Gegebensein selbst repräsentiert ist? Alle diese Lösungsversuche scheinen mir nur Umformulierungen zu sein, um dem Problem zu entgehen, statt es zu lösen. Für eine Lesart, die für eine atemporale Kausalität plädiert und daher an Kants Behauptung festhält (nämlich, dass „Dinge an sich" weder räumlich noch zeitlich sind, weil sie nicht in unseren Anschauungsformen enthalten sind) steht Allen Wood.[143] Demgegenüber argumentiert Kenneth R. Westphal dafür, dass wenn Raum und Zeit nur menschliche Anschauungsformen sind, es logisch und metaphysisch auch möglich ist, dass den „Dingen an sich" ebenfalls solche Eigenschaften inhärent sind, analog zu (den subjektiven Anschauungsformen) Raum und Zeit. Diese temporalen und zeitlichen Noumenal-Eigenschaften nennt Westphal „r-spatiality" and „r-temporality"[144] – wobei „r" für real bzw. für von den Anschauungsformen unabhängig steht. Westphal, so könnte man sagen, plädiert also für eine noumenale temporale Kausalität, die jedoch phänomenal atemporal ist, d.h. von den Anschauungsformen unabhängig.[145] Eine solche Form der Kausalität ist anschlussfähig an Eric Watkins' Interpretation, der entgegen vieler Kantkommentatoren zeigt, dass Kants Kausalitätskonzept nicht dem humeschen Ereignismodell folgt (wonach ein bestimmtes Ereignis ein anderes bestimmtes Ereignis bloß verursacht), sondern von einer Kausalität von Substanzen ausgeht, die mit kausalen Kräften als zugleich begründende Fähigkeiten ausgestattet sind, die entsprechend ihrer Natur und ihrer Umstände selbst auferlegt sind:

> [W]e have seen that Kant neither does nor can accept Hume's event-event model of causality. Rather, with the benefit of an awareness of Kant's pre-Critical account of causality, we saw that Kant's texts and arguments commit him to a model of causality that involves substances exercising their causal powers so as to determine each other's states.[146]

---

143 Allen Wood: „Kant's Compatibilism", in: *Self and Nature in Kant's Philosophy*, hg.v. Allen Wood, Ithaca, New York 1984, S. 57–101.
144 Kenneth R. Westphal: *Kant's Transcendental Proof of Realism*, Cambridge 2004, S. 55.
145 Vgl. zu Kants Kausalitätsmodell generell Eric Watkins: *Kant and the Metaphysics of Causality*, Cambridge 2005, insb. Kap. 4 („Kant's Model of Causality"), S. 230–297.
146 Watkins: *Kant and the Metaphysics of Causality*, S. 296.

1.2 Zwischenbemerkung: Begriffsunterscheidungen

„Realität" bleibt für das Denken Kants die ständige Projektionsfläche seiner Erwägungen, und zwar so, dass oft derselbe Begriff (Wirklichkeit/Realität) zum einen für die Realität$_1$, zum anderen für die Realität$_2$ und dann sogar terminologisiert in Form der Kategorien benutzt wird. So gebraucht er z. B. den Terminus „wirklich" („wirkliche Wesen", KrV, § 2, B 37) in der „Transzendentalen Ästhetik" zum einen synonym mit der Art des „Ding an sich" (vgl. KrV, § 2, B 37), zum anderen aber auch im Sinne von ‚Existenz' überhaupt, ganz gleich ob innerhalb der Erscheinungen oder an sich (vgl. KrV, § 6, B 49, wo er vom „wirklichen Gegenstand" eindeutig im Sinne des ‚Existierens' spricht). Kant konstatiert deutlich, dass die durch den Verstand und seine transzendentalen Formen konstituierten Gegenstände „auf etwas außer mir bezogen werden" (KrV, § 2, B 38), d. h. in der natürlichen Einstellung des Subjekts immer so behandelt werden, *als ob* sie auf eine unabhängig von uns gegebene, fraglos als Existenz gesetzte Realität zutreffen. Damit wird das natürliche Denken als eines in ständiger Verwechslung („Subreption"[147]) begriffen, denn es verwechselt Erscheinungen und Realität (vgl. auch KrV, § 8, B 63f.). Des Weiteren macht Kant klar, dass ein „empirischer Begriff" ein solcher ist, „der von äußeren Erfahrungen abgezogen worden" (KrV, § 2, B 38) ist. Doch auf welcher Grundlage soll eine solche Abstraktion möglich sein? Wie soll der empirische Begriff einer Sache mit der Sache übereinstimmen bzw. von dieser Sache seine empirischen Daten (sowohl die empirisch-allgemeinen als auch die empirisch-besonderen) erhalten, wenn sich nicht überprüfen lässt, wie diese Daten an sich beschaffen sind? Wie soll ein empirischer Begriff damit zum „Begriff" werden? Kant müsste dafür eine in allen Subjekten prästabilierte Art der Konstruktion auch der *empirischen* Begriffe annehmen, ohne dass klar wäre, woher die besonderen Formen der Dinge im Subjekt kommen sollen.

In jedem Fall bezieht Kant bis in die „Transzendentale Logik" hinein, die doch eigentlich eine terminologische Eindeutigkeit durch den Gebrauch der Begriffe „Realität" und „Wirklichkeit" als Kategorien anstrebt, die Begriffe „wirklich", aber auch „Gegenstand" oder „Objekt" an einigen Stellen deutlich auf die Realität$_1$. So spricht Kant bspw. in Bezug auf die empirische Empfindung von der „wirkliche[n] Gegenwart des Gegenstandes" (KrV, B 74), die der Empfindung *vorausgesetzt* ist[148]. Weiterhin ist in der KrV, § 21, B 145 – stellvertretend für

---

[147] Den positiven Begriff der „Subreption" führt Kant in der *Kritik der Urteilskraft* im Zusammenhang mit der Analytik des Erhabenen ein (AA, 5, § 27, S. 257): als „Verwechselung einer Achtung für das Object statt der für die Idee der Menschheit in unserm Subjecte".
[148] „Wirklich" ist hier in der Logik des Vorausgesetztseins deutlich auf die Sphäre des „Ding an sich" bezogen. Das kategoriale „wirklich" kann noch nicht gemeint sein, da es hier noch nicht

1.2 Zwischenbemerkung: Begriffsunterscheidungen — 63

zahlreiche andere Belegstellen – mit dem Ausdruck „Object" das Ding an sich als Objekt gemeint und nicht das Objekt der Verstandessynthesis, dem doch erst *Objektivität* im Sinne der Miminalbedingungen von Gegenständlichkeit in der Erscheinung zukommt: „[...] sondern nur den Stoff zum Erkenntniß, die Anschauung, die ihm durchs Object gegeben werden muß, verbindet und ordnet."

Nicht um diese Begriffsverwirrung zu steigern, sondern um sie sichtbar zu machen, ist es sinnvoll zu zeigen, dass Kant in der „Transzendentalen Ästhetik" und in der „Transzendentalen Analytik" mindestens sieben verschiedene Facetten der Bedeutung des Realitätsbegriffs benutzt, die zumeist einen funktionalen Sinn haben, d. h. bestimmte Hinsichten des Realitätskonzeptes handhabbar machen sollen. Diese Bedeutungsunterschiede gehen über den Unterschied von „Ding an sich" und Erscheinung hinaus und verdeutlichen, dass Kant in der *Kritik der reinen Vernunft* auf der Suche danach ist, die verschiedenen Dimensionen des Begriffs von Realität, die ich zu Beginn dieses Kapitels unterschieden habe, selbst auch zu unterscheiden. Bevor ich zur Analyse des kategorialen Realitätsbegriffs$_2$ in der „Transzendentalen Logik" voranschreite, sollen deshalb diese Begriffsunterscheidungen ohne einen Anspruch auf Vollständigkeit, aber in übersichtlicher Darstellung, d. h. auch jenseits ihrer jeweiligen logischen Genese, kurz aufgeführt werden, um Kants Arbeit an diesem zentralen Begriffsproblem und die Prozesshaftigkeit deutlich zu machen.

Im Bereich der Realität des „Ding an sich" (Realität$_1$) benutzt Kant auch noch die Begriffe „absolute Realität" (KrV, B 52) und „objective Realität$_1$" (KrV, B 53, B 70). Darüber hinaus benutzt er sowohl in der *Kritik der reinen Vernunft* (siehe oben) als auch in den *Prolegomena* (Prol. § 13, Anm. III, S. 54f.) dafür auch den Ausdruck „Wirklichkeit"/„wirklich". 1) Die „absolute Realität" meint dabei die Wirklichkeit des „Ding an sich", wie es *jenseits* aller subjektiven Formen ist, und wird deshalb von Kant als Synonym für „Ding an sich" benutzt. 2) Die „objektive Realität$_{(1)}$" hingegen bezeichnet eine Art Reflexionsbegriff. Kant benutzt ihn an der bezeichneten Stelle, um die Wirklichkeit des „Ding an sich" zu markieren, die gemeint ist, wenn man *fälschlicherweise* von Eigenschaften der Erscheinung behauptet, sie würden auch jenseits der Erscheinung gelten und sie damit in „Schein" verwandelt. An anderer Stelle (KrV, § 6, B 49) spricht Kant auch von „objective[n] Bestimmung[en]" als solchen, die Gegenständen jenseits aller allgemeinen konstitutiven Subjektivität zukommen; diese objektiven Eigenschaften seien „das Innere, was dem Objecte an sich zukommt" (KrV, § 8, B 67), und zwar in Abgrenzung zu „bloße[n] Verhältnißvorstellungen" (KrV, § 8, B 67) der Anschau-

---

wirksam ist, sondern lediglich seine Grundlage, die empfangene, gegebene Gegenwart der Materie, gemeint sein kann.

ungsformen. Greifbar wird so im terminologischen Ausdruck das bereits erläuterte Problem, dass eine Art von Bestimmtheit des „Ding an sich selbst" gedacht werden muss, für die es aber im kantischen System keine Stelle und keine mögliche Benennung gibt. 3) „Wirklichkeit$_{(1)}$" meint hier die „Existenz der Sachen" (Prol. § 13, Anm. III, S. 55) an sich selbst, die von Kant vor allem im § 13 der *Prolegomena* auch im Sinne des Daseins des „Ding an sich" gebraucht wird.

Im Bereich der Realität der Erscheinungen (Realität$_2$) lassen sich mindestens vier Bedeutungsnuancierungen unterscheiden: 1) Die „empirische Realität" (KrV, § 7, B 53) meint die objektive Gültigkeit und Allgemeinheit der Elemente und Bedingungen der Erscheinung; „real" mithin die Markierung des intersubjektiven Geltungsanspruchs der bezeichneten Erfahrung. 2) Die „objective[] Realität$_2$" (KrV, § 12, B 114) – die ich, um sie von der „objektiven Realität" auf der Ebene der Realität$_1$ zu unterscheiden, mit dem Index „2" versehe – meint das Gegeben- und Wirksamsein (*actualitas*) eines Begriffs im Raum der Erscheinung, d. h. seine Aktualität und Gültigkeit für alle Subjekte jenseits bloßer Subjektivität[149], und damit seinen Bedingungscharakter für „Erkenntnis", die nur im durch schematische Adaption geregelten Zusammengehen von Begriff und Anschauung möglich ist (in diesem Sinne gehören „Erkenntniß" und „objective Realität" zusammen, vgl. KrV, B 194). Dies ist die „objective Gültigkeit" der „s u b j e c t i v e [n] B e d i n g u n g e n   d e s   D e n k e n s" (KrV, § 13, B 122), wobei in der Bedeutung des „Objektiven" hier die Bedeutungen der Allgemeingültigkeit (d. h. erzeugt durch allgemeingültige Formen der Subjektivität) und der Objekthaftigkeit zusammenfallen. Vor allem ab der „Transzendentalen Deduktion" verwendet Kant gehäuft diesen Begriff der „Objektivität" von Begriffen, weil erst sie gerade *in* ihrer notwendigen Gültigkeit für jedes Subjekt ein „O b j e c t   d e r   E r f a h r u n g" (KrV, § 14, B 126) konstituieren: „Begriffe, die den objectiven Grund der Möglichkeit der Erfahrung abgeben" (KrV, § 14, B 126). „Objektiv" wird demnach als Bestimmung derjenigen subjektiven Bedingungen des Erkennens gefasst, die einen „Begriff vom Object" ermöglichen, also die apriorischen Bedingungen von Objekthaftigkeit herstellen (vgl. KrV, § 18, B 139)[150]. Kategorien erhalten demnach ihre objek-

---

149 Vgl. zur Objektivität allgemeiner Subjektivität: KrV, B 117.
150 Zur notwendigen Allgemeinheit des Begriffs der Objektivität vgl. § 3 (KrV, B 44), wo Kant „R e a l i t ä t" direkt so übersetzt: „d.i. die objective Gültigkeit", und auch § 19 (KrV, B 142), wo die „objective Einheit gegebener Vorstellungen" im Urteil als „n o t h w e n d i g e   E i n h e i t   d e r s e l b e n", d. h. als „ein Verhältniß, das o b j e k t i v   g ü l t i g ist", bezeichnet wird – „welches so viel sagen will als: diese beide [sic] Vorstellungen sind im Object, d.i. ohne Unterschied des Zustandes des Subjects, verbunden und nicht bloß in der Wahrnehmung (so oft sie auch wiederholt sein mag) beisammen." (KrV, B 142) Zur Objekthaftigkeit vgl. § 23 (KrV, B 148 f.), wo Kant von der „Ausdehnung der Begriffe, über u n s e r e sinnliche Anschauung hinaus" spricht, als „bloße Gedan-

tive Realität, indem sie durch ihre Anwendung auf die sinnliche Mannigfaltigkeit Gegenstände, verstanden als allgemeine Muster notwendiger Dinggestalt, ermöglichen (KrV, § 24, B 150 f.). 3) „Subjective Realität" (KrV, § 7, B 53) meint die Wirklichkeit, d. h. die Existenz und notwendige Wirksamkeit bzw. Aktualität (Gegenwärtigkeit), von Elementen und Bedingungen der Erscheinung. Damit wird eher die selbstgegenwärtige, für das Bewusstsein des Subjekts eindringlich präsente Dimension der Realität der transzendentalen Elemente in der Erscheinung bezeichnet. 4) Wenn Kant von der Zeit als „wirkliche[r] Form der innern Anschauung" (KrV, § 7, B 53) spricht, so ist „wirklich" dementsprechend als Wirksamkeit von Elementen und Bedingungen der Erscheinung zu verstehen. Deshalb ist „wirklich" kein Gegensatz zu „Erscheinung", sondern nur zu „Schein" (KrV, § 8, B 69): „Denn in der Erscheinung werden jederzeit die Objecte, ja selbst die Beschaffenheiten, die wir ihnen beilegen, als etwas wirklich Gegebenes angesehen" (KrV, § 8, B 69)[151]. Im Zuge dieser Differenzierung gelangt Kant bspw. in der „Transzendentalen Dialektik" zu einer interessanten Unterscheidung bezüglich der Ideen: Wo man nämlich Ideen verkennt, wenn man sie „für Begriffe von wirklichen Dingen" (KrV, B 671) nimmt, d. h. für Begriffe hält, die sich in empirisch erfahrbaren und potenziell aktualen Objekten in der Welt der Erscheinungen verwirklichen, aber eigentlich nur als „Analoga von wirklichen Dingen" (KrV, B 702) betrachtet werden können, dort kann man ihnen durchaus eine „Realität" (KrV, B 702) zugestehen. Dazu aber trennt man innerhalb dieses Begriffs den Aspekt der Allgemeingültigkeit von dem der Objekthaftigkeit ab: Denn auch Ideen besitzen eine intersubjektiv allgemeingültige Sachhaltigkeit als regulative Prinzipien der Vernunft. Der Begriff der Wirklichkeit erfüllt somit im engeren Sinn als einziger konstant die Funktion, das innerhalb der Erscheinungen als Einzelding oder Summe von Einzeldingen *konkret Gegebene* zu umfassen: Synonym für ihn kann dann vor allem an einzelnen Stellen der Begriff der „Natur" (KrV, B 682) sein.

---

kenformen ohne objective Realität, weil wir keine Anschauung zur Hand haben, auf welche die synthetische Einheit der Apperzeption, die jene allein enthalten, angewandt werden, und sie so einen Gegenstand bestimmen können."
151 Definition der Erscheinung: „Was gar nicht am Objekte an sich selbst, jederzeit aber im Verhältnisse desselben zum Subjekt anzutreffen und von der Vorstellung des ersteren unzertrennlich ist, ist Erscheinung". (KrV, § 8, B 70, Fußnote). „Schein" dagegen ist es, die Verhältnisse der Erscheinung für Verhältnisse der Dinge an sich zu nehmen (KrV, § 8, B 70, Fußnote).

1.3 „Auf Realität stoßen": Realität$_2$ in der „Transzendentalen Analytik"

Es hat sich gezeigt, dass, mit Michael Devitt gesprochen[152], Kant in Bezug auf die Realität$_1$ notgedrungen einen Realismus vertritt, der weder konsequent durchsichtig noch begründbar ist („Feigenblatt-Realismus"), auch wenn er vielleicht im Rahmen der Probleme eines metaphysischen bzw. ontologischen Realismus noch die vernünftigste Option darstellt[153]: „Kann man dieses wohl Idealismus nennen? Es ist ja gerade das Gegenteil davon." (Prol. § 13, Anm. II, S. 49) Deshalb hat Hilary Putnam nachvollziehbarerweise seinen eigenen ontologischen Realismus in Richtung eines internen Realismus im Sinne Kants schrittweise revidiert[154]. Der begrifflichen Lücke für diese Realität$_1$ entspricht nun invers das scheinbare kategoriale Überangebot für die Welt der Erscheinungen (Realität$_2$), d.h. die Doppelung der kategorialen Form, mit welcher die grundsätzliche Strukturierungsleistung des transzendentalen Subjekts in realitätssetzender Hinsicht von Kant bedacht wird. *Dass* Kategorien überhaupt bei Kant realitätssetzend fungieren, liegt an der im Projekt der Transzendentalphilosophie grundsätzlichen Verbindung ihrer logischen Größe mit einem ontologischen Anspruch: zugleich die Form des Denkens wie die Form des Seienden in der Einheit der Erscheinung zu begründen. „Die Unterscheidung von Dasein (Wirklichkeit) und Realität ist systematisch in der Kategorientafel [...] fixiert"[155]: Somit stellt sich aber die Frage nach der Funktion dieser Aufspaltung im Gefüge des kantischen Realitätskonzepts. Hans Heinz Holz hat bereits festgehalten, dass bei Kant in der Anlage der Kategorien „die alte Koppelung von Realität und Existenz [...] aufgehoben"[156] wird. Wo er (pauschal betrachtet) Existenz als „Dasein" in die Kategorie der „Wirklichkeit" auskoppelt, die zur Kategoriengruppe der „Modalität" gehört, wird die Kategorie „Realität" als Element der Kategoriengruppe „Qualität" dafür frei, den doppelten

---

152 Michael Devitt: *Realism and Truth*, Oxford 1984, S. 22.
153 Vgl. Frank: *Idealismus und Realismus*, S. 19.
154 Vgl. Putnams Wendepunkt in: Hilary Putnam: „Realism and Reason", in: Ders.: *Meaning and the Moral Sciences*, London 1978, S. 123–140.
155 Holz: *Realität*, S. 211.
156 Holz: *Realität*, S. 210. Beim Kant-Schüler Friedrich Schiller findet sich diese Koppelung allerdings noch in seinen 1795 veröffentlichten *Briefen über die ästhetische Erziehung des Menschen*: „Materie aber heißt hier nichts anderes als Veränderung oder Realität, die die Zeit erfüllt" (Friedrich Schiller: „Über die ästhetische Erziehung des Menschen in einer Reihe von Briefen", in: Ders.: *Sämtliche Werke*, Bd. 5, hg.v. Wolfgang Riedel, München 2004, S. 570–669, hier: S. 604). Einen durch Empfindung erzeugten Inhalt überhaupt als Materie der intentionalen Bezugnahme zu haben, meint hier die „Realität des Daseins" (Schiller: *Über die ästhetische Erziehung*, S. 605); damit greift Schiller anders als Kant auf den aristotelischen Hylé-morphé-Gedanken zurück.

qualitätskategorialen Aspekt der „Dingheit" („Etwas"; KrV, B 602) und der „Sachheit" (essentia/Wesenheit/„Realität"; KrV, B 602)[157] zu repräsentieren. „Alle positiven, in bejahenden assertorischen Sätzen aussagbaren Bestimmungen haben den Charakter der Realität"[158]: Realität ist also erst einmal ganz allgemein die kategoriale Form, in der bei Kant dem Subjekt transzendental *Bestimmtheit überhaupt* (Sachheit) gegeben ist. Anders als Holz annimmt, ist damit jedoch keine Ambivalenz im Gebrauch des Wortes „Realität" zu konstatieren. Denn die Bedeutung der „objektive[n] Gültigkeit"[159], also der Allgemeinheit des Inhalts als „real", bildet gerade den notwendigen und integralen Aspekt, welcher die beiden Bedeutungen „Sachheit" und „Dingheit" in der Kategorie der „Realität" zusammenhält[160]. „Real" ist folglich dann eine Bestimmtheit, wenn sie aufgrund ihrer geltungsbezogenen Allgemeinheit für das Subjekt zum Element der „Dingheit" der zu ihr gehörenden Sache wird, d. h. den Charakter des Objekthaften[161] annimmt und das Objekt als konstante, integrale, je bestimmte Form einer Sache in der Erscheinung konstituiert. Kant erörtert dabei sowohl *„formale* Vorbedingungen" wie auch *„materielle* Vorbedingungen"[162] von Dingheit, d. h. Objekthaftigkeit, die sich in den Kategorien sowie in den Formen ihres Verknüpftseins manifestieren. Die formalen Bedingungen für Objekthaftigkeit sind vor allem die Bestimmungen der Substanz und der Kausalität, von denen bereits gezeigt worden ist, inwieweit sie die Trennung der Sphären von Realität$_1$ und Realität$_2$ immer schon überspannen:

> Es soll möglich sein, die zeitlich veränderlichen beobachtbaren Prädikate widerspruchsfrei auf eine im Wandel der Prädikate beständige Substanz als Träger dieser Eigenschaften zu beziehen. Und es soll weiter möglich sein, die Veränderungen der Prädikate in der Zeit als kausale, naturgesetzliche Veränderung der Eigenschaften eines Objekts zu interpretieren.[163]

---

157 Holz: *Realität*, S. 211. Zum philosophiegeschichtlichen Hintergrund dieser Trennung vgl. Honnefelder: *Scientia transcendens* (dort zu Kant: S. 457–486).
158 Holz: *Realität*, S. 211.
159 Holz: *Realität*, S. 211.
160 Vgl. hierzu ausführlicher Günter Zöller: *Theoretische Gegenstandsbeziehung bei Kant. Zur systematischen Bedeutung der Termini „objektive Realität" und „objektive Gültigkeit" in der „Kritik der reinen Vernunft"*, Berlin 1984, v. a. S. 47–57.
161 „Kategorien [sind] folglich diejenigen reinen Synthesen auf Begriffe gebracht, die ein wie auch immer gegebenes Mannigfaltiges so zusammenfassen, dass ein Objekt desselben gedacht und folglich Urteile hierüber möglich werden." (Förster: *Die 25 Jahre der Philosophie*, S. 36) Kant sagt deutlich: Etwas wird „*realisiert*, d.i. zum Objekt gemacht" (KrV, B 611).
162 Mittelstaedt: *Der Objektbegriff bei Kant*, S. 210 f.
163 Mittelstaedt: *Der Objektbegriff bei Kant*, S. 210.

Als materielle Bedingung darf vor allem der „Grundsatze der durchgängigen Bestimmung" gelten, welcher festlegt, dass „von allen möglichen Prädicaten der Dinge, so fern sie mit ihren Gegenteilen verglichen werden, eines zukommen muß" (KrV, B 599f.), und der bspw. die durchgängige Lokalisierbarkeit fordert.

Es ist also keine Zweideutigkeit, wenn festgestellt werden muss, dass „Realität [...] bei Kant sowohl die Affirmation im Urteil (die Annahme der positiven Gegebenheit des Urteilsinhalts) als auch das gegenständliche Korrelat des Urteils, das in dieses als sein Inhalt eingeht"[164] meint. In Kants transzendentalem Idealismus sind die objektive Geltung der Bewusstseinsinhalte und der ontologische Sinn des Realitätsbegriffs (als ‚Objektivität' in der ‚Gegebenheit der Gegenstände') funktionale Korrelate: Gegenstände *sind* Funktionen von Urteilen, eben weil die Begriffe, aus denen sie konstruiert sind, Funktionen von Urteilen sind (KrV, B 94)[165]. Wo der Begriff der Realität auf die Konstruktion des Gegenstands (und nicht

---

164 Holz: *Realität*, S. 211.
165 „Kant takes the judgment to be the minimal unit of experience (and so of awareness in his discursive sense) because it is the first element in the traditional logical hierarchy that one can take responsibility for." (Robert B. Brandom: *Articulating Reasons. An Introduction to Inferentialism.* Cambridge, Mass./London 2001, S. 13) Demnach sind bei Kant Begriffe in der Tat definiert im Kontext von Urteilen und nur von deren Funktionsweise her zuallererst sinntragend: „Von [...] Begriffen kann nun der Verstand keinen andern Gebrauch machen, als daß er dadurch urteilt." (KrV, B 93) Das von Frege im Zuge der „sententialistischen Revision" der Analytischen Philosophie entworfene „Kontextprinzip", nach welchem „Wörter nur im Zusammenhang eines Satzes Bedeutung haben" (Wolfgang Welsch: „Hegel und die analytische Philosophie. Über einige Kongruenzen in Grundfragen der Philosophie", in: *Jenaer Universitätsreden VI*, hg.v. Klaus Manger, Jena 2005, S. 139–223, hier: S. 173) und welches die Umstellung der Sinnesdatentheorie auf die Protokollsatztheorie ermöglicht hat, findet sich demnach schon bei Kant. Schönrich (*Externalisierung des Geistes*, S. 128–132) hat konzis aufgezeigt, wie Kant einen usualistischen Begriff des Begriffs einführt, der den Gebrauchsaspekt besonders betont: als Gebrauchswissen von Regeln darüber, welche Teilbegriffe (Prädikatausdrücke) innerhalb eines Begriffs verbunden sind und folglich zur Repräsentation angewendet werden dürfen. Sellars darf hier als ‚Schüler' Kants gelten, wo er jede Form von Wissen als tatsachen-, d.h. potenziell urteilsförmig betrachtet, deshalb die „Sinnesdaten", in denen ein Einzelgegenstand repräsentiert sein soll, als Kandidaten von Wissen ablehnt (Sellars: *Empiricism and the Philosophy of Mind*, S. 15–20, Abschnitte 3–6) und die sinnesdatentheoretische Idee einer „Form des Wissens [...] von Einzelgegenständen" (Blume: *Sellars im Kontext der analytischen Nachkriegsphilosophie*, S. XII) anstatt von Tatsachen kritisiert. John McDowell wird diese Tradition fortsetzen, indem er aufgrund der kategorialen Unverträglichkeit des Wissens bzw. Erkennens von Tatsachen und der Idee bloßen Wahrnehmens einzelner Dinge bestreitet, dass hier eine Rechtfertigungsbeziehung zwischen beide treten könne, und stattdessen von der Beziehung einer „Entschuldigung" [*exculpation*] spricht (McDowell: *Mind and World*, S. 27). Erneut wird hier das in Kap. 1.1 dargestellte Grundproblem sichtbar, die begriffslose und rein kausale (selbst in dieser Kausalität problematische) Bestimmung des Realen als Gegenstand unmittelbarer Empfindungen überhaupt in eine *Logik* des Realen einbauen zu

1.3 „Auf Realität stoßen": Realität$_2$ in der „Transzendentalen Analytik" —— 69

auf den Gegenstand selbst) abzielt, kann dies nur geschehen, weil Kant Gegenständlichkeit an die Kondensation von notwendig gültigen Urteilen als epistemischem Kern von Objekten bindet. So wird Ontologie durch Epistemologie ersetzt: Die „Frage nach der Seiendheit des Seienden und nach der Realität des Realen [wird] zur Frage nach der Seiendheit und Realität des *Begriffs* und diese wiederum zur Frage nach der Möglichkeit der im Begriff erfaßten Einheit der Bestimmungen"[166]. Kant geht also den Schritt zur *Grundlegung des Begriffs als Form von Realität überhaupt* – aber er schränkt diese Realität auf die Sphäre der Erscheinungen ein und unterminiert so den Aspekt des Zusammenhangs, der in der Bestimmung des „Realen überhaupt" gesetzt ist. Zugleich ist bei Kant, wie Dieter Henrich gezeigt hat, die „Analyse des Objektbegriffs" bzw. „Kants Lehre von der Objektivität" unausweichlich gekoppelt an seine „Lehre vom Selbstbewußtsein als einem Identitätsprinzip"[167], die eine

> notwendige Bedingung dafür [ist], daß eine Rechtfertigung des Objektivitätsanspruchs unserer Erkenntnis gelingt; auch die Untersuchung des Selbstbewußtseins muß auf eine eigenständige Analyse des Objektbegriffes rekurrieren. Eine zureichende Rechtfertigung, daß Erfahrung als wirkliche Erkenntnis von Objekten allgemein möglich ist, läßt sich nach Kant aber nur ausgehend vom Selbstbewußtsein gewinnen.[168]

Ausgehend vom Identitätsprinzip der transzendentalen Apperzeption als Grund aller Einheit überhaupt lässt sich deshalb zwar die Staffelung der Funktionsweisen von Einheit und Bestimmtheit im Raum der Erscheinung herleiten und begründen und mithin die Frage beantworten, ob die innere Konsistenz von Kants Idealismus zu beanstanden ist, aber die Frage nach der Reichweite, der Sinnhaftigkeit und dem Grund der Unterscheidungen *zwischen* den verschiedenen Realitätsbegriffen lässt sich vom Identitätsprinzip der transzendentalen Apperzeption aus nicht stellen, weil es *innerhalb* einer dieser Sphären fällt bzw. deren beschränkten Horizont ausmacht.

Das folgende Kapitel setzt sich zum Ziel, abseits historischer oder genetischer Erläuterungen zu Kants Deduktion der Kategorien auf Besonderheiten der Funktionsweise sowohl der Wirklichkeits- als auch der Realitätskategorie hinzuweisen, um diese in Beziehung zu den Problemen des Begriffs der Realität$_1$ setzen zu können.

---

können, ohne naturalistische Verkürzungen vorzunehmen, die einfach das kausale Zustandekommen als Grund eines Bewusstseinsinhalts betrachten.
166 Honnefelder: *Scientia transcendens*, S. 444.
167 Henrich: *Identität und Objektivität*, S. 16.
168 Henrich: *Identität und Objektivität*, S. 17.

1.3.1 Wirklichkeit

In Kants Urteilstafel ist Modalität (zu deren Kategoriengruppe „Dasein" bzw. „Wirklichkeit" als Einzelkategorie gehört) nicht eine Form der Eigenschaft einer Sache, sondern beschreibt die je besonders bestimmte Beziehung des Denkens auf den Begriff derselben[169], d. h. die *Art des Bejahens* des Inhalts durch das Denken (KrV, B 100)[170]. „Wirklich" bedeutet deshalb hier eine „logische[] Wirklichkeit" (KrV, B 101), nämlich die der Setzung des Inhalts durch das Bewusstsein *als wahr*, d. h. daseiend im Sinne *positiven* und *aktualen* Gegebenseins in Form repräsentationalen Gehalts[171]. Die Quelle des Rechtsgrundes, diese Wirklichkeit behaupten zu können, ist die Empfindung, d. h. die tatsächliche Gegebenheit des Gegenstandes in der Wahrnehmung[172]:

> Das Postulat, die W i r k l i c h k e i t der Dinge zu erkennen, fordert W a h r n e h m u n g, mithin Empfindung, deren man sich bewußt ist; zwar nicht eben unmittelbar von dem Gegenstande selbst, dessen Dasein erkannt werden soll, aber doch im Zusammenhang desselben mit irgend einer wirklichen Wahrnehmung (KrV, B 272).[173]

---

[169] Vgl. Kant (*Der einzig mögliche Beweisgrund vom Dasein Gottes*, AA, 2, S. 72): „Es ist aber das Dasein [...] nicht sowohl ein Prädikat von dem Dinge selbst, als vielmehr von dem *Gedanken*, den man davon hat."

[170] Vgl. KrV (B 287, Fußnote), wo auch noch einmal erläutert wird, dass „Wirklichkeit" im Sinne der Kategorie keine Eigenschaft der Dinge selbst betrifft, sondern die „Position des Dinges in Beziehung auf den Verstand". Existenz ist mithin *logisch* kein Prädikat erster Ordnung, welches Gegenständen als Sacheigenschaft zukommt, sondern ein Prädikat zweiter Ordnung, welche „den *Gegenstand* in Beziehung auf meinen *Begriff*" (KrV, B 627) setzt. Wirklichkeit als Modalität tut nichts als Eigenschaft dem Gegenstand hinzu bzw. macht seine durchgängige Bestimmtheit mit aus, sondern bestimmt einzig die Beziehung des Verstandes auf ihn: nämlich ob er in der Anschauung existent oder nicht-existent (aber möglich oder notwendig) ist. Das ist später die Grundlage der Kritik des ontologischen Gottesbeweises (KrV, B 619–630). Vgl. dazu Honnefelder: *Scientia transcendens*, S. 469 ff.

[171] In der Kategorie „Wirklichkeit" zeigt sich so die Tradition eines existenziellen Sinnes von „esse" als „actus" (*energeia*) im Gegensatz zur „potentia" (Möglichkeit/*dynamis*).

[172] Vgl. den § 76 der *Kritik der Urteilskraft*, wo Kant für den menschlichen Verstand die *Möglichkeit* einer Sache dem Verstand, die *Wirklichkeit* hingegen der Anschauung zuordnet (*Kritik der Urteilskraft*, AA, 5, S. 401–403) und aufgrund der Trennung beider Erkenntnisstämme daraus ableitet, dass „aus der bloßen Möglichkeit auf die Wirklichkeit gar nicht geschlossen werden könne" (AA, 5, S. 402) – anders als ein anschauender Verstand (intellektuelle Anschauung), für den beides ineinanderfiele.

[173] Vgl. KrV (B 273): „[D]ie Wahrnehmung aber, die den Stoff zum Begriff hergibt, ist der einzige Charakter der Wirklichkeit." In der Unklarheit des Terminus „Charakter" ist hier der ganze Problemzusammenhang der Realität$_1$ in einer begrifflichen Markierung verdichtet.

Die „negative Bedingung" (KrV, B 189) der „Realität überhaupt" ist die Widerspruchslosigkeit des Begriffs der Sache bzw. die Form ihrer Identität als formale Prinzipien des inneren Zusammenhangs des Begriffs; doch durch diese negative Bedingung wird nur die „*logische* Möglichkeit" (KrV, B 303) derselben gesichert, nicht aber ihre „reale Möglichkeit" (KrV, B 302) indiziert. Denn dafür ist es notwendig, dass „der Begriff [...] sich auf ein Objekt beziehe, und also irgend was bedeute." (KrV, B 303) Wenn diese Objektbeziehung wiederum durch den gelingenden Zusammenhang mit einer Anschauung hergestellt und die reale Möglichkeit damit *verwirklicht* ist, greift die Kategorie der Wirklichkeit rein in Beziehung auf den Inhalt des Bewusstseins: „Das Reale äußerer Erscheinungen ist also wirklich nur in der Wahrnehmung und kann auf keine andere Weise wirklich sein." (KrV, A 376)

Sichtbar wird hier die Verflechtung der Kategorie „Wirklichkeit" als kategoriale Form der Realität$_2$ mit den Bedingungen, aber auch Problemen der Realität$_1$ und ihrer Gegenwärtigkeit im Bewusstsein. Denn den „Zusammenhang" zu denken, den Kant hier unbestimmt andeutet, nämlich als sachmotivierte, kausal erzeugte und repräsentationale Anwesenheit des „Ding an sich" in einer *ihm angemessenen* Repräsentation der es bezeugenden wirklichen Empfindung, ist eben das Problem der Realität$_1$. Darüber hinaus erkennt Kant übrigens sogar einen Weg, „c o m p a r a t i v e a priori das Dasein" (KrV, B 273) eines Dinges zu erkennen: „[...] wenn es nur mit einigen Wahrnehmungen, nach den Grundsätzen der empirischen Verknüpfung derselben (den Analogien), zusammenhängt." Die Wirklichkeit bspw. einer allgemeinen Kraft wie des magnetischen Feldes aus einzelnen empirischen Äußerungen zu schlussfolgern, muss als gültige Grundlage aller Naturwissenschaft in den wiederum gesetzmäßigen Zusammenhängen der Grundsätze des Verstandes begründbar sein. Quines berühmter Begriff empirischen Wissens als Netz, das nur an den äußeren Punkten mit der Wirklichkeit zusammenhängt, intern jedoch nach eigenständigen Regeln prozessiert und artikuliert wird, hat hier seine kantische Basis[174].

Zugleich jedoch findet sich in diesem Zusammenhang, quasi als weitere Verdoppelung der grundsätzlichen Doppelung der Kategorien für das Reale, eine bedeutsame Spiegelung der Daseinskategorie. „Existenz" bzw. „Dasein" wird nämlich von Kant (allerdings ohne Erläuterung) an einer wichtigen Stelle auch als *Verhältnisweise* der 3. und 4. Kategoriengruppe in Bezug auf ihre Gegenstände gefasst (KrV, § 11, B 110). Deshalb heißen die 3. und die 4. Kategoriengruppe auch

---

[174] Willard Van Orman Quine: „Two Dogmas of Empiricism", in: Ders.: *From a Logical Standpoint of View. Nine Logico-Philosophical Essays* (1953), 2. Aufl., Cambridge, Mass./London 1980, S. 20–46, hier: S. 42.

„dynamische [] Kategorien" (KrV, § 11, B 95), und von ihnen wird gesagt, dass *beide Gruppen zusammen* als Einheit einer „Abteilung [...] auf die Existenz dieser Gegenstände [...] gerichtet" sind (KrV, B 110). Das bedeutet, dass das „Dasein" der Gegenstände im Raum der Erscheinungen erst dort beginnt, wo Gegenstände der Anschauung (d.h. solche, die bereits quantitativ und qualitativ bestimmt sind) nach „Relation" (Substanzform mit Akzidenzien, Kausalitäts- und Gemeinschaftsverhältnissen) *und* „Modalität" (d.h. im Hinblick auf ihre Daseinsweise) bestimmt sind, also dort, wo sich erst eine gewisse Komplexität des Objektbegriffs im Zusammenspiel seiner relationalen und modalen Qualitäten entwickelt hat[175].

Kant unterscheidet damit also eigentlich (wenn auch mehr implizit als explizit) *zwei Begriffe von „Dasein" (Existenz/Wirklichkeit)* im Raum der kategorialen Ordnung der Erscheinungswelt: 1) Dasein als Einzelkategorie der Modalität (Wirklichkeit), 2) Dasein als komplexe Kategorie zweiter Ordnung (Metakategorie bzw. „Abteilung"), die sich aus der gemeinsamen Wirksamkeit der 3. und der 4. Kategoriengruppe zusammensetzt und dabei eine Konfiguration von Kategorien meint, die erst in ihrer integralen Aktualität das Existenzial von Objekten bilden. Die Grundlage dieser Art von Wirklichkeit wird dabei durch die Voraussetzung gebildet, dass Objektivität im Sinne von Dasein abhängig ist von einer doppelten Bewegung der transzendentalen Gestaltung der sinnlichen Daten: zum einen als hinreichend mehrdimensionale innere Ausdifferenzierung der Elemente *der* Sache, zum anderen als hinreichend synthetische Verknüpfung der Elemente *zur* Sache[176]. Somit wird der Begriff des Objekts in seinem Dasein abhängig von einem bestimmten Grad der Komplexität seiner Struktur[177], wobei Komplexität nach dem eben Gesagten als mehrdimensionale Einheit deutlich unterschiedener Elemente und damit im bestimmten Zusammenspiel des Unterschieds von Identität und Differenz bestimmt ist. So schreibt Kant:

> Object aber ist das, in dessen Begriff das Mannigfaltige einer gegebenen Anschauung vereinigt ist. (KrV, § 17, B 137)

---

[175] Zur grundsätzlichen Teleologie der Verstandeshandlungen auf die Erzeugung von objekthafter Komplexität vgl. KrV, § 15, B 129–131.
[176] In der *Kritik der Urteilskraft* bestimmt Kant pointiert „*Auffassung* (apprehensio) und *Zusammenfassung* (comprehensio aesthetica)" als Ur-Handlungen der Einbildungskraft zur Erzeugung eines objekthaften Bildes der Sache (§ 26, AA, 5, S. 251).
[177] Vgl. Henrich (*Identität und Objektivität*), der beschreibt, wie bei Kant „objektive Realität" an der Konstitution objekthafter Komplexität hängt.

> Die synthetische Einheit des Bewußtseins ist also eine objektive Bedingung aller Erkenntniß, nicht deren ich bloß selbst bedarf, um ein O b j e c t zu erkennen, sondern unter der jede Anschauung stehen muß, u m f ü r m i c h O b j e c t z u w e r d e n. (KrV, § 17, B 138)[178]

Das Objekt setzt für sein Dasein (Wirklichkeit) die „Synthesis überhaupt" des Mannigfaltigen der Anschauung durch die synthetische Einheit der Apperzeption (Ich denke) im Verstand („der selbst nichts weiter ist, als das Vermögen, a priori zu verbinden", KrV, § 16, B 135) voraus. Jedes Objekt *als* „Objekt überhaupt" ist damit in seinem *Dasein* von den ursprünglichen Operationen des Verstandes und ihrer je besonderen Qualität abhängig: Dasein ist das, was als mehrstufiger kumulativer Effekt aus dem Grad der Komplexität der Verstandeshandlungen hervorgeht. Das bloß in der Anschauung Gegebene hat deshalb noch kein *Dasein als Objekt* für uns, weil ihm die apriorische, „reine synthetische Einheit des Mannigfaltigen" (KrV, B 177) (die der reine Verstandesbegriff leistet) sowie die bestimmte Einheit des Objektbegriffs (die erst der empirische Begriff leistet, indem er die Rahmenkonstruktionen des Verstandes mit besonderen Gehalten füllt) fehlen. Der Begriff des Daseins des Gegenstandes, seine Wirklichkeit im kantischen Sinne, fällt somit zusammen mit der Architektur eines besonderen Zusammenspiels der Verstandeshandlungen bzw. ihrer *Aktualität*, d. h. dem Gegebensein ihres jeweiligen Vollzuges: „[...] die Bedingungen der M ö g l i c h k e i t d e r E r f a h r u n g überhaupt sind zugleich B e d i n g u n g e n d e r M ö g l i c h k e i t d e r G e g e n s t ä n d e d e r E r f a h r u n g und haben darum objective Gültigkeit in einem synthetischen Urtheile a priori." (KrV, B 197)[179]

1.3.2 Realität

Es mag ein Anzeichen der oft beklagten Unordnung der nach langer Vorarbeit im „stillen Jahrzehnt" hastig zusammengeschriebenen *Kritik der reinen Vernunft* sein, dass die wesentlichen Erläuterungen zur Kategorie der „Realität" nicht in der Deduktion der Kategorientafel zu finden sind. Um die *Funktionsweise* der Kategorie bei der Arbeit zu sehen, ist ein Blick in den 4. Abschnitt des 3. Hauptstückes des zweiten Buches der „Transzendentalen Dialektik" („Von der Unmöglichkeit eines ontologischen Beweises vom Dasein Gottes") notwendig, der uns hier allerdings nicht interessiert. Um hingegen die *begriffliche Form* der Ka-

---

178 „Die t r a n s z e n d e n t a l e E i n h e i t der Apperception ist diejenige, durch welche alles in einer Anschauung gegebene Mannigfaltige in einen Begriff vom Object vereinigt wird." (KrV, § 18, B 139)
179 Vgl. auch KrV, § 20, B 143.

tegorie näher zu betrachten, muss man einen Blick in das Schematismuskapitel werfen; denn ungewöhnlicherweise finden sich erst hier Erläuterungen zum Begriff selbst.

Im Schematismuskapitel erläutert Kant die Kategorie der Realität zuerst im Hinblick auf die durch sie bestimmte „Sachheit", wobei dafür grundlegend ist, dass sie „dasjenige also [ist], dessen Begriff an sich selbst ein Sein (in der Zeit) anzeigt" (KrV, B 182). Als Kategorie einer „erfülleten, oder leeren Zeit" (KrV, B 182) bezeichnet die Kategorie der Realität eben jene „Sachheit" (KrV, B 182), die die Form eines Inhaltes überhaupt („Empfindung überhaupt", KrV, B 182) als eines *gegebenen* mit einer *bestimmten Größe* meint (im Unterschiede zum Nicht-Sein als Nicht-Gegebensein bzw. mit der Größe 0). Zur „Sachheit" der Realität gehört also „ein[] Grad oder Größe" (KrV, B 182), d. h. die *quantitative Bestimmtheit überhaupt*. Diese ist in der Kategorie „Realität" als Form angelegt[180] und wird durch ihre Verbindung mit der Anschauung mit empirischem Gehalt gefüllt, weil diese stets in ihrem Gegebensein ein bestimmtes Etwas an Empfindung (Größe/Grad) mitbringt (sonst wäre sie leer und damit nicht gegeben).

Realität als Kategorie ist mithin die Form der „Quantität von Etwas" (KrV, B 183) als reine Synthesis gegebener mannigfaltiger Empfindungsdaten mit der Bestimmung, „Etwas"[181] und potenziell „anwesend" (gegeben durch Anschauung) zu sein. Wie dabei das *Realwerden* eines Inhalts funktioniert, wird klar, wenn man näher betrachtet, wie Kant „das Schema einer Realität" (KrV, B 183) erläutert, d. h. den funktionalen Übergang von der Data der Anschauung zur Kategorie. Dieses Schema wird bestimmt als „Quantität von Etwas, so fern es die Zeit erfüllt" (KrV, B 183): also die Einheit einer bestimmten Gegebenheit („Etwas") in der Verlaufsform zeitlicher Prozesse („so fern es die Zeit erfüllt") mit einem Umschlagprozess von Quantität in Qualität, nämlich das resultative *Realsein* als Kategorie der Qualität. Weiter heißt es:

> Nun hat jede Empfindung einen Grad oder Größe, wodurch sie dieselbe Zeit, d.i. den innren Sinn, in Ansehung derselben Vorstellung eines Gegenstandes mehr oder weniger erfüllen kann, bis sie in Nichts (= 0 = negatio) aufhört. Daher ist ein Verhältniß und Zusammenhang, oder vielmehr ein Übergang von Realität zur Negation, welcher jede Realität als ein Quantum vorstellig macht; und das Schema einer Realität als der Quantität von Etwas, so fern es die Zeit erfüllt, ist eben diese continuirliche und gleichförmige Erzeugung derselben in der Zeit, indem man von der Empfindung, die einen gewissen Grad hat, in der Zeit bis zum Ver-

---

180 Die Kategorie „Realität" gibt definitorisch folgende Form vor: Gegebensein eines „Etwas" (KrV, B 602) mit bestimmter Größe.
181 Vgl. zur Bestimmung des „Etwas" und seiner Vorgeschichte Honnefelder: *Scientia transcendens*, S. 444 f.

schwinden derselben hinabgeht, oder von der Negation zu der Größe derselben allmählig aufsteigt. (KrV, B 182f.)

Das heißt: Das Schema, welches eigentlich nur die Funktionsstelle der Übersetzung zwischen Anschauung und Kategorie einnimmt, um „die S u b s u m t i o n [...], mithin die A n w e n d u n g der Kategorie auf Erscheinungen möglich" (KrV, B 176) zu machen, zeigt hier erst den ganzen begrifflichen Zusammenhang der Kategorie „Realität" auf, der in ihr eingefaltet liegt. „Realität" meint demnach als reiner Begriff die Form des *bestimmten, potenziell aktualen, d. h. durch Anschauung ermöglichten Gegebenseins* von *Etwas* („Realität ist E t w a s ", KrV, B 347), das durch *Quantitätsänderungen* bestimmt ist (d. h. real ist apriorisch Etwas, dessen „Sachheit" eine bestimmte Größe in einer bestimmten Zeit einnimmt). Generell gründet die Möglichkeit dieses Etwas im „transzendentalen Ideal" des „All[s] der Realität (omnitudo realitatis)", aus dem es durch „Verneinungen [...] als Schranken" (KrV, B 603f.) hervorgeht: „[...] die durchgängige Bestimmung eines jeden Dinges beruht auf der Einschränkung dieses *All* der Realität, indem Einiges derselben dem Dinge beigelegt, das übrige aber ausgeschlossen wird" (KrV, B 605)[182]. Die Realität empirischer Objekte besteht in der Einschränkung der Allheit aller möglichen Dingprädikate auf diejenigen Prädikate, die diesen Objekten in der Erfahrung auch wirklich zukommen, wodurch ein negativ umrissenes partikulares Feld von Bestimmtheit entsteht: das „Etwas" realer Objekthaftigkeit.

Dieses Etwas erscheint deshalb weiterhin als *Zusammenhang von Quantität und Negation* im *Schema zeitlicher Veränderung*, durch welchen die *Bestimmtheit überhaupt* als Fundament des Realseins gesetzt ist: Bestimmtheit heißt ein nach außen hin vorliegendes Begrenztsein (Negation) und ein nach innen hin als prinzipiell messbarer Inhalt bestehendes Gefülltsein (Quantität). Damit ist dieses Etwas schließlich auch noch in die *Umschlagsfigur von Quantität in Qualität* eingespannt: Das Etwas als qualitative Form des Realseins entsteht als Differenzial einer sich in zeitlicher Prozession qua negativer Begrenzung graduell entfaltenden quantitativen Größe. Auf dieser Definition der „Realität" fußen dann bei Kant im Fortgang des Schematismuskapitels die Schemata der apriorischen Bestimmungen, die man die „sekundären apriorischen Realbestimmungen" der 3. Kategoriengruppe (Relation) nennen könnte.

Wie schon für die Kategorie der „Wirklichkeit" gilt somit auch für die Kategorie der „Realität", dass sie eigentlich eine *Zusammenhangskategorie* ist, die sich

---

[182] Der „Grundsatze der *durchgängigen* Bestimmung" (KrV, B 599) für jedes empirische Ding ist das Prinzip der empirischen Realität der Objekte der Erscheinungen: Er meint, dass in Bezug auf den „Inbegriff aller Prädikate der Dinge überhaupt" für jedes Ding prinzipiell angegeben werden kann, welches von zwei kontradiktorisch entgegengesetzten Prädikaten ihm zukommt.

sinnvoll nur im nochmals gestuften *bestimmten* Zusammenhang von Einzelkategorien bzw. von Kategoriengruppen ergibt. Den engsten, d. h. internen Zusammenhang bilden die drei Kategorien der Gruppe „Qualität" – Realität, Negation, Limitation –, weil gezeigt worden ist, wie „Realität" als kategorialer Effekt aus dem Zusammenspiel von Negation und Limitation hervorgeht. Der etwas weitere, gleichwohl noch auf derselben Stufe vorliegende Zusammenhang (externer Zusammenhang$_1$) besteht aus der Kategoriengruppe „Quantität", da Kant „Realität" deutlich in der bestimmten prozessualen Verknüpfung von Quantität und Negation begreift. Den weiteren Zusammenhang (externer Zusammenhang$_2$) schließlich bilden die Kategorien der Gruppe „Relation", die im Schematismuskapitel aus der Kategorie „Realität" heraus erläutert und folglich in ihrer Funktionsweise aus ihr abgeleitet werden[183]. Was Kant folglich im „Amphibolie"-Kapitel der *Kritik der reinen Vernunft* als *reale* Eigenschaft der „Substanz" als der grundlegendsten Form des Gegebenseins von Etwas aufzeigt – „die innern Bestimmungen einer substantia phaenomenon im Raum [sind] nichts als Verhältnisse und sie selbst [ist] ganz und gar ein Inbegriff von lauter Relationen" (KrV, B 321) –, gilt ebenso für die Logik des reinen *Begriffs* der Realität selbst.

1.3.3 Die Transgressivität der Realitätsbegriffe

Es ist deutlich geworden, dass die Kategorien des Realen (Wirklichkeit und Realität) zu ihrer Bestimmung und Funktion sich notwendig selbst in Richtung auf die Beziehung zu anderen Kategorien oder in Beziehung auf sich selbst als andere

---

[183] Kant nämlich definiert das „Schema der Substanz" wie auch das „Schema der Ursache und der Causalität" (KrV, B 183) stets als Modifikationen „des Realen" (KrV, B 183). Er zeigt damit, inwiefern zum einen die Kategorien der Kategoriengruppe „Relation" (KrV, B 183) nur in Bezug auf die Kategorie der Realität (die wiederum ein Zusammenhang von Realität, Negation und Limitation ist) gedacht werden können. Zum anderen zeigt er, dass die Kategorie der Realität die Kategorien der „Substanz" (KrV, B 183) und der „Kausalität" (KrV, B 183) als logische Entfaltungen ihrer eigenen Konfiguration bereits enthält. Denn: Substanz als „Beharrlichkeit des Realen in der Zeit" (KrV, B 183) ist nur eine besondere Modifikation der Kategorie der Realität, nämlich die Bestimmtheit „Beharrlichkeit" (KrV, B 183) als besondere Qualität quantitativer Veränderung überhaupt, die ja als Form von Realität bestimmt worden war (vgl. KrV, B 249–253, wo im Einzelnen die Kategorie „Substanz" erläutert und dafür immer wieder auf das „Reale" als Substrat bzw. das „Dasein" als Substanz Bezug genommen wird). „Das Schema der Ursache und der Causalität eines Dinges überhaupt" (KrV, B 183) als das „Reale, worauf, wenn es nach Belieben gesetzt wird, jederzeit etwas anderes folgt" (KrV, B 183), ist eine nähere Bestimmung der Zeitfolge quantitativer und qualitativer Veränderung überhaupt, wie sie in der Kategorie der Realität bereits gesetzt ist; ebenso das „Schema der Gemeinschaft (Wechselwirkung)" (KrV, B 183) als „Zugleichsein der Bestimmungen" (KrV, B 183) der Substanzen.

Kategorie überschreiten müssen. Kant nimmt so (nicht intendiert) die platonische Einsicht der *symploké* aus dem Sophistes auf, nämlich dass manche kategorialen „Begriffe sich gegeneinander [...] in Hinsicht auf Mischung verhalten"[184], indem sie „durch einander hindurchgehen"[185], also ihre Teilhabe an anderen Begriffen eine notwendig zu denkende Funktion ihrer eigenen Bestimmung ist. Diese Überschreitung verdoppelt sich im Hinblick auf die kategoriale Doppelung von „Realität" und „Wirklichkeit". So wie sich die Kategorie „Realität", wie angezeigt, notwendig verzweigt und den ihr zugeordneten scharf begrenzten Platz innerhalb der Ordnung der Kategorien überschreitet, verhält sich auch die Kategorie „Wirklichkeit". Es ist bereits gezeigt worden, wie auch „Dasein" (Wirklichkeit) als Metakategorie zweiter Ordnung ihren Platz im Raum der vierten Kategoriengruppe überschreitet, indem sie sich in einen zweiten Begriff von ihr verdoppelt, der als Zusammenhang der dritten und der vierten Kategoriengruppe von Kant gedacht wird („Abteilung" der Wirklichkeit, Kap. 1.3.1).

Hinzu kommt schließlich bezüglich der Kategorie „Wirklichkeit" eine *zweite innere Verdopplung*, welche die Verknüpfung zwischen Realität$_2$ und Realität$_1$ überhaupt andeutet und sozusagen als spiegelbildliche Gegenseite der Überschreitungsbewegung erscheint, welche bezüglich der Realität$_1$ als deren notwendiger Bezug auf objektive Formen des Bestimmtseins (Kap. 1.1) und damit auf objektive begriffliche Funktionen gezeigt wurde. Denn diese „Wirklichkeit" als „Dasein" muss als begriffliche Form objektseitig (im „Ding an sich") immer schon vorliegen, um das *Vorliegen überhaupt* schon der allerersten Stufe von Realität in der Empfindung bzw. Anschauung erklären zu können. Die Form des *Gegebenseins überhaupt*, welche dem besonderen Gegebensein von sinnlichen Data als aktuelle „Mannigfaltigkeit" zugrunde liegt und damit vorhergeht und die Kant im kategorialen Begriff „Dasein" meint, bildet den Anfang und das Ende des transzendentalen Baus der Realität: die notwendig zu denkende erste Form, um das Gegebensein von sinnlichen Daten zu ermöglichen, wie auch die letzte kategoriale Verbindung, um den Zusammenhang der dritten und der vierten Kategoriengruppe im Begriff „Wirklichkeit" zu schließen. Schließlich muss das Mannigfaltige der Anschauung für die Empfindung „wirklich" sein, um nachfolgend durch die Kategorie der Realität als „real" bestimmt werden zu können. Die spätere Kategorie der „Wirklichkeit" beruht damit auf der ihr vorausgehenden „Wirklichkeit" der Realität$_1$, die im Raum der Anschauungen als eine heteronome, nicht

---

184 Platon: *Sophistes*, S. 127 [254a].
185 Platon: *Sophistes*, S. 145 [259a].

denkbare dem Subjekt eingefügt wird.[186] Das zeigt auch Kants Bestimmung des Schemas der Kategorie „Wirklichkeit": „Das Schema der Wirklichkeit ist das Dasein in einer bestimmten Zeit" (KrV, B 184) – eine Definition, die exakt das beschreibt, was eigentlich *vor* allen Kategorien und Schemata bereits die Form des Inhalts der Realität$_1$ in der Empfindung ausmacht.

Erneut wird das zentrale Dilemma bezüglich der Ordnung der Begriffe des Realen in Kants Philosophie deutlich. Realität$_1$ („Ding an sich") und Realität$_2$ (Kategorien von Realität/Wirklichkeit) sind bei Kant zum einen *absolut getrennt* gedacht, weil sie nicht integrierbar oder begrifflich vermittelbar sind, sondern zwei verschiedenen Welten und Wissensformen zugehören („Ding an sich" – Erscheinungen). Zum anderen aber bedingen sie einander, indem die Kategorien „Realität" und „Wirklichkeit" der Erscheinungswelt nur zu verstehen sind von einem Begriff von Wirklichkeit aus, der ihnen als je verschiedene *objektive Form von Bestimmtheit* immer schon vorausgehen muss, damit sie überhaupt Bedeutung haben können. Der komplexe Begriff der Realität ist – das hat ‚unfreiwillig' auch die verwirrende Multiplizierung der Begriffe des Realen gezeigt (Kap. 1.2) – dem logischen Moment seines Einsetzens immer schon vorgängig, weil er auch auf der Ebene seines bloßen Begriffs jede verstandesmäßige Eingrenzung auf einen logischen Ort immer schon überschreitet und sich vielmehr als auf multiple Orte des systematischen Begriffszusammenhangs verteilt zeigt[187]. „Bestimmtsein

---

186 Kant nennt nicht umsonst die Grundbegriffe im Anschluss an die Tradition der kategorialen Analyse seit Platon (*Sophistes*) und Aristoteles (*Kategorienschrift*) „unauflösliche Begriffe" und meint, „daß es unvermeidlich sei, in der Zergliederung auf unauflösliche Begriffe zu kommen, die es entweder an und für sich selbst oder für uns sein werden" (Immanuel Kant: *Untersuchung über die Deutlichkeit der Grundsätze der natürlichen Theologie und Moral*, AA, 2, S. 273–303, hier: S. 280). Ein solcher Begriff ist der des „Daseins": „Wenn man einsieht, daß unsere gesamte Erkenntnis sich doch zuletzt in unauflöslichen Begriffen endige, so begreift man auch, daß es einige geben werde, die beinahe unauflöslich sind, das ist, wo die Merkmale nur sehr wenig klarer und einfacher sind, als die Sache selbst. Dieses ist der Fall bei unserer Erklärung von der Existenz. Ich gestehe gerne, daß durch dieselbe der Begriff des Erklärten nur in einem sehr kleinen Grade deutlich werde" (Immanuel Kant: *Der einzig mögliche Beweisgrund zu einer Demonstration des Daseins Gottes*, AA, 2, S. 63–165, hier: S. 73 f.).
187 Dass Kant an einer Stelle der *Kritik der reinen Vernunft* in Bezug auf das „Ich denke" der synthetischen Einheit der Apperzeption (KrV, B 423, Fußnote) zusätzlich noch einen anderen Begriff von „Existenz" (Dasein) in Anschlag zu bringen versucht, der allen Empfindungen und Begriffen *vorausgehen* soll, zeigt überdeutlich, wie ihm dieses Problem der Vorgängigkeit des Realen zumindest im Feld bestimmter Problemfälle seiner Theorie bewusst gewesen ist. Denn die Existenzgewissheit des Ich als in der Erfahrung evidente Gegebenheit, die zugleich aber keinen Erkenntnischarakter haben kann (vgl. zu dieser Verschattung des Ich als Korrelat zur Verschattung des „Ding an sich" als je letzte Gründe von Kants Systematik Jacobi: *David Hume*, JWA 2,1, S. 110), ist zugleich für die Architektur des Systems notwendig: Das transzendentale Selbstbe-

überhaupt" in der Form des Realen lässt sich nicht isolierend auf einen abstrakten kategorialen Begriff zusammenkürzen, sondern ist sich im Sinne von Heideggers absoluter Erschlossenheit des Seinsverständnisses[188] und natürlich im Sinne von Hegels Dialektik von Nachgängigkeit und Vorgängigkeit (vgl. Hauptteil II) immer schon selbst (vor)gegeben, um überhaupt gedacht werden zu können[189]. Hegel

---

wusstsein muss als evident begründet werden, um die aus ihm abgeleitete transzendentale Einheit, welche wiederum die Einheitsfunktionen von Urteil und Begriff begründet, sichern zu können. Existenz aber kann an dieser Stelle kein Begriff sein: weder ein Prädikat erster Ordnung, das Dingen zukommt (denn das Selbstbewusstsein ist keine Substanz), noch ein Prädikat zweiter Ordnung (denn es ist auch kein Begriff von sich). Kant weicht deshalb auf ein Selbstgefühl aus, dessen Evidenz im eigenen Vollzug liegt: Existenzgewissheit ist erstens keine logische Schlussfolgerung aus dem Satz „Ich denke" (hier missversteht Kant den cartesianischen Impetus als Schluss). Zweitens ist sie keine „unbestimmte empirische Anschauung, d.i. Wahrnehmung", weil sie „vor der Erfahrung vorher[geht]": Sie drückt eine solche nur aus. „Eine unbestimmte Wahrnehmung bedeutet hier nur etwas Reales, das gegeben worden und zwar nur zum Denken überhaupt, also nicht als Erscheinung, auch nicht als Sache an sich selbst (Noumenon), sondern als Etwas, was in der Tat existiert und in dem Satze: Ich denke, als ein solches bezeichnet wird." Die Tradition dieses „Selbstgefühls" wird die romantische Philosophie nach Kant aufnehmen (vgl. Manfred Frank: *Selbstgefühl. Eine historisch-systematische Erkundung*, Frankfurt am Main 2002); bereits bei Fichte aber steht der Versuch an, den sich selbst begründenden Grund allen Wissens in einer anderen Wissensform, der des intuitiven Wissens des Ich von sich, zu suchen. Gegen die These, dass Kant ursprünglich (d.h. seit dem *Duisburgschen Nachlass* 1775 bis zur KrV 1781) ein substanztheoretisches Modell der Apperzeption erwogen hat, wie sie Wolfgang Carl vertritt, plädiert Rolf-Peter Horstmann für ein „dynamisch-prozessuales Modell" (Rolf-Peter Horstmann: „Kant und Carl über Apperzeption", in: *Kant in der Gegenwart*, hg.v. Jürgen Stolzenberg, Berlin/New York 2004, S. 131–147, hier: S. 141). Die Konstitution der Einheit der Apperzeption erfolgt nur im Vollzug des Aufnehmens von gehaltvollen Vorstellungen in das als Einheit gedachte Subjekt, das insofern nicht als ein besonderes substanzielles Objekt vorgestellt werden kann. Das „Ich", das „in der Tat existiert" (KrV, B 423, Anm.) ist vielmehr ein Akt, der nur stattfindet, wenn Vorstellungen gegeben sind, von welchen wir „abgesondert, niemals den mindesten Begriff haben können" (KrV, A 364). Zu einer ähnlichen dynamisch-prozessualen Deutung der Einheit der Apperzeption, welche die Einheit als numerische Identität in der Zeit auffasst, vgl. Béatrice Longuenesse: „Kant on the Identity of Persons", in: *Proceedings of the Aristotelian Society* 107 (2007), Teil 2, S. 149–167. Siehe auch McDowells Interpretation des „Ich denke" in *Mind and World* (S. 99f.): „When [Kant] introduces the self-consciousness that he argues to be correlative with awareness of objective reality, he writes of the ‚I think' that must be able ‚to accompany all my representations' [...]. It [I] has nothing to do with the substantial identity of a subject who persists as a real presence in the world she perceives. The subjective temporal continuity that is a counterpart to experience's bearing on objective reality shrinks to the continuity of a mere point of view, not, apparently, a substantial continuant."
188 Martin Heidegger: *Sein und Zeit*, Tübingen 2001, S. 5 [§ 2].
189 Welchen zentralen Stellenwert für das „Reale" das Moment der Vorgängigkeit bzw. der Unabhängigkeit des Realen von der „Konstruktion" durch das Subjekt bei Kant einnimmt, zeigt sich daran, dass die ältere, *ontologische* Lesart des transzendentalen Idealismus heute wohl nicht

wird dieser Selbstrelationalität des Realen als Modus seiner begriffslogischen Entfaltung *über* das Netz kategorialer Abgrenzungen *hinweg* noch den gleichsam ‚inneren' Aspekt hinzufügen, dass auch „Ansichsein" (Selbstbeziehung/Identität) und „Beziehung auf Anderes" (Unterschied)[190], die bereits Platon im *Sophistes* (hier als Vorgänger des kantischen Isolationsdenkens) unterschieden (αὐτὰ καθ αυτά – πρὸς ἕτερον[191]), zugleich aber abstrakt gegenübergestellt hat, als Grundformen der Relationalität realer Gegenständlichkeit nur in ihrer wesenhaften Verknüpfung als Identität im Unterschied zu denken sind: „Ja, wenn nun einer nachwiese, daß das Ähnliche selbst unähnlich oder das Unähnliche ähnlich werde, das wäre, glaube ich, ein Wunder."[192] Realität, so wird deutlich, ist in der Gesamtheit ihrer Begriffsform eine komplexe *Kategorie zweiter Ordnung*, die der kategorialen Isolation und ihrer horizontalen Reihung widerstreitet und deshalb in anderer Form in das System der Grundbegriffe integriert werden muss: nämlich in der Weise, wie auch das Verhältnis ihrer inneren Grundbestimmungen – als Identität im Unterschied bzw. Selbstunterscheidung des Identischen – zu denken ist. *Gerade* der reine kategoriale Begriff des Realen zeigt an, wie problematisch die abstrakte Isolation von Begriffsformationen ist und wie wenig sie sich eignet, die auch im ‚bloßen' Begriff des Realen residierende *Lebendigkeit* seiner Entfaltung zu erfassen. ‚Lebendig' ist nicht nur das, was der Begriff des Realen als Inhalt zu erfassen sucht: Lebendig ist auch die Matrix seiner Begriffsform selbst. Erst die

---

mehr zu halten ist: Die von Kant dargestellten Synthesen von Anschauungen und Verstandesfunktionen können nicht so verstanden werden, als würden sie den Gegenstand ihrer Erkenntnis zuallererst *konstituieren*. Die *epistemische* Lesart hingegen, die sich an deutliche Formulierungen Kants anlehnt (KrV, A 92; vgl. zum Unterschied beider Lesarten Thomas Grundmann: „Was ist eigentlich ein transzendentales Argument?", in: *Warum Kant heute? Systematische Bedeutung und Rezeption seiner Philosophie in der Gegenwart*, hg.v. Dietmar H. Heidemann, Kristina Engelhard, Berlin/New York 2004, S. 55 f.), markiert die doppelte ontologische Unabhängigkeit der Gegenstände der Erfahrung. Ontologisch unabhängig vom Subjekt ist natürlich das „Ding an sich"; ontologisch unabhängig vom Subjekt ist aber laut Kant auch der Gegenstand der Erscheinung. Apriorische Bedingungen des Gegenstandes sind demnach „*subjektabhängige Eigenschaften* des ontologisch unabhängigen Gegenstandes" (Grundmann: *Transzendentales Argument*, S. 56). Freilich hat Kant m. E. nicht hinreichend klar aufgezeigt, was hier unter „ontologisch unabhängig" verstanden werden soll und in welcher Weise diese beiden ontologischen Ebenen aufeinander bezogen sind. Vgl. zur „Theorie der apriorischen Voraussetzung" näher Anton Friedrich Koch: *Wahrheit, Zeit und Freiheit. Einführung in eine philosophische Theorie*, Paderborn 2006, sowie Ders.: *Versuch über Wahrheit und Zeit*, Paderborn 2006.
190 „[D]aß, was verschieden ist, [ist] dies, was es ist, notwendig in Beziehung auf ein anderes" (Platon: *Sophistes*, S. 133 [255d]).
191 Platon: *Sophistes*, S. 133 [255c].
192 Platon: *Parmenides*, 129c.

Hegel'sche Kategorienlehre löst diesen Anspruch allerdings begrifflich ein.[193] Zugleich wird deutlich, dass Kants Neubegründung der Metaphysik als Wissenschaft im Raum ihrer konstitutiven Entzweiungen nicht nur *eine* – explizit gemacht – erkenntniswidrige Überschreitung von Begriffen durch sich selbst kennt: nämlich die der Ideen über den Anwendungsbereich der Erfahrung hinaus auf „Dinge an sich"[194]. Auch im Bereich des Verstandes haben zumindest die Kategorien des Realen die starke Tendenz, *Begriffsverhältnisse* einzugehen und so gerade die innere Überschreitung des Verstandes (d. h. seiner sauberen kategorialen Isolationen) zu inszenieren, die zugleich ein Abbild der notwendig zu denkenden äußeren Überschreitungen ist, durch welche sonst weder Subjektivität noch Objektivität sinnvoll zu denken sind.

Das gedrängte Fazit dieser kritischen Kantlektüre lautet deshalb: Es ist nicht möglich, die begrifflichen apriorischen Grundmuster des *Realseins überhaupt* als Minimalbedingungen der bestimmten Aktualität eines Vorhandenen so zu verstehen, als würden sie einer an sich völlig begriffslosen, unbestimmten und unbestimmbaren Materie der Empfindung a) nur nachträglich, b) nur subjektiv-transzendental und c) abstrakt isoliert in einzelnen Kategorien *hinzugefügt*. Der Impuls der erscheinungsinternen *Kategorien* des Realen, inferenzielle Begriffszusammenhänge einzugehen und sich nur in diesen bestimmen zu lassen, also sich selbst nur in Beziehung *auf* Anderes bzw. vorausgesetzt *als* Anderes zu entfalten, durchwirkt *alle* Versuche, das Reale als Form zu begreifen. Auch im Verhältnis von Subjektivität und Außenwelt ergibt sich so die Denknotwendigkeit, ein Mindestmaß an Vernunftgemäßheit, d. h. begrifflicher Präformation in verwandten Formen *im* Objekt bzw. *als* Objekt („Ding an sich") immer schon vorauszusetzen, um ihre sekundäre Applikation durch das Subjekt überhaupt sinnvoll und konsistent denken zu können. Extrem pointiert formuliert: Wo Begriffe *durch* Subjekte *auf* ein unabhängig von ihnen Reales angewendet werden sollen, muss Begrifflichkeit *als* dieses Andere und *in* diesem Anderen bereits vorliegen. „Soll ferner die Erfahrungs-Kontrolle von subjekt-unabhängigen Tatsachen erfolgen, die jedoch nur als begrifflich bestimmter Erfahrungsinhalt zur Verfügung stehen, wodurch geschieht dann die fragliche Erfahrungs-Kontrolle?"[195]: Es ist

---

193 Zur Lebendigkeit des Begriffs bei Hegel, der sich nur verstehen lässt, wenn man das an ihm unverzichtbare Moment der Bewegung markiert, vgl. die Habilitationsschrift von Annette Sell: *Der lebendige Begriff. Leben und Logik bei G.W.F. Hegel*, Alber-Reihe Thesen, Bd. 52, München 2013.
194 Eine Stelle aus der ersten Auflage der KrV besagt, dass „eben darin Philosophie besteht, seine Grenzen zu kennen." (KrV, B 755)
195 Wilhelm Lütterfelds: „Kant in der gegenwärtigen Sprachphilosophie", in: *Warum Kant heute? Systematische Bedeutung und Rezeption seiner Philosophie in der Gegenwart*, hg. v. Dietmar H. Heidemann, Kristina Engelhard, Berlin/New York 2004, S. 150–177, hier: S. 174.

eben jene Frage, die zur Lösung der Aporie des Außenweltbezugs nahelegt, dass begriffliche Muster als *immer schon zugleich* präponiert-ontologische wie postponiert-epistemische Bedingungen von Realität zu verstehen sind. Dass im *kategorialen Begriff des Realen*, wo er nicht in auflösende und sinnwidrige Widersprüche geraten will, die begrifflichen Muster desselben *so gedacht werden müssen*, dass sie im Anderen des Objekts immer schon selbst vorhergehen müssen, um danach[196] applikativ-konstruktiv durch das Subjekt in Form intentionaler Subjektivität wirksam sein zu können, ohne dabei *bloß* dieselben zu sein und deshalb im Erkennen einfach nur nachträglich abgebildet zu werden, stellt das Problem des *ontologischen Unterschieds* von Subjekt und Objekt mit Kant ins Zentrum des kategorialen Nachdenkens über „Realität überhaupt". Es ist Kants großes Verdienst, im Rahmen seiner Kritik der metaphysischen Ontologie und ihrer Transformation in Epistemologie durch eine Fülle von scharfen Argumentationen und schwierigen Begriffsentwicklungen dieses Problemfeld in vorher ungeahnter Komplexität herausgearbeitet zu haben.

Jetzt wird schlussendlich auch deutlich, in welche Richtung die ausführliche Kritik an der Affektionstheorie des „Ding an sich" sowie die Diskussion seiner Forschungsprobleme zielt. Das Problem dieses Gedankens nämlich ist viel weniger ein ungebührlicher Gebrauch der Kategorie der Kausalität, der zu einer „fälschlichen Überdehnung des Theorierahmens"[197] führt, zugleich aber den „Theorierahmen der transzendentalen Reflexion"[198] voraussetzt und bekräftigt. Mit Jacobis weitaus radikalerer Kritik in der *Beylage*, wie sie von Birgit Sandkaulen in Absetzung vom bloß lokalen Kausalitätsargument herausgearbeitet worden ist, sind es vielmehr die begrifflichen *Voraussetzungen* bzw. Prämissen von Kants Konzept von Wahrnehmung und Sinnlichkeit, die die Geltungsbedingungen der Erkenntnistheorie und ihre funktionale Einheit gefährlich unterlaufen. Kant entwirft, wie wir gesehen haben, zwei begriffliche Ebenen der *einen* begrifflich zu beschreibenden Realität, die er als Zusammenhang entwickeln will (als zwei komplementäre Beschreibungen von Realsein), die sich aber zugleich nicht konsistent als Aspekte *einer* Realität zusammenbringen lassen. Die Prämisse des Begriffs der „Sinnlichkeit" bildet den Beschreibungsbereich von R_1 als Teilaspekt der vollständigen Beschreibung des kategorialen Begriffs der Realität so aus, dass er sich in die Regeln der „Begriffsbildung überhaupt", die allein der Beschreibungsbereich R_2 zugleich festlegt, nicht integrieren lässt. Denn die mit dem *spezifischen* Realsein der Gegenstände von R_1 notwendig einhergehenden Be-

---

196 „Danach" in einem logischen, nicht in einem zeitlichen Sinn.
197 Sandkaulen: *Das leidige Ding an sich*, S. 188.
198 Sandkaulen: *Das leidige Ding an sich*, S. 188.

stimmungen widersprechen den Bestimmungen der Gegenstände von R_2: Um durch das Subjekt transzendental und empirisch bestimmt werden zu können, müssen die durch Affektion der „Dinge an sich" gelieferten Informationen zuvor schon subjektunabhängig bestimmt sein, was sie aber nicht sein können, da alle begriffliche und protobegriffliche Bestimmtheit einzig in R_2 erzeugt wird. Das *notwendig* zu denkende Realsein der „Dinge an sich" als affizierende Gegenstände *außerhalb* der transzendentalen Bedingungen von Subjektivität meint deshalb mehr als bloße abstrakte Existenz: Der ihnen zugeordnete kategoriale Begriff von Realsein enthält die *beiden* Bestimmungen „unabhängiges Vorausgesetztsein" und „an sich Bestimmtsein" – damit aber die Voraussetzung einer subjektvorgängigen begrifflichen Form und eines sich in verschiedene *Areale* unterscheidenden *einen* Raums der „Begriffsförmigkeit überhaupt".

Es ist damit deutlich geworden, dass denknotwendig der Begriff der Realität der affizierenden Dinge von R_1 selbst wiederum eine begriffliche Strukturierung voraussetzt, d. h. eine *vorausgesetzte* Bestimmtheit so an sich haben muss[199], dass daraufhin und als normativer Hintergrund die begrifflichen Operationen von R_2 als *andere* zu diesen erfolgen können. Hier liegt auch die eigentliche Kritik Jacobis an Kants „Ding an sich"[200]: dass diese Idee affizierter Sinnlichkeit und nachfolgender begrifflicher Formierung von repräsentationalen Gehalten den Modus einer Rezeptivität voraussetzt, der Gegenstand und transzendentale Subjektivität als außer sich, vorgängig, gleichursprünglich und notwendig realbestimmt denken muss. Deshalb soll im nächsten Kapitel diese Jacobi-Kritik, die durch die hier vorliegende Interpretation gewissermaßen gestützt wird, kurz untersucht werden. Allerdings sind hier zugleich Einsichten formuliert worden, die weit über Jacobi hinausgehen. Um nämlich den Unterschied von R_1/R_2 als den von begrifflichen Teilaspekten desselben Wirklichkeitsbegriffs zu beschreiben, der die evident-erfahrungsgegebene und deshalb denknotwendige Differenz von subjektvorgängiger Erfahrungsgrundlage und nachfolgender Beschreibung, begriffsvorgängigen Gegenständen und deren nachfolgender begrifflicher Konzeptualisierung erfasst, muss angesichts der begrifflichen Konsequenzen aus dem Gedanken sinnlicher Affizierung sowie in Bezug auf die begriffliche Form der Einheit beider Aspekte von R_1/R_2, zu einer vollständigen und konsistenten kategorialen Beschreibung von „Realität überhaupt" eben der *Inhalt* des Unterschieds, den der Unterschied R_1/R_2 bildet, als *negiert* vorausgesetzt werden. Denn das für Affizierungsbezie-

---

[199] In den *Prolegomena* sagt Kant deutlich, dass „Erscheinungen doch jederzeit eine Sache an sich selbst voraussetzen und also darauf Anzeige tun, man mag sie nun näher erkennen oder nicht." (Prol. § 57, S. 142) Damit ist nochmals die *Voraussetzungs- und Verweisstruktur* in der Grenzbestimmung von R_2 und R_1 deutlich markiert.
[200] Sandkaulen: *Das leidige Ding an sich*, S. 184–186.

hungen notwendige Realsein der Gegenstände innerhalb von R_1 muss als die Begriffsförmigkeit bereits vorausgesetzt gedacht werden, die mithilfe des Unterschieds von R_1/R_2 bei Kant erst als *nachfolgend* beschrieben wird und innerhalb der Kategorie „Realität" als alleinige Form von transzendentalem „Realsein überhaupt" erscheint: An-sich-Bestimmtsein nämlich. Die Begriffsförmigkeit des transzendentalen Realseins bestreitet (negiert) jede Möglichkeit vorgängigen Bestimmtseins der Gegenstände von R_1 – und setzt sie doch zugleich implizit voraus, um störungsfrei arbeiten zu können. Die durch den Begriff rezeptiver, affizierter Sinnlichkeit präsupponierte begriffsförmige Realität der Gegenstände in R_1 wird in R_2 *implizit* als notwendig begriffsförmig vorausgesetzt und zugleich *explizit* bestritten, um darauffolgend allein von den Leistungen transzendentaler Subjektivität begrifflich gesetzt werden zu können. Damit aber ist eben der Begriff *realer Bestimmtheit*, der das kategoriale „Realsein" in R_2 ausmacht, als sich selbst vorausgehend bzw. als *Abstoßen seiner von sich selbst* gedacht – d. h. als *Gegensatz in sich selbst*, indem er sich in seiner jeweiligen Negation gerade erhält und festigt. Die hier zur Beschreibung dieses Sachverhalts verwendete Hegel'sche Begrifflichkeit deutet bereits darauf hin, welche spekulativen Möglichkeiten zur Verfügung stehen, um auf dieses Verhältnis begrifflich vollständiger als bei Kant rückgreifen zu können.

2 Jacobis Entwurf der realen Transgressivität

Friedrich Heinrich Jacobis philosophisches Projekt steht und fällt mit der kantkritischen Einsicht, dass in der *sinnlichen Empfindung* der Außenwelt eine *Gewissheit* vorliegt, deren epistemischer Status unbezweifelbar ist und deren Inhalt notwendig die bloße Form von Repräsentationalität (Vorstellung) übersteigt: „Dinge überhaupt" sind dem Subjekt *als* reale, d. h. a) in ihrem Dass-Sein und So-Sein nicht vollständig vom Subjekt konstituierte und b) als an sich selbst wirklich bestehende, immer schon gegeben. Jacobi bezeichnet diese Position als „Realismus"[201] und sich selbst als „Realisten"[202]: „[...] weil mir *Dinge* gegeben seyn müssen, ehe ich Verhältnisse einzusehen im Stande bin."[203] Zugleich bleibt Jacobi jedoch nicht bei dem bloßen, unbegründbaren wie unentfaltbaren Faktum einer solchen Gewissheit stehen. Vielmehr müssen für ihn in dieser Gewissheit, wenn sie Anspruch auf den Status des „Wissens" erheben will, sowohl das evident Gegebene (das Wirkliche) *selbst* bestimmt sein, ohne auf die bloße Bestimmbarkeit durch das Subjekt zurückzufallen (Kant), als auch die eigenen subjektiven Bedingungen des Gegebenseins von Realität bestimmbar sein. Die unbezweifelbar gegebene Gewissheit des Realen muss folglich durch sich selbst so zu verstehen sein, dass in ihr die Formen, welche das Reale jenseits des bloßen Subjektiven an sich selbst haben soll, zum Vorschein kommen, und es muss zu begründen sein, warum diese Formen als nicht bloß subjektive zugleich in der Form subjektiver Gewissheit erscheinen. Das Ziel des folgenden Kapitels ist es, diesen *einen* Zusammenhang jenseits der zahlreichen Diskussionslinien der jacobischen Philosophie und abseits der Problemlinien der Sekundärliteratur, rein textimmanent, in aller Kürze herauszuarbeiten, um zu zeigen, inwiefern Jacobi den Schritt über die „Kantische Grenzlinie" (so Hölderlin in einem Brief an Neuffer vom 10. Oktober 1794) wagt und welche Probleme sich aus seinem Ansatz ergeben.

Ausgehend von der bereits skizzierten Fundamentalkritik an der systemsprengenden Widersprüchlichkeit der Architektur des „Ding an sich" (vgl. Kap. 1.1.6), welche für Jacobi die Unhaltbarkeit eines auf bloße Erscheinung reduzierten Realen *für* das Subjekt erweist und weit über eine Kritik an der bloßen Überdehnung der Kausalitätskategorie hinausgeht, führt Jacobi die Begriffe des „Glaubens" und der „Offenbarung" in die theoretische Philosophie ein, um die Leerstelle des „Ding an sich" zu füllen und seine Realform dem Subjekt zugäng-

---

[201] Jacobi: *David Hume*, JWA 2,1, S. 32.
[202] Jacobi: *David Hume*, JWA 2,1, S. 10.
[203] Jacobi: *David Hume*, JWA 2,1, S. 10.

lich zu machen. Beide Begriffe werden eng mit dem Konzept der „Vernunft" verknüpft, das Jacobi, funktional weitaus deutlicher als Kant, in kategorialer Differenz vom „Verstand" unterscheidet. „Glaube" – den Jacobi vom „blinden Glauben"[204] absetzt und für den er auf eine Hume'sche Begriffsverwendung zurückgreift[205] – meint bei ihm „eine stärkere, lebendigere, mächtigere, festere, anhaltendere Vorstellung eines Gegenstandes, als die Einbildungskraft allein je zu erreichen im Stande ist."[206] Deshalb kann der epistemische Glaube nicht „blind" sein, weil ihm Gründe eigener Art für das Geglaubte zur Verfügung stehen: nämlich die perennierende Intensität des Glaubens selbst. Der Vorgang des Glaubens fungiert so epistemisch als *Beglaubigung* der Wirklichkeit, d. h. der unabhängigen bestimmten Existenz des Glaubensgegenstandes. Dieses im epistemischen „Glauben" sich ereignishaft vollziehende und unmittelbare, d. h. nicht erst durch Bewusstseinsleistungen konstituierte, sondern vielmehr in diese von außen eindringende Sichselbstgeben der Dinge in ihrer transsubjektiven Realität, nennt Jacobi „Offenbarung"[207], durch welche die epistemische Norm der Wahrheit einer Vorstellung erst ihren letzten Grund erhält: „Wahrheit ist Klarheit, und bezieht sich überall auf Würklichkeit, auf *Facta*."[208] Gemeinsam mit der subjektiven Vollzugsform der sinnlichen Empfindung konturieren „Glaube" und „Offenbarung" das Seelenvermögen der „Vernunft", die für Jacobi nichts anderes als „der Charakter seiner [des Menschen, C.W.] besonderen Sinnlichkeit sey"[209]: als besondere Sinnlichkeit, die als „Organ der Vernehmung des Uebersinnlichen"[210] *in* den subjektiven Sinnesdaten *über* diese hinausgreift. Diese Dialektik von Sinnlichkeit und Über-Sinnlichkeit, d. h. von einer gesteigerten sinnlichen Eindrücklichkeit, die in der besonderen Intensität ihrer Ausführung über sich selbst auf ein Außer-Sinnliches hinausgreift und dessen Dass-Sein beglaubigt (des „Uebersinnlichen, wahrhaft-Realen"[211], entwickelt Kants Vernunftbegriff in entscheidender Weise weiter. Wie bei Kant sind die Gegenstände der Vernunft letztlich nur zu „glauben": Zugleich aber wird dieser Glaube als höhere Art des Wissens entworfen und dem Verstandeswissen mit seiner begrifflichen Form übergeordnet. „Übersinnlich" ist dabei in doppelter, einander entgegengesetzter Richtung gemeint: den Raum des deutlichen Bewusstseins nach ‚unten', in

---

204 Jacobi: *David Hume*, JWA 2,1, S. 18.
205 Vgl. Jacobi: *David Hume*, JWA 2,1, S. 24.
206 Jacobi: *David Hume*, JWA 2,1, S. 29.
207 Jacobi: *David Hume*, JWA 2,1, S. 32f.
208 Jacobi: *Über die Lehre des Spinoza*, S. 129.
209 Jacobi: *David Hume*, JWA 2,1, S. 66.
210 Jacobi: *Einleitung*, JWA 2,1, S. 377.
211 Jacobi: *Einleitung*, JWA 2,1, S. 383.

Richtung der empirischen Realität materieller Dinge, wie auch nach ‚oben', in Richtung der Gewissheit des wirkenden Vorhandenseins letzter Ideen wie Freiheit und Gott, transzendierend. Die Vernunft im Menschen setzt beides immer schon voraus und beglaubigt es zugleich im Gefühl unabweisbarer Evidenz ihres tatsächlichen Vorhandenseins.[212] Damit gewinnt Jacobi den Begriff eines Erkenntnisvermögens, das sich wiederum dem Theoriegefüge der „intellektuellen Anschauung" (Fichte, Schelling, Hölderlin), der „scientia intuitiva" bzw. dem „intellectus archetypus" (Kant) um 1800 einfügt und eine weitere Alternative zur bloß begrifflichen Erkenntnis darstellen soll. Die Vernunft als Vermögen, das Wahre der einzelnen empirischen Gegenstände unabhängig von uns und auch das Wahre des unendlichen Grundes in Gott als immer schon gegenwärtig und erkannt vorauszusetzen, opponiert deutlich gegen das romantische „Streben nach dem Unendlichen" als einem in „unendlicher Annäherung" sich Befindenden:

> Ich berufe mich auf ein unabweisbares unüberwindliches Gefühl als ersten und unmittelbaren Grund aller Philosophie und Religion; auf ein Gefühl, welches den Menschen gewahren und inne werden läßt: er habe einen Sinn für das Übersinnliche. Diesen Sinn nenne ich *Vernunft*, zum Unterschiede von den *Sinnen* für die sichtbare Welt.[213]

Mit dem Entwurf dieses Vermögens koppelt Jacobi die Gewissheit des Endlichen und des Unendlichen, d. h. des Dass-Seins und des So-Seins einer außersubjektiven Realität und die Evidenz der Gotteserfahrung strukturell aneinander, um sie sich gegenseitig abstützen zu lassen. Demgemäß unterscheidet Jacobi den Modus von „Sein überhaupt", den die Vernunft gewährt, von dem apriorischen Modus von Seiendheit, der den kategorialen Verstandesbestimmungen zugrunde liegt:

> Das *Ist* des überall nur *reflectierenden* Verstandes ist überall auch nur ein *relatives* Ist, und sagt mehr nicht aus, als das bloße einem *Andern* gleich seyn im Begriffe; nicht das *substanzielle* Ist oder *Seyn*. Dieses, das reale Seyn, das Seyn schlechthin, giebt sich im Gefühle allein zu erkennen; in demselben offenbart sich der gewisse Geist.[214]

Das „oberherrliche Wissen"[215] der Vernunft macht demnach eine Sache *an sich selbst*, als nur mit sich selbst Gleiche in der individuellen Substanz ihres Seins, zugänglich, wohingegen die Konstruktionen des Verstandes in Begriffen unterschiedliche Vorstellungen in Relation zueinander, also rein bewusstseinsintern, auf Identität prüfen. Indem Jacobi also im komplexen Gesamtvermögen der Ver-

---
212 Vgl. Jacobi: *Einleitung*, JWA 2,1, S. 378.
213 Jacobi: *Über die Lehre des Spinoza*, S. 306 [*Vorbericht*, 1819].
214 Jacobi: *Einleitung*, JWA 2,1, S. 424.
215 Jacobi: *Einleitung*, JWA 2,1, S. 424.

nunft Kants Architektur der begrifflichen Erkenntnisvermögen wesentlich umorganisiert und erweitert, schafft er die Grundlage dafür, die bei Kant angedachte und doch systematisch verhinderte Transgressivität des reinen Begriffs der Realität, der sich als Notwendigkeit aus den Widersprüchen des „Ding an sich" ergeben hatte, überhaupt denken zu können. Zugleich sichert Jacobi – darin der Grundsatzfrage der Klassischen Deutschen Philosophie verhaftet – über die nicht weiter abzuleitende, unmittelbare, sich im Gefühl der Gewissheit selbstbezeugende Letzteinsicht der Vernunft in das Dass-Sein und das So-Sein von „Realität überhaupt", von menschlicher Freiheit und von der Persönlichkeit Gottes, dem mittelbaren, stets relativen, begriffsabhängigen und zu bezweifelnden propositionalen Wissen mitsamt seiner Normen ein Fundament zu, das freilich nicht mehr sinnvoll *innerhalb* der Maßstäbe und Verhandlungsformen begrifflicher Erkenntnis zu erfassen ist.[216] In der Gewissheit der Vernunft offenbaren sich dem Menschen die letzten Gründe und Zusammenhänge der „Wirklichkeit überhaupt" als ihm grundsätzlich und vorgängig aufgeschlossen. Diese, alles Erfahren und alles Wissen durchwirkende und beherrschende Erschlossenheit kann jedoch dem Menschen nicht anders denn als grundlose, dem Subjekt vorgängig ebenso *gegebene* wie *entzogene* Dimension der „Lichtung des Seins" (Heidegger) zukommen: „[...] daß es ein Wissen aus der ersten Hand gebe, welches alles Wissen aus der zweyten (die Wissenschaft) erst bedinge, ein Wissen *ohne Beweise*, welches dem Wissen *aus Beweisen* nothwendig vorausgehe, es begründe, es fortwährend und durchaus beherrsche."[217] In der *Spinoza*-Schrift heißt es noch deutlicher:

> Wie können wir nach Gewißheit streben, wenn uns Gewißheit nicht zum voraus schon bekannt ist [...]? Dieses führt uns zu dem Begriffe einer unmittelbaren Gewißheit, welche nicht allein keiner Gründe bedarf, sondern schlechterdings alle Gründe ausschließt, und einzig und allein die mit dem vorgestellten Dinge übereinstimmende Vorstellung selbst ist. Die Überzeugung aus Gründen ist eine Gewißheit aus der zweyten Hand.[218]

Indem Jacobi den Seinsbegriff Spinozas als „absolute Position" mit seiner Idee der Vernunft als unmittelbar selbstgewissem Vermögen der Erschlossenheit des

---

216 Vgl. dazu Jacobi: *David Hume*, JWA 2,1, S. 24, 38; Jacobi: *Einleitung*, JWA 2,1, S. 375 f., 402 f., 427; Jacobi: *Über die Lehre des Spinoza*, S. 65, 113 f., 310 f.
217 Jacobi: *Einleitung*, JWA 2,1, S. 375.
218 Jacobi: *Über die Lehre des Spinoza*, S. 113. Diese Kritik der Idee einer grundlosen epistemischen Verlässlichkeit bzw. der Selbstwidersprüchlichkeit eines Begriffs der Fundierung inferenziellen Wissens in einem unmittelbaren Wahrnehmungswissen findet sich auch bei Quine, Sellars, Davidson und Brandom.

Realen verbindet, nimmt er dergestalt bereits in Ansätzen die hermeneutische Ontologie Heideggers und Gadamers vorweg.

Ein wesentlicher Zug dieser Umorganisation der Vermögenslehre von Kant zu Jacobi besteht darin, die bereits von Kant von einer vertikalen (obere – untere) auf eine horizontale Struktur umgestellte Ordnung der Seelenvermögen des Menschen weiter zu dezentrieren und ihr latent hierarchisches Schema aufzulösen. Denn der „Fehler des Kantischen Gegenmittels"[219] gegen die Hierarchie von „oberen" und „unteren" Erkenntnisvermögen liegt nach Jacobi darin, in der horizontalen, gleichgewichtigen Beiordnung von Sinnlichkeit und Verstand als gleichermaßen notwendigen Bestandteilen des Erkennens zugleich den *eigenen* Erkenntnis- und Wissenscharakter sinnlicher Empfindung gänzlich abgeschafft zu haben: Kant „reiniget die Sinnlichkeit in solchem Maaße, daß sie, nach dieser Reinigung, die Eigenschaft eines *Wahrnehmungsvermögens* ganz verliert. Wir erfahren, daß wir durch die Sinne überall nichts Wahres erfahren"[220]. Gegen Kant setzt Jacobi die unhintergehbare, selbstevidente und deshalb für ihn unbestreitbare „Voraussetzung, daß *Wahrnehmung*, im strengsten Wortverstande – *sey*, und daß ihre Wirklichkeit und Wahrhaftigkeit obgleich ein unbegreifliches Wunder, dennoch schlechthin angenommen werden müsse"[221]. Jacobi gesteht also nicht nur der sinnlichen Wahrnehmung eine eigene, in sich bereits abgeschlossene und auf den Verstand irreduzible *Erkenntnisfähigkeit* zu, die das kantische Schema durchbricht, nach welchem die Sinnesdaten für sich gar nichts bedeuten, solange sie nicht durch die Anschauungsformen und die reinen Begriffe bzw. die Schemata des Verstandes interpretiert worden sind: „Jede Wahrnehmung ist folglich an sich schon ein Begriff."[222] Er ordnet diese Erkenntnisfähigkeit überdies in aristotelischer Tradition dem Vermögen der Vernunft zu, wodurch das ehemals „unterste" und das ehemals „oberste" Vermögen, sinnliche Wahrnehmung und Vernunft, zusammenfallen und sich *gemeinsam* vom Verstand als Vermögen deutlicher Begriffe unterscheiden.

Der damit verbundene unmittelbare Wissenscharakter der sinnlichen Wahrnehmung wird nun von Jacobi weiter zu entwickeln gesucht, auch um seine innere *Bestimmtheit* gegen den Vorwurf bloß dunklen Anwesenheitsgefühls sichtbar zu machen. Vor allem im *Hume*-Dialog unternimmt er es folglich, die in der sinnlichen Wahrnehmung evident gegebene *reine Form des Realseins* der äußeren Dinge einer Analyse zu unterziehen: „Sie werden eine Empfindung gewahr, und in dieser Empfindung eine andere Empfindung, durch die Sie empfinden, daß diese

---

219 Jacobi: *Einleitung*, JWA 2,1, S. 382.
220 Jacobi: *Einleitung*, JWA 2,1, S. 382; vgl. auch Jacobi: *Einleitung*, JWA 2,1, S. 389.
221 Jacobi: *Einleitung*, JWA 2,1, S. 390.
222 Jacobi: *David Hume*, JWA 2,1, S. 86.

Empfindung die Ursache von jener Empfindung ist"[223]. Die Empfindung des Realseins der äußeren Dinge ist eine *reflexive:* In ihr ist das Empfundene als Ursache der Empfindung, d.h. das intentionale Objekt der Empfindung, intern differenziert vom intentionalen Akt ihres subjektiven Gewahrwerdens. Das „würklich äusserliche, an sich vorhandene Wesen"[224] der „Dinge an sich" teilt sich in der Empfindung als *Anderes* zur Empfindung als ihr Grund mit. Die Empfindung des Realen selbst besteht darin, eine Evidenzerfahrung („Glauben") *als* Empfindung zu erlangen, die zugleich ihren intentionalen Gehalt als ein *Anderes* zur Form der Empfindung dokumentiert: nämlich als *außer* der Empfindung wirklich vorhandenes Etwas-als-Anderes-zum-Subjekt. Im gewissen subjektiven Empfinden des Realseins der Dinge differenziert sich *in* der Form des Empfindens ein Raum aus, der als Drittes zum Unterschied des logischen Raums der Subjektivität und des logischen Raums der Realität figuriert ist: als Raum der Überschreitung des Subjektiven, der bis ins Subjekt *hineinreicht* und demgemäß sinnvoll nur als „Offenbarung" bezeichnet werden kann, um nicht dem Setzungs- und Formgebungscharakter der transzendentalen Subjektivität zu unterstehen. Es ist die Beglaubigungskraft dieses „Gefühls", in welchem sich die unmittelbare Empfindung unmittelbar äußert, welche Vorstellungen dort begleitet, wo ihr Gehalt als ein an sich wirklicher im Subjekt ankommt, und sie von bloßen „*Erdichtungen*" unterscheidet. Gemäß Kant, dem Jacobi hier zweifelsohne folgt, ist diese Form der Realitätsgewissheit der intentionalen Objekte des Bewusstseins nicht als *Eigenschaft* der Vorstellungen selbst zu verstehen:[225] Kein Inhalt kann als an sich notwendig wirklich erkannt werden, weil Realität gemäß der Widerlegung des ontologischen Gottesbeweises kein Prädikat erster Ordnung ist. Folglich kann der Index des Realseins als eigenständiges Gefühl die Vorstellungen des Bewusstseins nur *begleiten:* als durch die Natur selbst erregte, d.h. unwillkürliche Empfindung einer Anwesenheit, die dem deutlichen Vorstellungsinhalt in der nicht weiter abzuleitenden Realitätsgewissheit des Vorgestellten eine bestimmte *Färbung* gibt. Die von mir eingeführte Metapher der „Färbung" scheint hier deshalb angebracht, weil Jacobi selbst den Einfluss des Realitätsgefühls auf die deutliche Vorstellung der Sache im Bewusstsein in einer bloß *quantitativ-komparativen* Nomenklatur zu beschreiben sucht: indem er nämlich diesen Glauben als „eine stärkere, lebendigere, mächtigere, anhaltendere Vorstellung eines Gegenstandes, als die Einbildungskraft allein je zu erreichen im Stande ist"[226], erfasst. Damit aber geht eben der irreduzible *qualitative* Aspekt, den das gewisse Realitätsgefühl

---

223 Jacobi: *David Hume,* JWA 2,1, S. 20.
224 Jacobi: *David Hume,* JWA 2,1, S. 20f.
225 Vgl. Jacobi: *David Hume,* JWA 2,1, S. 28f.
226 Jacobi: *David Hume,* JWA 2,1, S. 29.

der subjektiven Vorstellung von außen einfügt, in der bloß internen Graduierung der Vorstellung verloren: Denn so lässt sich diese aufgrund der unbegrenzten Selbstaffektation des Denkens (gerade Wahnvorstellungen haftet die Eigenschaft an, stärker und mächtiger als alle Realvorstellungen zu sein) erneut nicht notwendig von bloßer „Erdichtung" unterscheiden. An anderer Stelle zeigt Jacobi, dass er dies durchaus vor Augen hat: „[D]ie Vorstellungen können das Würkliche, *als solches*, nie darstellen. Sie enthalten nur Beschaffenheiten der würklichen *Dinge*, nicht das Würkliche selbst."[227] Hier wird das „Wirkliche selbst" gerade als etwas begriffen, das zu der Form und dem Inhalt der Vorstellungen als Anderes, Irreduzibles und Qualitatives *hinzutritt*; das nicht innerhalb der Vorstellungen als deren quantitative Modifikation begriffen werden kann. Nur so bleibt es möglich, die „Ueberzeugung von dem *eigenen* Daseyn der Gegenstände unserer Vorstellungen"[228] in skeptischer Hinsicht nicht als bloßen Schluss des Verstandes misszuverstehen. Dabei greift Jacobi erneut zu einem Wechselerweis selbstgewisser Empfindungen, um die Gewissheit, dass „das Reale dem Idealen, das Würkliche dem Möglichen, die Sache dem Begriff"[229] vorausgehe, d. h. dass die absolute Position des Seins der „Dinge an sich" als jeder Vorstellung des Bewusstseins vorausgehend gedacht werden muss, evident zu machen.

> Ich erfahre, daß ich bin, und daß etwas ausser mir ist, in demselben untheilbaren Augenblick; und in diesem Augenblicke leidet meine Seele vom Gegenstande nicht mehr als sie von sich selbst leidet. Keine Vorstellung, kein Schluß vermittelt diese zwiefache Offenbarung.[230]

Die Gewissheit des Realitätsgefühls der „Dinge an sich" ist also nicht nur transzendent an der Gewissheit Gottes, sondern auch immanent am „Selbstgefühl" des Ich geeicht; wir fühlen so unmittelbar die Realität der Dinge außer uns, wie wir uns selbst als anwesend und Gott als gewiss fühlen. In der wechselseitigen Beleuchtung bezeugen die unmittelbaren Empfindungen des Selbst, der Außenwelt und Gottes füreinander, dass ihre intentionalen Gehalte notwendig mehr sind als bloße Bewusstseinsform: dass in ihnen ein *Anderes* zum Subjekt in seinem Realsein in das Bewusstsein einfällt. Damit greift Jacobi Kants eigenes Argument aus der großen Anmerkung in der Vorrede B der *Kritik der reinen Vernunft* (KrV, B XL–XLI) bzw. aus dem in Auflage B hinzugefügten Abschnitt „Widerlegung des Idealism" auf[231], radikalisiert dieses aber zu einer realistischen Grundlegung

---

[227] Jacobi: *David Hume*, JWA 2,1, S. 69.
[228] Jacobi: *David Hume*, JWA 2,1, S. 36.
[229] Jacobi: *David Hume*, JWA 2,1, S. 37.
[230] Jacobi: *David Hume*, JWA 2,1, S. 37.
[231] Vgl. Jacobi: *David Hume*, JWA 2,1, S. 86.

der Vorstellungen des Bewusstseins im strukturanalogen Gefühl sich bedingender Offenbarungen der Gegenwärtigkeit von Ich, Welt und Gott.

Damit aber ist Jacobis Reflexion längst nicht erschöpft. Bisher sind erst der *Realismus* Jacobis und dessen systematische Verortung im Idealismus der Bewusstseinsformen entwickelt worden. Bezüglich unserer Fragestellung nach der bestimmten kategorialen Minimalstruktur des Realen setzt hier erst die eigentliche Überlegung über die ansichseiende, „reine" Form des Realen an, die sich aus der bloßen Dass-Gewissheit der ansichseienden Realität ableiten lassen soll. Eine wichtige Stellung nimmt dabei Jacobis Position zur ‚objektiven Realität' der Kausalwirkung ein, die von Hume bezweifelt und demgemäß von Kant in das kategoriale Setting der transzendentalen Subjektivität eingegliedert worden war. Es ist Jacobis Ziel aufzuzeigen, wie es überhaupt dazu kommen konnte, dass das Kausalverhältnis nicht als etwas den Dingen in ihrer außersubjektiven Realität selbst Zukommendes und sie Bestimmendes, sondern als eine bloße Vorstellungsart des Subjekts, ob nun auf der Grundlage empirischer Daten gebildet (Hume) oder transzendental (Kant), missverstanden wurde: Ex negativo soll sich so die objektive Realität der Kausalität als *ein* wesentlicher Baustein der reinen Form des Realen erwiesen. Jacobis zentrales Argument ist dabei folgendes: „Diese [...] Täuschung wird [...] bewirkt, indem man den Begriff der *Ursache* mit dem Begriff des *Grundes* vermischt; *jenem* dadurch sein Eigentümliches entzieht, und ihn in der Spekulation zu einem *bloß logischen Wesen* macht."[232] Im Rahmen der zweiten Auflage der *Spinoza*-Schrift (1789) dient dieses Argument dafür, den in sich widersprüchlichen Begriff einer „Schöpfung aus Ewigkeit her", mit dem allein der Spinozismus einen Anfangs- und Schöpfungsbegriff denken kann, sowohl zu erklären als auch in seiner Falschheit aufzudecken. Zuvor jedoch, in der *Hume*-Schrift (1787), hatte Jacobi dasselbe Argument noch im rein systematischen Kontext der Frage nach den Grundformen des außergeistigen Realseins der Dinge zur Anwendung gebracht. Zuerst zeigt Jacobi hier die Bedingung dafür auf, das Ursache-Wirkungs-Verhältnis als eine bloße Bewusstseinsform zu (miss)verstehen: indem nämlich die rein logische, „operative Zeit" der Synthese von Vorstellungen im Bewusstsein als *Gattung* begriffen wird, in die sich die reale Naturzeitlichkeit kausaler Abläufe als *Art* derselben einordnet. Die reine Form zeitlicher Abfolge wird dabei zum *tertium comparationis*, um die physische Notwendigkeit kausaler Abläufe als Unterart der begrifflichen Notwendigkeit des Grund-Folge-Zusammenhangs zu konzeptualisieren. Kant hat diesen „Fehler" bspw. im Paragraphen 29 der *Prolegomena* begangen, wenn er „den Begriff der Ursache als einen zur bloßen Form der Erfahrung notwendig gehörigen Begriff"

---

[232] Jacobi: *Über die Lehre des Spinoza*, S. 282.

(Prol. § 29, S. 83), gemäß seiner Deduktion der Kategorien von den Urteilsformen her, aus der „Form eines bedingten Urteils überhaupt, nämlich eine gegebene Erkenntnis als Grund die andere als Folge zu gebrauchen" (Prol. § 29, S. 82), und damit also aus der Form des logischen Grund-Folge-Zusammenhangs ableitet.

> Und so verhält es sich überall, wo wir eine Verknüpfung von Grund und Folge annehmen; wir werden uns nur des Mannichfaltigen in einer Vorstellung bewußt. Weil aber dieses succeßiv geschieht, und eine gewisse Zeit darüber verfließt, so verwechseln wir dieses Werden eines Begriffes mit dem Werden der Dinge selbst, und glauben die würkliche Folge der Dinge eben so erklären zu können, wie sich die ideale Folge der Bestimmungen unserer Begriffe, aus ihrer nothwendigen Verknüpfung in Einer Vorstellung erklären läßt.[233]

Die Zeit, die das Bewusstsein braucht, um den rein logischen Zusammenhang von Grund und Folge nacheinander miteinander zu verbinden, als das Nacheinander, mit dem das Bewusstsein die eigentlich logisch gleichzeitigen Elemente von Grund und Folge nur betrachten kann, muss *unterschieden* werden von der Realität der physischen Zeit („principium generationis"), in der Kausalverhältnisse Gegenstände überhaupt aufeinander einwirken lassen: Denn sonst geschieht laut Jacobi der kantische Fehler, realphysische Kausalwirkung zu einer Form bloßer Bewusstseinszeit zu machen. Dagegen zielt Jacobis Invektive gerade darauf, dieses Verhältnis umzukehren: „Müssen wir dies Succeßive im Denken nicht aus den Organen, aus dem Allmählichen der Bewegung, welcher sie unterworfen sind: *folglich aus etwas ausser der Denkkraft erklären?*"[234] Hier ist der ‚positive' Argumentationsansatz Jacobis zur Bestimmung der reinen Form des Realen erreicht: indem er gegen Kant zeigen will, dass die kausale Sukzession als eine erste reine Bestimmung des Realen selbst gedacht werden muss, die in der sinnlichen Erfahrung unmittelbar als etwas *außer* dem Subjekt, an sich selbst Bestimmtes des Realen auftritt.

> Ich habe schon anderwärts dieses Verfahren beleuchtet, und, wie ich glaube, hinlänglich dargetan, daß der Begriff der Ursache, in so fern er sich von dem Begriffe des Grundes unterscheidet, ein *Erfahrungsbegriff* ist, den wir dem Bewußtsein unserer Kausalität und Passivität zu verdanken haben, und der sich eben so wenig aus dem bloß idealischen Begriffe des Grundes herleiten, als in denselben auflösen läßt.[235]

Diese bewusstseinsexternalistische Kausalbestimmung des Realen selbst erschließt sich jedoch laut Jacobi nur von der Handlungsart, d. h. der *Praxisform* des

---

233 Jacobi: *David Hume*, JWA 2,1, S. 50.
234 Jacobi: *David Hume*, JWA 2,1, S. 52.
235 Jacobi: *Über die Lehre des Spinoza*, S. 282.

menschlichen Weltbezuges. Nur im unmittelbar evidenten Selbstbewusstsein des Ich als Handelnder und der in ihm wirksamen dynamischen Beziehungen von Kraft und Tat ist die Realität der zeitlichen Abfolge dieser Relationen in „Tun" und „Leiden" mitgegeben. Denn indem wir das „Gefühl unserer *eigenen* Kraft" einzig darin haben, im „Gefühl ihres Gebrauchs [...] *einen Widerstand zu überwinden*"[236], der uns als unabweisbar Anderes entgegentritt, ist die Erfahrung von physischen Verursachungs-Wirkungs-Beziehungen einzig als Überschreitung des Unterschiedes von Subjekt und „Ding an sich" gegeben. Vom Ich als Handelndem aus erzwingt die Erfahrung physischer Kausalität die Überschreitung der Bewusstseinsgrenze: Ich erfahre Kausalität als etwas meine geistige wie körperliche Außengrenze *wirklich* Überschreitendes. Bereits die Grundform des Bewusstseins selbst ist so nur in Bezug auf den Einfall eines Anderen, an sich selbst bestimmten und realausgedehnten Daseienden beschreibbar, sodass gilt, „daß zu userm menschlichen Bewustseyn [...] ausser dem empfindenden Dinge, noch ein würkliches Ding, welches empfunden wird, nothwendig sey. *Wir müssen uns von Etwas unterscheiden.* Also zwey würkliche Dinge ausser einander, oder Dualität."[237] In einer beinahe naturalistischen Wendung, die Fichtes später entworfene Grunddualität von Ich und Nicht-Ich physikalistisch ausbuchstabiert, werden die Elemente gegenseitiger „Berührung" in der Beziehung des Ich auf externe Gegenstände, die in ihr erfahrene „Undurchdringlichkeit von beyden Seiten" sowie der durch sie gegebene „Widerstand im Raume" als „Würkung und Gegenwürkung"[238] zu den kategorialen Bedingungen von Realität aus der Perspektive des Bewusstseins: aber als Minimalbedingungen von Realsein, welches das Subjekt als nicht durch es selbst konstituierte erfährt. Die Rückführung der realen Sukzession und damit von „Zeitlichkeit überhaupt" auf die objektiven, transsubjektiven Bedingungen räumlicher Widerständigkeit von Gegenständen aneinander ermöglicht es so, „Grundbegriffe" in „wahre[r] objective[r] Bedeutung"[239], also kategoriale Bedingungen des „Realseins überhaupt", zu formulieren: „ die Begriffe [...] von Substanz oder *Individualität*, von cörperlicher Ausdehnung, von Succeßion, und von Ursache und Wirkung" müssen „in den *Dingen an sich* ihren vom Begriffe unabhängigen Gegenstand, folglich eine wahre *objective* Bedeutung haben."[240] Wiederum ist es also die unmittelbare Empfindung des Realseins, hier das bestimmte Gefühl räumlich-körperlicher Widerständigkeit, durch welche sich die fundamentalen Bestimmungen von „Realität überhaupt" dem Subjekt offen-

---

236 Jacobi: *David Hume*, JWA 2,1, S. 55.
237 Jacobi: *David Hume*, JWA 2,1, S. 57.
238 Jacobi: *David Hume*, JWA 2,1, S. 59.
239 Jacobi: *David Hume*, JWA 2,1, S. 60.
240 Jacobi: *David Hume*, JWA 2,1, S. 60.

baren: „Durch den Glauben wissen wir, daß wir einen Körper haben, und daß außer uns andre Körper und andre denkende Wesen vorhanden sind. [...] denn ohne *Du*, ist das *Ich* unmöglich."²⁴¹ Bei aller Fundamentalkritik am System des Spinoza kommt Jacobi hier mit diesem darin überein, dass das Sein als „absolute Position"²⁴² zu verstehen ist (eine Position im Übrigen, die Jacobi nicht nur anhand von Spinozas Substanzbegriff und Kants Kritik des ontologischen Gottesbeweises, sondern auch anhand von Kants vorkritischer Schrift *Der einzig mögliche Beweisgrund zu einer Demonstration des Dasein Gottes* von 1763 gewonnen hat:²⁴³

> Das Sein ist keine Eigenschaft, ist nichts Abgeleitetes von irgend einer Kraft; es ist das, was allen Eigenschaften, Beschaffenheiten und Kräften zum Grunde liegt; das, was man durch das Wort Substanz bezeichnet; wovor nichts kann gesetzt werden, und das Allem vorausgesetzt werden muß.²⁴⁴

Der Intentionalität des Bewusstseins und seinen kategorialen Formen ist so das Bezogensein auf eine an sich bestimmte Realität, die in der sinnlichen Wahrnehmung in das Bewusstsein hineinragt, ohne dass sich das Bewusstsein dabei sinnvoll als Urheber bestimmter Minimalbestimmungen in Form zuschreibbarer Eigenschaften verstehen kann, unaufhebbar eingeprägt. Folglich sind das „ausser einander" aller „wahrhaft würkliche[n] Dinge" und ihr gemeinsamer Zusammenhang in der wechselseitigen *äußeren* Bestimmung der spinozistisch inspirierte Begriff der endlichen Wirklichkeit, den Jacobi bejaht.²⁴⁵ Durch ihn sind die „Begriffe von Einheit und Vielheit, von Thun und Leiden, von Ausdehnung und Succeßion"²⁴⁶ nicht als Formen des Bewusstseins, sondern des Seins zu fassen, als Bedingungszusammenhang des „Realseins überhaupt", der sich zugleich mit seinem Gegebensein unmittelbar *als* solcher im „Gefühl" mitteilt. Die unmittelbare sinnliche Erfahrung des Realen im Gefühl bezeugt dem Ich „ein distinctes reales Medium zwischen Realem und Realem, ein würkliches Mittel von Etwas zu Etwas"²⁴⁷ als „*wesentliche Verhältnisse [...] objectiv realer Bestimmungen.*"²⁴⁸ Kants

---

241 Jacobi: *Über die Lehre des Spinoza*, S. 114.
242 Förster: *Die 25 Jahre der Philosophie*, S. 92.
243 Vgl. Förster: *Die 25 Jahre der Philosophie*, S. 92 f.
244 Jacobi: *Über die Lehre des Spinoza*, S. 65.
245 Vgl. Jacobi: *Über die Lehre des Spinoza*, S. 263 f.: „[E]in jedes einzelnes Ding [setzt] alle übrige einzelne Dinge voraus, und seine Natur und Beschaffenheit [wird] durch seinen Zusammenhang mit allen übrigen durchaus bestimmt".
246 Jacobi: *David Hume*, JWA 2,1, S. 85; vgl. Jacobi: *David Hume*, JWA 2,1, S. 109.
247 Jacobi: *David Hume über den Glauben*, S. 109.
248 Jacobi: *David Hume über den Glauben*, S. 109.

Begriff der „Sinnlichkeit" als Medium passiver Rezeptivität wird so folgerichtig nicht als Fakultät des Subjekts, sondern als ein den realen Unterschied des Subjekts und des Gegenstandes außer uns wiederum *einschließendes* und *umfassendes* Medium gedacht:

> das heißt, daß sowohl die Sinnlichkeit selbst als auch die in diesem Medium aufeinander bezogenen Seiten des Gegenstandes und des affizierten Subjekts als auch die in dieser Beziehung enthaltene Bestimmung der Kausalität in einem emphatischen Sinne als *real* gekennzeichnet werden müssen.[249]

Damit hat Jacobi eine Lösung für die kantischen Aporien des Begriffs der reinen Realität erarbeitet: indem er nachweist, dass einige der von Kant als rein transzendental, subjektimmanent gedachten Bestimmungsformen – sowohl Zeitlichkeit und Räumlichkeit als Anschauungsformen als auch kategoriale Muster wie Kausalität und Wirksamkeit – auf gleicher Ebene als Elemente des außersubjektiven „Realseins überhaupt" zu denken sind bzw. den Unterschied von transzendentaler Subjektivität und außersubjektiver Realität umgreifen. Der begriffliche Gehalt von Realsein wird nicht wie bei Kant auf eine bzw. zwei bewusstseinsimmanente Kategorien einzugrenzen gesucht, die dann ihre Explikation, wie im Kant-Kapitel dieser Arbeit gezeigt, überschreiten müssen. Vielmehr anerkennt Jacobi von Anfang an den komplexen, „konkreten" Charakter des reinen „Realseins überhaupt" als aus kategorialen Elementen zusammengesetzte Kategorie zweiter Ordnung. Zugleich zeigt Jacobi auf, dass die unendliche Abstraktion des Verstandes von allem Realen, dessen vorgängiges Bestimmtsein bei Kant zu einem gänzlich leeren Begriff wird[250], auch die Spontaneität des Bewusstseins nicht mehr sinnvoll zu erklären vermag. Damit trifft er eben den konzeptionellen Grundimpuls der Transgressivität des reinen Begriffs der Realität, wie er im Kant-Teil als Problemhorizont der kantischen Philosophie entworfen worden ist: „Jede Bestimmung setzt etwas schon bestimmtes voraus"[251], das als immer schon bestimmt, nämlich selbstbestimmt, gedacht werden muss:

> Wie sehr nun auch, das Individuum von aussen her bestimmt werden mag, so kann es doch nur zufolge den Gesetzen seiner eigenen Natur bestimmt werden, und bestimmt sich in so fern also selbst. Es muß schlechterdings etwas für sich seyn, weil es sonst nie etwas für ein anderes seyn, und diese oder jene zufällige Bestimmung annehmen könnte.[252]

---

249 Sandkaulen: *Das leidige Ding an sich*, S. 186.
250 Vgl. Jacobi: *Einleitung*, JWA 2,1, S. 404 f., 414 f.
251 Jacobi: *Über die Lehre des Spinoza*, S. 167.
252 Jacobi: *David Hume*, JWA 2,1, S. 56; vgl. auch Jacobi: *David Hume*, JWA 2,1, S. 77.

Folglich kann Jacobi die fundamentale, reine Form des Realseins als „Mitdasein"[253] bezeichnen. In dieser sind die Extreme bloßer Passivität und bloßer Spontaneität, bloßen Bestimmtwerdens und bloßen Bestimmens verschwunden: und zwar dergestalt, dass sich eine Mehrzahl von „Gegenständen überhaupt", wollen sie in minimaler kategorialer Beschreibung als ‚wirklich' gelten, a) erst dadurch wechselseitig durch je andere bestimmt werden, indem sie *an sich selbst* und *durch sich selbst* als immer schon bestimmte vorauszusetzen sind, und b) ihr mit ihrem Bestimmtwerden gleichursprüngliches Immer-schon-Bestimmtsein in der Beziehung auf je andere *als* ihr Selbstbestimmtsein dem anderen auch prinzipiell offenbar machen, und zwar in der selbstevidenten sinnlichen Wahrnehmbarkeit ihres Dass-Seins und So-Seins: „[D]enn was nicht schon etwas ist, kann nicht zu etwas bloß bestimmt werden; was an sich keine Eigenschaft hat, in dem können durch Verhältnisse keine erzeugt werden, ja es ist nicht einmal ein Verhältnis in Absicht seiner möglich."[254]

Jacobis Alternative zu Kants problembehafteten Kategorien von Realität findet ihre Grenze gerade im Umgang mit der Idee der Grenze selbst – der Grenze des Begrifflichen nämlich. Einerseits erwächst seine Philosophie nicht nur aus der Kritik kantischer Subjektivität, sondern auch aus der des spinozistischen physikalischen Naturalismus: weil Spinoza nach Jacobi die Totalität des Wirklichkeitszusammenhangs als vollständig in kausalmechanischen Begriffen zu beschreiben denkt. Die Pointe von Spinozas Rationalismus sieht Jacobi darin, in Ablehnung jeglicher Anfangs- oder Endursachen und damit von Freiheit überhaupt das physikalische Grundgesetz materieller Körper (den reinen Ursache-Wirkungs-Zusammenhang) zum Seinsgesetz der Substanz, d.h. alles in ihr im Zusammenhang stehenden Endlichen überhaupt, zu verabsolutieren[255] und auch alle Erscheinungen der geistigen Welt auf kausalmechanische Begriffe zurückgeführt zu haben. Spinozas physikalischer Monismus begeht dabei für Jacobi den Fehler, aus der Einsicht, „daß sich gewisse Dinge nicht entwickeln lassen"[256], nämlich in deutlichen Begriffen rekonstruierter Begründungszusammenhänge, die Schlussfolgerung zu ziehen, sie wären überhaupt nicht denkbar und bloße Scheingebilde menschlichen Bewusstseins. Dem setzt Jacobi programmatisch ein *reflexives Eingedenken* der Grenze des rationalen Prinzips deutlichen Erklärens entgegen, welches das Jenseits dieser Grenze nicht für ungültig und unbestimmbar erklärt, sondern vielmehr als *Anderes* zur Rationalität bestimmt.[257]

---

253 Jacobi: *Über die Lehre des Spinoza*, S. 166.
254 Jacobi: *Über die Lehre des Spinoza*, S. 172.
255 Jacobi: *Über die Lehre des Spinoza*, S. 26–34.
256 Jacobi: *Über die Lehre des Spinoza*, S. 33.
257 Jacobi: *Über die Lehre des Spinoza*, S. 34 f.

Damit ist es ihm möglich zu betonen, dass es „unmöglich sei, das Unendliche aus dem Endlichen zu entwickeln, und den Übergang des einen zu dem andern"[258] nach dem Modell endlichen Werdens des Bedingten aus Bedingungen zu verstehen. Es kann „keine natürliche Philosophie des Übernatürlichen geben"[259], in der ein absoluter Grund des Seienden dergestalt mit dem Endlichen zusammenfällt, dass er mit diesem *auf endliche Weise* – nämlich als Bedingung eines Bedingten – verbunden ist. Der Graben zwischen Unendlichem und Endlichem, den Jacobi des Öfteren als nur durch einen „Sprung" („Salto mortale")[260] zu überwinden sieht, bestimmt das Unendliche als *Übernatürliches*: d. h. als nicht in den Begriffen des natürlichen Bedingtseins und Bedingens beschreibbar.[261] Damit aber gerät die Beziehung der endlichen Wirklichkeit zu ihren letzten, nicht mehr abzuleitenden Gründen – den endlichen wie den unendlichen – zu einem *abstrakten, unvermittelten Gegensatz*. Ebenso wie Kants Beziehung des Denkens auf das „Ding an sich", die notwendig unerklärbar und widersprüchlich bleibt, droht Jacobis Beziehung des Denkens auf das „Dasein" als „das Unauflösliche, Unmittelbare, Einfache"[262] die Gefahr, nicht sinnvoll beschreibbar zu sein und in der bloß irrationalen Mystik einer unmittelbaren Offenbarung zu verschwinden.

All diese Schwierigkeiten – und die Grenze des jacobischen Transgressivitätskonzepts überhaupt – gründen in dem zu *engen Begriff des Begriffs*, den Jacobi von Spinoza übernimmt: zu eng zum einen in der Rückführung der begrifflichen Funktion auf die Repräsentation (Form des intentionalen Gehalts) wie Nachbildung (Form des Begriffs selbst) natürlicher Kausalität; zu eng zum anderen in der Restriktion der begrifflichen Funktion auf verständesmäßige Bewusstseinsvollzüge von Subjekten. Zwar kritisiert Jacobi an Spinoza eine Naturalisierung der Wirklichkeit insgesamt; zugleich aber übernimmt und verschärft er die *Naturalisierung des Begrifflichen*, die er bei Spinoza verortet hat. „[S]o bleiben wir, so lange wir begreifen, in einer Kette *bedingter Bedingungen*. Wo diese Kette aufhört, da hören wir auf zu begreifen, und da hört auch der Zusammenhang, den wir *Natur* nennen, selbst auf."[263] Die „Konstruktion eines *Begriffes überhaupt*" als „a priori aller Konstruktionen"[264] besteht darin, „eine Sache [...] aus ihren nächsten Ursprüngen herleiten [zu] können"[265]. Diese „progressive Verknüpfung" nach den

---

258 Jacobi: *Über die Lehre des Spinoza*, S. 37.
259 Jacobi: *Über die Lehre des Spinoza*, S. 271.
260 Jacobi: *Über die Lehre des Spinoza*, S. 26.
261 Jacobi: *Über die Lehre des Spinoza*, S. 288.
262 Jacobi: *Über die Lehre des Spinoza*, S. 35.
263 Jacobi: *Über die Lehre des Spinoza*, S. 288.
264 Jacobi: *Über die Lehre des Spinoza*, S. 285.
265 Jacobi: *Über die Lehre des Spinoza*, S. 284.

„Gesetzen der Notwendigkeit, das ist, des *Identischen*"[266] legt die Funktion und Struktur des Begriffs auf die deutliche Repräsentation kausaler Beziehungen als Gefüge der Bedingungen der Genese einer Sache fest. Der „Mechanismus des Prinzips"[267] des Begriffs, nach dem wir „keine *Begriffe*, als Begriff des bloß Natürlichen zu bilden im Stande sind"[268], ist das „Kausalitätprinzip des Verstandes"[269] selbst. Damit aber gerät die selbst begriffliche Erklärung des Unterschiedes, den Jacobi zwischen dem Natürlichen und dem Übernatürlichen ansetzt, in Widerspruch zu sich selbst: Erklärt wird ein Unterschied, bei dem ein Glied des Unterschiedes in einem absoluten Jenseits der Möglichkeiten des begrifflichen Erklärens liegt; beschrieben wird so eine Schranke als Grenze. Hier verliert sich Jacobis reflexives Eingedenken der Widersprüche der kantischen Philosophie in eben den Schwierigkeiten, die er zu markieren sucht. Die Transgressivität des reinen Begriffs des Realen, d. h. das Hineinragen eines vorgängig an sich selbst bestimmten Realen in seine Bestimmbarkeit durch das Bewusstsein, kann nicht mit der Grenze des Begrifflichen zu einem vollständig Nichtbegrifflichen zusammenfallen. So wird deutlich, dass es eines erweiterten, komplexeren und differenzierteren Begriffs des Begrifflichen bedarf, um die Transgressivität des reinen Begriffs des Realen angemessen und nicht-widersprüchlich denken zu können. Einen Ansatz dafür gibt es bei Jacobi dort, wo er die Vernunft nicht bloß als Seelenvermögen des Menschen versteht, sondern als eine transsubjektive geistige Form des Wirklichen überhaupt.[270] Hegel wird eben diesen Weg weiter beschreiten.

---

266 Jacobi: *Über die Lehre des Spinoza*, S. 285.
267 Jacobi: *Über die Lehre des Spinoza*, S. 288.
268 Jacobi: *Über die Lehre des Spinoza*, S. 291.
269 Jacobi: *Über die Lehre des Spinoza*, S. 311.
270 Jacobi: *Über die Lehre des Spinoza*, S. 86.

3 Der reine Begriff der Realität bei Fichte

In seinem Hauptwerk, der *Grundlage der gesamten Wissenschaftslehre* (1794/95), unternimmt Fichte den Versuch, die Strukturen der Realität auf dem Boden des Ich freizulegen. Der Realitätsgedanke ist also fundamental an die Ich-Struktur gebunden. Insofern aber die *Wissenschaftslehre* laut Fichte selbst ein Ideal-Realismus oder Real-Idealismus ist (vgl. GA I,2, S. 412), stellen sich folglich zwei Fragen, von denen im hier behandelten Zusammenhang primär die erste von Belang ist: a) die Frage nach dem kategorialen Begriff der Realität als eines der Hauptprobleme der *Wissenschaftslehre* und b) die Frage ob und wie sich zeigen lässt, dass Fichtes Realitätskonzept mindestens so sehr realistisch (im Sinne von subjektunabhängiger Wirklichkeit) wie transzendental-subjektiv ist.

Die folgenden Erläuterungen konzentrieren sich ausschließlich auf die *Grundlage der gesamten Wissenschaftslehre* von 1794/95[271], da die *Grundlage* bis zur Veröffentlichung des fichteschen Nachlasses 1834/35 insbesondere für Schelling und Hegel der bedeutendste Bezugspunkt in ihrer Auseinandersetzung mit Fichte blieb.[272] Im Folgenden will ich den Gedankengang der *Grundlage* so weit durchsichtig zu machen versuchen, wie es für meine Fragestellung notwendig ist: Was für kategoriale Begriffsangebote für das ‚Reale' macht Fichtes *Grundlage* bezüglich der Problemlage, wie sie durch Kants Doppelung des Realitätsbegriffes aufgeworfen worden ist? Dass sich Fichte vor allem in den neunziger Jahren des 18. Jahrhunderts noch gänzlich als Kantianer versteht, der den „Geist" des kantischen Systems gegen den „Buchstaben", d.h. seine widersprüchlichen und inkonsequenten Denkwege, verteidigt, ist offensichtlich.[273]

---

[271] Zu einer Darstellung der verschiedenen Stufen der *Wissenschaftslehre* vgl. Andreas Schmidt: *Der Grund des Wissens. Fichtes Wissenschaftslehre in den Versionen von 1794/95, 1804/11 und 1812*, Paderborn u. a. 2004. Schmidt zeigt, dass in jeder Phase seines Werkes, sowohl Fichtes Früh- als auch seiner Spätphilosophie, die an Kant orientierte Selbstgesetzgebung der reinen praktischen Vernunft das unhintergehbare Grundprinzip des Geistes und die Spitze des Systems darstellt.
[272] Darüber hinaus beziehe ich mich auf Anton Friedrich Koch, der Mike Stange folgt, und „gezeigt hat, dass sich die frühe *Wissenschaftslehre* am besten verstehen lässt, wenn man sie als Reaktion auf etwas Befremdliches, ja Bedrohliches deutet, dessen Fichte ansichtig geworden war, als Reaktion auf eine genuin logische Antinomie." (Anton Friedrich Koch: „Kant, Fichte, Hegel und die Logik. Kleine Anmerkungen zu einem großen Thema", in: *Internationales Jahrbuch des Deutschen Idealismus/International Yearbook of German Idealism* 12 (2014), Berlin/New York 2017, S. 291–316, hier: S. 304.) Ob und inwiefern es Fichte gelingen wird, diese Antinomien zu überschreiten, soll im Folgenden geklärt werden.
[273] Zum Gesamtzusammenhang der Kant-Rezeption Fichtes in dieser Werkphase vgl. Christian Hanewald: *Apperzeption und Einbildungskraft. Die Auseinandersetzung mit der theoretischen Philosophie Kants in Fichtes früher Wissenschaftslehre*, Berlin/New York 2001. Außerdem: Sally

Deshalb ist zu erwarten, dass seine *Wissenschaftslehre* Lösungsvorschläge unterbreitet, die auf dem Boden der kantischen Transzendentalphilosophie zugleich die Schwierigkeiten der Begriffe von Realität$_1$ und Realität$_2$ aufzuheben suchen. Ziel dieses Kapitels ist es, diesen Lösungsvorschlag konzise herauszuarbeiten. Dabei bleiben zugunsten der Übersichtlichkeit und Konzentration des Kapitels viele damit zusammenhängende und oft kontroverse Fragen der Fichte-Forschung unbehandelt bzw. rücken nur so weit in den Fokus, wie es der Beantwortung der Fragestellung zuträglich ist.

Folgende Denkschritte Fichtes aus der *Grundlage* sollen dabei erläutert und interpretiert werden:

(1) Die Ableitung der *Kategorie der Realität* aus dem Sich-Setzen des Ich in § 1. („Aller Realität Quelle ist das Ich. Erst durch und mit dem Ich ist der Begriff der Realität gegeben." [GA I,2, S. 293]) und § 2 (Kap. 3.1)

(2) Die *Realität im Bewusstsein* durch die Teilbarsetzung von Ich und Nicht-Ich in § 3. („Iezt vermittelst dieses Begriffs [der Teilbarkeit] ist im Bewußtseyn *alle* Realität; und von dieser kommt dem Nicht-Ich diejenige zu, die dem Ich nicht zukommt, und umgekehrt." [GA I,2, S. 271]) (Kap. 3.2)

(3) Die *Realität des Nicht-Ich*, welche erwiesen wird im § 4, dem theoretischen Teil der *Grundlage*. („Denn bis jetzt ist das Nicht-Ich Nichts[274]; es hat keine Realität, und es läßt demnach sich gar nicht denken, wie in ihm durch das Ich eine Realität aufgehoben werden könne, die es nicht hat; wie es eingeschränkt werden könne, da es nichts ist. Also scheint dieser Satz wenigstens so lange, bis dem Nicht-Ich auf irgend eine Weise Realität beygemessen werden kann, völlig unbrauchbar." [GA I,2, S. 285]) (Kap. 3.3)

    a. Die Produktion von Realität wird durch die *Einbildungskraft* erwiesen. („Es wird demnach hier gelehrt, daß alle Realität [...] bloß durch die Einbildungskraft hervorgebracht werde." [GA I,2, S. 368] „Die Einbildungskraft producirt Realität; aber es *ist* in ihr keine Realität" [GA I,2, S. 374]).

    b. Der *Verstand* wird als Vermögen des Wirklichen erwiesen (als Behälter). („Der Verstand ist ein ruhendes, unthätiges Vermögen des Gemüths, der bloße Behälter des durch die Einbildungskraft hervorgebrachten, und durch die Vernunft Bestimmten [...]. Nur im Verstande *ist* Realität (wiewohl erst durch die Einbildungskraft)[275]; er ist das Vermögen des *Wirklichen*; in ihm erst wird das Ideale zum Realen: [daher drückt *verstehen*

Sedgwick (Hg.): *The Reception of Kant's Critical Philosophy. Fichte, Schelling, and Hegel*, Cambridge 2000.
274 In der C-Fassung: „Nichts-Ich nichts".
275 „(wiewohl ... Einbildungskraft)" findet sich in der C-Fassung und fehlt in A und B.

auch eine Beziehung auf etwas aus, das uns ohne unser Zuthun von außen kommen soll]." [GA I,2, S. 374]). [Abgehandelt in der Deduktion der Vorstellung]
  c. Realität wird nicht mehr durch Reflexion hervorgebracht, sondern zum Bewusstsein erhoben. [Abgehandelt in der Deduktion der Vorstellung]
(4) *Realität* als Struktur eines Wechselspiels zwischen „Anstoß", „Ich" und „Nicht-Ich" im theoretischen und im praktischen Teil: die Äußerlichkeit des „Anstoßes" als Grund der Reflexionsbewegung, welche dem Sich-Wissen des Ich und damit seiner Realität *für sich* zugrunde liegt. (Kap. 3.4)

3.1 Die Kategorie der Realität

Die *Grundlage der gesamten Wissenschaftslehre* beginnt bekanntlich mit den berühmten drei Grundsätzen, welche das Geflecht der absolut bzw. partiell unbedingten Tathandlungen des Bewusstseins bilden:
(1) Erster, schlechthin unbedingter Grundsatz
(2) Zweiter, seinem Gehalte nach bedingter Grundsatz
(3) Dritter, seiner Form nach bedingter Grundsatz

(1. Grundsatz) Fichtes Ziel ist es, den absolutesten, schlechthin unbedingten Grundsatz alles menschlichen Wissens aufzusuchen, der sich als solcher aber weder bestimmen noch beweisen lässt. Der *erste, schlechthin unbedingte Grundsatz* „soll diejenige *Tathandlung* ausdrücken, die [...] allem Bewußtseyn zum Grunde liegt, und allein es möglich macht." (GA I,2, S. 255) Diese Tathandlung, die also durch den ersten Grundsatz ausgedrückt werden soll als (a) Grund der Möglichkeit von empirischem Bewusstsein überhaupt, aber (b) selbst nicht erkannt werden kann (d. h. sie selbst kann kein Vorkommnis *im* Bewusstsein sein, wenn sie dessen Möglichkeit überhaupt begründen soll), sondern auf deren Möglichkeit und Notwendigkeit lediglich geschlossen werden kann, zeigt an, dass (c) das handelnde Subjekt zugleich das Produkt dieser seiner eigenen Handlung ist. So zeigt sich also diese Tathandlung im Selbstsetzen des Ich:

> Das Ich *sezt sich selbst*, und es *ist*, vermöge dieses bloßen Setzens durch sich selbst; und umgekehrt: Das Ich *ist*, und es *sezt* sein Seyn, vermöge seines bloßen Seyns. – Es ist zugleich das Handelnde, und das Produkt der Handlung; das Thätige, und das, was durch die Thätigkeit hervorgebracht wird; Handlung, und That sind Eins und eben dasselbe; und daher ist das: *Ich bin*, Ausdruck einer Thathandlung. (GA I,2, S. 259)

Wenn es stimmt, dass das Ich durch eine Tathandlung, d.h. genauer durch eine *intellektuelle Anschauung*?[276] (als Akt, in welchem sich das Ich reflektierend auf sich selbst bezieht und dabei selbst erzeugt), gesetzt werden kann und eben nicht durch eine empirische Anschauung gegeben ist, so muss Fichte zweierlei zeigen: *Erstens*, dass und wie das Ich sich selbst setzt; denn das, was das Ich ist, ist es nur *durch sich* selbst (Selbstsetzung) – dieser Teil betrifft die *Kategorie der Realität im § 1*. Und *zweitens*, wie es sich dieser Handlung bewusst wird; denn das, was das Ich ist, ist es *für sich* (Selbstbewusstsein) – dieser Teil betrifft die *Realität im Bewusstsein im § 3*.

(1) Der erste, unbedingte Grundsatz der *Wissenschaftslehre* lautet daher: Ich bin Ich (vgl. GA I,2, S. 258). Diese unbedingte Gewissheit, dass „Ich bin", kann nicht sinnvoll bestritten werden und ist jedem immer schon gewiss, wo er überhaupt etwas denkt, also „Ich" als Organ des Denkens in Anspruch nimmt. Worin aber besteht diese Gewissheit?

(2) Der Satz der Identität (A = A) wird dabei als selbstgewiss nicht in Bezug auf seinen *Gehalt* (Existenz von A), sondern bloß in Bezug auf seine *Form* (*wenn* A, *so* A) betrachtet. Der Satz der Identität impliziert also nicht, dass ein A (als Gehalt) gegeben ist: *Dass* A ist, ist weder notwendig noch gewiss (A *kann* im Bewusstsein sein oder auch nicht, vgl. GA I,2, S. 256f.). Der Satz der Identität sagt lediglich: *Wenn* ein A gegeben ist, so *muss* es der Form nach *notwendig, d.h. schlechthin unbedingt*, gesetzt sein als mit sich identisch (A = identisch mit sich [A]). *Die Gewissheit von A = A liegt also nicht in der Existenz von A begründet, sondern in der Identität des denkenden Subjekts als Form jedes möglichen Gegebenseins von A.*

(3) Insofern aber das Ich den Satz (A = A) urteilt, muss er durch das Ich gesetzt sein. Da dieser Satz unbedingt, d.h. ohne weiteren Grund und Einschränkung, im Ich aufgestellt ist, muss er dem Ich *durch sich selbst* gegeben sein.

---

276 Fichte klammert das Konzept der intellektuellen Anschauung in der *Grundlage* aus. Er erwähnt diese lediglich in der „Vorrede". Die Frage, welche Rolle die „intellektuelle Anschauung" in der *Wissenschaftslehre* spielt, ist eine in der Fichte-Forschung umstrittene: Ist sie Organ bzw. Instrument der Selbstsetzung oder nur Repräsentation derselben? Ist sie fähig, das Sich-Setzen selbst zu ergreifen oder weist sie dieses nur indirekt auf? Vgl. Martin Götze: *Ironie und absolute Darstellung. Philosophie und Poetik in der Frühromantik*, Paderborn u.a. 2001, S. 47–60, sowie Jörg-Peter Mittmann: *Das Prinzip der Selbstgewißheit. Fichte und die Entwicklung der nachkantischen Grundsatzphilosophie*, Bodenheim 1992. Da die intellektuelle Anschauung hier nicht von Bedeutung ist, kann sie übergangen werden. Zu Fichtes Konzeption der „intellektuellen Anschauung" vgl. Jürgen Stolzenberg: *Fichtes Begriff der intellektuellen Anschauung. Die Entwicklung in den Wissenschaftslehren von 1793/94 bis 1801/02*, Stuttgart 1986.

(4) Es wird damit als unbedingt gültig anerkannt, dass im Ich ein absolut Sichselbstgleiches (A = A) ist, das einzig durch die Anerkennung (Setzen) des Ich und ohne Einschränkung oder Bedingung als gültig anerkannt ist.[277]

(5) Fichte zeigt, dass „Ich bin Ich" aber zugleich noch eine ganz andere Bedeutung hat als A = A. Der Satz A = A steht nämlich unter der Bedingung, dass A gesetzt ist (d. h. es ist auch denkbar, dass A nicht gesetzt ist; notwendig ist also nur seine Form, nicht sein Gesetztsein). „Ich bin Ich" hingegen gilt sowohl der *Form* als auch dem *Gehalt* nach als *unbedingt* und ohne Einschränkung: Das Ich unter dem Prädikat der Gleichheit mit sich ist in jedem Fall gesetzt. Von der unmittelbar gewissen Tatsache „Ich bin" kann nicht abstrahiert werden, weil alles Abstrahieren diese Tatsache wiederum zu Hilfe nehmen und damit voraussetzen müsste. „Ich bin Ich" ist also ohne Einschränkung die gewisse Tatsache des empirischen Bewusstseins (vgl. GA I,2, S. 258f.): Vor allen Tatsachen des empirischen Bewusstseins, d. h. vor allem bestimmten Sein *im* Ich, muss das Ich selbst als seiend gesetzt sein. Das „Ich bin" ist also die *Grundtatsache* des empirischen Bewusstseins.

(6) „Durch den Satz A = A wird *geurtheilt.*" (GA I,2, S. 258) Ein solches „Urteilen" ist ein Handeln des Geistes, das im „Ich bin" gründet. Die Grundtatsache („Ich bin") begründet also ein Handeln des Geistes, d. h. hier wird festgestellt, *was* der Grund (die Grundtatsache) eigentlich begründet: nämlich ein Handeln. Handeln ist somit der „reine Charakter" des menschlichen Geistes – alles Denken ist somit als ein Handeln gekennzeichnet. Das Ich ist demnach der handelnde Vollzug seiner selbst: Das Ich *ist, indem* es sich als sich selbst vollzieht, d. h. indem es sich setzt; das Setzen des Ich *durch sich selbst* ist die reine Tätigkeit des Ich. Durch den Vollzug seiner selbst *ist* das Ich; es gibt sich sein Sein, indem es sich handelnd vollzieht. Indem das Ich sich Sein gibt als Form jeder Handlung, *ist* es. Das Ich ist also der Vollzug seiner selbst – das ist die *absolute Tathandlung* des Ich. *Die Identität (Ich = Ich) ist a) die Tätigkeit der Handlung und b) das Produkt dieser Handlung. Da Handlung und Tat dasselbe sind, spricht Fichte hier nicht von einer Tatsache, sondern von einer Tathandlung.*

---

277 Wenn A = A als unbedingter, allgemein gültiger und gewisser Satz (Tatsache) im Bewusstsein gegeben ist, dann auch der Satz Ich = Ich („Ich bin"). Fichtes Vorgehen bis zum „Ich bin" ist hier kein streng deduktives notwendiger Ableitungen, sondern schon hier eines des geistigen Experimentierens: Der Satz der Identität wird versuchsweise genommen, um ihn als Kandidaten von Gewissheit zu testen, um dann zu sehen, unter welchen Bedingungen nicht nur seine Form, sondern auch sein Gehalt unbedingt und schlechthin gültig sind: So kommt Fichte auf den Inhalt des „Ich". Zur Herleitung des ersten Grundsatzes vgl. Jürgen Stolzenberg: „Fichtes Satz ‚Ich bin'. Argumentanalytische Überlegungen zu Paragraph 1 der Grundlage der gesammten Wissenschaftslehre von 1794/95", in: *Fichte-Studien* 6 (1994), S. 1–34.

(7) Für das Ich ist „Sein" also ein „Setzen": Indem es (Ich) ist, setzt es sich, d. h. sein Sein liegt darin, sich handelnd selbst zu vollziehen und damit Objektivität zu geben. In Bezug auf die allgemeine Form des Ich heißt „Sein" der *Vollzug der eigenen Handlung des Sich-sich-selbst-Gebens bzw. Sich-sich-Eröffnens.*[278] Das

---

278 Vgl. Werner Stelzner: „Selbstzuschreibung und Identität", in: *Fichtes Wissenschaftslehre 1794. Philosophische Resonanzen*, hg.v. Wolfram Hogrebe, Frankfurt am Main 1995, S. 117–140, insb. S. 135–139. Stelzner zeigt sehr überzeugend die Komplexität des propositionalen Gehaltes, der als ein epistemischer Akt die Tathandlung beschreibt. Der Satz „Das Ich setzt: ‚Ich bin Ich'" beschreibt die Selbstzuschreibung des Ich in seiner Vorstellung: „*Das Ich schreibt sich selbst zu, Ich zu sein.*" (Stelzner: *Selbstzuschreibung und Identität*, S. 135) Damit vollzieht das epistemische Subjekt einen De-dicto-Akt, d. h. einen Akt der Akzeption bzw. des Glaubens, in dem das Ich zu der Überzeugung der Proposition (fregisch: Aussage/Gedanke) kommt, dass Ich = Ich bin. Doch drückt „Ich bin ich" für verschiedene „Ich" ganz unterschiedliche Propositionen aus, wie Stelzner zu Recht zeigt. Denn wie Frege uns gelehrt hat, drückt das gleiche Wort „ich" im Munde verschiedener Menschen ganz verschiedene Gedanken aus, die wahr oder falsch sein können (vgl. Gottlob Frege: „Der Gedanke. Eine logische Untersuchung. Beiträge zur Philosophie des deutschen Idealismus I (1918/19)", Reprint, in: Ders.: *Logische Untersuchungen*, hg. und eingeleitet v. Günther Patzig, Göttingen 1966, S. 30–53, hier: S. 38). Ich_1 schreibt sich zu, Ich_1 zu sein; Ich_2 schreibt sich zu, Ich_2 zu sein, etc. „Der gleiche, aber eben indexikalische Satz drückt für jedes Ich eine neue Proposition aus. Damit könnte dieser Satz aber nicht Ausdruck des ersten-obersten Grundsatzes der Wissenschaftslehre sein, denn dieser soll nach Fichte *Eine* Wissenschaft konstituieren, *die* Wissenschaftslehre, nicht aber viele dieser Wissenschaftslehren, für jedes Individuum eine." (Stelzner: *Selbstzuschreibung und Identität*, S. 135). Die Tathandlung darf also nach Fichte nicht von verschiedenen Subjekten ausgeführt werden. Fichte kann dies lösen durch das *eine* absolute Ich als den epistemischen Akt der Tathandlung vollziehendes Subjekt. Somit vollzieht aber auch nur ein Subjekt die Tathandlung (nämlich das absolute Ich) und nicht verschiedene Subjekte. Stelzners Lösungsversuch ist, die Tathandlung nicht nur von einem Subjekt (absolutem Ich) ausführen zu lassen, das (basierend auf dem propositionalen De-dicto-Glauben) zur absoluten obersten Erkenntnis gelangt, sondern, mit David Lewis gesprochen, *de se attitudes* (und nicht *de dicto*) anzunehmen: In diesem Fall sind *nicht Propositionen* die Objekte epistemischer Akte und Einstellungen, sondern *Eigenschaften*: „Dann schreiben sich die unterschiedlichen Ich x_1 bis x_n, falls sie über die Tathandlung zur Erkenntnis des obersten Grundsatzes kommen, die gleiche Eigenschaft zu, nämlich weil sie existieren, mit sich selbst identisch zu sein (d. h., zur Klasse derjenigen Dinge zu gehören, die mit sich selbst identisch sind). Sie haben also alle den gleichen Glauben in denselben Grundsatz. Für die Möglichkeit des *Einen* obersten Grundsatzes besteht jetzt kein Bedarf, *ein* unbedingtes, absolutes Ich, das durch die Tathandlung zu dem Einen obersten Grundsatz kommen kann, sondern der Zugang zu dem Einen obersten Grundsatz ist für alle Individuen offen, auch wenn – wie Fichte […] ausführt – aus charakterlichen Gründen nicht alle zur Tathandlung und zur Erkenntnis dieses Grundsatzes kommen werden. Für den Anhänger eines propositionalen De-dicto-Glaubensbegriffs ist die fundamentalistische Forderung, durch die Tathandlung zu dem Einen obersten Grundsatz zu kommen, nur für *ein* Ich erfüllbar, welches dann als herausgehobenes Ich zum absoluten Ich wird. Der Anhänger des als Selbstzuschreibung von Eigenschaften explizierten De-se-Glaubensbegriffs kann bei Einlösung des fundamentalistischen Kredos auf die Mühe der Konstruktion eines absoluten Ich verzichten.

Ich als „absolutes Subjekt" (GA I,2, S. 259) ist dasjenige, dessen Sein bloß darin besteht, sich selbst als seiend zu setzen. Das kantische „Ich denke" (vgl. GA I,2, S. 260) wird bei Fichte wieder zu einem „Sein", d.h. es ist nicht nur wie bei Kant eine bloß formale Funktion des Denkens. Das absolute Ich ist deshalb unbedingtes, uneingeschränktes, notwendiges Für-sich-Sein, weil sein Sein im Sichselbst-Setzen als ursprünglicher Handlungsvollzug seiner selbst liegt. Fichte spricht hier (vgl. GA I,2, S. 260) von der Tathandlung des absoluten Ich als „Reflexion" und „Selbstbewußtseyn". Damit ist eine wesentliche Kampflinie der Fichte-Forschung im Text markiert, nämlich die Frage, ob der ursprüngliche Setzungsakt als Reflexionsbeziehung oder als reine, produktive Tätigkeit zu fassen ist[279]. Zum einen sagt Fichte an dieser Stelle klar: „Das Ich ist nur insofern; inwiefern es sich seiner bewußt ist. [...] Man kann gar nichts denken, ohne sein Ich, als sich seiner selbst bewußt, mit hinzu zu denken; man kann von seinem Selbstbewußtseyn nie abstrahiren". (GA I,2, S. 260) Dies expliziert letztlich bloß den Gehalt des Begriffs „Ich", zu dessen notwendigen Merkmalen ein wie auch immer geartetes Sich-Wissen gehören muss. Auf der anderen Seite ist aber klar festzustellen, dass der ursprüngliche Akt des Sich-Setzens noch keinerlei bestimmtes, reflexives Sich-Wissen sein kann, weil sowohl die Gegenstandsform, d.h. der Unterschied überhaupt von Ich und Gegenstand, als auch die Kategorien von Identität und Differenz im Wechselspiel sowie die Art und Weise der Wechselbestimmung von Ich und Nicht-Ich noch nicht gesetzt sind. Fichte will, das hat Henrich überzeugend gezeigt, ja gerade die Aporien des Reflexionsmodells des Selbstbewusstseins vermeiden, nach welchem der Reflexionsakt den Ursprung des Ich als Selbstbewusstsein bildet[280]. Die Theorie des Selbstbewusstseins muss

---

Eher pluralistisch öffnet er den Zugang zu diesem *einen* Fundamentalprinzip unterschiedlichen Subjekten" (Stelzner: *Selbstzuschreibung und Identität*, S. 138 f.).
279 Dieter Henrich: „Fichtes ursprüngliche Einsicht", in: *Subjektivität und Metaphysik, Festschrift für Wolfgang Cramer*, hg.v. Dieter Henrich, Hans Wagner Frankfurt am Main 1966, S. 188–232. Janke betont im Gegensatz zu Henrich gerade den Reflexionscharakter des Sich-Setzens (vgl. Wolfgang Janke: *Sein und Reflexion. Grundlagen der kritischen Vernunft*, Berlin 1970).
280 Zu Fichtes Subjektivitätsmodell vgl. grundlegend die aufschlussreiche Studie von Suzanne Dürr (*Das ‚Princip der Subjektivität überhaupt': Fichtes Theorie des Selbstbewusstseins (1794–199)*, Paderborn 2018), sowie generell Dieter Henrich: *Fichtes ursprüngliche Einsicht* und Henrich: *Das Ich, das viel besagt*. Birgit Sandkaulen hat überzeugend nachgewiesen, dass Jacobi sich bereits vor Fichte vom Reflexionsmodell verabschiedet hatte (vgl. Sandkaulen: *Jacobis Realismus*). Friedrike Schick wiederum zeigt, inwieweit bei Fichte trotz „expliziter Kritik" durchaus „affirmative Aufnahmen der Reflexionstheorie zu finden" sind (Friedrike Schick: „Fichtes Kritik des Reflexionsmodells von Selbstbewusstsein", in: *Fichte-Studien 45* (2018), S. 328–347, hier: S. 328). Fichte, so Schick, gelinge es schließlich nicht, das unmittelbare Selbstbewusstsein in die Rolle des Grundes allen Bewusstseins eintreten zu lassen, und falle so in den Zirkel der Reflexionstheorie zurück (vgl. Schick: *Fichtes Kritik des Reflexionsmodells*, S. 328). „Eine Theorie des Selbstbewusstseins,

demnach – das ist Fichtes große Einsicht – klären, wie das Ich als Selbstbeziehung *vor* aller bestimmten Selbstbeziehung *durch sich selbst* da ist: wie das Ich schon immer von sich selbst als sich selbst weiß, bevor es in bestimmter, reflexiver Weise sich wissend begreifen kann[281], bzw. genauer: *Damit* das Ich sich im Selbstbezug so sicher begreifen kann[282], wie es nur das Wissen um sich selbst ermöglicht, muss es immer schon auf einzigartige Weise mit sich selbst vertraut sein, durch ein Sich-Setzen, welches restlos das eigene Sein ausmacht. Fichte rührt damit an eine Begriffsstruktur, welche in dieser Arbeit als wesentliches

---

die *alles* Selbstbewusstsein durch einen *besonderen* Akt der Reflexion konstituiert sieht, übersieht das Selbstbewusstsein, das zur Form des Denkens selber gehört" (Schick: *Fichtes Kritik des Reflexionsmodells*, S. 343). Und weiter: „Die Selbstgegenwart, die wir in jedem beliebigen Gedanken haben, ist unmittelbare Einheit der subjektiven und der objektiven Seite des Denkens. Aber sie ist diese unmittelbare Einheit eben auch als Selbstunterscheidung des Subjekts als Subjekt von seinen Gedanken. Sie ist nicht: Einheit-statt-Unterscheidung. In diesem Sinn führt die Argumentationslinie, die aus der Kritik der Reflexionstheorie kommt, nicht in einen Einheitsgrund hinter dem Denken zurück" (Schick: *Fichtes Kritik des Reflexionsmodells*, S. 346f.).

281 Zur Grenze menschlichen Wissens bezogen auf Fichtes „intellektuelle Anschauung" und Schellings „Extasis" vgl. die Studie von Lore Hühn: *Fichte und Schelling. Oder: Über die Grenze menschlichen Wissens*, Stuttgart/Weimar 1994.

282 Dass das Subjekt in seiner Konstitution bzw. sicheren Selbstbeziehung bereits auf Gründe angewiesen ist, deren Gültigkeit ihm vorausliegen, hat auch Charles Larmore in seinen Frankfurter Vorlesungen überzeugend aufgezeigt. *Gründe* sind deshalb von der metaphysischen Art des *Grundes*, nämlich in ihrem Dasein unverfügbar und immer schon vorausgesetzt. Mit dem Begriff einer „praktischen Reflexion" (Charles Larmore: *Vernunft und Subjektivität*, S. 94) beschreibt Larmore eine festlegende, erklärende Selbstbezüglichkeit, in welcher die Reflexion „Stellung" (Larmore: *Vernunft und Subjektivität*, S. 95) nimmt. Konstitutiver Selbstbezug ist einer, bei dem das Ich ganz bei den Sachen ist. Am Grund seiner Selbst ist das Selbst nicht bei sich, sondern dadurch in einer durchgängigen Einheit, dass es immer schon bei den Sachen ist. Beisichsein versteht sich daher als ein abgeleiteter Modus des Sich-auf-sich-Richtens. Nicht die statische Vertrautheit mit mir selbst, sondern das Öffnen hin zu den Festlegungen, die ich eingehe als Verpflichtungen, ihnen zu folgen, macht Subjektivität aus. Das Selbst wird so wie bei Fichte zu einem Selbsthandeln, nämlich an seinem Grund der reine Vollzug des Befolgens von Implikationen von Gründen. Die normative Selbstbeziehung bildet den Kern des Selbst, d. h. eine Selbstbeziehung des Sich-Verpflichtens, sich im Denken und im Handeln nach den Gründen zu richten, die mit Überzeugungen und Wünschen verbunden sind. Nach Larmore ist „dieses Selbstverhältnis" folglich „keine epistemische, sondern eine normative Beziehung. Das Verhältnis zu uns selbst, das jeden von uns zu einem Selbst oder Subjekt macht, besteht in der Beziehung des Sich-Richtens nach Gründen, das heißt des Sich-Verpflichtens: In all unserem Denken und Handeln legen wir uns darauf fest, die Gründe zu beachten, die daraus folgen, so oder anders weiter zu denken und zu handeln" (Larmore: *Vernunft und Subjektivität*, S. 89). Unklar bleibt allerdings, wie stark Larmore den Gegensatz der Subjektmodelle (Reflexivität – Richten nach Gründen) zusammendenkt. Dass und inwiefern beide Seiten zusammengedacht werden müssen, wird der Hauptteil II insb. Kap. 13–15, mit Hegels Reflexionsformen zu beantworten versuchen.

Moment des reinen Realitätsbegriffs ausgemacht, bei Fichte aber noch als auf das „Ich überhaupt" beschränkte gefasst wird: *Bestimmtwerden und Bestimmen setzt Bestimmtsein voraus*; was durch das Subjekt bestimmt wird, muss selbst bereits an sich (d.h. *als an sich für uns*) auf bestimmte Weise bestimmt sein, und die Interaktion, Interdependenz und prinzipielle Gleichartigkeit dieser Modi des Bestimmtseins[283] müssen im reinen Begriff der Realität vermessen sein.

(8) Das Ich ist notwendig, aber auch nur für sich, denn das Sich-Setzen als Sein macht Für-sich-Sein ohne Alternative („*Ich bin nur für Mich; aber für Mich bin ich notwendig.*" [GA I,2, S. 260]). Das Ich kann sich demnach nicht aussuchen, ob es sein Sein setzt, denn jede Wahl setzt schon ein Ich-Sein als Wählender voraus. Jede Bestimmtheit des Seins oder Nichtseins von Bewusstseinsinhalten beruht auf dem Immer-schon-Vollziehen des eigenen Ich-Seins, das ohne Alternative ist. Damit formuliert Fichte eine subjekttheoretische Variante des später existenzialistischen Daseinscharakters des „Geworfenseins": Das Ich ist sich als selbstvertrautes Sein im eigenen Vollziehen immer schon selbst wahllos vorgegeben. Für den ‚Begriff' der „Realität überhaupt" vor der Folie des absoluten Ich als „alle Realität" (GA I,2, S. 303) heißt das, dass Fichte die bereits angesprochene vordenkliche Bestimmtheit als absolutes Strukturmoment des Realitätsraumes begreift. Das empirische Ich findet sich in seiner Wirklichkeit einem immer schon vorgegebenen und ihm wie ein von außen, d.h. „an sich", zustoßenden Bestimmtsein gegenüber – nur dass dieses nicht das Bestimmtsein eines Anderen *zu ihm*, sondern eines Anderen *in ihm* meint: nämlich des durch das Bewusstsein unerreichbaren absoluten Ich, dessen Tätigkeit unendlichen Bestimmens als „unendliches Setzen" dem empirischen Ich wie ein Anderes zukommt. Fichte macht den Gedanken einer vorgängigen Bestimmtheit der Realität *an sich für* das Ich möglich, indem er ihn als Vergessen des Eigenen denkt: Somit ist Kants subjektiver Idealismus nicht überschritten, sondern nur erweitert worden.

(9/10) Fichte präsentiert eine Formel der Tathandlung: „*Ich bin schlechthin, d.i. ich bin schlechthin, w e i l ich bin; und bin schlechthin, w a s ich bin; beides f ü r d a s I c h.*" (GA I,2, S. 260) Das Sein des Ich ist es, sich selbst als fundierende Struktur der Ichheit immer schon unbedingt und notwendig anerkannt zu haben. Das *Sein* ist sozusagen ein *Sich-selbst-Vollziehen in der Anerkennungshandlung der eigenen Absolutheit der Ich-Struktur*. Das Ich ist die *allgemeine Hyperstruktur alles Seienden*: Bestimmtsein von Etwas als Inhalt (Gehalt) ist bedingt von der allge-

---

[283] Dieses Argument findet sich grundsätzlich auch bei Donald Davidson (*On the Very Idea of a Conceptual Scheme*, S. 183–198), der aufzeigt, dass der Begriffsrelativismus a priori kein extrem absoluter ist, wonach sich verschiedene Schemata keinesfalls ineinander übersetzen lassen. Denn Unterschiede, so zeigt Davidson, benötigen stets einen *Rahmen der Einheit*, um innerhalb davon überhaupt erst als Unterschiede sichtbar zu werden.

meinen Struktur des Gegebenseins von „Etwas überhaupt". Das absolute Ich ist damit der absolute Horizont, innerhalb dessen konkretes Gegebensein überhaupt erst stattfindet. Alle anderen Handlungen oder Tatsachen haben die Selbstsetzung des Ich in der Form „Ich bin" zur Voraussetzung. Der Grundsatz der *Wissenschaftslehre* ist damit gefunden: *„Das Ich setzt ursprünglich schlechthin sein eigenes Seyn."*[284] (GA I,2, S. 261)

Genau an dieser Stelle führt Fichte die *Kategorie der Realität* ein, welche sich unmittelbar aus dem absoluten Ich ergibt, also aus der Tathandlung deduziert werden kann. Deren Gehalt ist folgendermaßen zu explizieren: *Die Form der Selbstidentität als Bestimmtheit überhaupt („Etwas-Sein"), die durch die Tathandlung, deren Form sie ist, zugleich begründet wird, macht die Realität einer Sache aus* – im Sinne von „realitas" wie bei Kants Kategorie der Realität (Realität$_2$: Sachheit als Qualität überhaupt)[285]. Realität ist die Form des Setzens selbst: also das transzendentale Muster von *Gegebensein überhaupt*, noch bevor allerdings *Etwas* gegeben ist. Deshalb bedingt Realität als Kategorie, die dabei nur durch das absolute Ich bedingt ist, zugleich alle übrigen Kategorien; sie ist die *erste* Kategorie (vgl. GA I,2, S. 262: „Aber es läßt sich etwas aufzeigen, wovon jede Kategorie

---

284 Vgl. Förster (*Die 25 Jahre der Philo*sophie, S. 189): Fichte betont, dass dieser Grundsatz nicht nur allem empirischen Bewusstsein vorausgeht, sondern auch der Logik, wohingegen die Logik bei Hegel sogar *vor* der Erschaffung der Welt ist: Die Logik *ist* die „E r s c h a f f u n g d e r N a t u r u n d e i n e s e n d l i c h e n G e i s t e s" [GW 21, S. 34). Die Tathandlung bei Fichte hingegen ist vor der Logik und daher vor der Kategorie der Realität. Auch bei Hegel ist das Denken der erste Anstoß und damit vor jeder (Seins-)Kategorie. „Wird im Satze Ich bin von dem bestimmten Gehalte, dem Ich, abstrahiert, und die bloße Form, welche mit jenem Gehalte gegeben ist, *die Form der Folgerung vom Gesetztseyn auf das Seyn*, übrig gelassen; wie es zum Behuf der Logik [...] geschehen muß; so erhält man als Grundsaz der Logik den Saz A = A, der nur durch die Wissenschaftslehre erwiesen und bestimmt werden kann. [...] Abstrahiert man ferner von allem Urtheilen, als bestimmtem Handeln, und sieht bloß auf die durch jene Form gegebne Handlungs*art* des menschlichen Geistes überhaupt, so hat man die *Kategorie der Realität*. Alles, worauf der Satz A = A anwendbar ist, hat, *inwiefern derselbe darauf anwendbar ist*, Realität. Dasjenige, was durch bloßes Setzen irgend eines Dinges (eines im Ich gesetzten) gesezt ist, ist in ihm Realität, ist sein Wesen." (GA I,2, S. 261) Zum Zusammenhang von Ich-Setzung und Realität vgl. Förster (*Die 25 Jahre der Philosophie*, S. 189): „Ist die von Fichte beschriebene Tathandlung die Bedingung allen empirischen Bewusstseins, dann ist sie die Bedingung aller Realität. Dass also überhaupt etwas mit dem Prädikat der Realität belegt werden kann, setzt die von Fichte beschriebene Tathandlung voraus."

285 Förster (*Die 25 Jahre der Philosophie*, S. 189, Fußnote 6): „Realität darf folglich nicht mit Dasein oder Existenz verwechselt werden; sie bringt eine ‚Sachheit' zum Ausdruck, keine Existenz. Als Kategorie ist Realität eine Kategorie der Qualität, nicht der Relation; sie gehört zu den mathematischen, nicht den dynamischen Kategorien. So ist auch bei Kant das Reale das, was den Empfindungen überhaupt correspondirt im Gegensatz mit der Negation = 0' (A 175/B 217). Für Fichte ist im Zusammenhang der Selbstsetzung des Ich Realität identisch mit Tätigkeit."

selbst abgeleitet ist: das Ich, als absolutes Subjekt. Für alles mögliche übrige, worauf sie angewendet werden soll, muß gezeigt werden, daß *aus dem Ich* Realität darauf übertragen werde."). Das heißt, dass die Form des Gegebenseins nur mehr bedingt ist durch die Ur-Handlung, welche dieses Gegebensein hervorruft, indem sie es vollzieht. Realität wird aus dem Ich auf Inhalte des Bewusstseins *übertragen* und ist damit etwas *Abkünftiges* aus dem *Grunde überhaupt*, den das Ich in seinem ursprünglichen Vollzug der Selbsteröffnung darstellt. Bereits damit wird also deutlich, dass Fichte den *Begriff der Realität* als letzten und umfassenden Horizont des Seienden, *insofern es bloß seiend ist*, als Produkt des Vorliegens von Ichheit versteht (freilich ein Produkt, das mit seinem Vollzug zusammenfällt). Damit ist eine Struktur des Realen jenseits von Ichhaftigkeit ebenso ausgeschlossen wie die partielle Unabhängigkeit eines ‚realen' Begrifflichen selbst vom Ich, um sich mit diesem wieder dialektisch zu verbinden (Hegel). Denn mit der Kategorie der Realität als Epiphänomen seinseröffnender Ichheit ist auch der kategoriale *Begriff des Begriffs* insofern begründet, als Begrifflichkeit das Gegebensein von Inhalt überhaupt in notwendiger Bedingung in sich fasst. Was immer als real begriffen werden kann, hat diese Realität einer eröffnenden Handlung des Ich zu verdanken, innerhalb von deren Bedingungen es allererst Platz greifen kann: Das ist die Matrix von „Realität überhaupt" bei Fichte. Diese Matrix besteht also in der Reflexivität der Identität, die bei Hegel erst später wesenslogisch eingefangen wird.

(2. Grundsatz) Fichte erkennt sehr wohl, dass die Selbstsetzung alleine nicht genügt, um das *empirische* Bewusstsein zu ermöglichen. Jedes Bewusstsein besteht, weil es bestimmt ist, nicht nur aus Identität und Realität, sondern auch aus Differenz und Negation. Das Bewusstsein braucht also, um erklärt zu werden, eine weitere Handlung des Ich, einen zweiten Satz, der jedem unmittelbar gewiss ist: ¬A non = A.

Anders als der erste Grundsatz kann der *zweite, seinem Gehalte nach bedingte Grundsatz* (GA I,2, S. 264) nur in *Abhängigkeit* vom ersten aufgestellt werden; dies bedeutet keineswegs, dass er auch aus dem ersten Satz *abgeleitet* ist, denn die Position des ersten Satzes enthält nicht schon die Negation des zweiten Satzes in sich[286]. Während der erste Grundsatz das *Selbstsetzen* zum Gegenstand hatte, behandelt der zweite das *Entgegensetzen* (welches also abhängig vom, aber nicht abgeleitet aus dem ersten Grundsatz ist):

> Es ist ursprünglich nichts gesetzt, als das Ich; und dieses nur ist schlechthin gesetzt (§.1.). Demnach kann nur dem Ich schlechthin entgegengesetzt werden. Aber das dem Ich Entgegengesetzte ist = *Nicht-Ich*. So gewiß das unbedingte Zugestehen der absoluten Ge-

---

[286] Vgl. GA I,2, S. 264.

wißheit des Satzes: –A nicht = A unter den Thatsachen des empirischen Bewußtseins vorkommt: *so gewiß wird dem Ich schlechthin entgegengesetzt ein Nicht-Ich.* (GA I,2, S. 266)

Hier ist also der *Satz des ausgeschlossenen Widerspruchs* die unmittelbar gewisse Tatsache des Bewusstseins. Was aber in diesem Satz ist dem Bewusstsein unmittelbar gewiss? Die Gewissheit wird auch in diesem Satz nicht aus dem Inhalt gewonnen, sondern lediglich aus seiner Form. Ausgehend vom formalen Satz des ausgeschlossenen Widerspruchs gewinnt Fichte den zweiten Grundsatz „Nicht-Ich nicht = Ich". Dieser zweite Grundsatz ist nur seiner *Form nach unbedingt*, weil die Form des Entgegensetzens nicht in der Form des Setzens des ersten Grundsatzes enthalten ist. Der *Gehalt* des Gegensetzens des Nicht-Ich aber ist *abhängig vom Setzen des Ichs* aus dem ersten Grundsatz, und daher *bedingt* durch diesen, denn schließlich kann nur dann dem A etwas entgegengesetzt werden, wenn dieses A gesetzt ist.[287] Damit überhaupt ein Entgegensetzen möglich ist, muss das A in demselben Bewusstsein gesetzt sein, in dem auch sein Gegenteil gesetzt ist. Das Ich setzt damit also sein eigenes Gegenteil, und weil dieses Gegenteil bisher nur die Bestimmung hat, die Negation des Ich zu sein, nennt Fichte es Nicht-Ich.

Entgegengesetztsein als Handlung des Ich ist der Form nach absolut, d. h. durch sich selbst begründet, und als solche eine *absolute Handlung des Ich*. Zugleich gilt die *Bedingung der Einheit des Bewusstseins der absoluten Handlungen* (vgl. GA I,2, S. 266): Entgegensetzen muss mit dem vorhergehenden Setzen als in *einem* Bewusstsein aufeinander bezogen zusammenhängen. Nach der *Handlungsart* des Entgegensetzens wird auch das *Produkt* thematisiert: ¬A als Entgegensetzung zu A.

a. Der *Form* nach ist ¬A das Gegenteil eines A; diese Form wird bestimmt durch die Handlung des Gegensetzens.
b. Der *Materie*/dem *Gehalt* nach ist ¬A bestimmt durch A, indem es nicht A ist. *(Wichtig auch hier: Das Ich setzt nicht ¬A, sondern es setzt den Unterschied zu ¬A.)*

Da nur das *Ich schlechthin* gesetzt ist, die Handlung des Entgegensetzens aber als unbedingte gekennzeichnet ist, kann nur dem Ich *schlechthin entgegengesetzt* werden: Das Nicht-Ich ist somit das dem Ich schlechthin Entgegengesetzte. *Das schlechthin dem Ich Entgegengesetzte (Nicht-Ich) ist schlechthin durch das Ich sich*

---

[287] Aus dieser Abhängigkeit des Nicht-Ich vom Ich folgt kein bloßer Konstruktivismus des Objekts. Gegen den reinen Subjektivismus bei Fichte muss festgehalten werden, dass nur das Ich „schlechthin gesetzt" ist. Das Nicht-Ich ist nicht vom Ich gesetzt, d. h. konstruiert, sondern das Ich hat nur den *Unterschied* zum Nicht-Ich gesetzt und ihm damit eine Bestimmung gegeben (nämlich ein Nicht-Ich zu sein).

selbst entgegengesetzt: Das ist die ursprüngliche Handlung des Entgegensetzens. Die Materie des Nicht-Ich, d. h. seine Bestimmungen, müssen in allem das Gegenteil des Ich sein (vgl. GA I,2, S. 266 f.). Fichte expliziert sehr schön, was dieser zweite Grundsatz bedeutet (vgl. GA I,2, S. 267): Der Gegenstand selbst sagt mir nicht grundsätzlich, zwischen mir (Vorstellendem) und ihm (Vorzustellendes) zu unterscheiden:

> Es ist die gewöhnliche Meinung, daß der Begriff des Nicht-Ich bloß ein allgemeiner, durch Abstraktion von allem Vorgestellten entstandner Begriff sey. Aber die Seichtigkeit dieser Erklärung läßt sich leicht darthun. So wie ich irgend etwas vorstellen soll, muß ich es dem Vorstellenden entgegensetzen. Nun kann und muß allerdings in dem Objekte der Vorstellung irgendein X. liegen, wodurch es sich als ein Vorzustellendes, nicht aber als das Vorstellende entdekt: aber *daß* alles, worin dieses X. liege, nicht das Vorstellende, sondern ein Vorzustellendes sey, kann ich durch keinen Gegenstand lernen; um nur irgend einen *Gegenstand* setzen zu können, muß ich es schon wissen; es muß sonach ursprünglich vor aller möglichen Erfahrung in mir selbst, dem Vorstellenden liegen. (GA I,2, S. 267; Ausgabe C)

Dieser Unterschied kann nicht vom Objekt (Nicht-Ich) kommen, denn er muss immer schon im Spiel sein, um überhaupt von Objekten sprechen zu können. Das ist gemeint, wenn die Handlung des Entgegensetzens des Nicht-Ich vom Ich selbst vollzogen wird, und keine banal-konstruktivistische Sicht, nach der das Ich alle Objekte ‚produziert'. Gegebensein von ‚Etwas anderem', also die begriffliche Grundform des *Realitätsverhältnisses*, ist abhängig von der unbedingten Handlung des *Unterscheidens überhaupt*, die einzig durch das Ich vollzogen wird und wesentliches Element seiner unendlichen Tätigkeit ist, mit der das Ich sich eröffnet, indem es sich von Anderem unterscheidet und Anderes eröffnet, indem es sich setzt.

Abstrahiert man von dem bestimmten Gehalt (Ich und Nicht-Ich) des zweiten Grundsatzes und betrachtet nur die Form des Gesetztseins, so erhalten wir den Satz der klassischen Logik: den Satz des Widerspruchs ($\neg A$ non = A) bzw. den „Satz des Gegensetzens", wie Fichte ihn nennt. Abstrahiert man aber auch von der Handlung des Entgegensetzens und betrachtet nur die Form der Schlussfolgerung, so erhält man die *Kategorie der Negation*, die sich also aus der ursprünglichen Handlung des Entgegensetzens ergibt (vgl. GA I,2, S. 267).[288] „Realität" und „Negation" bilden den kategorialen Zusammenhang von *Bestimmtheit überhaupt*: Gegebensein, das in Entgegensetzungen sich erhält. Beide Elemente des Begriffs bilden dabei nicht nur einen einfachen Bedingungszusammenhang – die Kategorie der Negation setzt die der Realität voraus –, sondern sind zudem und vor allem durch das *Sich-selbst-Vollziehen von Ichheit* und die mit diesem Vollzug

---

[288] Hier gefolgt den Anmerkungen von Förster (*Die 25 Jahre der Philosophie*, S. 190).

einhergehenden Effekte (Setzen, Unterscheiden) bedingt. Folglich manifestieren sich diese ersten Kategorien als ‚Ablagerungen' der Ur-Handlung der Ichheit und können nur in deren Rahmen verstanden werden: Die Ebene ihrer Geltung und der Raum ihrer Genese sind nicht voneinander zu trennen.

3.2 Die Realität im Bewusstsein

Bereits im ersten Grundsatz verweist Fichte auf die „höchste Einheit" (GA I,2, S. 263) des absoluten Ich, deren Ziel es ist, den Gegensatz von Ich und Nicht-Ich, der sich im zweiten Grundsatz ergeben hat, aufzuheben. Dabei ist diese höchste Einheit (a) eine transzendentale Struktur und gerade kein empirisches Bewusstsein; und (b) ist diese Einheit „nicht als etwas, das *ist*, sondern als etwas, das durch uns hervorgebracht werden *soll*, aber nicht *kann*" (GA I,2, S. 264). Das absolute Ich ist also der Sollenszustand des Subjekts, der nicht nur dem Sein überhaupt zugrunde liegt, sondern zugleich als letzte herzustellende Einheit des Realen anzustreben ist. Was das Subjekt antreibt, ist „das nothwendige Streben, die höchste Einheit in der menschlichen Erkenntniß hervorzubringen" (GA I,2, S. 263): also dasjenige *für* das Ich zum Wissen werden zu lassen, was *durch* das Ich als Ichheit überhaupt sich vollzieht und *im* absoluten Ich durch die Einheit von dessen Tathandlung begründet wird. Der dritte Grundsatz spricht folglich die Auflösung des Gegensatzes im absoluten Ich aus, doch bleibt für das empirische Bewusstsein die tragische Tatsache bestehen, dass es – gerade, weil es endlich ist – diesen Gegensatz niemals wird auflösen können; es bleibt, ‚romantisch' gesprochen, nur bloße Annäherung an einen unendlichen Sollenszustand[289]. Denn wäre das empirische Bewusstsein absolutes Ich, würde es seine Endlichkeit zerstören und folglich den Raum *bestimmten Bewusstseins* aufheben, der nach den Stufen von Realität und Bewusstsein überhaupt erst mit dem dritten Grundsatz erreicht wird.

(3. Grundsatz) Der *dritte, seiner Form nach bedingte Grundsatz* (GA I,2, S. 267) ist deshalb der Form nach bedingt, weil seine Handlungsart (Einschränken/Teilen) durch die vorhergehenden beiden Grundsätze (Setzen/Entgegensetzen) bedingt ist, also als Ableitung aus diesen Formmomenten entsteht. Die Problemlage des dritten Grundsatzes muss in aller Kürze umrissen werden, weil sie für die auf sie aufsetzende Argumentation bezüglich des Begriffs von Realität wichtig sein wird.

---

[289] Vgl. hierzu auch Manfred Frank: *Unendliche Annäherung. Die Anfänge der philosophischen Frühromantik*, Frankfurt am Main 1997.

[A. *Aufhebung des Widerspruchs*] Der Widerspruch von Ich und Nicht-Ich, der sich im zweiten Grundsatz ergeben hatte, ist bis jetzt noch bloß aufhebend (im Sinne von ‚negierend'), d. h. beide annullieren sich wechselseitig: Das Nicht-Ich kann nur *im* absoluten Ich gesetzt sein, weil es als Entgegengesetztes abhängig vom Gesetzten bleibt. Folglich kann aber das Ich *im* (absoluten) Ich nicht gesetzt sein, insofern das Nicht-Ich in ihm gesetzt ist, weil es sonst durch die Entgegensetzung ausgelöscht werden würde. Ich und Nicht-Ich *müssen* aber beide im identischen Bewusstsein gesetzt sein, weil nur dann das Nicht-Ich *als* Entgegengesetztes gesetzt wäre; eine Negation ist nur dort möglich, wo auch eine Realität ist. So ergeben sich im zweiten Grundsatz zwei entgegengesetzte Schlussfolgerungen: Das Ich muss im absoluten Ich gesetzt sein und das Ich kann nicht im absoluten Ich gesetzt sein. Die beiden Grundsätze ergeben also einen *Widerspruch*, der aufgelöst werden muss. Fichtes Verfahren der Dialektik, das sich vom dritten Grundsatz aus durch die gesamte *Grundlage* zieht und, funktional ähnlich wie bei Hegel (nicht aber strukturell), den ‚Motor' der Entwicklung der Sätze aus dem ersten Grundsatz ausmacht, wird hier deutlich[290]: Aus einem vorausgegan-

---

290 Gegenüber Fichtes limitativer Dialektik von Schranke und Sollen verfährt Hegels Dialektik derselben Begriffe spekulativ (vgl. Wolfgang Janke: „Limitative Dialektik. Überlegungen im Anschluss an die Methodenreflexion in Fichtes Grundlage 1794/95, § 4 (GA I,2, S. 283–85)", in: *Fichte-Studien 1* (1990), S. 9–25. Jankes Kritik an der hegelschen Dialektik von Schranke und Sollen mit dem Ziel, Fichtes limitative Dialektik als die dem Begriff der Endlichkeit angemessenere Begriffsbewegung zu erweisen, bleibt leider in vielen bloßen Behauptungen und Ungenauigkeiten bezüglich ihrer Hegelexegese stecken. Weder stimmt es, dass bei Hegel „die Endlichkeit [...] einfach als Unmittelbares eingeführt" (Janke: *Limitative Dialektik*, S. 21) wird (Endlichkeit ist in der Logik bereits Vermittlungsprodukt und bleibt auch in späteren Vermittlungsschritten deutlich erhalten), noch wird genauer begründet, warum die affirmative Unendlichkeit bei Hegel „erschlichen" (Janke: *Limitative Dialektik*, S. 22) sein soll. Zudem registriert Janke auch nicht die verschiedenen Weisen der dialektischen Bewegung bei Hegel, sondern scheint von einer einzigen Form dialektischer Bewegung auszugehen (zu den unterschiedlichen Weisen der Dialektik in Hegels Logik vgl. präzise Rainer Schäfer: *Die Dialektik und ihre besonderen Formen in Hegels Logik*, Hamburg 2001), wenn er davon ausgeht, dass bereits in der *Seinslogik* die entfaltete Form der „Selbsterkenntnis im Anderssein", welche erst dem Begriff zukommt, wirksam ist (Janke: *Limitative Dialektik*, S. 22). Vollends problematisch wird dies, wenn Janke die Dialektik von Etwas und Anderem auf das Problem verkürzt, dass das Etwas seinen Charakter des Etwas-Seins zu verlieren drohe, wenn es an sich selbst auch das Andere wäre (vgl. Janke: *Limitative Dialektik*, S. 23), ohne zu sehen, dass dialektisches Denken bei Hegel gerade in der genauen Unterscheidung von verschiedenen Hinsichten am Selben bestimmt ist: Etwas ist an sich selbst das Andere seiner selbst, ohne dadurch das Etwas-Sein als Grundlage zu verlieren. Es ist gerade diese Form des an sich selbst über sich selbst auf sein Anderssein-Hinausgehens, durch welche die Dialektik von Schranke und Sollen von einem bloßen Gegensatz und der bloßen Begrenzung zur Form eines Bildungsgedankens wird, der jede ernstgenommene Beschränkung zugleich als Kanal ihrer Überwindung und Weiterentwicklung begreift.

genen gewissen Satz werden je zwei sich widersprechende ‚Lesarten' abgeleitet, die sich wie These und Antithese zueinander verhalten. Die Aufhebung des Widerspruchs erfolgt durch Integration in eine Synthese, die stets nach demselben Prinzip der quantitativen Vereinbarung des Widerspruchs funktioniert: Beiden Sätzen wird *partiell* eine Geltung zugesprochen und so der Konflikt als Komplementarität enttarnt, aus der sich dann ein neuer, integrativer Grundsatz bilden lässt, der wiederum in zwei konfligierende Lesarten zerfällt. Die Rechtfertigung dieses Verfahrens einer quantitativen Dialektik aber leitet sich aus dem Begriff ab, der im dritten Grundsatz überhaupt erst eingeführt wird: dem der Teilbarkeit.

[B. *Auflösung durch Teilbarkeit*] Das Problem der Entgegensetzung von Ich und Nicht-Ich aufzulösen, hat sich also der dritte Grundsatz zur Aufgabe gemacht. Dabei erkennt Fichte sehr wohl die grundsätzliche Gefahr der Entgegensetzung, welche der dritte Grundsatz als Ziel zu lösen hat: die Vereinbarung des zweiten Grundsatzes und seiner Folgerungen mit dem ersten, schlechthin absoluten Grundsatz. Das Bewusstsein als unhintergehbarer Raum, der sich selbst sowie Ich und Nicht-Ich gesetzt hat, ist dabei der Rahmen, der nicht verloren gehen oder aufgesprengt werden darf (vgl. GA I,2, S. 269). Die Einheit des Bewusstseins wäre ohne die beiden Grundsätze nicht möglich, diese müssen aber andererseits im Bewusstsein irgendwie zur Versöhnung gebracht werden. Die *Schranke* wird hier der entscheidende Nexus sein, der den Gegensatz und die Nicht-Identität in der Identität bestehen lässt.

Zu den Handlungen des Setzens (A = A) und Entgegensetzens (¬A non = A) muss also eine dritte Handlung hinzukommen, welche die Entgegensetzung von Ich und Nicht-Ich *in* der Identität des Bewusstseins ohne Aufhebung der Entgegengesetzten möglich macht.[291] Dies ist die *Handlung des Einschränkens* (A zum Teil = ¬A/3. GS.), deren Produkt die „Schranke" ist. Ich und Nicht-Ich müssen sich gegenseitig einschränken, d.h. sie heben sich nicht ganz, sondern *nur zum Teil* auf. Das entscheidende Moment dieser Einschränkung liegt also darin, dass sie ein Begrenzen ohne Negation der Realität ist, eine Negation ohne Aufhebung.[292] Der Begriff der „Schranke" ergibt sich nicht analytisch aus der Beziehung von „Realität" (abgeleitete Kategorie aus der Handlung des „Setzens" aus dem ersten Grundsatz) und „Negation" (abgeleitete Kategorie aus der Handlung des „Entgegensetzens" aus dem zweiten Grundsatz) und ist deshalb hier unableitbar, aber im Begriff der Schranke sind bereits die Begriffe von Realität und Negation ent-

---

291 Fichte betont erneut den Charakter des „Experiments" seines Vorgehens, das sich gegen die strenge Deduktion bei Kant richtet und stattdessen eine Heuristik des Versuchens und Findens einfordert.
292 Die Argumentation ist hier wie bei Kant das Argument der Denknotwendigkeit: Man kann diese dritte Handlung nicht anders denken als als Einschränken.

halten. Des Weiteren liegt im Begriff des Einschränkens die *Teilbarkeit als Quantitätsfähigkeit* überhaupt, denn das Eingeschränkte wird im Einschränken nur *zum Teil* negiert. So ergibt sich der dritte Grundsatz: Ich und Nicht-Ich werden als teilbar einander entgegengesetzt bzw. das Nicht-Ich wird als teilbar dem Ich entgegengesetzt und umgekehrt (Die Formel für die drei Grundsätze lautet: „*Ich setze im Ich dem theilbaren Ich ein theilbares Nicht-Ich entgegen*" (GA I,2, S. 272)). Ich und Nicht-Ich sind also nicht im absoluten Ich gesetzt, sondern das Ich, in welchem sie gesetzt sind, ist teilbare Substanz. Das absolute Ich als unbeschränkbares Subjekt ist lediglich Setzendes.[293] Im praktischen Teil der *Grundlage* wird dann deutlich: Die Vereinigung von Ich und Nicht-Ich ist nur ein Gesolltes. Fichte weicht an dieser Stelle von seiner *Begriffsschrift* (1794) ab, in welcher er noch die Setzung von Ich und Nicht-Ich im absoluten Ich postuliert.[294] Die Kategorie des dritten Grundsatzes ist demnach die *Kategorie der Limitation (Bestimmung)* und drückt ein Begrenzen als Setzen von Quantität überhaupt aus.[295]

Die Frage des dritten Grundsatzes, wie sich A und −A zusammendenken lassen, ohne einander aufzuheben, führt Fichte also zum *Satz des Grundes*, denn nur der Grund ist das, was Mehrere in Einem zusammenhält: „A zum Theil = −A und umgekehrt" (GA I,2, S. 272). A ist das, was es ist, indem es sich auf das bezieht, was es nicht ist, und sich dadurch von ihm unterscheidet („Unterscheidungsgrund" als das, was Gleiches auseinanderhält) wie gleichermaßen bestimmt („Beziehungsgrund" als das Gemeinsame, was Unterschiedenes zusammenführt); A ist A, weil es nicht −A ist. Dieser Satz vom Grunde, der also gleichermaßen Beziehungs- und Unterscheidungsgrund integriert, bildet die transzendentale Struktur des Ich qua teilbarer Substanz. Ich und Nicht-Ich sind als Gegensätze in der Einheit des Selbstbewusstseins verbunden, indem sie sich gegenseitig *ein-*

---

293 Vgl. GA I,2, S. 279.
294 Peter Baumanns geht von einer Vermischung von vier Konzepten des absoluten Ich in der *Grundlage der gesamten Wissenschaftslehre* aus. Nach Baumanns ist das absolute Ich bei Fichte erstens *unterschiedsfreies Setzen*, zweitens *Identität des Bewusstseins*, drittens *unterschiedsaffizierende Ichheit* und viertens *Idee*. Baumanns kritisiert dabei den Widerspruch zwischen der Gegensatzlosigkeit des absoluten Ich und der Entäußerung derselben in der Substanz. (Peter Baumanns: *J.G. Fichte. Kritische Gesamtdarstellung seiner Philosophie*, Freiburg/München 1990, S. 76 f.)
295 Die Kategorie der Bestimmung ergibt sich aus der Form des Urteils des 3. Grundsatzes – thetische Urteile. „Wenn von der *bestimmten* Form des Urteils, daß es ein *entgegengesetztes*, oder *vergleichendes*, auf ein *Unterscheidungs-* oder *Beziehungs*grund gebautes ist, völlig abstrahiert, und bloß das allgemeine der Handlungsart – das, eins durch das andere zu begrenzen, – übrig gelassen wird, haben wir die Kategorie der Bestimmung (Begrenzung, bei Kant Limitation). Nämlich ein Setzen der Quantität überhaupt, sei es nun Quantität der Realität, oder der Negation, heißt Bestimmung" (GA I,2, S. 282).

schränken, ohne sich dabei zu vernichten: „Etwas *einschränken* heißt: die Realität deßelben durch Negation nicht *gänzlich*, sondern nur zum *Theil* aufheben." (GA I,2, S. 270) Erst hier sind Ich und Nicht-Ich *bestimmte Realitäten* eines (desselben) Bewusstseins:

> Erst jetzt, vermittelst des aufgestellten Begriffes [der Teilbarkeit] kann man von beiden sagen: sie sind *etwas*. Das absolute Ich des ersten Grundsatzes ist nicht etwas; (es hat kein Prädikat, und kann keins haben), es ist schlechthin, *was* es ist, und dies läßt sich nicht weiter erklären. Iezt vermittelst dieses Begriffs ist im Bewußtseyn *alle* Realität; und von dieser kommt dem Nicht-Ich diejenige zu, die dem Ich nicht zukommt, und umgekehrt. Beide sind etwas; das Nicht-Ich dasjenige, was das Ich nicht ist, und umgekehrt. (GA I,2, S. 271)

[C. *Überprüfung der Gedankenentwicklung*] Das absolute Ich stellt, wie bereits gezeigt wurde, den *Raum aller Realität* dar. Ich und Nicht-Ich sind dagegen „Etwas", d. h. endliche, bestimmte Begriffe (dem Ich kommt zu, was dem Nicht-Ich zukommt, und umgekehrt). Fichte führt also die Ebene der Endlichkeit *innerhalb* des absoluten Ich ein, damit das Ich, indem es verendlicht wird, innerhalb des „Ich qua Substanz" dem endlichen Nicht-Ich entgegengesetzt werden kann. Damit ist die Aufteilung aller unbedingten, schlechthin gewissen Grundsätze abgeschlossen. Das endliche Ich ist dabei wesentlich bestimmt als Eingeschränktes: Das fundamentale Verhältnis zu seiner Umwelt besteht im negativen Bezug des Nicht-Seins (als Nicht-Wissen etc.). Zugleich aber ist es als Depotenzierung des absoluten Ich, dessen verkleinertes Abbild es darstellt, stets auf ein *Sollen* bezogen, durch Erweiterung wieder mit der Einschränkungslosigkeit seines Grundes im absoluten Ich zusammenzufallen, indem es das Nicht-Ich ‚wegarbeitet': also als vollständiges Produkt des eigenen Tuns erfassen kann. Der Unterschied von Für-sich-Sein und An-sich-Sein von dem, was *für das Ich* durch sich selbst und gegen sich gesetzt zu sein scheint, mithin der Unterschied *der Sphären der Realität insgesamt*, bestimmt sich als *Teil-Realitäten* von Ich und Nicht-Ich, die Funktionen der Ichheit überhaupt sind: „In sofern das Nicht-Ich gesetzt ist muß auch das Ich gesetzt seyn, nemlich sie sind beide überhaupt als theilbar ihrer Realität nach, gesetzt." (GA I,2, S. 271) *Etwas* und damit von *bestimmter Realität* sind Ich und Nicht-Ich durch die Modifikation, welche die Form der Ichheit überhaupt als Teilbarkeit sich selbst aussetzt. Ichheit überhaupt wird bewusstseinsfähig, indem sie sich selbst einschränkt und beschränkt, d. h. indem sie das *Einschränken selbst* zu einer Zielrichtung ihrer unendlichen produktiven Tätigkeit des Realwerdens macht.[296] „Das absolute Ich des ersten Grundsatzes ist nicht *etwas*; (es hat kein

---

[296] Zur Handlung des Einschränkens als einem Bildungsakt vgl. Claudia Wirsing: „Schranke, Sollen, Freiheit – kategoriale Elemente des Bildungsbegriffs bei Fichte und Hegel", in: *Freiheit*

Prädikat, und kann keins haben), es ist schlechthin, *was* es ist, und dies läßt sich nicht weiter erklären. Ietzt vermittelst dieses Begriffs ist im Bewußtseyn *alle* Realität; und von dieser kommt dem Nicht-Ich diejenige zu, die dem Ich nicht zukommt, und umgekehrt. Beide sind etwas; das Nicht-Ich dasjenige, was das Ich nicht ist, und umgekehrt." (GA I,2, S. 271) Die Möglichkeit von empirischem Bewusstsein und die Sphären des Realen, die in ihm als Unterschied *durch* das Ich zusammengefasst werden, sind gleichursprünglich als Funktionen der Ichheit überhaupt, sich selbst zu begrenzen: Da diese Begrenzung aber keine *äußere* sein kann, weil das absolute Ich damit selbst begrenzt und bedingt durch ein Anderes sein müsste, das ihm als Realität gegenübersteht, kann diese Begrenzung nur eine innere Selbstbegrenzung sein. Einen „Realismus" bei Fichte zu finden, wenn möglich sogar noch einen absoluten oder metaphysischen, ist ganz unmöglich, wenn man eben diese Basis der drei Grundsätze und des durch sie eröffneten kategorialen Rahmens dessen, was für Fichte Realität heißt, bedenkt. Denn auch die Ableitungen, Umbildungen und Fortführungen der ersten drei Grundsätze im System der daraus abgeleiteten Widersprüche als „theoretischer" und „praktischer Teil" der *Grundlage* dürfen den Rahmen dessen, was die drei Grundsätze entworfen haben, nicht überschreiten. Das Problem des „Anstoßes", um das es im Folgenden noch gehen wird, ist deshalb stets unter dieser Vorgabe zu sehen, um nicht einer Fehldeutung aufzusitzen. Unberührt davon ist freilich das Problem, ob und wie Fichte diese Position der *Grundlage* in den folgenden Überarbeitungen der *Wissenschaftslehre* neu vermessen hat. Im letzten Teil zu Fichte sollen deshalb die zwei Versionen des „Anstoßes", den Fichte expliziert und der von manchen als Markierung eines kant-analogen Realismus des „Ding an sich" gelesen wird, diskutiert werden. Aus dieser Diskussion ergibt sich dann auch die Folgerung, welches Verhältnis Fichtes reiner Begriff der Realität zur kantischen Problemlage einnimmt.

3.3 Die Realität des Nicht-Ich

Der dritte Grundsatz hat gezeigt, dass das Ich das Nicht-Ich als beschränkt durch das Ich setzt: *Ich setze im Ich dem teilbaren Ich ein teilbares Nicht-Ich entgegen*. Ich und Nicht-Ich sind damit als gegenseitig einschränkbar gesetzt. Für den Realitätsbegriff lässt sich also zweierlei festhalten:

---

und Bildung bei Hegel, hg.v. Andreas Braune, Jiří Chotaš, Klaus Vieweg, Folko Zander, Würzburg 2012, S. 99–119.

(1.) Ich und Nicht-Ich (als zwei Quanten innerhalb des Ich überhaupt, d. h. als dessen *Teile*) sind einander total entgegengesetzt und doch sind sie darin gleich, dass sie *sind* – wäre nämlich eines nicht, so könnte das andere auch nicht sein, d. h. es könnte nicht seine Funktion erfüllen, das Gegenteil des Anderen zu sein: Damit kommt beiden *Realität* zu, wie sie gleichermaßen aber auch gegenseitig ihre *Realität negieren*. Die Realität, die beiden zukommt, ist aber nur jeweils der Teil, der dem anderen nicht zukommt, d. h. nur das, was durch das absolute Ich geteilt und ihnen zugesprochen wird. Die Realität, die beiden zukommt, ist also *keine allumfassende, sondern nur eine teilbare, quantifizierbare Einheit*, die wiederum nur ein Teil des Ganzen ist, der durch die unendliche Tätigkeit des absoluten Ich eingenommen wird.

(2.) Bis jetzt, so konstatiert Fichte, ist das Nicht-Ich damit aber noch nichts: „[E]s hat keine Realität, und es läßt demnach sich gar nicht denken, wie in ihm durch das Ich eine Realität aufgehoben werden könne, die es nicht hat; wie es eingeschränkt werden könne, da es nichts ist." (GA I,2, S. 285) Der dritte Grundsatz (Ich und Nicht-Ich schränken sich gegenseitig ein) ist zwar *gesetzt*, aber er scheint so lange *unbrauchbar*, bis dem Nicht-Ich eine *eigene* Realität beigemessen werden kann; bisher nämlich ist es „bloße Negation und hat folglich gar keine Realität in sich"[297]. Bisher ist also nur gezeigt worden, dass Ich und Nicht-Ich grundsätzlich „alle Realität" des absoluten Ich im „Ich qua Substanz" einschränken und aufteilen, aber in welcher Weise dabei dem Nicht-Ich Realität zukommen soll, ist noch gänzlich unerklärbar. Dies hat sich der theoretische Teil (§ 4) vorgenommen und nimmt dabei das Ergebnis des dritten Grundsatzes zum Ausgang der Analyse. Aus den bisher gesetzten Sphären der Subjektivität und der Objektivität im „Ich qua Substanz" müssen nun die Begriffe von Subjekt und Objekt erst abgeleitet werden.[298] Ich konzentriere mich im Folgenden nur auf wenige Elemente von Fichtes Argumentation, um meine systematische Ordnung der Realitätsbegriffe, die sich daraus ergeben, einsichtig zu machen.

3.4 Der Anstoß als Grenze

Aus dem dritten Grundsatz leiten sich für Fichte zwei sich widersprechende Folgerungen ab, die direkt mit dem Problem der Realitätslosigkeit des Nicht-Ich korrelieren:

---

[297] Förster: *Die 25 Jahre der Philosophie*, S. 195.
[298] Nur wenn diese Unterscheidung getroffen ist, wird das naive Bewusstsein ohne Weiteres wissen, was Subjekt und was Objekt ist, nämlich dass sie sich beide ebenso sehr ausschließen wie zusammengehören.

> B$_1$: „*Das Nicht-Ich bestimmt* (thätig) *das Ich* (welches insofern leidend ist)." (GA I,2, S. 287)
> Das Ich ist *passiv*, denn es *wird bestimmt* (und in seiner Realität begrenzt) durch das Nicht-Ich, welches die „absolute Totalität der Negation" (GA I,2, S. 288) darstellt.[299]
>
> B$_2$: „*Das Ich bestimmt sich selbst*, (durch absolute Thätigkeit)." (GA I,2, S. 287) Das Ich ist *aktiv*, denn es *setzt sich selbst als bestimmt* bzw. bestimmt sich selbst (und gibt sich selbst Realität), weil es die „absolute Totalität der Realität" (GA I,2, S. 288) darstellt.[300]

Es ist klar: damit sich die Einheit des Bewusstseins nicht auflöst, müssen beide Sätze vereinigt werden (Synthese B). Fichte löst diesen im ersten Folgesatz enthaltenen Widerspruch (B$_1$ und B$_2$) durch die *Kategorie der Wechselbestimmung* (dritte kantische Relationskategorie).[301] Doch worin besteht dieser Widerspruch? Welchen Stellenwert hat dabei die Realität des Ich (und des Nicht-Ich)?

> Das Nicht-Ich ist dem Ich entgegengesetzt; und in ihm ist Negation, wie im Ich Realität [...]. Beides, die absolute Totalität der Realität im Ich, und die absolute Totalität der Negation im Nicht-Ich sollen vereinigt werden durch Bestimmung. Demnach *bestimmt* sich das Ich *zum Teil*, und es *wird bestimmt zum Theil* [...] beides soll gedacht werden, als *Ein's* und eben *Dasselbe*, d. h. in eben der Rücksicht, in der das Ich bestimmt wird, soll es sich bestimmen, und in eben der Rücksicht, in der es sich bestimmt, soll es bestimmt werden. (GA I,2, S. 288 f.)

Die Lösung besteht aus zwei Argumentationsschritten: Der *erste* Schritt befindet sich im Satz „Demnach *bestimmt* sich das Ich *zum Theil*, und es *wird bestimmt zum Theil*". Beide Sätze (B$_1$ und B$_2$) werden durch den im dritten Grundsatz erworbenen Begriff der T e i l b a r k e i t vereinigt. Der eine Teil gilt demnach, insofern der andere nicht gilt: Das Ich ist dann tätig, wenn das Nicht-Ich nicht tätig ist, und es ist passiv („leidend"), wenn das Nicht-Ich tätig ist. Was vorher absolute Verhältnisse waren, sind jetzt Teilverhältnisse. Dem Ich kommt nicht mehr die absolute

---

[299] „Das Ich sezt sich, als *bestimmt durch das Nicht-Ich*. Also das Ich soll nicht bestimmen, sondern es soll bestimmt *werden*; das Nicht-Ich aber soll bestimmen, der Realität des Ich Grenzen setzen." (GA I,2, S. 287)

[300] Vgl. auch folgende Stellen bei Fichte, in denen er die Realität auf das Ich zurückführt: „*Das Ich sezt sich* als bestimmt, durch absolute Thätigkeit. Alle Thätigkeit muß, so viel wir wenigstens bis jetzt einsehen, vom Ich ausgehen. Das Ich hat sich selbst; es hat das Nicht-Ich, es hat beide in die Quantität gesezt. Aber das Ich sezt sich als bestimmt, heißt offenbar soviel, als *das Ich bestimmt sich.*" (GA I,2, S. 287) Zur absoluten Tätigkeit des Ich siehe auch: „[D]as Ich bestimmt die Realität und vermittelst derselben sich selbst. Es sezt alle Realität als ein absolutes Quantum. Außer dieser Realität giebt es gar keine. Diese Realität ist gesezt ins Ich. Das Ich ist demnach bestimmt, insofern die Realität bestimmt ist." (GA I,2, S. 288) „Aller Realität Quelle ist das Ich, denn dieses ist das unmittelbare und schlechthin gesezte. Erst durch und mit dem Ich ist der Begriff der Realität gegeben." (GA I,2, S. 293; Ausgabe C)

[301] Fichte identifiziert hierbei fälschlicherweise die Kategorie der Wechselbestimmung mit der Kategorienklasse der Relation bei Kant (vgl. GA I,2, S. 290).

Totalität der Realität zu, sondern nur noch ein Teil (d. h. der Teil, der seiner Menge im Verhältnis zum Nicht-Ich entspricht), und der andere Teil der Realität kommt dem Nicht-Ich zu; auch das Nicht-Ich ist dann *real* gemäß dem quantitativen Teil, der ihm zusteht: „So viele Theile der Negation das Ich in sich setzt, so viele Theile der Realität setzt es in das Nicht-Ich" (GA I,2, S. 289). Der entscheidende Punkt hier ist, dass die *impulsgebende Unterscheidung* zwischen Ich und Nicht-Ich bzw. die *Teilbarsetzung* vom Ich ausgeht:

> Demnach sezt das Ich Negation in sich, in sofern es Realität in das Nicht-Ich sezt, und Realität in sich, in sofern es Negation in das Nicht-Ich setzt; es sezt sich demnach *sich bestimmend*, insofern es bestimmt *wird*; und bestimmt *werdend*, insofern es sich *bestimmt*. (GA I,2, S. 289)

Das Nicht-Ich hat seine Realität vom Ich, d. h. das Nicht-Gesetztsein des Nicht-Ich bleibt eine Setzung des Ich. Folglich ist die Realität des Nicht-Ich, deren logische Sicherung hier infrage steht, „anhängend" (vgl. KrV, B 678 f.). Positiv formuliert heißt dies, dass Fichte genau sieht, wie jedes *An sich* ein *An sich für uns* ist: Auch das grundsätzliche Bestimmtsein des Nicht-Ich, das Ich zu bestimmen, muss als Bestimmung eben dieses Ich gedacht werden, d. h. als *Unterschied unter einer Beschreibung*, der *für das* Ich ist. Somit ist im lokalen Zusammenhang der Theorie der Wechselbestimmung der Transgressivität des Realitätsbegriffs zumindest partiell durchaus Rechnung getragen; wie allerdings noch zu sehen sein wird, vermag Fichte dies nicht für den Gesamtzusammenhang des Realitätskonzeptes durchzuhalten.

Der *zweite* Argumentationsschritt besteht nun in der Kategorie der W e c h ‑ s e l b e s t i m m u n g , die Fichte einführt: Indem sich beide (Ich und Nicht-Ich) gegenseitig einschränken (insofern das eine passiv ist, wenn das andere aktiv ist), bestimmen sie sich wechselseitig. Beide Teile sind so aufeinander bezogen, dass sie sich wechselseitig bestimmen und dabei gegenseitig ausschließen (Ich ist nicht, was das Nicht-Ich ist, und das Nicht-Ich ist nicht, was das Ich ist). Ich und Nicht-Ich sind jetzt nicht mehr wie im dritten Grundsatz nur als teilbar gesetzt, sondern diese Teilung ist darüber hinaus eine wechselseitige Einschränkung oder Bestimmung.

> Durch die Bestimmung der Realität oder Negation des Ich wird zugleich die Negation oder Realität des Nicht-Ich bestimmt; und umgekehrt. Ich kann ausgehen, von welchem der Entgegengesezten ich will;[302] und habe jedesmal durch eine Handlung des Bestimmens zugleich das andere bestimmt. (GA I,2, S. 290)

---

[302] Hier die C-Fassung; in der A-Fassung: „ausgehen von welchem der Entgegensezten; wie ich nur will; und".

Damit aber ist das Problem der Realität des Nicht-Ich immer noch nicht gelöst. Hinzutreten muss erst noch der Begriff der *Wirksamkeit*, deren zugrundeliegende Denkbestimmung die *Kategorie der Kausalität* ist (zweite kantische Relationskategorie): „Das *Nicht-Ich hat* als solches *an sich keine Realität; aber es hat Realität, insofern das Ich leidet*" (GA I,2, S. 294), d. h. insofern die Realität im Ich aufgehoben wird und vom Ich auf das Nicht-Ich übertragen wird.[303] Jedoch ist der Widerspruch hier nicht allein durch die We c h s e l b e s t i m m u n g aufgelöst. Das Ich kann nur dann „leidend" sein, wenn es *affiziert* wird durch das Nicht-Ich und somit dem Nicht-Ich ein Grad an Tätigkeit (Realität) zugeschrieben wird (denn eine Tätigkeit des Nicht-Ich ist immer eine Affektion):[304] „[...] *das Nicht-Ich hat* [...] *für das Ich, nur insofern Realität, insofern das Ich afficirt ist*" (GA I,2, S. 294). Während es in der Wechselbestimmung noch gleichgültig war, welches der beiden Glieder (Ich/Nicht-Ich) bestimmte und welches bestimmt wurde, welchem Realität und welchem Negation zugeschrieben wurde, so ist in der S y n t h e s i s d e r W i r k s a m k e i t (K a u s a l i t ä t) genau festgelegt, welchem Glied Realität und welchem Negation zukommt bzw. welches das Tätige und welches das Leidende ist: Es ist in dem gleichen Grade Tätigkeit (Realität) in das Nicht-Ich gesetzt wie Leiden in das Ich. Das *tätige, affizierende Nicht-Ich* ist also die *Ursache* (und als solche Ur-Realität) für das *leidende, affizierte Ich*, welches das *Bewirkte* ist (und als solches keine Ur-Realität). Beide zusammengedacht sind *eine Wirkung* („Das bewirkte sollte man nie Wirkung nennen" [GA I,2, S. 294]).[305] Die Realität des Nicht-Ich muss also als *Funktion* gedacht werden, und einzig als Funktion: In Abgrenzung zur kantischen Abstraktion einer anzunehmenden, wenn auch zugleich undenkbaren Art von Substantialität des „Ding an sich" und ihre zugleich anzunehmende wie undenkbare Bezogenheit auf das Subjekt erkennt Fichte, dass ein solches *An sich* nur sinnvoll als *funktionales Verhältnis zum Subjekt* zu denken ist. Die Realität des Nicht-Ich ist die einer Ontologisierung seiner Funktion, *tätig zu sein* und darin *einzuwirken:* Nur darin kommt ihm Realität zu, die als aktive dem Ich insofern entgegensteht, als es [Nicht-Ich] in Wirkungsverhältnissen auf

---

303 „Soll, wenn das Ich im Zustande des Leidens ist, die absolute Totalität der Realität beibehalten werden, so muß nothwendig, vermöge des Gesetzes der Wechselbestimmung, ein gleicher Grad der Thätigkeit in das Nicht-Ich übertragen werden." (GA I,2, S. 293f.)
304 Vgl. Förster (*Die 25 Jahre der Philosophie*, S. 196): „Eine ‚Tätigkeit' des Nicht-Ich, wodurch das Ich leidend ist, heißt im philosophischen Sprachgebrauch ‚Affektion'."
305 „Diese Synthesis wird genannt die Synthesis der *Wirksamkeit* (Kausalität). Dasjenige, welchem *Thätigkeit* zugeschrieben wird, und insofern *nicht Leiden*, heißt die *Ursache* (Ur-Realität, positive schlechthin gesetzte Realität [...]): dasjenige, dem *Leiden* zugeschrieben wird, und insofern *nicht Thätigkeit* heißt das *bewirkte*, (der Effekt, mithin eine von einer andern abhängende und keine Ur-Realität). Beides in Verbindung gedacht heißt *eine Wirkung.*" (GA I,2, S. 294)

das Ich bezogen ist. Fichte ersetzt also auf kategorialer Ebene Realität durch *Wirklichkeit:* Realsein heißt Wirksamkeit im Sinne der *energeia*, wo nämlich dem Realen eine Tätigkeit der Ein-*Wirkung* zugeschrieben werden kann. *Tätiges Gegenstreben als Wirkungsrelation, die im Wechsel von Tätigkeit und Leiden den Begriff der Realität bildet*, markiert also das Zentrum des Realitätskonzeptes, welches im Kontext der Wechselbestimmung entsteht.

Es bleibt wesentlich für Fichtes Konzept der Realität, die sich als Wechsel der Wirkung von Ich und Nicht-Ich bestimmt, dass dieser Wechsel als Selbstmodifikation der Tätigkeit des absoluten Ich betrachtet werden muss. Im Widerspruch der daraus sich ableitenden Thesen D_1, Das Ich *bestimmt* sich; es ist das Bestimmende und demnach tätig (GA I,2, S. 295), und D_2, Das Ich bestimmt *sich*; es ist das Bestimmte und demnach passiv-leidend (GA I,2, S. 295) [306] muss demnach die permanente und fundamentale Inhärenz der Wechselglieder der Realität auf die Ordnung des absoluten Ich, wie es bereits der dritte Grundsatz festgehalten hat, entwickelt werden.

Die grundlegende Frage, die es dabei also zu lösen gilt, ist demnach: Wie kann in dem Ich, das absolute Tätigkeit ist, ein Leiden gesetzt werden? Wie kann es Realität sein und zugleich Negation, wenn es diese Realität als Tätigkeit aufhebt? Natürlich löst sich auch hier der Widerspruch nur, wenn beide Sätze nur zum Teil gültig sind. Der entscheidende Clou ist, dass alles, was *sich selbst bestimmt*, sich auch selbst *einschränkt:* Denn jede Bestimmung ist ein Einschränken, und da sie in diesem Fall selbstreferenziell ist, ist das Ich gleichermaßen bestimmend wie bestimmt, tätig wie leidend. Indem das absolute, unbeschränkte Ich als unendliche Tätigkeit sich selbst bestimmt, gibt es sich Bestimmungen, die es zugleich einschränken und damit leidend machen (endliches Ich). Indem sich das absolute Ich bestimmt, schränkt es sich selbst ein und setzt sich als beschränktes, affiziertes, endliches Ich: Denn in der Logik von „Bestimmtsein überhaupt" liegt es, Einschränkungen vorzunehmen.[307] Das Ich kann also tätig

---

[306] „Bestimmtheit zeigt seiner innern Bedeutung nach immer ein Leiden, einen Abbruch der Realität an." (GA I,2, S. 295; Ausgabe C). Demgegenüber drückt Hegels Bestimmtheit gerade ein aktives Bestimmen aus.
[307] Vgl. zur Kritik am spinozistischen Subjektivismus in der Jenaer *Grundlage*, insb. dem theoretischen Teil (wie vor allem der Freund und Zeitgenosse Friedrich August Weißhuhn Fichte unterstellt hat und welche eine ganze Briefdebatte ausgelöst hatte), Reinhard Lauth: „Das Fehlverständnis der Wissenschaftslehre als subjektiver Spinozismus", in: Ders.: *Vernünftige Durchdringung der Wirklichkeit. Fichte und sein Umkreis*, Neuried 1994, S. 29–54. Auch Hölderlin setzt in einem Brief an Hegel am 26. Jan. 1795 Fichtes absolutes Ich mit Spinozas Substanz gleich (Friedrich Hölderlin: *Sämtliche Werke und Briefe*, hg.v. Jochen Schmidt, Frankfurt am Main 1992, Bd. 3, S. 176). Weder wird Spinoza im § 1 der *Grundlage* neben den Philosophen Descartes, Kant und Reinhold aufgeführt, noch setzt Fichte sich für das spinozistische Prinzip eines „dogmati-

und leidend zugleich sein, indem es einmal als absolutes Ich bzw. uneingeschränkte Tätigkeit (Einheit des Bewusstseins) und einmal als endliches Ich bzw. eingeschränkte Tätigkeit (endliches Bewusstsein) betrachtet wird.[308] Die Realität in der Einheit des Bewusstseins – „das Ich als Ganzes der Realitäten"[309] – ist deshalb für Fichte die S u b s t a n z, die bestimmte einzelne Realität ist A k z i d e n z. In dieser Reformulierung der klassischen Substanzenlogik zeigt Fichte an, dass der Gegensatz von tätigem Ich und leidendem Ich, die doch beide als Tätigkeit des Ich zu fassen sind, als Blickwechsel zwischen dem absoluten Ich als Tätigkeit und dem endlichen Ich als Produkt der Selbstbestimmung, in jedem Fall aber als zwei Modi derselben unendlichen Tätigkeit zu fassen sind. Es bleibt dabei: Realität ist nur als innere Selbstmodifikation der *einen absoluten Tätigkeit des Sich-Erschließens* denkbar.

Ich übergehe an dieser Stelle das hier bei Fichte noch genauer explizierte und berühmte – weil speziell für die romantische Theoriebildung folgenreiche[310] – Element der *Einbildungskraft*, weil es der Struktur des Realitätsbegriffes keine neuen Elemente hinzufügt, sondern einzig die Art der Vermittlung von Ich und Nicht-Ich in der Wechselbestimmung näher erläutert[311]. Mit ihr, das sei nur resümierend gesagt, wird der Widerspruch zwischen Kausalität und Substanzialität im Wechsel gelöst: d.h. der Widerspruch, dass das Leiden im Ich durch kausale Einwirkung des Nicht-Ich und durch substanzialistische Selbsteinschränkung des absoluten Ich gedacht wird. Damit dieser Widerspruch der Wechselbestimmung aufgelöst werden kann, muss

auch die Wechselbestimmung […] nur zum Teil gelten […]: es muss also im Ich sowohl als im Nicht-Ich auch ein gewisses Maß an Tätigkeit geben, dem kein Leiden auf der entgegenge-

---

schen Realismus" ein, der das Ich zu einem Sein an sich hypostasiert (vgl. Lauth: *Subjektiver Spinozismus*, S. 32).
308 „Iezt läßt sich vollkommen einsehen, wie das Ich durch, und vermittelst seiner Thätigkeit sein Leiden bestimmen, und wie es thätig und leidend zugleich seyn könne. Es ist *bestimmend*, insofern es durch absolute Spontaneität sich unter allen in der absoluten Totalität seiner Realitäten enthaltenen Sphären in eine bestimmte sezt; und insofern bloß auf dieses absolute Sezen reflektirt, von der Grenze der Sphäre aber abstrahirt wird. Es ist *bestimmt*, insofern es als in dieser bestimmten Sphäre gesezt, betrachtet, und von der Spontaneität des Setzens abstrahirt wird." (GA I,2, S. 298)
309 Förster: *Die 25 Jahre der Philosophie*, S. 197.
310 Vgl. hierzu Lore Hühn: „Das Schweben der Einbildungskraft. Eine frühromantische Metapher in Rücksicht auf Fichte", in: *Fichte Studien 12* (1997), S. 127–151.
311 Vgl. dazu die hervorragenden Erläuterungen in Förster: *Die 25 Jahre der Philosophie*, S. 198–200 sowie, konkreter, die umfassende Studie von Hanewald: *Apperzeption und Einbildungskraft*, insb. die Ausführungen zu „Anstoß und Ding an sich", S. 194–213.

setzten Seite entspricht, also eine von der Wechselbestimmung teilweise unabhängige Tätigkeit.[312]

Die Einbildungskraft soll nun die Tätigkeit sein, welche *im* Ich zugleich „*einen Wechsel bestimmt*" (GA I,2, S. 314), weil sie jenseits der Grenzen des bloßen Wechsels liegt. D. h. diese Tätigkeit ist dafür da, Ich und Nicht-Ich in ihrem ständigen Wechsel in ihrer Gemeinsamkeit zusammenzufassen. Diese unabhängige Tätigkeit „*bildet* aus an sich isolierten Elementen etwas Gemeinsames, das als solches Gegenstand des Bewusstseins werden kann"[313]. Durch das Vermögen der Einbildungskraft begrenzt sich das Ich selbst und wird alle „Realität überhaupt" erst zu Bewusstsein gebracht: „Es wird demnach hier gelehrt, daß alle Realität – es versteht sich *für uns*, wie es denn in einem System der Transcendental-Philosophie nicht anders verstanden werden soll – bloß durch Einbildungskraft hervorgebracht werde." (GA I,2, S. 368) Als Ermöglichungsgrund des Wechsels ermöglicht sie auch erst die funktionale Realität von endlichem Ich und Nicht-Ich, indem erst durch sie die passive Einschränkung des (endlichen) Ich durch das Nicht-Ich und die Selbsteinschränkung des absoluten Ich, welche sich darin äußert, auch wirklich zusammengedacht werden können. Als „Vermögen, das zwischen Bestimmung und Nicht-Bestimmung, zwischen Endlichem und Unendlichem in der Mitte schwebt" (GA I,2, S. 360), und damit beide Glieder des Wechsels, Ich und Nicht-Ich, dort bestehen lässt bzw. erhält, wo sie sich als widersprechende in der Berührung vernichten müssten, wird erst die Einbildungskraft zum Kraftzentrum der letztgültigen Vereinbarkeit des ontologischen Widerspruchs, der die Elemente eben des Wechsels (Ich – Nicht-Ich) bindet, in dessen Funktionslogik sich der Begriff der bestimmten Realität bildet.

Wurde mit der Einbildungskraft die *Tätigkeit* bzw. das *Vermögen* bezeichnet, mit dem der Wechsel von Ich und Nicht-Ich zuallererst möglich wird, so fehlt nur noch das *Medium* dieses Wechsels, und zwar im genauen Wortsinn: Damit es nämlich einen Wechsel geben kann, muss es eine gemeinsame Grenze – also eine Mitte – zwischen beiden Gliedern geben, die wiederum nicht durch die Einbildungskraft verursacht sein kann, sondern dieser bereits vorausgesetzt sein muss.

---

312 Förster: *Die 25 Jahre der Philosophie*, S. 198. Das heißt, es muss unabhängig von der Wechselbestimmung – die besagt, dass jeder Tätigkeit ein Leiden und jedem Leiden eine Tätigkeit auf der entgegengesetzten Seite sein muss – eine Tätigkeit im Ich geben („unabhängige Thätigkeit" [GA I,2, S. 305]), die „nur *zum Theil* Leiden in das Nicht-Ich, insofern es Thätigkeit in das Ich, und *zum Theil nicht* Leiden in das Nicht-Ich, insofern es Thätigkeit in das Ich sezt [...]. Es wird eine Thätigkeit in das Ich gesezt, der gar kein Leiden im Nicht-Ich entgegen gesezt wird, und eine Thätigkeit in das Nicht-Ich, der gar kein Leiden im Ich entgegengesezt wird." (GA I,2, S. 305)
313 Förster: *Die 25 Jahre der Philosophie*, S. 199.

Damit die Einbildungskraft den Wechsel vollziehen kann, müssen beide Glieder eine gemeinsame Grenze miteinander bilden, die zugleich zu keinem der beiden Glieder – innerhalb dieser liegend – gehören darf. [314] Vielmehr gilt:

> [D]as auszuschließende objektive braucht gar nicht vorhanden zu seyn; es darf nur bloß, daß ich mich so ausdrücke, ein Anstoß für das Ich vorhanden seyn, d. h. das subjective muß, aus irgend einem nur ausser der Thätigkeit des Ich liegenden Grunde, nicht weiter ausgedehnt werden können. Eine solche Unmöglichkeit des weitern Ausdehnens machte denn aus – den beschriebenen bloßen Wechsel, oder das bloße Eingreifen; er begrenzte nicht, als thätig, das Ich: aber er gäbe ihm die Aufgabe, sich selbst zu begrenzen. [...] Diese Erklärungsart ist, wie sogleich in die Augen fällt, realistisch; nur liegt ihr ein weit abstrakterer Realismus zum Grunde, als alle die vorher aufgestellten; nemlich es wird in ihm nicht ein ausser dem Ich vorhandnes Nicht-Ich, und nicht einmahl eine im Ich vorhandne Bestimmung, sondern bloß die Aufgabe für eine durch dasselbe selbst in sich vorzunehmende Bestimmung, oder *die bloße Bestimmbarkeit* des Ich angenommen. (GA I,2, S. 354f.)

Fichte denkt also die gemeinsame Grenze von Ich und Nicht-Ich in einem *Anstoß*[315], der die unendliche Tätigkeit des absoluten Ich begrenzt, indem er diese so behindert, dass sie auf sich selbst zurückgeworfen wird, um dann in der Selbstbestimmung den Wechsel von (endlichem) Ich und Nicht-Ich hervorzurufen. Die Einbildungskraft ist das *erste Andere* im Ich, indem sie ein Außen zu endlichem Ich und Nicht-Ich bildet, das aber deutlich *innerhalb* des absoluten Ich, nämlich als Modifikation von dessen eigener unendlicher Tätigkeit, zu begreifen ist: „Nur im Ich, und lediglich kraft jener Handlung des Ich [der Einbildungskraft, C.W.] sind sie Wechselglieder; lediglich im Ich, und kraft jener Handlung des Ich treffen sie zusammen." (GA I,2, S. 353) Der „Anstoß" nun ist das *zweite Andere* im Ich, das zwar noch einmal ein „Außen" gegenüber dem logischen Ort der Einbildungskraft meint, weil es dieser als Anderes vorausgesetzt ist, jedoch immer noch deutlich auf die Bedingung der unendlichen Tätigkeit des Ich verwiesen bleibt: „keine Thätigkeit des Ich, kein Anstoß" (GA I,2, S. 356). Im Gegensatz zu Kant entdeckt Fichte den Unterschied von „durch" (das Ich) und „im" (Ich): Mit dem Anstoß gibt es eine Grenze *im* Ich, die aber nicht *durch* das Ich im Sinne transzendentaler

---

314 Läge die Grenze nämlich im Ich, so wäre dessen Tätigkeit logischerweise durch sich selbst begrenzt und nicht durch das Leiden des Nicht-Ich; läge die Grenze im Nicht-Ich, so wäre dessen Leiden durch sich selbst bedingt (und nicht durch die Tätigkeit des Ich) und wäre damit logischerweise nicht mehr leidend (vgl. Förster: *Die 25 Jahre der Philosophie*, S. 199).
315 Zu Fichtes Konzeption des Anstoßes vgl. Hanewald: *Apperzeption und Einbildungskraft*, Alois K. Soller: „Fichtes Lehre vom Anstoß, Nicht-Ich und Ding an sich in der Grundlage der gesamten Wissenschaftslehre. Eine kritische Erörterung", in: *Fichte-Studien 10*, S. 175–189 sowie Heinz Eidam: „Fichtes Anstoß. Anmerkungen zu einem Begriff der Wissenschaftslehre von 1794", in: *Fichte-Studien 10* (1997), S. 191–208.

Spontaneität gesetzt ist, d. h. auch nicht ichhaft im Sinne transzendetaler Spontaneität geformt ist. Fichte selbst spricht von einem „abstraktere[n] Realismus" des Anstoßes und kritisiert jede Vorstellung einer ding-an-sich-gleichen Vorstellung desselben: Genau genommen müsste man deshalb selbst den Begriff des „Realismus" für den Anstoß im Bereich des theoretischen Denkens, um den es bis jetzt ging, infrage stellen. Der Anstoß wird nicht als *Seinsbehauptung*, sondern wieder nur als eine *Funktionsbehauptung* konzipiert, die gänzlich auf die Selbstentfaltung der Tätigkeit des absoluten Ich bezogen bleibt: Als „Unmöglichkeit des weiteren Ausdehnens" ist im Anstoß eine Selbstmodifikation der unendlichen Tätigkeit des absoluten Ich gemeint, die durch diese Hemmung, die eine „Aufgabe"[316] ist, den Impuls zur Selbstbegrenzung erfährt, aus der sich dann der ganze Wechsel von endlichem Ich und Nicht-Ich ableitet. Wie Förster richtig gezeigt hat, ist hier gerade Fichtes Gleichsetzung des Anstoßes mit einem „Gefühl" verrräterisch: „Und so wie ein Gefühl etwas ist, das wir in uns finden, ohne es bewusst produziert zu haben, dass aber auch keinen Bestand hat außerhalb des Ich, so auch der Anstoß"[317]. Folglich behauptet der Anstoß „nichts weiter, als eine solche entgegengesetzte Kraft, die von dem endlichen Wesen blos gefühlt, aber nicht erkannt wird" (GA I,2, S. 411). Der Anstoß wird so nicht als ominöses „Ding an sich" und damit unerkennbares Außen, sondern nur als für den endlichen Verstand Anderes, nicht selbst produziertes Widerständiges gedacht. Er fällt somit vollständig in die Sphäre des Ich und der Selbstmodifikationen der einen, unendlichen Tätigkeit des Sich-Erschließens und muss nicht zu Spekulationen über einen quasi-kantischen Feigenblatt-Realismus Fichtes führen, der sich noch verschämter als der kantische zu verbergen sucht.

Darin aber hat sich Fichtes Konzeption des Anstoßes noch nicht erschöpft. Die Konzeption des Anstoßes zu Ende des theoretischen Teils der *Grundlage*, welcher das Medium der Einbildungskraft zu entwickeln sucht, wird ergänzt und modifiziert durch die Funktionsstelle des Anstoßes, wie ihn der praktische Teil entfaltet. Es ist nicht nötig, die komplizierte Argumentation des praktischen Teils auf ähnliche Weise nachzuverfolgen wie die des theoretischen Teils.[318] Der entscheidende Punkt dabei ist folgender: Der Versuch zu zeigen, wie das Ich als Tathandlung auch *für sich* wird, d. h. *sich* reflektiert, und wie es deshalb sich notwendig verendlicht, indem es sich als Objekt seines Reflektierens begrenzt, um

---

316 Vgl. GA I,2, S. 355.
317 Förster: *Die 25 Jahre der Philosophie*, S. 200 f.
318 Nach Hanewald lassen sich die realistischen Elemente in Fichtes kritischem Idealismus nur durch den § 5 des praktischen Teils der *Grundlage* sinnvoll aufrechterhalten, und zwar nicht, indem Fichte die Widersprüche des Anstoßes auflöst, sondern indem er sie affirmativ umdeutet (vgl. Hanewald: *Apperzeption und Einbildungskraft*, S. 194–213).

so Grund des endlichen Ich zu werden, und zugleich im perennierenden unendlichen Streben dieses Ich wieder aufzuheben, ist nämlich erneut auf die Notwendigkeit eines Anstoßes verwiesen. „Durch die Begrenzung, vermöge welcher nur die Richtung *nach aussen* aufgehoben wird, nicht aber die *nach innen*, wird jene ursprüngliche Kraft gleichsam getheilt" (GA I,2, S. 423). „*Daß* dies geschehe, als Faktum, läßt aus dem Ich sich schlechterdings nicht ableiten [...]; aber es läßt allerdings sich darthun, daß es geschehen müsse, *wenn* ein wirkliches Bewußtseyn möglich seyn soll" (GA I,2, S. 408). Das absolute Ich in seiner unendlichen Tätigkeit kann sich nur reflektieren, d.h. im Auf-sich-Zurückgehen selbst begrenzen und damit zum Gegenstand seines Bewusstseins machen, wenn die unendliche Tätigkeit gehemmt wird: wenn ein *äußerer* Anstoß sein gegenstandsloses Sich-Erschließen des Setzens reflektiert und auf sich zurückwirft. Erst dadurch entsteht überhaupt der Unterschied von ‚innen' und ‚außen': Erst durch diese Hemmung und die Zweiteilung des Kraftvektors, die sie über die unendliche Tätigkeit des absoluten Ich verhängt – eine nach außen gehende Richtung, die nach innen zurückreflektiert wird –, gelangt das Ich zum *Unterschied überhaupt*, der sich im Reflexivpronomen „sich" verbirgt.

Deshalb ist an diesem Ort der Argumentation der „Anstoß" deutlich stärker als ein „Außen" konzipiert, als es der theoretische Teil gezeigt hatte. Ich und Anstoß sind nun als gleichursprüngliche und einander äußerliche Funktionen zu denken: Das Ich ist und bleibt die Bedingung des Anstoßes, da dieser nur reaktiv an die Äußerung der unendlichen Tätigkeit gebunden ist; der Anstoß ist Bedingung des Ich als Bewusstsein, weil dieses erst durch das Andere des Anstoßes erzeugt werden kann. Deshalb sind auch „Nicht-Ich und Anstoß [...] wohl zu unterscheiden"[319]: Für das Für-sich-Sein des Ich ist der Anstoß nur als Exteriorität denkbar, die seiner Tätigkeit *ursprünglich* entgegengesetzt ist und deshalb als Platzhalter eines *unbedingt Realen* außerhalb des Ich fungiert, damit dieses seine notwendige Bedingung des Für-sich-Seins realisieren kann. Trotzdem ist auch hier der „Ding an sich"-Verdacht zumindest zu großen Teilen schnell abzulegen: Wenn für das Ich gilt, dass „der Anstoß [...] ihm jedoch seine völlige Freiheit zur Selbstbestimmung lassen muß" (GA I,3, S. 343), wie Fichte später in der *Grundlage des Naturrechts* feststellt, lässt sich daraus ableiten, dass dieser wohl im Sinne anderer Iche gedacht ist. Die Bestimmung zur Selbstbestimmung, die der Anstoß dem Ich und seiner Tätigkeit mitgibt, lässt den Anstoß notwendig als etwas „Gleichartiges"[320] zum Ich denken, und damit als anderes Ich. Das bedeutet aber, dass dieses Außen doppelt bestimmt ist und keinesfalls entlang einer *bloßen* Für-

---

[319] Förster: *Die 25 Jahre der Philosophie*, S. 214.
[320] Förster: *Die 25 Jahre der Philosophie*, S. 200f., S. 214.

uns/An-sich-Grenze konstruiert wird: Bestimmt wird es in seiner *Form* als freies Wesen sowie in seiner *Funktion* als anstoßende Hemmung der Selbstbezüglichkeit. Wie das *Bestimmtwerden* des Raums des absoluten Ich als Modifikation seiner Selbstbestimmung auf einem *Bestimmtsein* eines Anderen in Form und Funktion verwiesen bleibt und wie sich Realität nur sinnvoll im Immer-schon-Verschränktsein beider Begriffsweisen denken lässt, kann mithin an Fichte bereits abgelesen werden.

3.5 Zusammenfassung: Drei Ebenen des Realitätsbegriffs

Fichtes doppelter Begriff des „Anstoßes" kann als Reaktion auf die Doppelung des reinen Begriffs der Realität gelesen werden, die das kantische System so nachhaltig infrage stellt. Denn beide Begriffe lassen sich zum einen je einem der kantischen Konzepte gegenüberstellen und zum anderen als Lösungsversuch von deren Aporien begreifen.

Kants Begriff der Realität$_2$ und seine problematische isolierte Bezogenheit zum einen auf das produzierende Subjekt, zum anderen auf die produzierte Welt der Erscheinungen wird im Begriff des Anstoßes aus dem theoretischen Teil der *Grundlage* zu korrigieren versucht. Hier erscheint der Anstoß gleichsam als eine *innere Grenze* des Ich: Das endliche Ich und das Nicht-Ich können in ihrer Wechselbestimmung nur verstanden werden von einer Grenze her, die ihren Wechsel erst initiiert und möglich macht, gleichwohl sie weder als Element des Ich noch als Element des Nicht-Ich aufzufassen ist. Zugleich aber positioniert sich der Anstoß als Anderes *im* Ich: nämlich im absoluten Ich und dessen unendlicher Tätigkeit, aus denen das endliche Ich und das Nicht-Ich als deren Modifikationen hervorgehen. Dieser Begriff der Realität wird demnach bestimmt als *Bestimmtsein des Ich durch das Nicht-Ich und des Nicht-Ich durch das Ich im Wechsel als ein Bestimmtsein beider durch den Anstoß als Grenze*. Anders als bei Kant ist hier auch innerhalb des Raumes spontaner Subjektivität eine wesentliche Transgressivität in die sich wechselseitig voraussetzenden und wechselseitig als vorbestimmte, aktive Elemente bestimmenden Positionen von Subjekt und Anderem hineingedacht. *Gegebensein, Negation und Bestimmbarkeit überhaupt* bilden im Wechsel von Ich, Nicht-Ich und Anstoß – d. h. Selbst, Anderes und Außen überhaupt – das kategoriale Netz des reinen Begriffs des Realen. Zugleich sind aber alle drei kategorialen Bausteine Funktionen der Selbstbestimmung des absoluten Ich, sodass der Begriff der Realität im Ganzen eine Selbstbestimmung als Selbstunterscheidung des Ich bleibt: jedoch ohne den selbstwidersprüchlichen Fehler zu begehen, diesem absoluten Ich wiederum ein unerkennbares, ganz Anderes entgegenzusetzen, das es in der Selbstbestimmung zu bestimmen hätte.

Kants Begriff der Realität$_1$ („Ding an sich") wiederum kann systematisch als Folie der Ausführungen zum Anstoß im praktischen Teil verstanden werden. Denn dort nimmt Fichte den Anstoß als *äußere Grenze* des Ich in den Blick: Das absolute Ich und seine Selbstmodifikationen als Selbstunterscheidungen in endliches Ich und Nicht-Ich im Wechsel können nur verstanden werden von einem Anderen, Äußeren her, das als *Aufgabe zur Selbstbestimmung* eben keine Funktion dieser Selbstbestimmung mehr sein kann. Das Verwiesensein des Begreifens dessen, was der *Begriff seines Realseins für das Ich ist*, auf ein Anderes – und damit die *äußere Transgressivität* dieses Realitätsbegriffes – wird nicht wie bei Kant in den Selbstwiderspruch der Unbestimmbarkeit verlegt, um seine Ichlosigkeit zu sichern. Vielmehr gesteht Fichte, indem er diesem Außen eine bestimmbare Form und Funktion zuweist, das *notwendige vorausgesetzte Bestimmtsein für jeden Bestimmungsakt* zu: Das Ich in seiner unendlichen Produktivität des Bestimmens als Realsetzens kann nur dort aktiv werden, wo ein Anderes und *als es selbst* in Form und Funktion Bestimmtes immer schon wirksam ist. Das unableitbare Gegebensein dieser bestimmten *Wirksamkeit* des Anstoßes in seiner Funktionsbeziehung auf das Ich versteht Fichte nachvollziehbar als *Wirklichkeit* anderer freier Iche: Realität setzt seiner Begriffsstruktur nach notwendig die aufeinander und füreinander wirksame Gemeinschaft logisch freier Subjekte voraus. Damit bringt Fichte nicht nur bestimmte kantische Aporien zum Einsturz, sondern fügt den notwendigen Elementen der Begriffsform des Realen auch das intersubjektive Moment hinzu, das später für Hegels Begriff sozialer Wirklichkeit so zentral wird[321]: Realität lässt sich nur *denken* als Beziehung des wechselseitigen Bestimmtwerdens zur Selbstbestimmung freier Subjekte.

Alle diese Überschreitungsbewegungen bleiben bei Fichte jedoch letztlich an den Raum des absoluten Ich als „alle Realität" gebunden. Fichte denkt die Transgressivität des Realitätsbegriffs wiederum nur aus und durch das Ich: Selbst dort, wo er ganz nach außen und ins Andere hinein geht, ist dieses wieder nur das verdoppelte Ich des Anderen. Die letztgültige Form auch der Elemente des Begriffs des Realen, die über das Ich hinausgehen, bleibt eine ichhafte Produktivität: Fichte nimmt das Andere zum transzendentalen Subjekt in den reinen Begriff der Realität hinein, indem er das transzendentale Subjekt auf dieses Andere hin ausdehnt, ohne beide als irgendwie geartete Immer-schon-Verschränkung *je Eigener* zu begreifen.

---

[321] Vgl. Michael Quante: *Die Wirklichkeit des Geistes. Studien zu Hegel*, Berlin 2011.

II Die kategoriale Ordnung des Realitätsbezugs: Die Stadien der „absoluten Reflexion" in der *Wesenslogik* als dynamische Matrix von „Realität überhaupt"

4 Grundzüge der Logik und Aufriss der Fragestellung

Philosophie ist für Hegel, wo sie in ihrer einzig wahren Gestalt als *Wissenschaft* auftritt, die Lehre von den Formen, Entwicklungsgesetzen und Entwicklungsstadien notwendiger Begriffsstrukturen aus *sich* selbst *als* aus dem Ganzen, das sie zugleich in ihrer Entfaltung explizieren und realisieren.[1] Die „Logik" als philosophische Teildisziplin ordnet sich dem ein, indem sie *kategoriale reine* Begriffe als den „logische[n] Subtext der Entwicklung des Geistes"[2] entfaltet und diesen als einen durchgängigen, autonomen, evolutionären *Verwirklichungs- und Begründungszusammenhang* inszeniert, der sich damit als Ganzes selbst trägt und rechtfertigt. Michael Quante hat den darin wirksamen systematischen Impetus als die Hinsicht der *Logik* auf das Ganze des hegelschen Systems folgendermaßen pointiert zusammengefasst:

> In seiner *Wissenschaft der Logik* versucht Hegel zu zeigen, dass Subjektivität ein Netzwerk von Kategorien ist, die auseinander hervorgehen und sich zu einem vollständigen, alternativlosen und deshalb letztbegründeten System fügen. [...] Zugleich geht er entscheidend über beide [Kant und Fichte, C.W.] hinaus, weil Hegel seine Logik zugleich als Ontologie betreibt. Das bedeutet, dass die so gewonnenen Kategorien nicht nur Denkbestimmungen sind, sondern zugleich auch die denkbare Struktur der Realität – Hegel spricht von Vernunft – ausmachen. An die Stelle der Annahme, dass wir uns im Denken auf ein unerkennbares, in seiner Struktur nicht zu erfassendes Ding an sich beziehen, tritt bei Hegel die These, dass es zwischen erkennendem Subjekt und zu erkennendem Objekt eine Strukturidentität gibt. Der Entwicklungsprozess, in dem sich die Kategorien auseinander entwickeln, ist die zugrunde liegende Einheit, aus der die Gegensätze von Geist und Welt, von erkennendem Subjekt und zu erkennender Realität hervorgehen. Zugleich ist dieser Entwicklungsprozess ein selbstbezüglicher, rein intern ablaufender Prozess der Selbstdifferenzierung, -entwicklung – und

---

[1] Vgl. die fast schon klassische Definition in der *Differenzschrift*: „Die Philosophie als eine durch Reflexion producirte Totalität des Wissens wird ein System, ein organisches Ganzes von Begriffen, deren höchstes Gesetz nicht der Verstand, sondern die Vernunft ist; jener hat die Entgegengesetzten seines Gesetzten, seine Gräntze, Grund und Bedingung richtig aufzuzeigen, aber die Vernunft vereint diese Widersprechenden, setzt beyde zugleich und hebt beyde auf." (GW 4, S. 23)

[2] Wolfgang Welsch: „Absoluter Idealismus und Evolutionsdenken", in: *Hegels Phänomenologie des Geistes. Ein kooperativer Kommentar zu einem Schlüsselwerk der Moderne*, hg.v. Klaus Vieweg, Wolfgang Welsch, Frankfurt am Main 2008, S. 655–689, hier: S. 666. Das Problem, ob und inwiefern das Verhältnis von Logik und Realphilosophie bei Hegel wirklich als das einer selbstgenerativen, dynamischen und autonomen Evolution (*Logik*) und einer statischen, das Logische gleichsam nur verdoppelnden Realisation (Realphilosophie) betrachtet werden kann, wie Welsch meint, bleibt hier weitgehend undiskutiert (vgl. Welsch: *Absoluter Idealismus und Evolutionsdenken*, S. 661–667). Vgl. dazu das nächste Kapitel.

-bestimmung, da diese eine Substanz, die Hegel auch ‚das Absolute' nennt, kein von ihr Unterschiedenes sich gegenüber hat, sondern alle Unterschiede aus sich selbst hervorbringt. Diese Wesensverfasstheit der Substanz, sich in selbstbezüglichen Prozessen zu differenzieren und darin ihr eigenes Wesen zu realisieren, ist das Ziel der gesamten Entwicklung und die Grundstruktur der Realität überhaupt. Die Realität ist für Hegel insofern ‚wirklich', als sie vernünftig ist, das heißt sich als Manifestation dieses einen Selbstbestimmungsprozesses begreifen lässt.[3]

Würde es nur um eine Art grundsätzliches ‚Resultat' der hegelschen *Logik* gehen, so könnte nicht viel mehr als das gesagt werden. Die vorliegende Arbeit zielt jedoch auf die Rekonstruktion eines systematischen Problemzusammenhangs innerhalb der historischen Diskussionsstadien des Deutschen Idealismus ab. Dafür aber ist es essenziell aufzuzeigen, in welcher Weise die spezifische *Entwicklung* und *Begründung* eines solchen Resultats des absoluten Idealismus bei Hegel an neuralgischen Punkten und in besonderer Weise Bezug auf die hier fokussierte Problemstellung nimmt, d.h. diese konkret auflöst, erläutert oder modifiziert. Mit welchem Recht und aus welchen Gründen Hegel eine begriffliche Einheit der „Gegensätze von Geist und Welt"[4] annehmen kann, wie er dies in spezieller Weise aus dem Problemstand des kategorialen Begriffs von „Realsein überhaupt" bei Kant und Fichte herleitet und wie er seine Lösungsmöglichkeit eben auf die aporetischen Dimensionen dieser Vorlagen abstimmt, bleibt demnach zu zeigen. Zudem meint „die Grundstruktur der Realität überhaupt"[5] in unserem Zusammenhang einen engeren Begriff, als Quante hier anlegt, der damit nämlich den Gesamtzusammenhang der *Logik* identifiziert. Besonders das Problem des „Ding an sich" (R_1) ist in Quantes Zusammenfassung außerdem natürlich nicht gelöst, sondern von seiner immer schon vollzogenen Auflösung im System – d.h. neben der *Logik* von den Prämissen der *Phänomenologie des Geistes* (v.a. der „Einleitung") und des *Vorbegriffs* der *Enzyklopädie* – her bloß benannt. Im Gegensatz dazu ist es im folgenden Kapitel das Ziel, mit Konzentration auf Hegels Durcharbeitung des Problems eines spezifisch *kategorialen* minimalen Begriffs von „Realität überhaupt" in der *Wissenschaft der Logik* sichtbar zu machen, wie Hegel im Zusammenhang der für das logische Realitätsproblem besonders dringlichen kategorialen Felder sowie in bestimmten Passagen der *Logik* zugleich auf besonders grundsätzliche Weise die Aporien seiner Vorgänger aufnimmt und einer Lösung zuführt, die mit dem spezifischen Zuschnitt seiner Logikkonzeption zu tun hat. Zur Erinnerung (vgl. „Einleitung"): „Realität überhaupt" ist hier der von

---

3 Quante: *Die Wirklichkeit des Geistes*, S. 31f.
4 Quante: *Die Wirklichkeit des Geistes*, S. 32.
5 Quante: *Die Wirklichkeit des Geistes*, S. 32.

mir tentativ eingeführte systematische Begriff für die kategoriale spekulative Begriffsstruktur einer minimalen Bestimmung dessen, was Realsein logisch-metaphysisch ausmacht, und liegt demgemäß funktional und inhaltlich den besonderen Unterschieden *zugrunde*. „Realität überhaupt" darf also nicht mit Kants oder Hegels engerer Verwendung des Begriffs „Realität" im Unterschied bspw. zu „Existenz" oder „Wirklichkeit" gleichgesetzt werden. Die Frage dieser Arbeit, auch daran sei erinnert, ist vielmehr, welche logischen Minimalstrukturen von Realsein diesen weiteren logischen Unterscheidungen in Realität (im engeren Sinn), Existenz, Sein, Dasein und Wirklichkeit zugrunde liegen.⁶

Deshalb ist es im Folgenden nicht das Ziel, die *Logik* im Ganzen oder auch nur einen Teil (hier: die *Wesenslogik*) als Einheit einer umfassenden Rekonstruktion zu unterziehen, alle ihre einzelnen Begriffe sowohl semantisch als auch funktional deutlich zu machen oder die Vielzahl der sie betreffenden Problemperspektiven der Forschung unterzubringen. Erläutert werden soll unter Verzicht auf einführende oder grundsätzlich erläuternde Passagen einzig die minimale realitätskategoriale Dimension des ersten Kapitels der *Wesenslogik*. Der systematische Problemzusammenhang der Arbeit erfordert es zudem, die bloße Immanenz einer Rekonstruktion, die gänzlich *innerhalb* der intentionalen Vorgaben, Ergebnisse und Selbstbeschreibungen Hegels verbleibt, dort zu überschreiten, wo Textzusammenhänge und Argumentationsverläufe auch ohne explizite Hinweise Hegels oder gar quer zu ihrer manifesten Funktion sinnvoll und vor allem gewinnbringend auf den Problemstand bezogen werden können. Eine kritische Aneignung Hegels jenseits der abstrakten Alternative von bloßer Rekonstruktion und reflexionsloser Aktualisierung trägt „ohne Anachronismus Fragen an Hegel heran [...], die zeitgenössischen philosophischen Themen entstammen", um zu untersuchen, „was ein idealisierter Hegel *unter Voraussetzung* der Ansichten, die der historische Hegel tatsächlich vertrat, in einem solchen anderen, neuen Kontext sagen *sollte*."⁷ Zu ergänzen wäre: und wie Hegel damit auch in Problemkontexten antworten würde, die weder sein Gesamtsystem noch andere seiner besonderen Thesen mit dem Anspruch quasi-philologischer Entsprechung einbeziehen. Damit ist die Arbeit einem Vorgehen in der Hegel-Forschung verpflichtet, wie es sich bspw. bei Dieter Henrich oder bei Michael Theunissen bereits bewährt hat: indem es ihr nicht „um maßstabsgerechte Rekonstruktion einer Theorie zu tun" ist, „sondern um die Variation einiger Motive, die zwar meines Erachtens Grundmotive, aber

---

6 Zu den verschiedenen Modalitäten von „Wirklichkeit" in Hegels *Logik* vgl. Robert B. Pippin: „The Many Modalities of *Wirklichkeit* in Hegel's *Wissenschaft der Logik*", in: *Hegel: une pensée de l'objectivité*, hg.v. Jean-Renaud Seba/Guillaume Lejeune, Paris 2017, S. 111–125.
7 Robert B. Pippin: „Vorwort", in: Michael Quante: *Die Wirklichkeit des Geistes*, S. 15–18, hier: S. 17.

nicht unbedingt die innersten Organisationsprinzipien dieser Theorie sind."[8] Das Ziel eines solchen Vorgehens liegt dabei ganz auf der Linie und im Sinne Hegels: nämlich in der Aufdeckung der „sachliche[n] Relevanz"[9] Hegel'scher Gedanken deren weiter wirksame Problemlösungskompetenzen sicherzustellen. Der hier untersuchte systematische Problemzusammenhang ist freilich nicht bloß „aktuell" im Sinne von geschichtslos-gegenwärtig („Mode"), sondern reicht, wie in den bisherigen Kapiteln gezeigt, bis in den Deutschen Idealismus zurück. Er lässt sich als eine seiner wichtigsten theoretischen Fragen aufzeigen, auch wenn dies von seinen Theoretikern nicht immer in den Vordergrund gerückt worden ist. Die Dringlichkeit des Problems freilich zeigen gerade die Debatten um Idealismus und Realismus in der Gegenwartsphilosophie, welche sich der Voraussetzung einer kategorialen Reflexion auf den Bestimmungshintergrund des Realen *nicht* genügend stellen. Deshalb ist es notwendig und gerechtfertigt, Hegels *Logik* stets im Doppelblick interner Rekonstruktion und externer Kommunikation mit dem „Ideal des Problems"[10] kategorialer minimaler Realitätsbestimmung zu betrachten. Es ist die Überzeugung der vorliegenden Arbeit, dass sich die Zeitlosigkeit einer jeden Philosophie auch darin zeigt und bewährt, in welcher Weise sie undogmatisch erlaubt, je nach dem anstehenden Fragezusammenhang Brauchbares und Unbrauchbares in sich zu unterscheiden, und Gedankengänge auch dort ihre analytische Schärfe und Tragkraft bewahren, wo sie behutsam und reflektiert in *historisch* andere, gleichwohl *systematisch* familienähnliche Kontexte transferiert werden.

Die „Einleitung" der *Wissenschaft der Logik* zeichnet scharf einen Begriff von kategorialer Reflexion nach, welcher in der Kritik einer bloß formalen Logik als eines „leeren Formalismus" (GW 21, S. 7) kulminiert, gegen den „**die Natur des Inhalts** [...], welche sich im wissenschaftlichen Erkennen **bewegt**, indem zugleich diese **eigne Reflexion des Inhalts** es ist, **welche seine Bestimmung selbst erst setzt und erzeugt**" (GW 21, S. 7 f.), als Prinzip der Einheit von Methode und Gegenstand gestellt wird. Die *Logik* als Lehre von den reinen Denkbestimmungen nimmt somit Abstand von einem gängigen Logikverständnis der „Kahlheit der bloß formellen Kategorien" (GW 21, S. 16), wie es gerade heute, nach dem Durchgang durch die Neuerfindung der formalen Logik seit Ende des 19. Jahrhunderts, wieder verstärkt in Gebrauch ist. Diesem Verständnis gemäß betreffen die logischen Kategorien nach Hegel aber „nur eine Richtigkeit der

---

8 Michael Theunissen: *Sein und Schein. Die kritische Funktion der Hegelschen Logik*, 2. Aufl., Frankfurt am Main 1994, S. 9 f.
9 Theunissen: *Sein und Schein*, S. 10.
10 Walter Benjamin: „Goethes Wahlverwandtschaften", in: Ders.: *Abhandlungen. Gesammelte Schriften*. Bd. I.1, Frankfurt am Main 1991, S. 123–201, hier: S. 173.

Erkenntniße, nicht die Wahrheit" (GW 21, S. 17)[11], und sind zu denken als „**Formen die nur an dem Gehalt**, nicht [als, C.W.] der Gehalt selbst" (GW 21, S. 15) vorliegen: „Denn so als blosse Formen, als verschieden von dem Inhalte, werden sie in einer Bestimmung stehend angenommen, die sie zu endlichen stempelt und die Wahrheit, die in sich unendlich ist, zu fassen unfähig macht." (GW 21, S. 16) Es ist also die Bedingung der Wahrheit der logischen Formen, die ihnen die „Formbestimmung dieser substantiellen Einheit" (GW 21, S. 17) aufträgt,

> daß, was in der nächsten gewöhnlichsten Reflexion als Inhalt von der Form geschieden wird, in der That nicht formlos, nicht bestimmungslos in sich, seyn soll [...], daß er vielmehr Form in ihm selbst, ja durch sie allein Beseelung und Gehalt hat und daß sie selbst es ist, die nur in den Schein eines Inhalts sowie damit auch in den Schein eines an diesem Scheine äusserlichen, umschlägt. (GW 21, S. 17)

Diese Kritik der formalen Logik ist insofern essenziell für den gesamten Denkweg der *Logik*, als sie nicht nur die methodische *Voraussetzung*, sondern in bestimmter Hinsicht auch bereits das inhaltliche *Ergebnis* der *Logik* liefert: Denn in ihr artikuliert sich die Kritik an der Präsupposition, dass „der Stoff des Erkennens als eine fertige Welt ausserhalb dem Denken, an und für sich vorhanden, daß das Denken für sich leer sey, als eine Form äusserlich zu jener Materie hinzutrete" (GW 21, S. 28), und

> daß das Object ein für sich vollendetes, fertiges sey, das des Denkens zu seiner Wirklichkeit vollkommen entbehren könne, da hingegen das Denken etwas mangelhaftes sey, das sich erst an einem Stoffe zu vervollständigen, und zwar als eine weiche unbestimmte Form sich seiner Materie angemessen zu machen habe. (GW 21, S. 28)

Diese aristotelisch (gemäß des Unterschiedes von *hylé/morphé*) grundierte[12], für Hegel vor allem in Kants Epistemologie wirksame „Werkzeug"-Vorstellung des Denkens bereits aus der „Einleitung" der *Phänomenologie des Geistes* (vgl. GW 9, S. 53 f.) sowie die mit ihr verbundene *adaequatio*-Vorstellung von Wahrheit manifestieren eine ontologische Vorentscheidung, welche die absolute Vorgängigkeit eines letztgültigen abstrakten Außereinanders von Seiendem als verschwiegene Metakategorie aller kategorialen Untersuchungen voraussetzt:

> Das Denken kommt daher in seinem Empfangen und Formiren des Stoffs nicht über sich hinaus, sein Empfangen und sich nach ihm Bequemen bleibt eine Modification seiner selbst,

---

11 Zum Unterschied von „Richtigkeit" und „Wahrheit" bei Hegel vgl. GW 20, S. 186, § 172.
12 Vgl. Friedrike Schick: *Hegels Wissenschaft der Logik – metaphysische Letztbegründung oder Theorie logischer Formen?*, München 1994, S. 90–105.

es wird dadurch nicht zu seinem Andern; und das selbstbewußte Bestimmen gehört ohnediß nur ihm an; es kommt also auch in seiner Beziehung auf den Gegenstand nicht aus sich heraus zu dem Gegenstande, dieser bleibt als ein Ding an sich schlechthin ein Jenseits des Denkens. (GW 21, S. 29)

Deutlich wird hier Kants Philosophie als Ausdruck eines „reflectirende[n] Verstand[es]" (GW 21, S. 29) dahingehend kritisiert, „das Erheben der Vernunft über die Beschränkungen des Verstandes" nicht durchgeführt zu haben: „[...] ungereimt ist eine wahre Erkenntniß, die den Gegenstand nicht erkännte, wie er an sich ist." (GW 21, S. 30)

Weil nämlich „etwas Wahres, ebenso etwas Wirkliches ist" (GW 21, S. 19), muss gegen die Abstraktion eines „formlose[n] Inhalt[s] und eine[r] inhaltslose[n] Form" (GW 21, S: 19) die ontologische Voraussetzung der logischen Untersuchung gegenüber Kant aus Hegels Sicht gerade umgekehrt werden. Denken erlangt da den Status von Wahrheit als Erfüllen seiner epistemologischen Normen, wo es seine eigene *Vorgängigkeit zu sich selbst* als *Wirklichkeit* der Sache wiederum im strengen logischen Zusammenhang seiner Denkformen als eigenen Inhalt der *Logik* entwickelt. Die *Logik* hat die Aufgabe, die Selbstaneignung des reinen Denkens dergestalt zu vollziehen, dass es sein Vorausgesetztsein *in der* Wirklichkeit als nichts *zu dieser* Äußerliches ebenso *immanent* im Zusammenhang seiner ihm eigenen Bestimmungen zu erklären und zu rechtfertigen vermag. Aus dem reinen Denken selbst heraus zu verstehen und zu rechtfertigen, dass sich das Denken selbst immer schon vorhergeht *in* der und *als* die Realität seiner Gegenstände, und diese Realität wiederum erst gänzlich wirklich wird in ihrer Durchdringung und Rechtfertigung im Denken, ist das Ziel: ohne jedoch dieses Vorhergehen konstruktivistisch als gänzlich durch das Subjekt initiiertes und prozessiertes „Machen" zu verstehen, d. h. die intentionalen Denkakte von Subjekten als Ursprung dieser Begriffsartigkeit des Realen selbst auszumachen. Wie die Begriffsförmigkeit und Begriffsartigkeit des Realen *gegenüber* dem begrifflichen Denken, auf dessen Bezugnahmen es nicht zusammenschmilzt, ohne doch ein Anderes und davon vollständig Getrenntes auszumachen, herzuleiten, zu begründen und zu entwickeln ist, darf als eine Hauptaufgabe der *Logik* gelten.[13]

---

[13] Weitere, sich daraus ergebende Charakteristika des logischen Zusammenhangs sind in wünschenswerter Klarheit bspw. bei Iber übersichtlich aufgeführt und sollen hier nicht wiederholt werden, z. B. die Stellung der *Logik* als Formalontologie (Iber: *Metaphysik absoluter Relationalität*, S. 2), der genetisch-generative Charakter der Kategorien (Iber: *Metaphysik absoluter Relationalität*, S. 3), der sich daraus ergebende Begriff der Metaphysik (Iber: *Metaphysik absoluter Relationalität*, S. 3), Hegels Begriff des Begriffs als Singularetantum (Iber: *Metaphysik absoluter Relationalität*, S. 3), das Konzept der absoluten Subjektivität (Iber: *Metaphysik absoluter Relationalität*, S. 2f.) sowie die operative Bedingung der Negativität im Zusammenhang des absoluten

Die „wahrhafte Methode der philosophischen Wissenschaft" als „Bewußtseyn über die Form der inneren Selbstbewegung ihres Inhalts" (GW 21, S. 37), nach welcher aller wahrhafte Inhalt rein logischer Betrachtung der Denkformen zugleich mit dem „Gang der Sache selbst" (GW 21, S. 38) eins sei, expliziert so in der *Form* bzw. *Methode* einer philosophischen Wissenschaft, was ihr als zu rechtfertigende Voraussetzung *inhaltlich* aufgegeben ist: die Rechtfertigung des Resultats der *Logik*, nach welchem die Wirklichkeit wahrhaft „d e n G e d a n k e n, i n s o - f e r n e r e b e n s o s e h r d i e S a c h e a n s i c h s e l b s t i s t, o d e r d i e S a c h e a n s i c h s e l b s t, insofern sie e b e n s o s e h r d e r r e i n e G e d a n k e i s t" (GW 21, S. 33), verkörpert. Damit ist zugleich die Anerkennung des cartesianischen *realen Unterschieds*[14] artikuliert, der nicht wegerklärt oder gar in einem Konstruktivismus bzw. Idealismus Berkeley'scher Prägung *verschwinden* soll, sondern dessen stets jedem Denkakt vorgängige Stabilität es zu *verstehen* gilt. Die „Sache[n]" in ihrer materiellen Realität, in ihrer äußeren unabhängigen Existenz sind in ihrer Begriffsförmigkeit nicht restlos als bloße Produkte des subjektiven Denkens konzipierbar, sodass der Unterschied zwischen „Sache" und „Gedanke" verschwindet. Vielmehr ist Vernunft nur dort am Werk, wo der „Unterschied der Konstruktion des Universums durch und für die Intelligenz, und seiner als ein objektives angeschauten, unabhängig erscheinenden Organisation vernichtet" (GW 4, S. 28) wird, indem sich die „Identität der Idee und des Seyns" (GW 4, S. 29 f.) offenbart: und zwar so, dass der „Dogmatismus – [...] Realismus, der die Objektivität, – oder [...] Idealismus, der die Subjektivität absolut setzt" (GW 4, S. 32), vermieden wird. In der „setzenden Reflexion" als erste Stufe der Logik der Reflexionsformen wird Hegel die Kritik an einem so verstandenen Idealismus deutlich entfalten, der zu keinem sinnvollen kategorialen Begriff des Realen finden kann. Die „reale Wahrheit" (GW 21, S. 28) als Ziel der *Logik* enthält die folgende Argumentationsabsicht: nämlich aufzuzeigen, inwiefern „nur in seinem

---

Begriffs (Iber: *Metaphysik absoluter Relationalität*, S. 4), schließlich die Stellung der *Wesenslogik*, auf die es hier besonders ankommt, innerhalb der *Logik* als ganzer (Iber: *Metaphysik absoluter Relationalität*, S. 4 f.).

14 Vgl. zum Begriff der „realen Unterscheidung" Descartes' 6. Meditation „Über das Dasein der materiellen Dinge und den substantiellen Unterschied zwischen Seele und Körper". Descartes gibt hier ein epistemologisches wie ontologisches Argument dafür, dass die materiellen Dinge wirklich und notwendig existieren, da sie in ihren bestimmten kategorialen Eigenschaften wie etwa Ausdehnung klar und deutlich erkannt werden können. „Distinctio realis", so verweist der Übersetzer, „bedeutet den Unterschied zwischen den verschiedenen Substanzen" (René Descartes: *Meditationes de prima philosophia*, Lateinisch/Deutsch, übers. u. hg.v. Lüder Gäbe, 2. Aufl., Hamburg 1992, S. 11). Die Ursache des unbezweifelbaren Vorliegens sinnlicher Ideen anderer Körper im Subjekt kann nach Descartes nicht im Subjekt selbst liegen und muss der Logik der Entsprechung von objektiver und formaler Realität nach ebenfalls ein Körper sein.

Begriffe [...] Etwas Wirklichkeit" (GW 21, S. 34) hat und somit die „nothwendigen Formen und eigenen Bestimmungen des Denkens" (GW 21, S. 34) nicht bloß „subjective Bedeutung" (GW 21, S. 35) besitzen, sondern „Inhalt und höchste Wahrheit selbst" (GW 21, S. 34) sind und „objectiven Werth und Existenz haben" (GW 21, S. 35).

Das grundsätzliche, übergreifende Verfahren und Evolutionsprinzip der *Logik* ist es, die innere Asynchronie zwischen dem Stand der Methode der Gedankenentwicklung und dem Stand des Inhalts, d.h. zwischen dem zum Fortgang der Kategorien notwendigen Wissen *über* den Fortgang und dem jeweils *in* den Kategorien abgelegten Wissen, oder auch: zwischen dem sequenziellen *Tun* der Kategorien als ihrem ‚wahren' Inhalt, der ihre jeweilige Nichtidentität mit ihrem programmatischen Beschreibungs- und Geltungsanspruch ausmacht, und ihrer jeweiligen begrenzten bzw. unwahren Selbstbeschreibung[15], mehr und mehr logisch zu synchronisieren, bis sie am Ende in der „Idee" vollständig zusammenfallen. Dabei ist es die Funktion der Entwicklungsdynamik, die „internen Relationen [...], die mit den Mitteln, die das Bedeutungssystem [auf dieser Stufe, C.W.] selbst anbietet, nicht [...] beschrieben werden können", weshalb diese Mittel „zunächst ganz unanalysiert bleiben"[16], auf der nächsten Stufe selbst als Inhalt

---

15 Vgl. Henrich: *Hegels Logik der Reflexion*, S. 150 f.
16 Henrich: *Hegels Logik der Reflexion*, S. 150. Auf diese noch begrenzte Selbstbeschreibung der Kategorien verweist auch Stephen Houlgate, der darauf aufmerksam macht, dass „der Unterschied zwischen Sein und Nichts am Anfang der Logik noch ‚unsagbar' (GW 21, S. 79) ist" (Stephen Houlgate: „Der Anfang von Hegels Logik", in: *Hegel. 200 Jahre Wissenschaft der Logik*, hg.v. Anton Friedrich Koch, Friedrike Schick, Klaus Vieweg, Claudia Wirsing, Hamburg 2014, S. 59–70, hier: S. 67). Und zwar deshalb, weil die Kategorien am Anfang der Logik noch kein hinreichendes Wissen von sich und somit keine hinreichende Selbstzuschreibung haben können. Für die seinslogischen Kategorien Sein und Nichts gilt: „Es gibt keinen bestimmten Unterschied zwischen ihnen, dennoch *sollen* sie unterschieden sein." (Houlgate: *Der Anfang von Hegels Logik*, S. 68) Eben dieser Sollensanspruch drückt die Übereinstimmung von Selbstzuschreibung und Realität der Kategorien aus, welche nur im Fortbestimmen der Kategorien erreicht werden kann. Fortbestimmen bedeutet dabei, dass Kategorien sich durch verschiedene Fortgangskräfte an die Stelle vorhergehender Kategorien setzen. Der Unterschied überhaupt ist dabei die letztlich für alle Teile der Logik zentrale (methodische) Reflexionsbestimmung, welche (a) die verschiedenen Formen des Fortgangs bzw. die Beziehungsformen der Kategorien untereinander und zu sich selbst bestimmt und (b) deren Verhältnis zwischen Selbstzuschreibung und Realität markiert. Der Übergang der Kategorien in der *Seinslogik* erfolgt durch eine äußere Reflexion, d.h. die verschiedenen Momente sind als voneinander äußerlich Unterschiedene an sich gegeneinander gleichgültig. Der Unterschied der seinslogischen Kategorien in der Form von „Etwas" und „Anderem" ist daher ein endlicher. Die *Seinslogik* versteht sich daher als ein „Uebergehen [...] in Anderes" (GW 20, S. 177, § 161). Der Übergang der Kategorien in der *Wesenslogik* erfolgt durch eine bestimmte Reflexion, d.h. die gegensätzlichen Momente sind als voneinander Unterschiedene sich gegenseitig bestimmend als ihr Gegenteil und in Form des eigenen Nichtseins, das in das Selbstsein als negative

der kategorialen Struktur zu erfassen. Die *Logik* holt ihre jeweiligen Übergangsgründe und Verfahrensweisen, d. h. die Gründe für die Defizienz des jeweiligen Inhalts und die begrifflichen Mittel, diese sichtbar zu machen sowie produktiv im nächsten Begriff zu integrieren, auf der je kommenden Stufe ein, um dann aber auf dieser neue Unbestimmtheiten aufzudecken: „Das, wodurch sich der Begriff selbst weiter leitet, ist das [...] N e g a t i v e , das er in sich selbst hat; diß macht das wahrhaft Dialektische aus." (GW 21, S. 39) Im Begriff und Verfahren der *Logik* selbst drückt sich so die Einsicht aus, dass „die Methode [...] das Bewußtseyn über die Form der inneren Selbstbewegung ihres Inhalts" (GW 21, S. 37) sein müsse:

Beziehung integriert ist; der Unterschied der wesenslogischen Kategorien in der Form von „Positivem" und „Negativem" ist daher ein absoluter. Die *Wesenslogik* drückt darin ein „Scheinen in Anderes" (GW 20, S. 177, § 161) aus. Das Fortbestimmen in der *Begriffslogik* erfolgt innerhalb der eigenen Entwicklung des Begriffs selbst, d. h. die widersprüchlichen Momente enthalten als Gegensätzliche das Andere affirmativ in sich selbst, sie sind jeweils sie selbst und ihr Anderes. „Das Fortgehen des Begriffs ist nicht mehr Uebergehen noch Scheinen in Anderes, sondern E n t w i c k l u n g , indem das Unterschiedene unmittelbar zugleich als das identische mit einander und mit dem Ganzen gesetzt, die Bestimmtheit als ein freies Seyn des ganzen Begriffes ist." (GW 20, S. 177, § 161) Der Unterschied ist also erst hier vollständig in der Einheit des Begriffs aufgehoben und damit das Verhältnis von Selbstzuschreibung und Realität deckungsgleich. Selbstbeschreibung oder Selbstexplikation meint das „Wissen", das eine Kategorie von sich hat, d. h. die Bestimmungen, die sie an sich selbst hat, die sie sich selbst quasi ‚zuschreibt', und um die sie daher ‚weiß'. Mit „Realität" ist hier hingegen das „Tun" der Kategorien gemeint bzw. genauer: die ihrem expliziten begrifflichen Tun impliziten Bedeutungsverhältnisse, welche die bloß statische Selbstzuschreibung von bestimmten Eigenschaften überschreiten. Der Widerspruch zwischen Selbstzuschreibung und Realität ist dabei der Motor des Fortgangs der Kategorien, und zwar so lange, bis dieser Widerspruch aufgelöst ist und die Kategorien schließlich in Form des Begriffs ein vollständiges Wissen über ihr Tun erworben haben. Sich substanziell nur identisch in sich selbst zu haben und durch eine bloß äußerliche Reflexion auf andere Kategorien bezogen zu sein, macht die Selbstbeschreibung seinslogischer Bestimmungen aus. Das aber, was bspw. hingegen das „Sein" semantisch an Bestimmungen in Szene setzt, indem es gemäß seiner Selbstbeschreibung als bloßes Gegenteil vom „Nichts" verstanden wird, produziert einen begrifflichen „Überschuss" gegenüber der Selbstbeschreibung, durch welchen das Sein ins „Werden" übergehen muss. Auch wenn also bestimmte Beziehungen auf andere Kategorien noch nicht zur Selbstbeschreibung einer Kategorie gehören, so gehören sie doch sehr wohl zu deren Realität als deren *Sollensanspruch* und machen die Kategorie gewissermaßen semantisch ungleichzeitig mit sich selbst. Die Unterscheidung zwischen Selbstbeschreibung und Realität ermöglicht eine Begründung der Katgorien und ihrer Übergänge: Garantiert wird damit, dass das Fortgehen der Kategorien, auch wenn es nur äußerlich festgestellt wird, trotzdem in den Kategorien selbst begründet ist. Das, was die Kategorien von sich „wissen" (Selbstbeschreibung), und das, was ihre Realität ausmacht (was sie tun und wie sie implizit bereits funktionieren), tritt in den Seinskategorien noch stark auseinander, kommt sich in den Wesenskategorien näher und ist in der „Subjektiven Logik" schließlich deckungsgleich, wo sie in der „absoluten Idee" zusammenfallen. Deshalb ergibt es Sinn, dass am Anfang der *Logik* das Bewusstsein in der Realität schon voll ausgebildet ist.

und zwar wiederum über die Voraussetzung des methodischen Verfahrens der „bestimmte[n] Negation", nach der „das Negative ebensosehr positiv ist oder daß das sich Widersprechende sich nicht in Null, in das abstrakte Nichts auflöst, sondern wesentlich nur in die Negation seines *besonderen* Inhalts", wodurch „ein neuer Begriff, aber der höhere, reichere Begriff als der vorhergehende" hervorgehe (GW 21, S. 38). Alles aber, was sich aus diesen verfahrenslogischen Prinzipien über das Verfahren der *Logik* weiterhin ergibt (vgl. GW 21, S. 39 ff.), beruht auf der durch die *Logik* im Ganzen einzuholenden und dergestalt nachträglich zu begründenden metaphysischen Prämisse, dass entgegen der kantischen Philosophie in der *Logik* die reinen Denkbestimmungen des Verstandes „das den Reichtum des Besondern in sich fassende Allgemeine" (GW 21, S. 42) sind und somit die immer schon vorgängige Verschränkung von Begriff und Realität vorliegt. „Realität überhaupt" begrifflich zu denken heißt, begriffliche Strukturen als *im* Seienden vorgängig immer schon wirksam zu begreifen, ohne diese zugleich restlos auf die nachträgliche Anwendung von bloß subjektiven Operationen des Verstandes zurückführen zu können, die andersherum vielmehr auf die objektiven Bedingungen dieser vorgängigen Begriffsmuster angewiesen sind, um überhaupt appliziert werden zu können. Das Besondere der *Logik* ist damit sogleich die Art und Weise, wie die zentrale These über die kategoriale Struktur des „Realen überhaupt" zugleich bis tief in die *methodische* Verfassung der *Logik* implementiert ist und bereits auf dieser Ebene von dem Versuch zeugt, mit der konsequenten Verschränkung von Methode und Inhalt Ernst zu machen.

5 Das Problem der Voraussetzungen der Logik

Trotzdem sind wir an diesem Punkt noch immer nicht über die bloße Setzung der Resultate und Voraussetzungen der *Logik* hinaus. Ankommen aber wird es vor allem darauf, wie diese Voraussetzungen von der *Logik* in Bezug auf den kategorialen Rahmen von „Realität überhaupt" eingeholt, d. h. in der Entwicklung der Gedankenbestimmungen begründet, werden. Wer die Wirklichkeit des Begriffs aufzeigen will, muss diese in Form der logischen Methode immer schon voraussetzen: Das sieht nur dann nach einem ungebührlichen logischen Zirkel aus, wenn man die retrograde Bewegung des Einholens dieser Voraussetzungen im Voranschreiten der rein immanenten Gedankenentwicklung der *Logik* nicht als Schaffung qualitativ neuer Einsichten versteht, welche unabhängig von ihren Voraussetzungen so Geltung erlangen, dass sie eine echte begründende Kraft für ihre Prämissen erhalten können. Die Hegel-Forschung hat seit Trendelenburgs Kritik an den angeblich versteckten, unbegründeten Voraussetzungen gerade der *Logik*[17] immer wieder darüber gestritten, ob es bei Hegel nicht doch letzte bzw. erste absolute Prinzipien und Grundsätze gebe, die eben nicht im System erst begründet werden, sondern diesem quasi versteckt untergeschoben sind und vielmehr alle Begründungsleistungen tragen[18]. Beispielsweise meint Vittorio Hösle: „Gerade eine Philosophie [wie die Hegels, C.W.], die auf dem Grundprinzip der Unhintergehbarkeit des Denkens basiert, kann nicht umhin, die *Erkennbarkeit* alles Seienden für nicht konsistent hinterfragbar zu halten."[19] Was aber nicht konsistent hinterfragbar ist, kann auch nicht mehr vollständig begründet werden, denn eben das heißt ja begründen: es im Hinterfragen hinreichend auf ein Anderes zurückführen. Festgehalten werden muss, dass die *Logik* von dem klar formulierten Programm getragen ist, die am Anfang der *Logik* im Begriff der Einheit ihrer Methode und des Inhalts gemachte Voraussetzung im Gang der *Logik* selbst explizieren und begründend einholen zu *wollen*. Auch der Bezug auf die vermeintlich absolute Voraussetzung des Gedankengangs der *Phänomenologie*

---

[17] Vgl. Adolf Trendelenburg: *Logische Untersuchungen I* (1840), Reprint, Hildesheim 1964, S. 38.
[18] Auch Michael Quante geht von „Grundprinzipien" der hegelschen Philosophie aus, ohne allerdings zu behaupten, diese seien unbegründbar oder verborgen (Quante: *Die Wirklichkeit des Geistes*, S. 24); vgl. dazu die Rezensionen von Anton Friedrich Koch (in: *Zeitschrift für Philosophische Forschung* 67 (2013), S. 319–322), der gerade diese Annahme bemängelt, und Claudia Wirsing (in: *Hegel-Studien* 47 (2013), S. 212–216). Demgegenüber bestehen diejenigen, welche Hegel beim Wort nehmen, darauf, dass Hegels Philosophie sich gerade dadurch auszeichne, keine ersten oder letzten singulären Prinzipien zu haben, sondern alle Normen und Gehalte rein aus der Denkbewegung des „Denkens des Denkens" zu erzeugen.
[19] Hösle: *Hegels System*, S. 71.

des Geistes ist irreführend, wo er einfach und ausschließend im Sinne eines bloßen Entweder-Oder gemeint ist. Hegel verweist in der „Einleitung" selbst auf diese Bedingung: „Der Begriff der reinen Wissenschaft und seine Deduction wird in gegenwärtiger Abhandlung also insofern vorausgesetzt, als die Phänomenologie des Geistes nichts anderes als die Deduction desselben ist." (GW 21, S. 33) Gemeint ist mit dieser „reinen Wissenschaft" das am Ende der *Phänomenologie* erreichte „absolute Wissen", in welchem „die Befreyung von dem Gegensatze des Bewußtseyns" (GW 21, S. 33) zwischen Denken und Welt, Selbstbeziehung des Ich und gegenständlicher Objektivität erreicht wurde. Folglich muss einerseits festgehalten werden: Das „reine Wissen"[20] bildet den unmittelbaren Anfang der logischen Philosophie, und seine Vermittlung besteht darin, das Ergebnis des Gangs des Bewusstseins in der *Phänomenologie des Geistes* zu sein. Die *Wissenschaft der Logik* setzt also die Entwicklung des „reinen Wissens" der *Phänomenologie des Geistes*[21] voraus („Die Logik hat insofern die Wissenschaft des erscheinenden Geistes zu ihrer Voraussetzung" [GW 21, S. 54]). Jedes ihrer Elemente ist in dem Sinne notwendig vermittelt, als es den Denkraum einer Wissensstruktur voraussetzt, die erst möglich macht, jeden der einzelnen Begriffe – auch den Anfang – in seiner wahren Konzeption zu entfalten. Indem die *Logik* die absolute Form des Wissens voraussetzt, ist in jedem ihrer Begriffe dessen *grundsätzliche* Vermittlungsbewegung implizit eingetragen. Erst durch sie nämlich wird die Bewegung der *Logik* dahingehend möglich, dass eine *lokale* und eine *globale* Perspektive auf die jeweilige Kategorie in eine logische Kommunikation miteinander treten, indem die jeweilige begrenzte Selbstbeschreibung der Kategorie in einen bedeutungsgenerierenden Zusammenhang mit dem Wissen über ihre wahren Inhalte, Gründe und Konsequenzen tritt: „Es ist hiemit als f a c t i s c h falsch aufgezeigt

---

[20] „Die L o g i k ist die r e i n e W i s s e n s c h a f t, d.i. das reine Wissen in dem ganzen Umfange seiner Entwicklung. Diese Idee aber hat sich in jenem Resultate dahin bestimmt, die zur Wahrheit gewordene Gewißheit zu seyn [...], die nach der einen Seite dem Gegenstande nicht mehr gegenüber ist, sondern ihn innerlich gemacht hat, ihn als sich selbst weiß, – und die auf der andern Seite das Wissen von sich als von einem, das dem Gegenständlichen gegenüber und nur dessen Vernichtung sey, aufgegeben [hat], dieser Subjectivität entäußert und Einheit mit seiner Entäußerung ist." (GW 21, S. 55)

[21] So wendet sich die *Phänomenologie des Geistes* explizit gegen die „natürliche Vorstellung, daß, eh in der Philosophie an die Sache selbst, nemlich an das wirkliche Erkennen dessen, was in Wahrheit ist, gegangen wird, es nothwendig sey, vorher über das Erkennen sich zu verständigen, das als das Werkzeug [...] betrachtet wird." (GW 9, S. 53) Damit wird aber das Wahre nicht in seinem An-sich gegeben, sondern zeigt sich gewissermaßen nur durch ein Medium. Für Hegel scheint also der Gebrauch einer Methodologie, die nicht die Form der Sache selbst ist, sondern von außen an sie herangetragen wird, für die Philosophie widersinnig.

worden, daß es ein unmittelbares Wissen g e b e , ein Wissen welches ohne Vermittlung es sey mit Anderem oder in ihm selbst mit sich sey." (GW 20, S. 115, § 75)[22]

> Was aber ist das ‚absolute Wissen', zu dem uns die *Phänomenologie* führt? Keine besondere Form eines jenseits des normalen Wissens existierenden ‚mystischen' oder gewöhnlichen Sinne ‚spekulativen' Wissens. Vielmehr [...] ein System, das darauf beruht, daß es keine unüberwindbaren ontologischen Gegensätze zwischen Geist und Natur, Materie und Denken, Individuum und Kultur, Einzelnem und Allgemeinem gibt. Diese Begriffe und Gegenstände lassen sich vielmehr als stufenweise Selbstdifferenzierung und Selbstreflexion einer einzigen geistigen Wirklichkeit erklären. [...] Dieses Transparent-Werden von Wirklichkeit und Selbst – als im Grunde Identischen – ist das ‚absolute Wissen'.[23]

Das reine oder absolute Wissen ist das Bewusstsein, welches begriffen hat, dass der Gegensatz von Denken und Gegenstand, von Subjekt und Objekt eine letztgültige Einheit bildet.[24] Die *Phänomenologie* zeichnet den Weg nach, in dessen Verlauf das natürliche Bewusstsein über seinen Anfang, den vielfältigen Graben zwischen Bewusstsein und Wirklichkeit, wie er sich vom reinen Wissen aus darstellt, hinauskommt.[25] Die Aufgabe der *Phänomenologie* besteht demnach darin, in der Entwicklungsgeschichte des Geistes zu zeigen, inwiefern diese Unmittelbarkeit nur ein unentwickeltes bzw. unterentwickeltes Bewusstsein darstellt, „dessen Sein und Wahrheit erst über die stufenweise Entwicklung expliziert wird".[26] Indem der Anfang der *Logik* auf dem Vermittlungsergebnis der *Phänomenologie* aufbaut, hebt er seine absolute Unmittelbarkeit also in globaler Systemperspektive immer schon auf. In der globalen Logik der Wahrheit, wie sie sich in Hegels Gesamtsystem seiner Schriften zeigen soll, sind die *Logik* und damit ihre

---

22 Damit werden Positionen problematisch, welche die *Phänomenologie des Geistes* überhaupt nicht als wesentlich für Hegels entwickelte *Logik* annehmen. Hegel führt hier nämlich selbst vor, inwiefern deren Ergebnisse und spezifischer Argumentationsverlauf mehr als nur „Propädeutik" seines Systems sind.
23 Ludwig Siep: *Der Weg der Phänomenologie des Geistes. Ein einführender Kommentar zu Hegels „Differenzschrift" und „Phänomenologie des Geistes"*, Frankfurt am Main 2000, S. 255 f. Zur begrifflichen Differenz zwischen „absolutem" und „reinem" Wissen vgl. Lu De Vos („Wissen, reines.", in: *Hegel-Lexikon*, hg.v. Paul Cobbe, Darmstadt 2006, S. 502–507, hier: S. 504): „Mit dem Prädikat ‚rein', das das Prädikat ‚absolut' ersetzt, ändert sich die logische Bedeutung nicht."
24 „Das reine Wissen ist [...] Wissen ohne Gegensatz [...] und [...] dennoch nicht leer." (De Vos: „Wissen, reines", S. 504).
25 Vgl. GW 21, S. 35: „Aber die Befreyung von dem Gegensatze des Bewußtseyns, welche die Wissenschaft muß voraussetzen können, erhebt die Denkbestimmungen über diesen ängstlichen, unvollendeten Standpunkt und fordert die Betrachtung derselben, wie sie an und für sich, ohne eine solche Beschränkung und Rüksicht, das Logische, das Rein-vernünftige sind."
26 Emil Angehrn: *Die Frage nach dem Ursprung. Philosophie zwischen Ursprungsdenken und Ursprungskritik*, München 2007, S. 171.

scheinbar unmittelbaren Anfangskategorien (Sein und Nichts) bereits vermittelte Endprodukte.

Es ist nicht von der Hand zu weisen, dass die *Vollständigkeit für sich selbst* als Anspruch des Begründungs- und Entwicklungsprogramms der *Logik* unbedingt ernst genommen werden muss: Die *Logik* beansprucht, nichts anderes vorauszusetzen als die Möglichkeit des reinen Entschlusses, überhaupt zu denken[27]. Indem man aber auf die Voraussetzung der *Phänomenologie des Geistes* verweist, wird nur allzu oft dieses Programm *als Ganzes* verabschiedet und so auch die Rechtfertigung der Möglichkeit vergessener oder verschwiegener Voraussetzungen – mit Hinweis auf diese Öffnung – undiskutiert eingekauft. Wie erneut Vittorio Hösle aber zu Bedenken gegeben hat, ist die Beziehung auf die *Phänomenologie*, rein von der *Logik* und ihrem Systemanspruch aus gesehen, nur „von psychologischer, nicht geltungstheoretischer Bedeutung", weil „der Begriff der *Wissenschaft* als jener Erkenntnisform, die den Gegensatz des Bewußtseins überwunden hat, ,innerhalb der Logik selbst hervorgeht', die als sich selbst begründendes und insofern voraussetzungsloses System gedeutet werden muß."[28] Der Verweis auf die *Phänomenologie* hilft also demnach weder dabei, Hegels Projekt einer sich vollständig selbst begründenden *Logik* als von vornherein gescheitert zu betrachten, noch erlaubt er es, unter Verweis auf notwendige äußere Voraussetzungen wie die *Phänomenologie* auch bestimmte Aspekte der Methode aus dem Gang der Kategorienentwicklung und damit ihrer inneren Begründung im Raum der *Logik* auszugliedern. M.E. gilt es hier, beide sich scheinbar ausschließenden Perspektiven auf die *Phänomenologie* als Aspektverdopplung zu verstehen, die mit verschiedenen *Brennweiten der Betrachtung* von Hegels System gekoppelt ist. Natürlich fügt sich die *Logik* einerseits in das Gesamtsystem der hegelschen Philosophie ein, wenn ihr Systemanspruch ernst genommen und zugleich mit dem Systemanspruch des Ganzen vermittelt wird: Dann aber muss sie notwendig auch so gedacht werden, dass sie an Resultate anderer Systemteile anschließt und diese aufgreift. Andererseits aber sind diese Resultate mit Blick auf die *Logik*

---

[27] Vgl. zum Entschluss, rein denken zu wollen, als Anfang der Logik Klaus Vieweg: „Der Anfang der Philosophie. Hegels Aufhebung des Pyrrhonismus", in: Wolfgang Welsch, Klaus Vieweg: *Das Interesse des Denkens. Hegel aus heutiger Sicht*, München 2003, S. 131–146. Stephen Houlgate hat zurecht darauf verwiesen, dass „the decision made by the thinker to focus on pure being does not constitute a *founding* presupposition of the *Logic:* one that determines in advance the path that the *Logic* will take" (Houlgate: *The Opening of Hegel's Logic*, S. 90). Und weiter: „The decision to think pure being at the start of the *Logic* initiates a study of the basic categories of thought rather than action in the world. Nevertheless, as a decision or act of will, it is the same as the act described in the *Philosophy of Right:* an act of abstraction by thought." (Houlgate: *The Opening of Hegel's Logic*, S. 90)

[28] Hösle: *Hegels System*, S. 66; in gleicher Weise Iber: *Metaphysik absoluter Relationalität*, S. 10.

selbst nur als solche Voraussetzungen zu behandeln, die erst dann angenommen werden können, wenn sie sich auch *innerhalb* der *Logik* zureichend entwickeln, darstellen und begründen lassen, und die unabhängig davon – d. h. als bloße, in der *Logik* nicht auf eigensinnige (logische) Weise einholbare und wiederholbare Voraussetzungen – in der Tat keine geltungstheoretische Bedeutung *für* die *Logik* haben können. Schließlich ist die Logik der Voraussetzung selbst ein tragender Pfeiler der *Wesenslogik:* und in ihr das Angemessenheitskriterium alles Voraussetzens, niemals *bloßes* Vorausliegendes zu sein. Es gilt also, das Verhältnis der *Logik* zur *Phänomenologie des Geistes* in der Komplexität zu denken, die durch die Systemstruktur bei Hegel als „K r e i s v o n K r e i s e n" (GW 12, S. 252) nahelegt wird.

Anton Friedrich Koch und Wolfgang Welsch haben auf die *evolutionäre* Kraft der Kategorien verweisen, die *wirklich neue* Strukturen erzeugen und keine „fertige[n], statische[n], ewige[n] Gegebenheit[en]"[29] darstellen, welche einer bloßen „Entwicklungslogik"[30] folgen. Was die Welt bewegt, als das „W e s e n t l i c h e , das I n n e r e , das W a h r e " (GW 20, S. 66, § 21) der Wirklichkeit, sind die sich in ihr verwirklichenden logischen Strukturen, als das Programm des Realen, wie sie die *Wissenschaft der Logik vor* aller Realphilosophie als Ganzes zu geben beansprucht. Klaus Vieweg hat an diese Hegelianische Einsicht anschließend in einer genauen und umfassenden Detailanalyse gezeigt, in welcher Weise dies im Besonderen für den Bereich der Rechtsphilosophie und damit für die Gestalt des objektiven Geistes gilt und welche grundsätzlichen Perspektiven und Gehalte *erst* sichtbar werden, wenn man die enge Interaktion zwischen dem Bereich des Logischen und der historischen Welt sozialer Institutionen in den Blick nimmt.[31] Diese logische „Vorprogrammierung" allerdings, wenn man so will, ist in der Forschung nicht frei von Zweifel geblieben. In der Kritik an Hegels absoluter logischen Fundierung des Realen hat Wofgang Welsch deshalb die sehr hilfreiche begriffliche Unterscheidung zwischen „Evolution" und „Entwicklung" bei Hegel eingeführt. Einerseits ist nach Welsch der logische Prozess „selbstgenerativ", d. h. er hat den Charakter der „Selbsthervorbringung"[32]; „die logische Bewegung ist nicht die Ausfaltung eines anfänglichen Keims, in dem das Programm des Fol-

---

[29] Anton Friedrich Koch: *Die Evolution des logischen Raumes. Aufsätze zu Hegels Nichtstandard-Metaphysik*, Tübingen 2014, S. 4.
[30] Vgl. Welsch: *Absoluter Idealismus und Evolutionsdenken*, S. 658–661.
[31] Vgl. Klaus Vieweg: *Das Denken der Freiheit. Hegels Grundlinien der Philosophie des Rechts*, München 2012. Auch der Band *Hegel's Political Philosophy. On the Normative Significance of Method and System* (hg.v. Thom Brooks/Sebastian Stein, Oxford 2017) darf hier, wenn es um den Zusammenhang von Logik und Rechtsphilosophie geht, als einschlägig gelten.
[32] Welsch: *Absoluter Idealismus und Evolutionsdenken*, S. 657.

genden schon bereitläge. Sondern die logische Bewegung *erzeugt* genuin all das, was in diesem Verlauf auftritt und nur durch diesen Prozeß entstehen kann"[33]. Damit kommt ihr der Charakter der „Evolution" zu, wohingegen die Realphilosophie bzw. das Wirkliche selbst nur als „Entwicklung" zu fassen ist: „‚Entwicklung' bezeichnet einen Vorgang, in dem etwas, das an sich schon vorhanden ist, zur Entfaltung gelangt."[34] Oder mit Hegel: Der Begriff der „Entwicklung" bezeichnet „eine innere Bestimmung, eine an sich vorhandene Voraussetzung" (TWA 12, S. 75), die schon zugrunde liegt und welche sich dann nur noch „zur Existenz" (TWA 12, S. 75) bringt. Folglich konstatiert Welsch: „Das Grundbild ist also dies, daß die logische Bewegung den Status einer originären Evolution besitzt, das Realgeschehen hingegen, weil ihm die logischen Formen zugrunde liegen, nur noch den Status einer Entwicklung haben kann. Das Realgeschehen kann nur noch entfalten, was dem Grundriß nach logisch schon vorgezeichnet ist."[35] Welschs Korrekturvorschlag zielt deshalb darauf, logische mit realen Strukturen gleichursprünglich zu denken. Sichtbar werden soll dadurch, dass die Frage nach der Voraussetzungslosigkeit in der *Logik* bzw. der *Logik* als solcher wesentliche Konsequenzen für die Realphilosophie nach sich zieht, wo bestimmte Potenziale und Dimensionen von Freiheit durch den fundierenden Charakter der *Logik* in Hegels System bedroht zu sein scheinen, wenn man „die Evolution des logischen Raumes" (Koch) einzig einer nachträglichen „Entwicklung" vorschaltet.

---

[33] Welsch: *Absoluter Idealismus und Evolutionsdenken*, S. 659.
[34] Welsch: *Absoluter Idealismus und Evolutionsdenken*, S. 658.
[35] Welsch: *Absoluter Idealismus und Evolutionsdenken*, S. 664.

6 Logische und realphilosophische Kategorien

In Bezug auf das Programm der *Logik* sind die logischen von den realphilosophischen Kategorien zu unterscheiden, wie sie jenseits der *Logik* in der „Realphilosophie" erörtert werden. Denn jene sind als einzelne weitaus weniger „autonom" als die realphilosophischen Kategorien, da sie vollständig nur als „*Momente* der absoluten, unhintergehbaren Struktur"[36] der absoluten Idee vorkommen. Sie werden dahingehend als „rein" gedacht, als sie von allen *besonderen*, empirisch-gegenständlichen Gehalten frei sind und in gut aristotelischer Tradition das Seiende überhaupt, *insofern es Seiendes ist*, begrifflich entfalten[37]. Gerade die letztgenannte Hinsicht ist von besonderem Interesse: meint sie doch den Umstand, dass die logischen Kategorien allem Seienden, „*um es denken zu können, vorausgesetzt werden.*"[38] Damit aber umreißen und bestimmen sie als Ganzes, d. h. im notwendigen Zusammenhang ihres Entwicklungsprozesses, wie sie letztendlich in der „absoluten Idee" als Prozess aufgehoben werden[39], den „Raum"[40] dessen, was überhaupt *möglich und wirklich* sein kann. Seiendes, gleich welcher weiteren Bestimmtheit, kann nur *in* diesem ontologischen Feld und *ge-*

---

36 Hösle: *Hegels System*, S. 72. Dass die logischen Kategorien, wie Hösle schreibt, „*rein begrifflicher* Art" sind, also „kein Pendant in der Vorstellung" (Hösle: *Hegels System*, S. 72) haben, stimmt zwar, trifft aber nicht ausschließlich auf diese zu.
37 Vgl. Iber: *Metaphysik absoluter Relationalität*, S. 9.
38 Hösle: *Hegels System*, S. 72.
39 Dass es in Hegels *Logik* nicht bloß um die Veränderung von Begriffen innerhalb von Prozessen geht, sondern auch die Prozesse des Denkens selbst als sich selbst aufhebende Prozesse gedacht werden müssen, d. h. die als Prozesse gedachten Gedankenbewegungen sich beim Denken des Denkens also auch selbst aufheben, zeigt Stephan Siemens: „Nichts – Negation – Anderes. Eine Kritik an Henrichs ‚Formen der Negation in Hegels Logik'", in: *Jahrbuch für Hegelforschung* (2010), Bd. 12, hg.v. Helmut Schneider, S. 225–266, hier: S. 254.
40 „Raum" ist hier nicht die realphilosophische Kategorie des physikalischen Raums, sondern Metapher für das ontologische wie epistemologische „Worin" und „Wie" des „Seins überhaupt". Gemeint ist damit im Rahmen der *Logik*, die sich ja als eine Wissenschaft versteht, eine Art „Theorierahmen" (vgl. Carnap: *Empirismus, Semantik und Ontologie*, S. 27), ein „Gesamtnetz" [*total network*] (Quine: *Two Dogmas*, S. 41), ein „logischer Raum" als „die Gesamtheit dessen, was der Fall sein und gedacht werden könne" (Koch: *Die Evolution des logischen Raumes*, S. 1). Dass dieser logische Raum bei Hegel keineswegs vom Standpunkt vorhegelianischer „Standard-Metaphysiken" als „eine fertige, statische, ewige Gegebenheit" (Koch: *Die Evolution des logischen Raumes*, S. 4), sondern in seiner Prozessualität zu verstehen ist, begründet den „evolutionären" Charakter seiner *Logik*: „Hegel ist [...] der Entdecker der Evolution und Prozessualität des logischen Raumes, und seine neue oder Nicht-Standard-Metaphysik ist die zugehörige Evolutionstheorie, eine, wenn man so will, evolutionäre Logik." (Koch: *Die Evolution des logischen Raumes*, S. 4)

mäß dessen fundamentalen Regelsystemen des Bestimmtseins und Zueinander-Verhaltens als denkmöglich und wirklich angesprochen werden: Hegel spricht demzufolge von der Metaphysik der *Logik* als von einem „diamantene[n] Netz, in das wir allen Stoff bringen und dadurch erst verständlich machen" (TWA 9, S. 20, § 246 [Zusatz]). Dieser ontologischen Intention der logischen Kategorien entspricht ihre *Selbstreferenz*, die von ihrer *Selbstbezüglichkeit* unterschieden werden muss.[41] *Selbstreferenziell* sind sie nämlich, weil sie aufgrund ihrer strengen Allgemeinheit „selbst unter das fallen, was sie *bedeuten*"[42], d. h. zugleich Exemplar und Gattung, Realisierung und Begriff sind: Die Kategorie des Seins ist selbst ein Sein, die Kategorie des Etwas selbst ein Etwas etc. Demgegenüber meint *Selbstbezüglichkeit* eine Eigenschaft, die nicht alle Kategorien innehaben, oder zumindest nicht in gleich expliziter Weise bzw. als Funktionsweise ihres begrifflichen Gehalts: Auf dem Stand der *Wesenslogik* bspw. ist „Unmittelbarkeit" eine negativ-selbstbezügliche Kategorie, d. h. sie *bedeutet* eine reflexive Struktur, wohingegen „Sein" oder „Nichts" in der *Seinslogik* das zumindest ihrer Selbstbeschreibung nach nicht tun. Selbstreferenz ist eine Seinsbeziehung im Sinne einer Selbstverwirklichung (*energeia/actualitas*), Selbstbezüglichkeit eine Wissens- bzw. Bedeutungsbeziehung: Selbstreferenziell *ist* etwas darin, was es *aussagt* (Seinsbeziehung); selbstbezüglich *sagt* etwas darüber *aus*, was es *ist* (Wissensbeziehung). Die allgemeine Selbstreferenz der Kategorien besteht gerade darin, auch sich unter sich zu subsumieren. Eben darin zeigt sich der *grundsätzliche* transgressive Charakter logischer Kategorien, der in ihrer *absoluten Vorgängigkeit* auch gegen sich selbst besteht. Die logischen Kategorien sind vorgängig gegenüber jedem besonderen Gebrauch oder jeder besonderen Reflexion über sie, weil sie in ihrem Gebrauch wie in ihrer Bestreitung, ob auf sich oder auf Gegenstände überhaupt bezogen, stets schon in Anwendung sind. Damit geben sie ebenfalls einen *Hinweis* darauf, wie jeder kategoriale Begriff von „Realsein überhaupt", will er Sinnvolles aussagen, die sich als Objekt selbst verortete Vorgängigkeit begrifflicher Formen und damit die Aufhebung des abstrakten Unterschieds eines Reichs der Begriffe und eines Reichs der Gegenstände anerkennen muss, ohne zugleich in eine abstrakte Identität beider zurückzufallen.

Dementsprechend koinzidiert die Logik mit den Ansprüchen der Ontologie dergestalt, dass „nur in seinem Begriffe [...] etwas Wirklichkeit" (GW 21, S. 34) hat und die rein logische Aufklärung über den inneren und äußeren Zusammenhang von Denkbestimmungen nicht sinnvoll in einem Verhältnis der Andersheit zu den

---

41 Vgl. dazu Hösle: *Hegels System*, S. 72–74.
42 Hösle: *Hegels System*, S. 73: „Wenn sie wirklich *allgemeine* Kategorien sind, so kann es nichts geben, was nicht unter sie fällt; also müssen sie auch von sich selbst ausgesagt werden."

Begriffen des Wirklichseins zu denken ist.[43] So zeigt sich auch im ontologischen Anspruch der *Logik* die Voraussetzung der denknotwendigen Vorgängigkeit begrifflicher Strukturen innerhalb des Realen, ohne dass doch beide so zusammenfallen, dass ein selbstständiges „Reales überhaupt" jenseits der begrifflichen Operationen des Denkens geleugnet werden würde. Im Verlauf der *Logik* kommt alles darauf an, den Unterschied objektiv-begrifflicher Formationen und subjektiv-begrifflicher Operationen von Verstand und Vernunft sowohl in ihrem Unterschied als auch in ihrer Verbundenheit verständlich zu machen, um zu begründen, warum sich auf kategoriale Weise „Realität überhaupt" nicht anders denken lässt als im inneren Zusammenhang dieses Unterschieds.

Geht man aufgrund dieser Voraussetzung von einem *vollständigen* logischen Begriff der Wirklichkeit aus und nimmt diesen ins Visier, so ist dieser nur mit der *Logik* im Ganzen zu identifizieren. Nur der Gesamtzusammenhang aller Kategorien des Seienden bis zu seinem Resultat, der diesen Gang in sich aufhebenden „Idee", mithin der *ganze* Gang der *Logik* vom Sein zur Idee inklusive deren Rückgang in den Anfang, beschreibt hegelianisch *vollständig* das, was in logischer Perspektive über die begriffliche Struktur der Wirklichkeit – ihre notwendigen und wahrhaften begrifflichen Muster – gesagt werden muss.[44] Unsere Frage aber ist in doppelter Hinsicht anders ausgerichtet: Erstens fragt die Arbeit nach den *im engeren Sinn* kategorialen Strukturen und Bedingungen von „Realität überhaupt". Damit erkundet sie in der Tradition kategorialer Reflexion die begriffslogischen *Minimalbedingungen* dessen, was „Realsein überhaupt" heißt, noch jenseits einer vollständigen logischen Erkundung aller hinreichenden Bedingungen von Realität in ihrer absoluten begrifflichen Entfaltung und gemäß eines besonderen Systems wie demjenigen Hegels. Dass alle Begriffe der *Logik* für einen vollständigen logischen Begriff der Wirklichkeit notwendig sind, heißt eben nicht, dass sie *gleich notwendig* für einen darin zu findenden und aus ihm zu gewinnenden Minimalbegriff von „Realsein überhaupt" sein müssen. Gerade hier ist Hegels organologisches Metaphernsystem für seine Systematik unbedingt ernst zu nehmen: Das Ganze und Vollentwickelte der Idee findet sich in jedem Systemteil auch im Besonderen und Noch-nicht-Vollendeten, auf eigensinnige Weise perspektiviert, *als* Ganzes wieder; es kommt sich immer wieder selbst in den logischen Gestalten seines graduellen Ausstands innerhalb des Systems zuvor und fügt sich so mit sich in den Stadien seiner abnehmenden Defizienz zusammen. Deshalb kann der erste Teil der *Wesenslogik* so verstanden werden, dass hier das Ganze der

---

43 Vgl. Hösle: *Hegels System*, S. 69 f.
44 Vgl. Hösle (*Hegels System*, S. 69), der andeutet, wie der vollständige Begriff jedes Einzeldings nur durch den Zusammenhang *aller* Kategorien zu bestimmen ist.

Idee als Inbegriff des vollständigen logischen Wirklichseins bei Hegel die Perspektivierung auf seine – zwar gemessen am Ganzen defizienten, trotzdem kategorial sinnvollen – Minimalbedingungen wahrhaften Realseins erstmals ermöglicht. Zweitens ist das Interesse der Arbeit grundsätzlich ein *systematisches*; damit aber muss sie dezidiert Abstand davon nehmen, einen Theorierahmen vollständig einzunehmen, welcher in der historischen Abfolge untersucht wird. Das Ziel ist es, *mithilfe* der Rekonstruktion eines historischen Problemzusammenhangs, aber grundsätzlich *jenseits* einzelner diskutierter Theorieangebote und ihrer weitreichenden Bedingungen und Konsequenzen ein begriffliches Angebot dafür zu erarbeiten, „Realsein überhaupt" kategorial-minimal verständlich zu machen. Philosophie bewährt sich dort, wo sie es möglich macht, kategoriale Probleme aufzuzeigen und lösbar zu machen, ohne den *gesamten* Theorierahmen ihrer Diskussion im Ergebnis vorauszusetzen und mitzuführen. Dementsprechend ist es das Ziel, in der Reflexion bestimmter Stadien in Hegels *Logik* die kategoriale Frage der sinnvollen Minimalbestimmung von „Realsein überhaupt", verstanden als grundbegriffliche Matrix des An-sich-Bestehenden, in Bezug auf den kantisch-fichteschen Problemstand einer Antwort zuzuführen. Die vorliegende Arbeit will zeigen, dass Hegels *Logik* dafür in der Tat eine überzeugende Lösungsmöglichkeit bereithält, die die inneren Widersprüche und Unbestimmtheiten bei Kant und Fichte aufnimmt und durchreflektiert. Sie vertritt jedoch nicht die Ansicht, dies müsse notwendig, gemäß dem hegelschen Programm, einzig in der Integration der *Logik* als ganzer in diesen gesuchten kategorialen Begriff geschehen, oder gar unter Annahme der gesamten Philosophie Hegels. Entsprechend setzt die hier zu entwickelnde Argumentation auch nicht die Gültigkeit des Prinzips voraus, jede Denkbestimmung im logischen Voraus der „absoluten Idee" sei in verschiedenen Graden begrifflich defizient und deshalb erst das Ganze der *Logik* im Begriff der „Idee" philosophisch hinreichend entfaltet und damit brauchbar. Zwar wird natürlich das Evolutionsprinzip der Denkbestimmungen, d. h. ihr defizitärer Charakter in Bezug auf das, was sie jeweils begrifflich ausdrücken *wollen*, und in Bezug darauf, in welcher Weise bzw. gemäß welcher formaler Prinzipien sie dies tun, ernst genommen. Die Logik der Gesamtsequenz der Kategorien ist jedoch dabei in zweifacher Weise einzuschränken: zum einen auf die Kategorien, welche im engeren Sinn (und zwar historisch präfiguriert als auch systematisch ausgezeichnet) Kandidaten für die begriffliche Beschreibung des „Realseins überhaupt" darstellen. Zum anderen kann die logische Defizienz dieser Kategorien bis zu dem Punkt verfolgt werden, an welchem diese in Bezug auf unsere Fragestellung *hinreichend nicht-defizient genug* sind, um das besondere Problem eines Minimalbegriffs von „Realsein überhaupt" adäquat erfassen zu können. Dies aber, so soll gezeigt werden, ist im ersten Kapitel der *Wesenslogik* eben der Fall. Hegels kategoriale Minimalbestimmung von „Realität überhaupt" fällt also nach meiner Lesart weder mit einer *einzelnen* Kategorie der Logik[45], noch mit ihrem Gesamtzusammenhang, und weder mit ihrem Anfang noch mit ihrem Ende zusammen: Vielmehr wird sie lokal an einer genau bestimmten Stelle *innerhalb* der *Logik*, aber in einem Darstellungszusammenhang *mehrerer* kategorialer Gedankenbestimmungen (Wesen – Schein – Reflexion) als *metakategoriales* Potenzial entwickelt. Die *Logik* nicht nur von ihrer teleologischen Vollständigkeit her als unauftrennbare Einheit zu lesen, sondern auch von anderen Kriterien her als offenere Synthese, ist z. B. auch durch den Umstand gerechtfertigt, dass ihre generelle und für die gesamte *Logik* gültige Methode der „Einheit von Darstellung und Kritik"[46], „in der die Denkbestimmungen sich ‚selbst untersuchen' und ‚ihren Mangel aufzeigen'"[47] sollen, durch eine zweite, deutlich desintegrativere Ordnung ergänzt wird: „Allerdings haben die einzelnen Teile der hegelschen Logik – die Logik des Seins, des Wesens und des Begriffs – zur Metaphysik eine unterschiedliche Stellung. Nicht die Logik schlechthin, bloß die ‚objektive', welche die Seinslehre und die Lehre vom Wesen umfaßt, sollen an die Stelle der vormaligen Metaphysik treten."[48] Demnach verläuft eine Trennlinie zwischen *objektiver* und *subjektiver Logik* anhand der Funktion der Kritik und ihres Gegenstandes[49]: Die *objektive Logik* ist mit der Kritik und sukzessiven Ersetzung der alten Metaphysik beschäftigt, die *subjektive Logik* vornehmlich mit der Erfüllung der neuen in ihrer logischen Vollständigkeit. Im Verhältnis wiederum von *Seinslogik* zu *Wesenslogik* innerhalb der *objektiven Logik* nimmt die *Wesenslogik*, emblematisch deutlich in ihrem ersten Satz sichtbar, den Status ein, die „Wahrheit" der alten Metaphysik zu enthalten, d. h. *deren* Fragen in den Zustand ihrer Wahrheit zu überführen, nachdem die *Seinslogik* vor allem die ungenügenden Antworten der alten Metaphysik kenntlich gemacht hat. Diese Fragen der alten Metaphysik jedoch, so Hegel, welche durch die neue kritische Metaphysik der *objektiven Logik* nicht als Fragen aufgelöst, sondern im Gegensatz zur alten Metaphysik nur auf wahrhafte Weise – im Rahmen der Wahrheitsmöglichkeiten dieser Fragen – beantwortet

---

45 Dass eine solche Zuweisung zu unlösbaren Problemen führt, hat das Kapitel zu Kants *Kritik der reinen Vernunft* (Kap. 1 im Hauptteil I) gezeigt.
46 Theunissen: *Sein und Schein*, S. 14. Vgl. zum methodischen Konzept des „Zuschauens", das dabei zum Tragen kommt, auch Claudia Wirsing: „Das reine Zusehen. Absolute Bildung in Hegels Wissenschaft der Logik", in: *Bildung der Moderne*, hg.v. Michael Dreyer, Michael N. Forster, Kai-Uwe Hoffmann, Klaus Vieweg, Tübingen 2013, S. 181–196.
47 Theunissen: *Sein und Schein*, S. 15.
48 Theunissen: *Sein und Schein*, S. 24.
49 Wie weitreichend diese Trennlinie ist, wie fest oder scheinhaft, ist sicherlich Gegenstand verschiedener Meinungen, aber *dass* diese Trennlinie existiert, wohl nicht. Damit aber kann sie in jedem Fall Begründungsfunktion für Unternehmungen haben, die sich auf einzelne potenzielle Aspekte von Hegels *Logik* konzentrieren.

werden sollen, sind solche, die „die Natur des E n s überhaupt erforschen" (GW 21, S. 48): also die Frage nach dem Wesen des Seienden *als* Seiendes, des „Realen überhaupt". Es gilt zu entscheiden, ob man den Übergang der *Wesens-* zur *Begriffslogik* so versteht, als würden sich nun nicht mehr nur die Antworten der alten Metaphysik (wie sie in der *Seinslogik* abgebildet sind) als obsolet herausstellen, sondern als würden sich auch bereits die *Fragen* der alten Metaphysik nach dem *Ens* auflösen – oder ob man die neue Wissenschaft des Begriffs in der *Begriffslogik* (auch) als eine *komplementäre* Wissenschaft versteht, welche eben einzig *die* Fragehorizonte, die durch die Metaphysik der *objektiven Logik* (auch in ihrer wahrhaften wesenslogischen Form) nicht beantwortet oder gar nicht gestellt werden können, in einer neuen logischen Wissenschaft ergründet. Diese zweite Ansicht, welche hier vertreten wird, versteht die Defizite der *Wesenslogik*, wie sie vor allem in deren zweiten Teil erscheinen und den Übergang in die *Begriffslogik* vorbereiten, nicht als *auflösende* bzw. die *Seins-* und *Wesenslogik* und ihre Fragen gänzlich *verabschiedende*, sondern einfach als Hinführung zu *anderen* Frage- und Denkgebieten des Logischen, die sich dann seins- oder wesenslogisch nicht mehr angemessen beschreiben lassen, sich zwar aus den Problembeständen der *Seins-* und *Wesenslogik* ergeben, aber zugleich nicht einfach deren begriffliche Muster in jeder Hinsicht obsolet machen. Die *Wesenslogik* wird durch die *Begriffslogik* nicht obsolet gemacht, sondern sie enthält die weiterhin gültigen Antworten auf die alten Fragen der Metaphysik nach dem Wesen des *Ens*, wie sie in der *Seinslogik* erscheinen. Die *Begriffslogik* dagegen formuliert nicht mehr die Antworten der alten Metaphysik um, sondern sie *beginnt* zumindest mit anderen Fragen, nämlich denen nach den kategorialen Gehalten der Vernunfttätigkeiten (Begriff, Urteil, Schluss). Deshalb ist der genetische Zusammenhang von *Seins-* und *Wesenslogik* auf dieser Ebene enger als der der *Seins-* und *Wesenslogik* zur *Begriffslogik*; ein Unterschied, der gelegentlich in der Forschung thematisiert wird.[50]

Die Größe und Komplexität der *Logik* liegt m. E. gerade darin, nicht einsinnig und einsträngig bestimmte metaphysische Fragen und Antworten in ihrem Fortgang diffamierend gänzlich zu verabschieden, indem sie im Prozess der sie tragenden Kategorien aufgehoben werden, sondern *auch* jeweils die Geltungsbedingungen und Geltungsmöglichkeiten verschiedener metaphysischer Ordnungen und Beschreibungssysteme, wie sie vom Sein bis zum Begriff auftreten, aufzuzeigen. Dass diese teleologisch geordnet sind und sich auseinander als

---

[50] Vgl. Christian Iber: „Hegels Konzeption des Begriffs", in: *G.W.F. Hegel. Wissenschaft der Logik*, hg.v. Anton Friedrich Koch und Friedrike Schick, Klassiker Auslegen, Bd. 27, Berlin 2002, S. 181–201, hier: S. 181.

Architektur höherstufiger Prozessualität bis hin zur „absoluten Idee" ergeben, bedeutet nicht, dass sie einander deshalb im Fortgang *nur* zum Verschwinden bringen. Anders gesagt: Die *Logik* darf nicht so verstanden werden (die differenzierende Dimension von „Aufhebung" sträflich missachtend), als würden vorhergehende Kategorien, kategoriale Themenfelder und Stufen einfach nur überschrieben werden und damit quasi überholt. Denn das würde die absurde Konsequenz erzeugen, dass die *Logik* ein dickes Buch mit dünnem Resultat wäre: Wirklich ‚wahr' und ‚funktionstüchtig' wäre demnach nur das letzte Kapitel als Ergebnis, in dem alle vorhergehenden Kapitel verschwunden sind und das selbst nicht mehr derart defizitär ist, dass es von einem weiteren Schritt ‚verbessert' werden müsste. Die anhaltende Aktualität der *Logik* besteht m. E. viel eher in dem Umstand, in den verschiedenen Teilen, Kapiteln und Abschnitten vom reinen Sein zur absoluten Idee *neben* der teleologischen, formal eher sukzessiv-zeitlichen Struktur der Überschreibung unangemessener durch angemessenere Kategorien *zugleich* eine räumliche Ordnung von logischen Problembeschreibungsprozeduren zu finden, die *nebeneinander* bestehen können und trotz ihrer je verschiedenen philosophischen Ausarbeitung und Problemanfälligkeit für bestimmte Fragestellungen *weiterhin* Gültigkeit besitzen. Das leuchtet schon von der philosophischen Praxis her ein, die Hegel auch stets im Auge hatte: Bestimmte Fragen benötigen Begrifflichkeiten mit einer höheren, genaueren und komplexeren Auflösung; andere wiederum, ohne dass sie dadurch bereits obsolet wären, kommen mit einfacheren, in mancherlei Hinsicht vielleicht problematischeren Begrifflichkeiten aus, die aber möglicherweise auf diese Fragen viel passender zugeschnitten und viel funktionaler ausgerichtet als höhere, komplexere begriffliche Instrumente sind. Das bedeutet deshalb nicht, dass die Antworten in diesem Rahmen weniger komplex sind, aber ihre Explikation benötigt die Detailbezogenheit, die einzelnen Kategorien und den damit verbundenen Problemkomplexen zukommt. Genau in diesem Sinn soll hier das „Erste Kapitel" der *Wesenslogik* in Bezug auf die Frage nach der Beschreibung minimaler kategorialer „Realität überhaupt" als innerhalb der *Logik* angemessenster Schlüssel verstanden werden, auch wenn dieses Kapitel nicht ‚die' Wahrheit der *Logik* überhaupt bereitstellt bzw. seine Begrifflichkeiten selbst nicht in anderen Hinsichten kritikwürdig sind. Für den begrenzten Rahmen unserer Fragestellung also, die nicht den Zusammenhang der „absoluten Idee" im Ganzen im Blick hat und diesen zu interpretieren unternimmt, sondern lediglich die Frage nach den metaphysischen kategorialen Minimalbedingungen von „Realität überhaupt" stellt (und damit die Frage danach als grundsätzlich sinnvoll erachtet), ist es gerade die *Wesenslogik*, die es zu untersuchen gilt. Dabei kommt deren Anfangskapitel wiederum eine besondere Bedeutung zu, weil es erstens die reinen logischen Vollzugsformen des Wesens analysiert – und noch nicht deren Produkte (Reflexionsbestimmungen) –

also gewissermaßen die Grammatik des Wesens enthält, und zweitens noch nicht in den Resultaten des Wesens bereits die Bedingungen entfaltet, welche seine Defizienz aufzeigen und demnach in die Logik des Begriffs hinüberführen.

Im Folgenden soll deshalb also der Vorschlag unterbreitet werden, das schon von mehreren Interpreten in verschiedenen Zusammenhängen als besonders gewichtig fokussierte Kapitel „Der Schein" zu Anfang der *Wesenslogik*, welches die *Reflexionsformen* des Wesens entfaltet und zu dessen *Reflexionsbestimmungen* übergeht, in eben dieser Hinsicht als eigentliches Zentrum einer Reflexion auf die kategoriale Minimalform von „Realität überhaupt" zu lesen und die Kategorienentwicklung im logischen Davor (*Seinslogik*) und Danach (spätere *Wesenslogik*, *Begriffslogik*) als bezogen auf die Durchdringung eben dieses Kerngedankens zu verstehen. Immerhin hebt Hegel die *Wesenslogik* in der *Enzyklopädie* dadurch hervor, als „(der schwerste) Theil der Logik" (GW 20, S. 145, § 114) gelten zu dürfen: eine Kennzeichnung, die nicht nur eine der Darstellungsform, sondern auch eine der Sache ist, und die anhand der Forschung anzeigt, welche sich überlagernden Bedeutungsschichten an ihr freizulegen sind. Gerade das „Erste Kapitel" des „Ersten Abschnitts" der *Wesenslogik* also („Der Schein"), welches in der Forschung so differente Bewertungen erfahren hat[51] und das Hegel noch dazu in der Kurzfassung der *Wesenslogik*, in der *Enzyklopädie*, beinahe gänzlich auslässt bzw. auf wenige Sätze zusammenschmilzt, wird in minimaler realitätskategorialer Hinsicht als Schaltstelle und Zentrum der gesamten *Logik* betrachtet: also nicht, wie bspw. bei Dieter Henrich, als esoterisches Methodenkapitel der *Logik*, sondern vielmehr als spekulative Entfaltung der kategorialen Grundstruktur jedes sinnvollen philosophischen Zugriffs auf den philosophischen Begriff der Realität.

---

51 Vgl. Dieter Henrich: „Hegels Logik der Reflexion", in: Ders.: *Hegel im Kontext*, Berlin 2010, S. 95–157, hier: S. 122f. John M. E. McTaggert (*A commentary on Hegel's logic* (1910), Reprint, Bristol 1990, S. 99) hat wirkmächtig eben die scheinbare Isolation und funktionale Desintegration des „Schein"-Kapitels als argumentative Schwäche gelesen und demzufolge die straffere Struktur der *Enzyklopädie* für vorteilhafter erklärt: „The three categories of the triad of Show – Essential and Unessential, Show, and Reflection, find no place in the Encyclopedia, where the Doctrine of Essence starts with the category of Identity. In this the later work seems to me much superior to the earlier." Iber (*Metaphysik absoluter Relationalität*) wiederum liest das erste Kapitel ebenfalls als Zentrum der *Logik*, allerdings als Erörterung der ontologischen Metaphysik absoluter autonomer Relationalität. Zur problematischen Frage (gegen Henrich), ob es sich bei Hegels Erörterungen dieses Kapitels wirklich um Methodenüberlegungen handelt und ob überhaupt die dialektische Grundstruktur der Reflexion darin sinnvoll als „Methode" bezeichnet werden kann, vgl. Michael Wolff: „Hegels Dialektik – eine Methode? Zu Hegels Ansichten von der Form einer philosophischen Wissenschaft", in: *Hegel. 200 Jahre Wissenschaft der Logik*, hg.v. Anton Friedrich Koch, Friedrike Schick, Klaus Vieweg, Claudia Wirsing, Hamburg 2014, S. 71–86.

Methodologisch könnte man zum Verständnis dieses Zugriffs analogisch-erläuternd (d. h. als illustrative Stütze) auf Walter Benjamins, im Übrigen in großer Sachnähe zu Hegels *Logik* entworfene[52] Philosophie der „Idee" in der „Erkenntniskritischen Vorrede" verweisen. Benjamin bestimmt dort die temporale Logik der Idee im Rückgriff auf den Modus des „Ursprungs" folgendermaßen:

> Im Ursprung wird kein Werden des Entsprungenen, vielmehr dem Werden und Vergehen Entspringendes gemeint. Der Ursprung steht im Fluß des Werdens als Strudel und reißt in seine Rhythmik das Entstehungsmaterial hinein. Im nackten offenkundigen Bestand des Faktischen gibt das Ursprüngliche sich niemals zu erkennen, und einzig einer Doppeleinsicht steht seine Rhythmik offen. Sie will als Restauration, als Wiederherstellung einerseits, als eben darin Unvollendetes, Unabgeschlossenes andererseits erkannt sein.[53]

Die tragende Gestalt und das prinzipielle Zentrum des logisch Wesentlichen des minimalen kategorialen Begriffs von „Realität überhaupt", so könnte man die Fragestellung mit Benjamin verständlich machen, stehen nicht einfach am logischen Anfang oder Ende des vollständigen begrifflichen Zusammenhangs der Idee. Vielmehr finden sie sich positional eingegliedert *innerhalb* der ‚Evolution' des Kategorialen („im Fluß des Werdens") und doch zugleich wie ein senkrechter Schnitt *quer* dazu in einer horizontalen Struktur („dem Werden und Vergehen Entspringendes"). Als „Strudel" etabliert diese Position eine *zweite Ordnung* neben der linear aufsteigenden Progression vom Sein zur Idee. Gerade der Charakter des „Unvollendete[n], Unabgeschlossene[n]" der Reflexionsformen in Bezug auf die lineare Ordnung des gesamten logischen Zusammenhangs, in der sie eben nicht das letzte Wort darstellen, garantiert dabei ihre besondere bedeutungslogische Strahlkraft: weil sie so eine bestimmte Art der noch *offenen Potenzialität*[54] beherbergen, die befreit ist von der Last, das Ganze der *Logik* an sich ausbilden zu

---

52 Vgl. dazu ausführlich die originelle und sehr fundierte Studie von Jan Urbich (*Darstellung bei Walter Benjamin. Die ‚Erkenntniskritische Vorrede' im Kontext Ästhetischer Darstellungstheorien der Moderne*, Berlin/Bosten 2012, S. 147–157). Entgegen der immer noch gängigen Auseinandersetzung Benjmains mit der kantischen Philosophie, hat Jan Urbich als erster überhaupt das philosophisch Gemeinsame von Benjamins und Hegels Metaphysik systematisch und detailliert aufgeschlüsselt. Vgl. hierzu paradigmatisch auch seine Walter-Benjamin-Vorlesungen an der Universität Girona (Jan Urbich: *Benjamin and Hegel. A Constellation in Metaphysics. Walter Benjamin-Lectures at the Càtedra Walter Benjamin*, Girona 2016).
53 Walter Benjamin: „Ursprung des deutschen Trauerspiels", in: Ders.: *Abhandlungen. Gesammelte Schriften*. Bd. I.1, Frankfurt am Main 1991, S. 203–430, hier: S. 226.
54 Hans Heinz Holz hat dementsprechend den benjaminschen Begriff des Ursprungs auch als Markierung des „Aktualisierbaren" an bestimmten theoretischen Beständen verstanden (Hans Heinz Holz: „Prismatisches Denken", in: *Über Walter Benjamin*, Frankfurt am Main 1968, S. 62–111, hier: S. 65).

müssen, und so als einzelnes Glied innerhalb der *Logik* zugleich in besonderer Weise die Erklärungskompetenz gleichwohl vollendeter minimaler Bedingungen zu beherbergen vermögen. Das so mithilfe von Hegels enormer logischer Problemlösungskompetenz erreichte Mindestset einer begrifflichen Norm des Realseins mag nicht für ein Gesamtprojekt wie das der *Logik* Hegels, wohl aber für unsere Fragestellung ausreichend entwickelt und begründet sein. Es soll nicht vollständig *abgelöst* werden von den hegelschen Bedingungen seiner Erarbeitung – wohl aber *übertragbar* sein auf begriffliche Programme anderer philosophischer Theorierahmen. Ein solches Vorgehen versucht also die Mitte zu wahren zwischen einer reflexionslosen und gewaltsamen Nutzung von historischen Theorieangeboten als Ideensteinbrüchen und der rein immanenten Rekonstruktion von diesen. Deshalb soll im Folgenden auch *zuerst*, entgegen der linearen zielgerichteten Ordnung der *Logik*, dieses realitätskategoriale Argumentationszentrum der Reflexionsformen ausführlich erläutert werden.

7 Der Anfang der *Wesenslogik:* Der Umbau des Bestimmens

„Die Wahrheit des Seins ist das Wesen." (GW 11, S. 241)[55] Mit dieser thetischen Einsicht, gleichsam Prämisse und Ziel der folgenden Argumentation, beginnt Hegel die *Wesenslogik*. Zugleich geben die ersten Abschnitte in gedrängter Form eine erste Begründung dafür, warum gerade das Wesen in besonderer Weise dafür geeignet ist, den Begriff der kategorialen Minimalbedingungen des Wirklichseins zu bestimmen. Indem das Wesen als „Sein in Wahrheit" bzw. Wahrheit *über* das Sein ausgemacht wird, kommt ihm eine Doppelbewegung zu, die den Kern der Anfangsüberlegungen der *Wesenslogik* bildet. Dabei ist das Wesen bestimmt als der Weg „des Hinausgehens über das Sein" bzw. „des Hineingehens in dasselbe" (GW 11, S. 241), sodass in ihm „das Seyn [...] nicht verschwunden" (GW 20, S. 143, § 112), sondern vielmehr mit sich selbst *vermittelt* ist. „Im Sein ist alles unvermittelt, im Wesen dagegen ist alles relativ." (TWA 8, S. 230, § 111 [Zusatz]) Der damit angedeutete Unterschied von Vermittlungslosigkeit und Vermittlung, demzufolge Kategorien in der Form des Wesentlichen im Gegensatz zu denen des Seins wesentlich *vermittelt* sind, reicht natürlich nicht aus, wenn nicht genauer bestimmt ist, was hier *Vermittlung* im Besonderen heißt. Schließlich war das *Übergehen* der Kategorien ineinander und damit eine *Art* von Vermittlung auch die tragende Methode, um den Fortgang in der *Seinslogik* zu gewährleisten. Folglich kann Vermittlung in dieser begrifflichen Unschärfe nicht Alleinstellungsmerkmal der *Wesenslogik* sein. Die einfache Zuschreibung von Vermittlung oder Vermittlungslosigkeit an die Kategorien genügt nicht, um Sein und Wesen zu unterscheiden, wenn dafür diese Zuschreibungen (von Vermittlung und Vermittlungslosigkeit) nicht in neuer Weise vorgenommen werden. Die traditionelle Metaphysik unterscheidet das Wesen dadurch vom Sein, dass es als etwas „h i n t e r diesem Sein" (GW 11, S. 241) Liegendes begriffen sowie im Unterschied

---

[55] Die folgenden Seiten knüpfen an Überlegungen aus folgendem Aufsatz an und führen diese weiter: Claudia Wirsing: „Grund und Begründung. Die normative Funktion des Unterschieds in Hegels Wesenslogik", in: *Hegel. 200 Jahre Wissenschaft der Logik*, hg.v. Anton Friedrich Koch, Friederike Schick, Klaus Vieweg, Claudia Wirsing, Hamburg 2014, S. 155–177. Im Aufsatz wird, mit Blick auf den Gesamtstand der Logik und abseits des spezifisch systematischen Problems der vorliegenden Arbeit, das Defizitäre der *Wesenslogik* in Hinsicht auf die *Begriffslogik* ebenfalls in den Blick genommen; diese Perspektive entfällt hier weitestgehend aufgrund der systematischen, nicht hegelinternen Fokussierung auf den Problemstand des kategorialen Minimalbegriffs der Realität, der eben im Raum wesenslogischen Denkens – wie problematisch dessen Signaturen im Hinblick auf das Gesamtprojekt der Logik auch immer sein mögen – scharf zu fassen ist.

OpenAccess. © 2021 Claudia Wirsing, publiziert von De Gruyter. Dieses Werk ist lizenziert unter einer Creative Commons Namensnennung 4.0 International Lizenz.

von *wesentlich* und *unwesentlich* vom Sein unterschieden wird. Hegel kritisiert jedoch gleich zu Beginn diese Abstraktion des Wesens als Rückfall in die Sphäre seinslogischen Denkens, aus dem es sich doch erhoben zu haben meinte. Denn wo das Wesen so gedacht wird, dass es als „N e g a t i o n der Sphäre des Seyns" (GW 11, S. 245) das Produkt einer äußerlichen Reflexion ist und dem Sein gegenübersteht, fällt es in das „r e i n e S e y n" (GW 11, S. 241) des Anfangs zurück: Wesen ist dann das, was übrig bleibt, wenn alles bestimmte Sein hinweggedacht ist und damit nur Schellings Absolutes als unbestimmter, leerer Inbegriff von Allem übrig bleibt.[56]

Das Wesen ist einerseits *nichts anderes als* das Sein insofern, als „dieser Gang [...] die Bewegung des Seyns selbst" (GW 11, S. 241) ist: Das Sein selbst wird „durch dies Insichgehen zum Wesen", weil die „Bewegung als Weg des Wissens", welche „beim Wesen als einem Vermittelten anlangt", gerade nicht „dem Seyn äusserlich sey" (GW 11, S. 241). „Das Wesen aber, wie es hier geworden ist, ist das, was es ist, nicht durch eine ihm fremde Negativität, sondern durch seine eigne, die unendliche Bewegung des Seyns." (GW 11, S. 242) Der Satz „Das Wesen ist das a u f - g e h o b e n e S e y n" (GW 11, S. 245) bringt es wiederum thetisch auf den Punkt: Die Kontinuität zwischen Sein und Wesen muss dergestalt begriffen werden, dass im Wesen die inneren Widersprüche und begrifflichen Grenzen der Logik des Seins ihre adäquate Lösung *aus sich selbst* gefunden haben. Das Wesen ist das, worauf sich der logische Bereich des Seins als Ganzes in der Dynamik seiner inneren, unlösbaren Nicht-Identität zwischen logischen Beschreibungsansprüchen und logischen Beschreibungsmöglichkeiten zubewegt. Die Bestimmtheiten und bisher in der *Logik* erarbeiteten begrifflichen Ergebnisse des Seins werden im Wesen nicht einfach überwunden, so wie frühere, historisch gewordene Positionen in den Naturwissenschaften von gänzlich neueren, anderen und ‚besseren' Paradigmen überwunden werden und gänzlich veralten, d. h. ihren Geltungsanspruch vollständig aufgeben müssen und nur noch als historische Quellen gegenwärtiger Beschreibungssysteme angesehen werden können. In dieser Hinsicht sagt Hegel, das Wesen sei das „zeitlos vergangene Seyn"[57] (GW 11, S. 241), d. h. das eben nicht im Sinne eines zeitlich überwundenen Vergangenen, sondern vielmehr das in die neue Stufe des Wesens ganz aktuell weiter Hineinragende.

Diese Kontinuität des Seins im Wesen muss aber in der Weise verstanden werden, dass die Bestimmtheiten des Seins im Wesen nicht einfach übernommen

---

56 Vgl. Iber: *Metaphysik absoluter Relationalität*, S. 32–36.
57 Vgl. zu diesem Ausdruck bei Hegel Lore Hühn: „Zeitlos Vergangen. Zur inneren Temporalität des Dialektischen in Hegels ‚Wissenschaft der Logik'", in: *Der Sinn der Zeit*, hg. v. Emil Angehrn, Christian Iber u. a., Velbrück 2002, S. 313–331.

und weitergeführt werden, bestenfalls vielleicht angepasst und erweitert: sondern sie werden eliminiert, indem sie „reformuliert [...] als Wesensbestimmungen"[58] erscheinen. Das Wesen ist somit sowohl aus dem Sein hervorgegangenes und deshalb kontinuierliches *Resultat* des Seins, als auch zugleich und in Einheit damit das Andere *zum* Sein, weil dieses im Wesen einer derart neuen Lösungsqualität seiner begrifflichen Probleme zugeführt wird, dass ein völlig neues Gesamtfeld innerhalb der *Logik*, eben das des Wesens, entsteht, und damit diese neue Lösungsqualität nicht mehr als neuer Schritt *innerhalb* der *Seinslogik* – sondern als Schritt aus ihr heraus – verstanden werden darf. „Das Wesen muß also alles, was das Sein war, enthalten, aber so enthalten, daß es dies ‚alles' zugleich *in neuer Interpretation* enthält."[59] Für das Wesen gilt deshalb: „[...] es u n t e r s c h e i d e t die Bestimmungen, welche es a n s i c h enthält." (GW 11, S. 242) Die Reformulierung der Bestimmungen des Seins folgt so, das ist entscheidend, *im Ganzen* einem anderen und neuen Regelsystem, einer neuen Norm ihrer begrifflichen Entfaltung. Nicht nur werden alle einzelnen Bestimmungen des Seins für sich nochmals durchdacht, sondern dieses erneute Durchdenken geschieht auf der Basis einer *veränderten logischen Grammatik*. Die *Wesenslogik* ist deshalb von dem Gedanken getragen, dass die Bestimmung von Etwas als „wesentlich" eine *andere* Begriffsarchitektur, genauer eine andere semantische *Infrastruktur* eben dieser Bestimmungen voraussetzt als die Bestimmungen des Seienden als „seiend". Das eben meint die Formulierung, dass im Wesen die Bestimmungen des Seins, die es als dessen legitimer Nachfolger bereits „an sich", d. h. unreflektiert und beziehungslos zu sich, enthält, noch einmal und zugleich gänzlich neu „unterschieden", d. h. dergestalt neu vermessen werden, dass sie einem neuen grundsätzlichen Zuschnitt unterliegen. Die Kritik an so manchen hegelschen ‚Verschiebungen' von Gedankenbestimmungen innerhalb der *Logik*, welche manchmal vorschnell semantische Umbesetzungen als bloß strategische Kniffe beschreibt – hier ist im Rahmen der *Wesenslogik* natürlich vor allem an die von Dieter Henrich herausgearbeitete, nach seiner Kritik nicht vollständig vermittelte radikale Bedeutungsverschiebung von „Unmittelbarkeit" zu denken, die später noch genauer erläutert werden wird –, darf nicht übersehen, in welcher Weise die Notwendigkeit solcher Verschiebungen auf einsichtige Weise in der Grundanlage des Übergangs von der *Seins-* zur *Wesenslogik* begründet liegt. Der strukturlogische Gehalt aber dieser neuen Grammatik kategorialer Beschreibung, die generelle Grundform wesenslogischer Bestimmungen und damit die kritische Konsequenz, welche die Logik des Wesens *im Ganzen* aus der Logik des Seins *im*

---

58 Iber: *Metaphysik absoluter Relationalität*, S. 40.
59 Iber: *Metaphysik absoluter Relationalität*, S. 28.

Ganzen zieht, entfaltet bereits deutlich eben die Bedingungen, aus welchen sich dann im Besonderen der Reflexionsformen die realitätskategorialen Potenziale der *Wesenslogik* ergeben:

> Dieses Bestimmen ist denn anderer Natur, als das Bestimmen in der Sphäre des Seyns, und die Bestimmungen des Wesens haben einen andern Charakter als die Bestimmtheiten des Seyns. Das Wesen ist absolute Einheit des An- und Fürsichseyns; sein Bestimmen bleibt daher innerhalb dieser Einheit, und ist kein Werden noch Uebergehen, so wie die Bestimmungen selbst nicht ein A n d e r e s als anderes, noch Beziehungen a u f A n d e r e s sind; sie sind Selbständige aber damit nur als solche, die in ihrer Einheit miteinander sind. (GW 11, S. 242)

Hegel macht hier deutlich, dass es die Grammatik des *Bestimmens überhaupt* ist, die im Übergang von der *Seins-* zur *Wesenslogik* eine Transformation erfährt. Nicht nur werden also alle Bestimmungen je für sich, d. h. einzeln, korrigiert und damit neu beschrieben: „Sein" taucht wieder auf als „Identität" bzw. „Positives", „Nichts" als Negativität etc. Die metakategoriale *Bestimmung des Bestimmtseins* als *reflexive Bestimmung zweiter Ordnung* und somit die Geltungsbedingungen des „Begrifflichen überhaupt", *insofern* es überhaupt bestimmt ist, sind es, welche vollständig modifiziert auftreten. In dieser Neubestimmung des „Bestimmens überhaupt" im Übergang von der *Seins-* zur *Wesenslogik* wird aber damit zugleich auch die kategoriale Minimalform von „Realität überhaupt" neu justiert: Denn das Kapitel zum kategorialen Realitätsbegriff bei Kant (Kap. 1 im Hauptteil I) hatte bereits ergeben, dass die *Kategorie* des minimalen Realen eben den logischen Grundriss des Zusammenhangs von Bestimmtsein und Bestimmtwerden, vorgängiger Seinsbestimmtheit und intentionaler Aktbestimmtheit ausmisst und beschreibt. Indem also die ‚methodischen' Anfangskapitel der *Wesenslogik* in der Explikation von Schein, Reflexionsformen, Negativität und Reflexionsbestimmungen ihren wesentlichen Gehalt finden, werden damit nicht nur die Bedingungen der logisch-dialektischen ‚Methode' zumindest teilweise expliziert[60],

---

60 So bekanntlich Henrich: *Hegels Logik der Reflexion*, S. 104. In diesem Zusammenhang bringt Henrich ein Problem zur Sprache: Er kommt nämlich auf die Verständnisschwierigkeiten des Hegel'schen Werkes zu sprechen und führt diese partiell auf den Umstand zurück, „daß Hegel selber an keiner Stelle seines Werkes anders als beiläufig über das von ihm verwendete Verfahren gehandelt hat. Das System gibt sich den Anschein der Einsichtigkeit für alle, die sich nur überhaupt auf es einlassen [...]. [N]irgends, wo die Gelegenheit dazu gegeben war, hat Hegel einen besonderen Gedankenfortschritt auch nur in der Form einer Skizze vollständig charakterisiert. [...] Man wird deshalb vermuten müssen, daß Hegel zwar ein Verfahren, das selber eigentlich eine Sequenz von Verfahren ist, gebrauchte und beherrschte, daß er aber keinen ausgearbeiteten Begriff von ihnen und dem Gesetz ihrer Abfolge und den besonderen Bedingungen ihrer Anwendung besaß. [...] Vieles spricht auch dafür, daß er selbst bei großer methodischer Anstrengung

sondern auf diese Weise ergibt sich auch erstmals in der *Logik* die angemessene Einsicht in die begrifflichen Prozesse, durch welche dem „Realen überhaupt" eine *angemessene* operationale, minimale, kategoriale Gestalt zukommt, mittels derer bzw. auf deren Grundlage dann die weiteren Stufen und Formen des wahrhaft Seienden beschrieben werden können.

Darüber hinaus gilt es festzuhalten, welchen Bedeutungsgehalt eben diese Entscheidung Hegels innehat, das kategoriale Minimalverhältnis von „Realsein überhaupt", wie hier vorgeschlagen, in Form der selbstbezüglichen *wie* selbstreferenziellen Metakategorie der Bestimmtheit – d. h. der Grammatik der Bestimmtheit von Bestimmtheit – zu reformulieren. Indem, wie noch zu zeigen sein wird, die Logik der Reflexionsformen (setzende – äußere – bestimmende Reflexion) die *aktiven* und *passiven* Hinsichten von Bestimmtheit (Bestimmen – Bestimmtsein) als Beziehungsrichtungen *ein- und derselben* Reflexionsbewegung versteht, die sich selbst entgegensetzen, wird der minimale Begriff von „Realsein überhaupt" grundsätzlich als das jeder weiteren inhaltlichen Besetzung stets vorgängige, wirksame *Interagieren von Bestimmungsrichtungen überhaupt* verstanden. Minimales Realsein greift nicht erst auf der Ebene, auf der substanzielle allgemeinste Bestimmungen wie Subjekt/Objekt o.Ä. in Form zueinander äußerlicher Entitätsweisen eine Struktur von existierender Äußerlichkeit bilden, sondern – und dies in logisch komplexer Weise aufzuzeigen, ist nicht das kleinste Verdienst von Hegels *Logik* – diesen kategorialen, *generischen* Sekundärstrukturen von Realität liegt eine *generative* begriffliche Grundstruktur zugrunde, die als *vorgängige Wirksamkeit interagierender Bestimmtheit* gedacht werden muss und

---

die Mittel nicht gefunden hätte, sich über die logische Praxis seines Grundwerkes zu verständigen" (Henrich: *Hegels Logik der Reflexion*, S. 101 bzw. 104). Offensichtlich wirft Henrich Hegel hier nicht nur einfach vor, bestimmte methodische Züge seines Vorgehens ungenügend zu explizieren, also, grob gesagt, unklar zu formulieren. Der Vorwurf erweitert sich auf eine bestimmte *Begründungspraxis:* Hegel habe es nicht verstanden, bestimmte Bedingungen und Gründe seiner Methode einsichtig zu machen, die es erst erlauben würden, überhaupt Maßstäbe an der Hand zu haben, um die Methode auf sichere Füße zu stellen und vom eigentlichen inhaltlichen Vorgehen sauber zu unterscheiden. Natürlich weiß auch Henrich, dass es selbst wiederum zu Hegels philosophischem Programm gehört, dass die „Idee [...] keine Methode kennen [kann], die ihrer Selbstentfaltung abstrakt gegenüberstünde, so daß sich ihr Prozeß kraft einer Art von ‚Anwendung' der Methode vollzöge" (Henrich: *Hegels Logik der Reflexion*, S. 102). Der Vorwurf ungenügender Begründung bleibt jedoch, selbst wenn man dies konzediert, bestehen. Vor der Folie dieser Kritik kommt dem „Grund"-Kapitel in der *Wesenslogik* m. E. eine besondere Bedeutung zu. Denn hier versucht Hegel nicht nur zu erklären, wie das *Wesen als Grund* zu denken ist, sondern auch zu zeigen, was es kategorial überhaupt heißt, *ein Grund für etwas zu sein*. Die dort angestellten Überlegungen geben damit zumindest Hegels eigene Folie dafür ab, die *Bedingungen von Begründungsleistungen überhaupt* zu explizieren und somit möglicherweise auch das eigene Vorgehen im Licht dieser Explikationen näher zu begreifen.

aus der sich erst die generischen Bestimmungszentren wie begriffliche Kristallisationen (wie Subjekt/Objekt) ergeben. Hegel führt dies deutlich durch den Unterschied von Reflexionsformen und Reflexionsbestimmungen vor, wobei sich die Letzteren eben aus den Ersteren als ihren operativen Erzeugungsregeln erst ergeben und damit als diesen nachgängig gedacht werden müssen. Der letzte kategoriale Grund von „Realität überhaupt" muss als vorgängiges Aufgeschlossensein eines *dadurch* Unterschiedenen *füreinander* gedacht werden, welches als *wechselseitiger* Einschluss des Bestimm*ens* und Ausschluss des Immer-schon-Bestimmt*seins* bestimmt ist, woraus dann Bestimm*theiten* zuallererst hervorgehen: und nicht als bloß äußerliches Repräsentieren des bestimmten Einen für das bestimmte Andere.

8 Das Metaformat der Subjektivität des Wesens

Der eben explizierte Zusammenhang von Sein und Wesen im Übergang von der *Seins-* zur *Wesenslogik* weist auch noch in anderer Weise auf die zu Beginn der Wesenslogik explizierte kategoriale Minimalstruktur von „Realsein überhaupt": indem der Zusammenhang des Übergangs vom Sein zum Wesen auch ein bestimmtes *inhaltliches* Moment dieser kategorialen Minimalstruktur bereits verwirklicht, wenn auch noch nicht erläuternd entfaltet. Denn indem das Wesen als Logik „absoluter Relationalität"[61] und begrifflicher Vermittlung *nichts anderes gegenüber* der unvermittelten, absolut äußerlichen Unmittelbarkeit des Seins ist, sondern vielmehr dieses Sein an sich selbst in dieses Wesen übergeht, beginnt die *Wesenslogik* bereits strukturell mit der Einsicht, dass die Äußerlichkeit des Seienden nichts bloß Vorgängiges und die Immanenz des Begrifflichen nichts bloß Nachträgliches *gegeneinander* sein dürfen. Indem das Wesen in obigem Zitat bereits gleich zu Anfang als Struktur *innerer* Unterschiede gefasst wird, deren Gegensatz kein Übergehen in Anderes mehr meint, kommt die kategoriale Prämisse zum Ausdruck, dass der realitätskategorisch fundamentale Unterschied von äußerlichem Vorhandensein (Sein) und begrifflich-vermittelnder Konstruktion (Wesen) nur mehr als innere Selbstunterscheidung *eines* Zusammenhangs des Realen zu denken ist. Das Wesen als die „absolute Gleichgültigkeit gegen die Grenze" (GW 11, S. 243) und damit als „[F]reimachen von aller *seienden* und *unmittelbaren* Bestimmtheit"[62] erlaubt es nicht mehr, auch letztgültige Unterscheidungen wie Unmittelbarkeit und Vermittlung, Gegebenheit und Konstruktion, Bestimmtsein und Bestimmen als einzig in äußerlichen Entgegensetzungen begriffene und sich so einseitig bloß begrenzende Bestimmungen zu verstehen: weil sie stets als *Sich-von-sich*-Unterscheiden oder als „a b s o l u t e [r] U n t e r s c h i e d" (GW 11, S. 262) des Wesens selbst gefasst sind. Ein weiterer wesentlicher Gesichtspunkt der *Wesenslogik* kommt hier ins Spiel: der Umstand, dass alle Bestimmungen des Seins in ihr erstmals aus der *Metaperspektive des Subjektformats* reformuliert werden, d. h. ihre primäre Perspektive sachhaltiger Unterschiede erfährt eine zusätzliche Codierung durch die Form der Selbstheit, in Bezug auf welche diese Unterschiede verstanden werden. Damit kommt erst in der *Wesenslogik* und der mit ihr verbundenen Grammatik der Bestimmbarkeit Hegels systematische Grundidee seit der *Phänomenologie*, die „Substanz als Subject" (GW 9, S. 400) zu rekonzeptualisieren, erstmals explizit zum Tragen, wobei der strukturelle Subjektcharakter eben vor allem darin liegt, das logische Gesamtbild

---

61 Vgl. grundlegend Iber: *Metaphysik absoluter Relationalität*.
62 Iber: *Metaphysik absoluter Relationalität*, S. 49.

der Wirklichkeit als Prozess der „Selbstrealisation"[63] der Substanz des Wirklichen zu begreifen. „Selbstrealisation" aber muss im Kontext unserer Frage so verstanden werden, dass damit keineswegs eine Art Konstruktivismus der Wirklichkeit nach der Maßgabe eines absoluten oder empirischen Ich gemeint wäre: Damit würde man eben den Grundimpuls Hegels komplett ignorieren und seine Rede vom Subjekt als absolute Form zur Tätigkeit eines Ich degradieren. Vielmehr wird mit der Idee der „Selbstrealisation" der Substanz als Subjekt, also eines realen An-sich-Bestehenden (Substanz), das sowohl aus sich selbst und nur in der Selbstbeziehung *verständlich*, als auch in seinem Ansichsein nur in der Form dieser Verständlichkeit *gegeben* sein kann, die realitätskategoriale Grundforderung der *Logik* nochmals benennbar: Der Unterschied des äußerlichen Gegebenseins des Realen als Substanz und der begrifflichen Rekonstruktion intentionaler Gehalte als Subjekt ist keine letztbegründende Differenz äußerlicher Relata, sondern selbst nur abgeleitet aus einer zugrunde liegenden Struktur des „Realen überhaupt", in der das An-sich-Bestehende immer schon einzig in der Weise begrifflicher Selbstverständlichkeit, d. h. als begrifflicher *Aus-sich-* und *Durch-sich-*Erschließungszusammenhang, zu begreifen ist. Die kategoriale Grundform des „Realen überhaupt" muss nach dem Modell struktureller Subjektivität, wie es sich dann in der „Idee" vollständig ausbildet, als Identität von Allgemeinheit (Identität) und Besonderheit (Bestimmtheit in Gegensätzen), und d. h. als vorgängiges ontologisches wie epistemologisches Verschränktsein scheinbar letztgültiger bestimmter Gegensätze wie der von Geist und Welt, Begriff und Realität, Denken und Sein, verstanden werden. Die Substanz, die als Subjekt gänzlich *aus sich heraus* verständlich und nur in der logischen Beziehung des *Sich* als immer schon vorgängige Erschlossenheit für das Begreifen begreifbar ist, kann so nicht anders als wesentlich von begrifflicher Natur sein. Selbstrealisation als strukturelles Subjekt meint dementsprechend in unserer Hinsicht vor allem, einen Raum des Begrifflichen als eine logische Sphäre den Unterschieden von Denken und Welt, Begriff und Realität vorzuordnen. Denn subjektformativ kann das An-sich-Bestehende wie gesehen nur darin sein, die vollständige selbstbezügliche Verständlichkeit begrifflicher Erschließung zu realisieren und Realisierung einzig in dieser Zugänglichkeit zu vollziehen: nicht aber darin, bloßes Objekt einer konstruierenden Ich-Intentionalität zu sein.

Aus dieser subjektartigen Neuformatierung des Bestimmungszusammenhangs leiten sich also, zusammengefasst, strukturell-funktional mindestens zwei Forderungen an die Grammatik der Wesensbestimmungen ab: Zum einen muss das Wesen *aus sich selbst* entwicklungsfähig sowie „rein aus sich selbst heraus

---

[63] Henrich: *Hegels Logik der Reflexion*, S. 95.

verständlich"[64] sein. Als „Absolutes" darf es nicht durch eine ihm äußerliche Reflexion als „Product, ein gemachtes" (GW 11, S. 242) erscheinen, sondern muss das, was es ist, *durch sich selbst* sein: Also darf es nicht auf Voraussetzungen basieren, die ihm als nicht subjekthaft prozessierbare äußerlich bloß vorgegeben sind und damit nicht in der freien Selbstbeziehung einer Subjektstruktur generiert werden können. Zum anderen darf dem Wesen das *Bestimmtsein überhaupt* nicht verloren gehen, sondern muss ihm vielmehr in einer *anderen Form als dem Sein*, nämlich als *Selbstbestimmung*, zukommen. Der Ausdruck für die neue Gesamtformation des Wesens, welcher diese Forderungen zusammenbringt, ist „An-und-Fürsichseyn", das Hegel als „absolutes Ansichseyn" (GW 11, S. 242) begreift. Dergestalt ist das Wesen die „Wahrheit des Seyns" (GW 11, S. 241): Denn erst mit dieser subjektförmigen Ebene der Selbstbeschreibung geht das, was seinslogisch die Bestimmungen ausgemacht hat, ihnen aber als Wissen äußerlich blieb, auch in ihren Begriff ein. Das „Bewußtseyn über die Form der innern Selbstbewegung ihres Inhalts" (GW 21, S. 37) als „Sichwissen" (GW 21, S. 16) wird damit in den Beziehungen, die in die Bestimmungen eingehen, zur Beschreibung der Bestimmungen von sich selbst. Die *Wesenslogik* denkt also den *generativen* Charakter der Beziehungen *zwischen* den Kategorien als Raum ihres Bestimmtseins *in* die Selbstbeschreibung der Kategorien hinein. Den Wesensbestimmungen ist es immanent, sich wechselseitig *in sich selbst durch sich selbst* aktiv hervorzubringen und nicht nur, wie im Sein, passiv und äußerlich ineinander überführt zu werden. Damit wird ein Begriff des Wesens als autogenerative autonome Struktur gewonnen, die den logischen Zusammenhang folgerichtig als Format von Subjektivität weiterentwickelt, und es ist zugleich gerade diese Basis eines Begriffs autonomer Subjektivität, aufgrund derer Hegel einen logischen Begriff kategorialer Minimalbedingungen des Realen entwerfen kann, ohne diese *auf* Subjektivität – im Sinne eines absoluten Konstruktivismus – verkürzen zu müssen.

Indem das Wesen also wesentlich „Reflexion" ist, ist es „die Einheit mit sich in diesem seinem Unterschiede von sich" (GW 11, S. 242). Die Negativität im Verhältnis der Bestimmungen im Wesen zueinander wird über den noch zu erläuternden Begriff des „Scheins" in der Form des *Sich* bestimmt: d. h. als reflexive *Selbst*beziehung eines Ganzen, welches auch in den widersprüchlichsten Gedankenbestimmungen innerhalb der Identität eines *Sich* verbleibt, welches seine Entgegensetzungen als Unterschiede *einer* begrifflichen Substanz verständlich machen kann. Diese Matrix des Subjektformats verwirklicht sich dann konsequent bis in die Mikrostrukturen der Reflexionsbestimmungen hinein: in der Art

---

64 Henrich: *Hegels Logik der Reflexion*, S. 95.

und Weise, wie sich der Unterschied von anderen Bestimmungen als begrifflich-semantische Selbstbeziehung von Gedankenbestimmungen konzeptualisieren lässt. Im Subjektformat der Wesensstruktur denkt Hegel das Immer-schon-in-einander-enthalten-Sein kategorialer Unterschiede in der Weise „objektiven" Bewusstseins: „objektiv" deshalb, weil die *Wesenslogik* als Gegengewicht zur Kritik der *Seinslogik* an ontologischer *Äußerlichkeit* eine Kritik der bloßen *Innerlichkeit* des Wesens liefert, wie sie im klassisch-philosophischen Denken als Unterschied von Wesentlichem/Unwesentlichem und nachfolgend v. a. im „Schein" in der Form eines *hinter* den Erscheinungen der Realität verborgenen unsichtbaren Wesens vorliegt (vgl. GW 11, S. 245–249). Genau damit aber eignet sie sich erneut besonders dafür, das kategoriale Reale als intersubjektiv zugängliches und in dieser Hinsicht objektives „Vorhandensein überhaupt" zu denken. Aus dieser Fundamentaltheorie von Realsein leiten sich unmittelbar Folgerungen für die Beschreibung der Wissens- und Darstellungsverhältnisse bezüglich des Realen ab, die so gesehen *logisch notwendig* sind, d. h. insofern als *alternativlos* zu gelten haben, als sie allen möglichen Alternativbeschreibungen wie Idealismus/Realismus immer schon vorhergehen und zugrunde liegen. Dies gilt es im Folgenden weiter zu erläutern und anhand der Logik der Reflexionsformen aufzuzeigen. Dabei ist es vor allem der radikale und originäre Hegel'sche Ansatz, den es genauer zu erläutern gilt: wie nämlich aus einer äußersten Reduktion auf ein scheinbar *bloß* Gedankliches, nämlich aus der Fokussierung auf die innere logische Gestalt der „absoluten Negativität" des Wesens, die *gesamte* Kernformation eines Begriffs des wirklichen Wesens und fernerhin damit eine begriffliche Matrix des „Realseins überhaupt" gewonnen werden kann. Hegels Ansatz ist es in der Tat, vom reinen Gedanken einer sich auf sich beziehenden Negativität, d. h. von der Idee reiner struktureller Selbstbezüglichkeit einsichtig machen zu wollen, warum und in welcher Weise Sein und Wesen, Bestimmtsein und Bestimmen, Unmittelbarkeit und Vermittlung, Gedanke und Wirklichkeit immer schon notwendig *als* kategorial ineinander integriert zu bestimmen sind.

9 Die Pendelbewegung des Übergangs: Die Architektur des Scheins

Gerade Hegels Überlegungen zum „Schein" sind für unsere Fragestellung bereits in jeder Hinsicht ‚wesentlich' und mehr als eine bloße Brücke zur ‚eigentlichen' Entwicklung der Reflexionsformen des Wesens. Bezeichnenderweise ist zudem das gesamte „Erste Kapitel" des „Ersten Abschnitts" der *Wesenslogik*, um das es im Folgenden vor allem gehen wird, mit dem Begriff des „Scheins" bezeichnet und so eine Teilüberschrift („B. Der Schein") *zugleich* zur Hauptüberschrift des ganzen Kapitels gemacht. Bereits damit ist angedeutet, dass die Bedeutsamkeit des Scheins weit darüber hinausgeht, bloß gewissermaßen das letzte Aufglimmen der *Seinslogik* vor ihrem Verlöschen im Bereich des Wesens zu sein. Hegels Überlegungen zum Schein sind aber nicht nur strukturell, sondern auch intrinsisch schwierig: weil sie zwar an die wichtigsten klassischen Interpretamente der (neu) platonischen und späterhin vor allem ästhetischen Theoriegeschichte des Scheins anschließen – in der Dopplung von Schein als Trug/Täuschung und zugleich Erscheinung, Auftauchen bzw. Offenbaren des Wahren[65] –, zugleich aber ein deutliches Komplexerwerden der darin ausgedrückten Gedanken darstellen, das nicht nur mit der Eingliederung dieser Ideen in die argumentative Architektur der *Logik* zusammenhängt. Im Begriffszusammenhang des Scheins denkt Hegel nämlich darüber nach, wie sich in der Logik des Wesens architektonische Bestimmungen der Sphäre des Seins auch dann *erhalten*, wenn sie für sich genommen nicht mehr *haltbar* sind: wie also die logische Bilanz des Übergangs von der *Seins-* zur *Wesenslogik* aussieht und welche dabei festgestellten Bestände trotz ihrer Überwindung zugleich unveräußerlich in einem starken Sinne bleiben. Dieser starke Sinn des Überdauerns ist dabei *nicht dasselbe wie* das Moment des *conservare* im Modus der „Aufhebung"[66]: Es geht also in ihm nicht bloß darum

---

65 Vgl. Iber: *Metaphysik absoluter Relationalität*, S. 68.
66 „Unter aufheben verstehen wir einmal soviel als hinwegräumen, negieren, und sagen demgemäß z. B., ein Gesetz eine Einrichtung usw. seien aufgehoben. Weiter heißt dann aber auch aufheben soviel als *aufbewahren*, und wir sprechen in diesem Sinn davon, daß etwas wohl aufgehoben sei. Dieser sprachgebräuchliche Doppelsinn, wonach dasselbe Wort eine negative und eine positive Bedeutung hat, darf nicht als zufällig angesehen noch etwa gar der Sprache zum Vorwurf gemacht werden, als zu Verwirrung Veranlassung gebend, sondern es ist darin der über das bloß verständige Entweder-Oder hinausschreitende spekulative Geist unserer Sprache zu erkennen." (TWA 8, S. 204f., § 96, [Zusatz]) Sowie: „A u f h e b e n und das A u f g e h o b e n e (das I d e e l l e) ist einer der wichtigsten Begriffe der Philosophie, eine Grundbestimmung, die schlechthin allenthalben wiederkehrt, deren Sinn bestimmt aufzufassen und besonders vom Nichts zu unterscheiden ist. – Was sich aufhebt, wird dadurch nicht zu Nichts. Nichts ist das

festzustellen, wie das auf bestimmte Weise negierte Sein in der Transformation von äußeren Elementen eines Gegensatzes zu inneren Momenten einer Begriffseinheit im Wesen frühere Inhalte und Funktionsgehalte *auch* bewahrt. Gerade am Schein wird nämlich deutlich, wie Hegel die Notwendigkeit einer zumindest temporären Perennienz eines eigentlich bereits Aufgehobenen *als Nicht-Aufgehobenes* denkt – und aus welchen Gründen dies für bestimmte Argumentationszusammenhänge wichtig sein könnte. Am Element des „Scheins" wird so deutlich, dass Hegels Entfaltung der je konkreten Bewegungsbedingungen des Begriffs in der *Logik* komplexer, vielgestaltiger und für bestimmte Problemlösungen individueller ist, als es die Explikation des allgemeinen Schemas dialektischer Aufhebung und bestimmter Negation (GW 20, S. 118–120, §§ 79–83) nahelegt: selbst dann, wenn man dies jeweils noch nach bestimmten *Arten*, d. h. besonderen Funktionsgehalten von Dialektik (Übergangsdialektik, Reflexionsdialektik, Entwicklungsdialektik), bezogen auf die Teile der *Logik*, ausdifferenziert.[67]

Dabei zeichnet Hegel diesen Anfang des Prozesses des Übergangs zwischen Sein und Wesen als eine Art *Pendelbewegung* zwischen beiden aus, welche die grundsätzlich monodirektionale Transformationsrichtung vom Sein zum Wesen im Strukturgesetz der aufhebenden Entwicklung (das Sein hebt sich im Wesen auf) als zugleich bidirektionales Widerspiel – und damit selbst als genuine Reflexionsbewegung des Hin und Her – vollzieht. Im Fortgang vom Sein zum Wesen stellen sich nämlich zu Anfang rhythmisch[68] Seinsbestände rückfallartig wieder her und verweisen zugleich in der Wiederherstellung auf ihre erfolgte und noch zu erfolgende Aufhebung im Wesen. Dabei folgt diese Bewegung dem Sich-Ereignen eines (wenn man so will) doppelten, zueinander inversen *Erinnerungsgeschehens*, das wiederum mit bestimmten *logischen*, d. h. subjektlosen Mechanismen von Verdrängung und Wiederkehr zu arbeiten scheint: Die aufhebende Reformulierung der Bestimmungen des Seins nach der Grammatik des Wesens bringt das

---

Unmittelbare; ein Aufgehobenes dagegen ist ein Vermitteltes, es ist das Nichtseyende, aber als Resultat, das von einem Seyn ausgegangen ist; es hat daher die Bestimmtheit, aus der es herkommt, noch an sich. Aufheben hat in der Sprache den gedoppelten Sinn, daß es soviel als aufbewahren, erhalten bedeutet und zugleich soviel als aufhören lassen, ein Ende machen." (GW 21, S. 94, Anm.)

67 Schäfer: *Die Dialektik und ihre besonderen Formen*, S. 295–329. Vgl. TWA 8, S. 308, § 161 [Zusatz].

68 Wie wichtig für Hegel, auch im Sinne philosophischen Zusammenhangs, der „Rhythmus" ist, zeigt sich bereits in der „Vorrede" zur *Phänomenologie des Geistes:* „In dieser Natur dessen, was ist, in seinem Seyn sein Begriff zu seyn, ist es, daß überhaupt die logische Notwendigkeit besteht; sie allein ist das vernünftige und der Rhythmus des organischen Ganzen." (GW 9, S. 40) Es sei sodann auch die „Natur der wissenschaftlichen Methode", welche „selbst ihren Rhythmus zu bestimmen" hat (GW 9, 41).

„zeitlos vergangene Seyn" (GW 11, S. 241) und seine möglicherweise erhaltenswerten Dimensionen in das logische Gedächtnis des Fortgangs und führt zum Sein zurück; zugleich aber fordert im Rückgang auf die Bedingungen des Seins die bereits erfolgte Transfiguration des Wesens wiederum erinnernd ihre unrevidierbare Stellung und damit die nicht mehr rücknehmbaren Fortschritte der logischen Bewegung ein.[69] Argumentationslogisch ist es eben dieses pendelartige Widerspiel, das zusätzlich zu allen Einzelargumenten die Integration des Seins in das Wesen, d. h. die neue Ebene der Unmittelbarkeit des Wesens, nicht nur erklärt, sondern sozusagen performativ inszeniert, indem in der dichten Bewegung des Vor und Zurück die Grenze zwischen Sein und Wesen fällt, quasi überspielt wird. Die Inszenierung dieser Pendelbewegung vollzieht sich dabei an Überlegungen, welche zu Beginn der *Wesenslogik* (Teil A und B) zunächst einmal ausnahmslos das Verhältnis der *ganzen* Sphäre des Seins zur *ganzen* Sphäre des Wesens betreffen, also das jeweils *Allgemeine* von Sein und Wesen zueinander in Beziehung setzen und die Stadien ihres Übergangs reflektieren. Die Ebene einer solchen Allgemeinheit und damit das Nachdenken über das Verhältnis der logischen Grammatiken von Sein und Wesen *überhaupt* – d. h. die Reflexion der wesentlichen, resultativen wie tragenden *allgemeinen* Bestimmungen der metaphysischen Syntax von Sein und Wesen – ermöglicht es Hegel dabei, im makrostrukturellen Blick auf den Raum der logischen Großsphären den Verlauf der je einzelnen Reformulierungen der seinslogischen Bestimmungen anzuhalten, um stattdessen kategoriale Formationen zweiter Ordnung scharf zu stellen. Eben die aber werden im Folgenden die Möglichkeit bereitstellen, jenseits bloß einzelner Kategorien der *Logik* die minimale Realitätskategorie als dazu hyperformative Struktur zu reflektieren. Damit wird aus der kantkritischen Einsicht, dass sich die fundamentale Kategorie des Realen nicht auf eine isolierte Position auf der Kategorientafel beschränken lässt, sondern einer solchen Tafel vielmehr noch zuvor liegt bzw. quer *über* diese verläuft, die notwendige Konsequenz gezogen.

---

[69] Es scheint mir eine bisher nicht hinreichend untersuchte Dimension sowohl des Gangs der *Phänomenologie des Geistes* als auch der *Wissenschaft der Logik* zu sein, die mit ihrem Entwicklungskonzept des Gegenstandes (Geist – absolute Idee) und den dichten zyklischen Vor- und Rückverweisen ihres Vorgehens verbundene Idee einer *logischen Erinnerung* und *logischen Erwartung* in ihrer Struktur und Funktion für das jeweilige Werk bzw. für das System überhaupt in den Blick zu nehmen. Die Frage, ob Hegels System und Systemteile logische Arten der Protention und Retention kennen, wie diese funktionieren, welchen Stellenwert sie für den jeweiligen Fortgang spielen und inwiefern sie vielleicht noch unentdeckte Problembeschreibungs- und Problemlösungspotenziale enthalten, scheint mir in jedem Fall eine lohnende zu sein, der hier aber nicht weiter nachgegangen werden kann.

10 Wesentliches und Unwesentliches: Die erste Stufe der Rückfallbewegung

Folgerichtig beginnt das Kapitel in Teil A (GW 11, S. 245) mit dem *ersten* Begriffsverhältnis, das sich zwischen der Sphäre des Seins und der des Wesens nach dem einmal erfolgten Übergang und der Formulierung der generellen Aufhebung des Seins in das Wesen scheinbar natürlich einstellt. „Natürlich" ist hier in dem Sinne gemeint, in dem Hegel in der *Enzyklopädie* die „erste Stellung des Gedankens zur Objektivität" als das „u n b e f a n g n e   V e r f a h r e n" (GW 20, S. 69, § 26) einer ersten, dem gewöhnlichen Verstand unmittelbar eigenen Ansicht der Verhältnisse von Natürlichem und Übernatürlichem, Teil und Ganzem, Endlichem und Absolutem, Realem und Idealem fasst. Die dort umrissene realistische, repräsentationalistische und auf den abstrakten Verstandessatz festgelegte Epistemologie setzt jedoch die Ontologie des Wesentlichen und des Unwesentlichen, des Eigentlichen und des Uneigentlichen, wie sie sich als erste Stufe der *Wesenslogik* erst dem Denken öffnet, bereits *voraus*. Denn als „L e h r e   v o n   d e n   a b s t r a c t e n   B e s t i m m u n g e n   d e s   W e s e n s" (GW 20, S. 72, § 33) von Welt, Seele und Gott und als Lehre von dem Unterschied des „w a h r e [n]   S e y n [s]" (GW 20, S. 74, § 36) vom bloß scheinhaften, unwahren basiert bereits die erste Stellung des Gedankens zur Objektivität, d. h. die historisch erste und entwicklungslogisch primäre Stufe des *philosophischen* Denkens überhaupt, auf dem Übergang von der *Seins-* zur *Wesenslogik*.[70]

> Das Wesen ist das a u f g e h o b e n e   S e y n. Es ist einfache Gleichheit mit sich selbst, aber insofern es die N e g a t i o n der Sphäre des Seyns überhaupt ist. So hat das Wesen die Unmittelbarkeit sich gegenüber, als eine solche, aus der es geworden ist, und die sich in diesem Aufheben aufbewahrt und erhalten hat. Das Wesen selbst ist in dieser Bestimmung s e y e n d e s, unmittelbares Wesen, und das Seyn nur ein Negatives i n   B e z i e h u n g auf das Wesen, nicht an und für sich selbst, das Wesen also eine b e s t i m m t e Negation. Seyn und Wesen verhalten sich auf diese Weise wieder als A n d r e überhaupt zueinander, denn j e d e s hat ein Seyn, eine Unmittelbarkeit, die gegen einander gleichgültig sind, und stehen diesem Seyn nach in gleichem Werthe. (GW 11, S. 245)

Auf der Stufe der Unterscheidung des „Wesentliche[n]" vom „Unwesentliche[n]" regiert die Logik des Seins verdeckt noch beinahe vollständig die begriffliche Grammatik der Architektur des Wesens überhaupt: Folglich wird die inhaltliche

---

[70] Daran zeigt sich, wie schwierig es ist, die verschiedenen Entwicklungsschemata bei Hegel in der *Logik* zu synchronisieren, da sie je verschiedene historisch-systematische Aspekte desselben einen Prozesses ausdrücken.

OpenAccess. © 2021 Claudia Wirsing, publiziert von De Gruyter. Dieses Werk ist lizenziert unter einer Creative Commons Namensnennung 4.0 International Lizenz.

Abwertung des Seins als das „Unwesentliche" gegen das Wesen durch die logische Grammatik dieses Unterschiedes umgekehrt, die nämlich eine solche des Überdauerns seinslogischer Unterscheidung überhaupt ist. Nur *dass* es ab jetzt eine Dopplung von Wesen und Nicht-Wesen gibt, d. h. dass dieser Unterschied von nun an maßgeblich für jeden Zuschnitt kategorialer Differenzierungen ist, wird hier bereits unumgänglich sichtbar und kann nicht mehr negiert werden, aber *wie* dieser Unterschied begrifflich in Funktion gesetzt ist, und welchen Regeln er gehorcht, ist an dieser Stelle nur in einer rein äußerlichen Weise wesenslogisch gedacht: D. h. die zentralen Termini wie Wesen, Negation, Aufhebung oder Unmittelbarkeit sind hier noch bloße Worthülsen eines neuen Denkens, in welchem sich die Macht des abgelösten und verdrängten Seins als umfassende Wiederkehr manifestiert.[71] Die Unmittelbarkeit des Wesentlichen *gegen* das Unwesentliche (das Sein) ist hier noch die seinshafte Unmittelbarkeit bloßer Sichselbstgleichheit; die negierte Unmittelbarkeit des Seins, die im Wesentlichen ‚eigentlich' aufgehoben sein soll, kehrt damit in unveränderter Form, nur äußerlich mit anderem Namen, im Wesen wieder. Die Negation als Verhältnis ist folglich wieder eine ganz äußerliche, die Sein (Unwesentliches) und Wesen wie „Andere", d. h. gemäß der logischen Grammatik seinslogischer Äußerlichkeit, bloß wie fertige, passive Sphären auseinanderhält und nicht als lebendige innere Kraft der Selbstentwicklung bzw. Autogenerativität den gesamten Rahmen des im Wesentlichen Denkbaren ausfüllt: Somit ist nicht nur das je einzelne Relatum, sondern auch die gesamte Relation nach dem Modell seinslogischer Unterscheidung gedacht. Folglich gilt hier: „Der Unterschied von Wesentlichem und Unwesentlichem hat das Wesen in die Sphäre des D a s e y n s zurückfallen lassen." (GW 11, S. 245) Die Frage, welche konkreten historischen Modelle des philosophischen Denkens nun alle hinter dieser eben sehr allgemeinen Typik leerer Wesensphilosophie stehen könnten – letztlich wohl alle Chorismos-Theorien von Platon bis Kant[72] bzw. das platonische Paradigma von ontologischer Eigentlichkeit überhaupt[73] –, ist dabei weniger entscheidend als der funktionale Umstand, *dass dieser Unterschied von „wesentlich" und „unwesentlich" keinen Unterschied macht:*

---

71 Hegel macht das auch darin deutlich, dass für Wesen und Sein hier gilt, ihr „Anundfürsichsein" wäre derart eine „selbst äusserliche Bestimmung", bezüglich der „das Wesen wohl das An-und-Fürsichseyn ist, aber nur gegen Anderes, in b e s t i m m t e r Rücksicht" (GW 11, S. 245). Die Einheit von Unmittelbarkeit und Bestimmtheit als innere Selbstunterscheidung des Wesens wird so zur bloß äußerlichen *Kennzeichnung* gegen das Andere des Seins, ohne echtes *Prinzip* des Wesens zu sein.
72 So Iber: *Metaphysik absoluter Relationalität*, S. 61.
73 Vgl. Platon: *Sophistes*, S. 83–89 [239b–241b].

> Insofern daher an einem Daseyn ein Wesentliches und ein Unwesentliches von einander unterschieden werden, so ist dieser Unterschied ein äusserliches Setzen, eine das Daseyn selbst nicht berührende Absonderung eines Theils desselben, von einem anderen Theile; eine Trennung, die in ein Drittes fällt. Es ist dabey unbestimmt, was zum Wesentlichen oder Unwesentlichen gehört. Es ist irgendeine äusserliche Rücksicht und Betrachtung, die ihn macht, und derselbe Inhalt deswegen bald als wesentlich, bald als unwesentlich anzusehen. (GW 11, S. 245)

Der Unterschied des Wesentlichen und des Unwesentlichen ist aufgrund seiner seinslogischen Struktur auch in seiner Funktion rückständig, d. h. den Erfordernissen wesenslogischer Bestimmung nicht mehr angemessen: Aus ihm ergeben sich keine nicht-zufälligen, nicht-äußerlichen und nicht-relativen Normen seiner Verwendung und seines Gegenstandsbezuges. Mit anderen Worten: Wer das „Reale überhaupt" in letztbegründender Funktion bloß in Wesentliches und Unwesentliches unterteilt, hat *an* und *aus* der Art dieser Unterteilung keinen objektiven, sachimmanenten Maßstab dafür, so und nicht anders zu unterscheiden, weil es dem Zusammenhang von Bestimmung und Bestimmtwerden, Sache und Bezugnahme objektiv so zusteht. Die umgangssprachliche starke, weil hochgradig wertnehmende Normativität der Differenz von „wesentlich" und „unwesentlich" ist *grundlos* dahingehend, nicht in einem Unterschied der Gegenständlichkeit überhaupt zu wurzeln, d. h. eine *sachgegebene* Unterscheidung zu sein, sondern lediglich der Sphäre eines realitätslosen Wertens anzugehören. Die noch zu weitgehende Äußerlichkeit der seinslogischen Architektur des Wesens an dieser Stelle schlägt folglich abstrakt um in die *äußerlich und gegenstandslose* Innerlichkeit beliebiger, subjektiver Wertsetzungen. Ex negativo wird auf diese Weise erneut die logische Notwendigkeit artikuliert, gleich in der Eröffnung der Sphäre des Wesens einen kategorialen Maßstab des „Realen überhaupt" zu finden, der – vorgängig jeder weiteren Bestimmung – den minimalen kategorialen Zusammenhang von Äußerlichkeit und Innerlichkeit, Vorgegebensein und Setzen, Realität und Intelligibilität ein für alle Mal in eine haltbare, austarierte und vollständig funktionsfähige Begriffsform *eines* nicht weiter aufteilbaren und doch intern differenzierten Zusammenhangs zu übersetzen vermag. Zudem vermittelt die Erörterung des falschen Verhältnisses von „Wesentlichem" und „Unwesentlichem" eine ganz zentrale *normative* Einsicht für den weiteren Fortgang unserer besonderen Fragehinsicht in diesem Kapitel, die man pointiert so formulieren könnte: *Es gibt ein falsches und ein richtiges (genetisches wie logisches) Fortleben des „Falschen" im Wahren.* Denn das überwundene, in diesem Sinne „unwahre" weil dem logischen Entwicklungsstand des Begriffs unangemessene Denken des Seins im Ganzen soll zwar *in einer bestimmten Hinsicht* und *für eine bestimmte logische Zeit* weiterhin im Wesen als unaufhebbare Perennienz, als gegenläufiger Rest *neben* seiner ‚korrekten' Aufhebung im Wesen, in seine eigene Überschreitung hineinragen – und zwar um eine gewisse normative Hinsicht von realer *Äußerlichkeit* im Wesen abzusichern, die für den kategorialen Minimalgrundriss des „Realen überhaupt" notwendig ist. Doch das „wahre" d. h. das der Stabilität und Beschreibungskraft des Logischen angemessene, Verhältnis dieses temporären Überdauerns des Seins muss erst noch gefunden werden: Hegel inszeniert auch diesen heuristischen Prozess der Findung eben jenes rechten Maßes als Mikroerzählung innerhalb der *Wesenslogik* über die Stufen von „wesentlich/unwesentlich", den „Schein" sowie die Reflexionsformen. Dabei ist es die Formulierung „[g]enauer betrachtet" (GW 11, S. 245), welche noch im Abschnitt zu „wesentlich/unwesentlich" den Übergang zum „Schein" einleitet und die der epistemologischen Funktion des pronominalen Ausdrucks „nichts anderes als" bei Hegel entspricht: „Der Zusatz ‚nichts anderes als' gibt dem identifizierenden ‚ist' den Sinn von ‚in Wahrheit'."[74] Folglich endet der Abschnitt zwischen „Wesentliche[m] und [...] Unwesentliche[m]" damit, dass Hegel quasi resultativ erneut die darunterliegenden, „wahren" und sich als wahre auch schon im Übergang hergestellt habenden Verhältnisse des Wesens als absolute Negativität und absolute Aufhebung des Seins bilanziert, um die Unangemessenheit des seinslogischen Unterschieds von Wesentlichem und Unwesentlichem *auf dieser Stufe* der *Wesenslogik* festzuhalten und die Rückfallbewegung des Wesens ins Sein durch die *Erinnerung* an dessen bereits erreichte logische Struktur zu korrigieren.

> Das Wesen aber ist die absolute Negativität des Seyns; es ist das Seyn selbst, aber nicht nur als ein A n d e r e s bestimmt, sondern das Seyn, das sich sowohl als unmittelbares Seyn, wie auch als unmittelbare Negation, als Negation, die mit einem Andersseyn behaftet ist, aufgehoben hat. Das Seyn oder Daseyn hat sich somit nicht als Anderes, denn das Wesen ist, erhalten, und das noch vom Wesen unterschiedene Unmittelbare ist nicht bloß ein unwesentliches Daseyn, sondern das a n u n d f ü r s i c h nichtige Unmittelbare; es ist nur ein U n w e s e n, der S c h e i n. (GW 11, S. 245 f.)

In Wahrheit, so Hegel, sind Sein und Wesen nicht in seinslogischer Unmittelbarkeit gegeneinander gerichtete *Andere*, sodass sich „unmittelbares Seyn" und „unmittelbare Negation", d. h. vorausgegangenes Sein und die Negation des Seins im Wesen gemäß der Grammatik des „Andersseyn[s]" verhalten. Indem das Sein bereits als das *Wesen selbst* in Form seiner Selbstaufhebung ins Wesen, das Wesen mithin als „die unendliche Bewegung des Seyns" (GW 11, S. 242) selbst und kein in logischer Räumlichkeit oder Zeitlichkeit Anderes zu ihm, entwickelt worden ist,

---

74 Iber: *Metaphysik absoluter Relationalität*, S. 86. Welch große Bedeutung solche unscheinbaren grammatischen Funktionsausdrücke bei Hegel haben, führt bspw. Quante vor, wenn er die zwei Arten von Anerkennungsrelationen bei Hegel an dessen unterschiedenem Gebrauch von „indem" und „dadurch-dass" entwickelt (Quante: *Die Wirklichkeit des Geistes*, S. 248 f.).

hat sich die Formation von „wesentlich" und „unwesentlich" *in der Regel ihrer Unterscheidung* selbst desavouiert. Die entscheidende Pointe an eben dieser Stelle ist es jedoch, dass Hegel nun – und an diesem Punkt noch uneinsehbar, aus welchen Gründen – das bereits zum zweiten Mal als vollständig aufgehoben vorgeführte Sein erneut, nun sogar in verschärfter Form, qua *Umbenennung* restituiert. In eben jenem (logischen) Moment, in dem durch den Vorgang der Erinnerung („genauer betrachtet") zum zweiten Mal die eigentlich schon erreichte Inhaltslosigkeit einer kategorialen Grammatik, die ihre Inhalte seinslogisch wie Andere und damit „Daseiende" voneinander unterscheidet bzw. bestimmt, festgestellt wird und in dem sich folglich die daseinslogische Beziehung des Wesens zum Sein in Form von „wesentlich" und „unwesentlich" als vollständig inadäquat dem bereits erreichten Stand der *Logik* offenbart hat, wird die soeben gänzlich negierte kategoriale Matrix des Seins zum „Schein" erklärt. Damit wird dem aufgehobenen Sein nach seiner Umbenennung zum „Unwesentlichen" eine neuerliche Umbenennung zugemutet, die allerdings die Anfangsbedingungen und Voraussetzungen des ‚Überlebens' des Seins erneut verschärft, d. h. fast bist zur Unmöglichkeit verringert: Nicht mehr das „Unwesentliche", sondern das „Unwesen" selbst als das „wesenlose Seyn" (GW 11, S. 244) ist das Sein nun nur noch, d. h. sein Charakter als Verneinung des Wesens wird zugespitzt, indem er selbst sprachlich verwesentlicht wird. Des Weiteren ist das vom Wesen unabhängige, d. h. unmittelbare Sein nun nicht mehr nur bloß unwesentliches Dasein *in bestimmter Beziehung* zum Wesentlichen, sondern – gewissermaßen erneut in einer Verwesentlichung seines Mangels – an sich selbst und auf absolute Weise unwesentlich, d. h. „das an und für sich nichtige Unmittelbare" (GW 11, S. 246). Damit aber erreicht die Pendelbewegung zwischen der Logik des Wesens, die das Sein vollständig als eigene Bewegung des Seins in sich aufgehoben hat und dem Rückfall in eine äußerliche Eigenständigkeit des Seins gegen das Wesen *innerhalb* des logischen Raums der Wesensentfaltung, ihren Höhepunkt. Bemerkenswert ist dabei die Konsequenz, mit der Hegel hier in genauer rhythmischer Komposition die seinslogische Formation im Ganzen in ihrer Geltung stufenweise entleert, bis bloß noch die ‚tragische' Auslöschung des Seins selbst, d. h. der Schein als wesentlich vernichteter, übrigbleibt. Mit der Voraussetzung eines bereits zu Beginn der *Wesenslogik* ungemein gedrängt entworfenen vollständigen *Resultats* des Übergangs des Seins in das Wesen, inklusive der Darstellung des ihm zugrunde liegenden Mechanismus der Selbstaufhebung des Seins sowie des durch den Übergang vollzogenen Umbaus kategorialer Bestimmtheit überhaupt, gewinnt Hegels Argumentation erst die normativen Mittel, um die Pendelbewegung des Übergangs stets auf das Maß des Wesens zurückzubeziehen und so die koordinierte Rückfallbewegung in den Grenzen des Fortgangs zu halten. Den erreichten Mindestgehalt an seinslogischer Reduktion jetzt aber mit dem hochgradig historisch wie normativ aufgeladenen Begriff des „Scheins" bzw. des klassischen platonischen Gegensatzes von „Wesen" und „Schein" zu besetzen, eröffnet im Übergang zu den Reflexionsformen des Wesens weitere argumentative Möglichkeiten: Und es wird zu zeigen sein, wie diese Möglichkeiten letztlich für die kategoriale minimale Metastruktur von „Realität überhaupt", wie sie sich in den Reflexionsformen inszeniert, inhaltlich notwendige Funktionen einnehmen.

Die nächsten Abschnitte meiner Argumentation werden sich damit beschäftigen, zum einen den Rückfall des Seins im Wesen herauszuarbeiten, d. h. zu zeigen, inwiefern bestimmte Geltungsansprüche des Seins (v. a. im Begriff des Scheins) im Wesen immer wieder auftreten, und zum anderen die verschiedenen Stadien dieser Bewegung offenzulegen. Dass es seinslogisch sich erhaltende Geltungsansprüche im Wesen gibt und wo diese aus welchen Gründen auftreten, wird demnach zu zeigen sein, bevor die Überführung dieser Geltungsansprüche in die reine Form der Reflexion rekonstruiert und interpretiert wird.

11 Das Sein als Schein (I): Die tragische Zuspitzung der Pendelbewegung und die iterativ-regenerativen Ansprüche des „Äußerlichen überhaupt"

In Teil 1 des „Schein"-Abschnitts benennt Hegel in aller wünschenswerten Klarheit den vorausgesetzten historischen Horizont, auf den seine Kritik des Scheins zielt, d. h. er benennt den äußerlich-genetischen Grund des Scheinbegriffs. Dergestalt zielt die Analyse des Scheins nämlich auf eine fundamentalbegriffliche Kritik des Skeptizismus und des neueren Idealismus (Leibniz, Kant, Fichte), insofern diese mit einem (je verschieden ausgelegten) Konzept von Erscheinungshaftigkeit (Phänomenalität) operieren (GW 11, S. 246 f.). Dieses aber ist laut Hegel durch einen fundamentalen, im negativen Sinn wirksamen, also *selbstzerstörerischen* Widerspruch gekennzeichnet, der an sich bereits die Unhaltbarkeit der mit ihm verbundenen Positionen manifest machen soll:

> So ist der S c h e i n [...] überhaupt nicht ein gleichgültiges Seyn, das ausser seiner Bestimmtheit und Beziehung auf das Subject wäre. [...] [J]ener Schein sollte überhaupt keine Grundlage eines Seyns haben, in diese Erkenntnisse sollte nicht das Ding-an-sich eintreten. Zugleich aber ließ der Sceptizismus mannigfaltige Bestimmungen seines Scheins zu, oder vielmehr sein Schein hatte den ganzen mannigfaltigen Reichthum der Welt zum Inhalte. Eben so begreift die Erscheinung des Idealismus den ganzen Umfang dieser mannichfaltigen Bestimmtheiten in sich. Jener Schein und diese Erscheinung sind u n m i t t e l b a r so mannichfaltig bestimmt. (GW 11, S. 246 f.)

Hegel macht deutlich, dass bezüglich der *historischen Positionen*, die mit dem Scheinbegriff gearbeitet haben, die Kritik des Scheins eine totale sein muss. Mit ihm ist nämlich in historischer Perspektive ein Denken kritisiert, das die Welt als *Erscheinung* a) nur *in Bezug* auf ein Subjekt denkt, welches Konstitutionsgrund dieser Erscheinungen ist, weshalb zugleich b) dem so gearteten Schein keine Beziehung auf das Wesentliche der „Dinge an sich" unabhängig vom Subjekt zukommt. Zugleich aber wird von diesen Positionen dieser Schein *behandelt* wie ein selbstständiges und an sich substanzielles Sein, d. h. als „e i n g e g e b e n e r Inhalt" (GW 11, S. 247) in unmittelbarer und mannigfaltiger Bestimmtheit, d. h. als ein *mehr* denn bloß trügerisches Gegebensein von Realität. In der Kritik des Scheinbegriffs erweist sich, so hat Christian Iber pointiert formuliert, „der Subjektivismus des Skeptizismus und vor allem des neueren Idealismus [...] als ein sich nicht durchschauender ontologischer Realismus"[75], weil er – vor der Folie einer Verdopplung des Seienden in Wesen und Erscheinung – der Erscheinung der Form nach keinen substanziellen Inhalt mehr zugesteht, zugleich aber diese noch wie ein substanziell unmittelbares Sein behandelt. Mit anderen Worten: Wenn die Welt der Erscheinungen nur vom Subjekt konstituiert ist, so kann sie mit der Wesentlichkeit der Dinge an sich nichts zu tun haben[76]; zugleich jedoch behandelt das idealistische Subjekt diese Erscheinungswelt wie einen substanziellen, unmittelbaren und wahrhaften Inhalt. Hegel reformuliert damit die schon von Kant explizit gemachte Spannung, dass die Semantik von „Erscheinung" stets *transitiv als transzendierend* zu denken ist, also als Erscheinung *von etwas Anderem* (als die Erscheinung selbst) konzeptualisiert werden muss, um nicht logisch zu implodieren, zugleich jedoch die transzendentalidealistische kantische Systemarchitektur eben diesen Darstellungscharakter des Wesentlichen *in* der und *als* Erscheinung bestreitet (vgl. Kap. 1.1.5 im Hauptteil I), als offenen und destruktiven Widerspruch. Jede Erscheinung von etwas bezieht sich notwendig auf etwas Anderes als sie selbst, dessen Erscheinung sie darstellt; zugleich aber tritt dieses Andere in der Erscheinung sich selbst gegenüber als ein Anderes auf, weil es nicht wie es an sich ist, sondern nur wie es erscheint, in der Erscheinung manifest wird.[77] Dem Schein eignet so nach Hegel eine seltsame destabilisierende Zwischenstellung in Bezug auf seinen Unterschied zum Wesen: Einerseits liegt das Wesen beziehungslos *zu* ihm *hinter* ihm verborgen und degradiert damit den Schein zu einem unhaltbaren, substanz- und wahrheitslosen Trugbild. Zugleich jedoch bewahrt andererseits der Schein eine Art von ontologischer Standfestigkeit, die ihm in der Form des Vorgängers vom Wesen, dem Sein, einen eigenen substanziellen Gehalt unmittelbar zuspricht, durch welchen er sein Bestehen

---

[75] Iber: *Metaphysik absoluter Relationalität*, S. 81.
[76] Wenn dies auch eine problematische Kant-Lesart Hegels ist (vgl. Kap. 1 im Hauptteil I), so trifft sie doch zumindest den Kern eines Problems, nämlich das fehlende objektive Kriterium für die Wahrhaftigkeit dieser Erscheinungen.
[77] Niklas Luhmann wird später diese Aporie in seiner Systemtheorie wiederholen, indem er die Kommunikation zwischen Systemen insofern quasi als „autistisch" charakterisiert, als jedes Eindringen von systemexternen Informationen in das System nur durch und in der Grammatik des Systems und damit nicht als wirklich anderer Inhalt möglich ist (vgl. Niklas Luhmann: *Soziale Systeme. Grundriß einer allgemeinen Theorie*, Frankfurt am Main 1985, S. 183). Claus-Artur Scheiers Kritik an Luhmann geht in eine ähnliche Richtung, wenn er diesem eine „philosophische Hilflosigkeit" hinsichtlich der „eigenen Leitdifferenz" attestiert (Claus-Artur Scheier: „Differenz der Hegelschen und Luhmannschen Philosophie des Systems", in: *Idee, Geist, Freiheit. Hegel und die zweite Natur*, hg.v. Wolfgang Neuser/Pirmin Stekeler-Weithofer, Würzburg 2017, S. 225–236, hier: S. 236): „Zwar sind Strukturen reversible Sedimente von Operationen, aber nur *innerhalb* des Systems, nicht *des* operierenden Systems selbst.".

erhält. Es ist dieser Rückfall des Substanzlosen an sich in die äußerliche, seinem Inhalt gegenüber gänzlich unangebrachte Form seinshaftiger Substanzialität im Schein, mit anderen Worten sein *Bestehen als die völlige Äußerlichkeit seines Inhalts und seiner Form gegeneinander* als kategorialer Ausdruck eines *unwahren Bestehens überhaupt*, welche den Schein scheinbar als zentrale Gedankenbestimmung des Falschen schlechthin auszeichnet und brandmarkt. Michael Theunissens Interpretation der *Logik* hat denn auch von diesem historisch-genetischen Aspekt des Scheins ihren Ausgang genommen und völlig nachvollziehbar den Schein sowohl als nicht nur auf diesen Abschnitt beschränktes kritisches Prinzip der gesamten *Logik* verstanden, als auch vom Schein aus den geschichtlichen bzw. sozialgeschichtlichen kritischen Aspekt der *Logik* mit Blick auf Marx begründet.[78]

Man wird allerdings den argumentativen Möglichkeiten des Scheinbegriffs bzw. des Scheinkapitels nicht vollständig gerecht, wenn man diesen historisch-kritischen Aspekt, der anscheinend in die bloße Negativität totaler Kritik und Ablehnung alles Scheinhaften führt, nicht unterscheidet von dem *im engeren Sinn* kategorialen, nämlich im Fortgang des Wesens sozusagen argumentationsfunktionalen Aspekt einer rein *logischen* Genese des Begriffs. Unter diesem Aspekt aber geht der Schein nicht aus konkreten historischen Konfigurationen der Philosophiegeschichte hervor und bildet deren Inbegriff des Falschen, sondern er nimmt eine notwendige Stelle innerhalb des rein logischen Entwicklungszusammenhangs eines reinen Begriffs von „Realsein überhaupt" im Raum des Übergangs vom Kategorienfeld des Seins zum Kategorienfeld des Wesens ein. Und in dieser *vollständig* intralogischen Genese kommen ihm wiederum positive Wahrheits- und Funktionspotenziale zu, die sich über die bloße Kritik eines kategorialen Abdrucks falschen Bewusstseins nicht erfassen oder gar erklären lassen, wenngleich beide natürlich argumentativ im Scheinkapitel in engen Wechselwirkungen stehen. Uns soll im Folgenden nur dieser zweite, rein intralogische, d. h. eben kategoriale, positive Aspekt des Scheins näher interessieren.

> Das Seyn ist Schein. Das Seyn des Scheins besteht allein in dem Aufgehobenseyn des Seyns, in seiner Nichtigkeit; diese Nichtigkeit hat es im Wesen, und ausser seiner Nichtigkeit, ausser dem Wesen ist es nicht. Er ist das Negative gesetzt als Negatives.
> Der Schein ist der ganze Rest, der noch von der Sphäre des Seyns übrig geblieben ist. Er scheint aber selbst noch eine vom Wesen unabhängige unmittelbare Seite zu haben und ein Anderes desselben überhaupt zu seyn. Das Andere enthält überhaupt die zwey Momente des Daseyns und des Nichtdaseyns. Das Unwesentliche, indem es nicht mehr ein Seyn hat, so bleibt ihm vom Andersseyn nur das reine Moment des Nichtdaseyns; der Schein ist diß unmittelbare Nichtdaseyn so in der Bestimmtheit des Seyns, daß es nur in

---

[78] Vgl. Theunissen: *Sein und Schein*, S. 9.

der Beziehung auf anderes, in seinem Nichtdaseyn Daseyn hat; das Unselbständige, das nur in seiner Negation ist. Es bleibt ihm also nur die reine Bestimmtheit der **Unmittelbarkeit**; es ist als die **reflectirte** Unmittelbarkeit, das ist, welche nur **vermittelst** ihrer Negation ist, und die ihrer **Vermittlung** gegenüber nichts ist, als die leere Bestimmung der Unmittelbarkeit des Nichtdaseyns. (GW 11, S. 246)

Dieser ungemein dichte Abschnitt enthält die rein *intralogische* Essenz des Scheinbegriffs in seinen Anfangsbedingungen. Hegel stellt sich hier die Frage, wie eine Bestimmung wie der Schein ein Bestehen haben kann, d. h. einen Geltungsanspruch vertritt, obwohl der Schein keinerlei Berechtigung mehr zu haben scheint, im Raum des Wesens wirksam zu sein. Kernbegriffe dieses Abschnitts sind dabei die Charakterisierungen „unmittelbare[s] Nichtdasein" und „reflektierte Unmittelbarkeit" für den Schein. Mit ihnen beschreibt Hegel den nun erreichten Extrempunkt der bereits erörterten Pendelbewegung des Übergangs vom Sein zum Wesen: d. h. die äußerste Art des Verhältnisses, in welchem das bereits vollständig im Wesen aufgehobene Sein sich erneut als *Anderes* zum Wesen, d. h. in seiner (logisch) früheren Gestalt, geltend machen kann und so eben jene bereits untergegangene logische Gestalt des Seins restituiert, die auf dieser Stufe gerade keine Geltung mehr zu beanspruchen vermag. Allerdings ist diese logische Gestalt des Seins im Schein in verschiedenen Hinsichten so brüchig geworden, dass ihr Bestehen auf einem vollständig *paradoxen* Konstitutionsakt beruht: Das Sein ist nun auf dieser Stufe der Wiederkehr in seiner ‚alten' logischen Substanz derart aufgezehrt, dass es ein Bestehen *gegen* das und *neben* dem Wesen nur noch auf paradoxe Weise – nämlich als ein rein Negatives – bewerkstelligen kann. Im Schein „scheint" das Sein nur noch „eine vom Wesen unabhängige unmittelbare Seite zu haben und ein **Anderes** desselben überhaupt zu seyn" (GW 11, S. 246): D. h. die Eigenständigkeit des Seins und damit die seinslogische Grammatik des Andersseins überhaupt überlebt in ihm scheinbar nur noch als Lüge, d. h. als reine „Nichtigkeit" des Geltungsanspruchs, die Form und den Grund des reinen Denkens abzugeben. Im Schein ist die *vollständige* Aufhebung der Logik des Seins in die Logik des Wesens bereits ein so vollständig anerkannter Fakt der Gedankenbestimmung des Scheins selbst, dass ihr Gehalt einzig darin besteht, sich selbst zu bestreiten und *als* dieses Bestreiten zu bestehen: Schein bedeutet im reinen intralogischen Sinn bei Hegel, dass die vollständige Negation und Aufhebung des Seins *im* Wesen als eine Bestimmung *gegen* das Wesen besteht, also der Form nach seinslogisch eben das sich verwirklicht, was im Gehalt wesenslogisch vollständig bestritten wird. Der Schein gehört als *reine Kategorie des aufs äußerste angespannten Übergangs* vom Sein zum Wesen am konsequentesten beiden logischen Sphären an, der Sphäre des Seins und der Sphäre des Wesens, weil beide im Schein über die Äußerlichkeit von Inhalt (Wesen) und Form (Sein) auseinandertreten und zugleich untrennbar aufeinander bezogen sind. Deshalb ist der Schein dem Aspekt seines Gehalts nach „unmittelbare[s] Nichtdaseyn" (GW 11, S. 246): Denn das Sein existiert im Schein nur in der Bestimmung seiner vollständigen Negation (Nichtdasein), aber zugleich *in* der Form unmittelbaren Daseins. Das Sein besteht im Schein gerade so, wie es dem Inhalt des Scheins nach als vollständig falsch erörtert wird: Es ist so der vollendete Widerspruch von Gehalt und Form. Der Schein hat zu sich selbst ein ironisches Verhältnis: Er besteht *als* absolute logische Ironie. Die „Nichtigkeit" des Seins, „das Negative gesetzt, als Negatives" (GW 11, S. 246) im Schein bedeutet zugleich eine radikale Selbstbestreitung des Scheins als ein *erstes Verhältnis selbstbezüglicher Negativität:* Da er der *Form* nach (als unmittelbares Dasein *gegen* das Wesen) dem Sein in seiner unaufgehobenen Form zugehört, die er zugleich seinem *Gehalt* nach als bereits vollständig im Wesen verschwunden und damit ohne jede Möglichkeit der weiteren Geltung beschreibt, ist er seiner Form nach „reflectirte Unmittelbarkeit" (GW 11, S. 246). Damit bezeichnet Hegel eine Unmittelbarkeit, „welche nur vermittels ihrer Negation ist" (GW 11, S. 246), d. h. die als an sich unmittelbar negierte besteht. In dieser Hinsicht ist der Gehalt des Scheins der Form des Scheins nicht mehr nur äußerlich entgegengesetzt, sondern affiziert sie tiefgreifend und fällt mit ihr zusammen: Das Bestreiten des Seins *im* Gehalt des Scheins führt dazu, dass auch die seinshafte Form des Scheins selbst nur als negierte gedacht werden kann. Wo der Schein dem Inhalt nach aussagt, dass das Sein keinerlei Bestehen mehr hat, und der Schein trotzdem in dieser Form des Seins existiert, da kann diese Existenzform des Scheins keine ungebrochene mehr sein. Genauer besehen, *überlagern* sich also im Schein zwei wiederum gegensätzliche Verhältnisse von Form und Inhalt, an sich selbst vollzogener und beschriebener kategorialer Grammatik, ohne zu einer integrativen Form zu finden: Vielmehr buchstabieren sie eher ein Verhältnis aus, das man mit Hölderlin „geradentgegengesezt" nennen könnte[79], weil in ihm die sich eigentlich auslöschenden

---

[79] Das große Fragment *Wenn der Dichter einmal des Geistes mächtig ist ...* (*Die Verfahrensweise des poetischen Geistes*) darf als zentraler Text zu Hölderlins Dialektik angesehen werden. In ihm durchdenkt Hölderlin spekulative Begriffe wie „Geist", „Form", „Materie", „Einheit", „Gegensatz", „Bedeutung" und „Ich" stets in der Weise, dass sich diese Begriffe zueinander in konstitutive Gegensatzverhältnisse setzen, innerhalb derer sie sich erst *erhalten* und *entfalten* können. Zudem sind die Gegensätze dabei stets so gedacht, dass sie sich jeweils nur in der stabilen Form der Entgegensetzung auch *mit sich selbst* zusammenschließen können, weil durch die Gegensetzung stets *zugleich* im Anderen, Entgegengesetzten das Eigene mitgesetzt ist. Wo Bestimmungen folglich den Punkt ihrer Entgegensetzung erreicht haben, treffen sie im widersprechenden Anderen immer zugleich *auch* auf sich *als* Anderes, weil das Entgegengesetzte eben durch die Beziehung auf sein Gegenteil bestimmt ist und damit das Andere in sich hineingenommen hat. Die Form des Gegensatzes bedingt für Hölderlin eine Logik des Wechsels, in der die

Entgegengesetzten im Entgegensetzen zugleich auch *gleich* sind. So sind sie im Anderen bei sich, ohne allerdings dadurch im hegelschen Sinn mit diesem eine neue Einheit zu bilden: Der „Widerstreit" (Friedrich Hölderlin: „Wenn der Dichter einmal des Geistes mächtig ist ...", in: Ders.: *Theoretische Schriften*, hg.v. Johann Kreuzer, Hamburg 1998, S. 39–62, hier: S. 39) ist mithin die „Art, wie eines in sich selbst zusammenhängt" (Friedrich Hölderlin: „Pindar-Fragmente", in: Ders.: *Theoretische Schriften*, hg.v. Johann Kreuzer, Hamburg 1998, S. 111–118, hier: S. 113). Die Entgegengesetzten okkupieren so zuweilen die Funktion des Anderen, ohne ihre Entgegensetzung aufzugeben; d. h. sie wirken *als* das Andere im strikten Gegensatz *zum* Anderen und zeigen sich so als durchgängig miteinander verflochten, was für Hölderlin die einzige Möglichkeit eines echten „Ganzen", die „absolute Form einer Einheit" (Friedrich Hölderlin: „Seyn, Urtheil", in: Ders.: *Theoretische Schriften*, hg.v. Johann Kreuzer, Hamburg 1998, S. 7–9, hier: S. 7) darstellt. Die widersprechenden Forderungen des Geistes nach Einigkeit/Zugleich/Ewigkeit und nach Mannigfaltigkeit/Wechsel/Fortschritt müssen in seinen Manifestationen in jedem Moment zugleich befriedigt werden. Folglich werden der „Widerstreit" des Geistes mit sich und das Gesetz der Selbstentgegensetzung des Wirklichen zwischen Endlichkeit und Unendlichkeit, Wechsel und Ewigkeit zu den grundlegenden Normen von Hölderlins Denken. Exemplarisch kann dafür der Begriff der „Bedeutung" (Hölderlin: *Wenn der Dichter einmal des Geistes mächtig ist*, S. 42) stehen, den Hölderlin als dialektischen Vereinigungspunkt zwischen den Gegensätzen von Vergeistigung und Materialisierung begreift: aber so, dass sie „zwischen beiden" steht und „sich selber überall entgegengesetzt ist", weil sie alles „entgegengesetzte vergleicht, alles einige trennt" (Hölderlin: *Wenn der Dichter einmal des Geistes mächtig ist*, S. 43). „Bedeutung" im hölderlinschen Sinne vereinigt also die Gegensätze darin, dass der *Metagegensatz* von Trennen und Vereinigen in ihr zu sich selbst in Gegensatz tritt: indem sie nämlich durch Trennen vereinigt und durch Vereinigen trennt. Möglich wird diese komplizierte reflexive Denkfigur dadurch, dass Hölderlin zwei Begriffe des Entgegensetzens unterscheidet: das „Geradentgegengesetzte" vom „Harmonischentgegengesetzten" (Hölderlin: *Wenn der Dichter einmal des Geistes mächtig ist*, S. 43). Wo das Geradentgegengesetzte durch die ausschließliche und extreme Beziehung des Gegensatzes bestimmt ist, greifen im Harmonischentgegengesetzten die Gegensätze *zugleich* im Verhältnis der Identität ineinander: und zwar, indem die dem Gehalt nach Entgegengesetzten zugleich in „der Richtung und Grade der Entgegensezung" (Hölderlin: *Wenn der Dichter einmal des Geistes mächtig ist*, S. 44) übereinstimmen. Hölderlin unterscheidet hier also *am* Gegensatz eine Inhalts- von einer Formebene, auf die sich die Bestimmungen von Differenz (Inhalt) und Identität (Form) verteilen. In der Form des Entgegensetzens, d. h. in der formalen Symmetrie des Gegensatzes, entsprechen sich die inhaltlich Widerstreitenden. Von diesen logischen Grundbestimmungen aus entwirft Hölderlin dann eine Logik des Geistes als „poetische Reflexion" (Hölderlin: *Wenn der Dichter einmal des Geistes mächtig ist*, S. 45), der sich nur in immer komplizierteren Gegensatz- und Wechselverhältnissen von formaler bzw. materialer Vereinigung und Entgegensetzung erst erhalten und entfalten kann. Als „Entgegensezung welche sich selbst entgegengesezt ist" (Hölderlin: *Wenn der Dichter einmal des Geistes mächtig ist*, S. 48), weil sie *als* und *durch* ihre Entgegensetzungen ihre Einheit mit sich verwirklicht, darf der Geist weder den Wechsel in der Einheit noch die Einheit im Wechsel verschwinden lassen. Die unendliche Einheit des Geistes, die sich so als ständiger fluktuierender Wechsel zwischen den Aspekten Identität und Gegensatz bildet, kulminiert endlich im letztgründenden harmonischen Widerspruch (Hölderlin: *Wenn der Dichter einmal des Geistes mächtig ist*, S. 47) zwischen den Perspektiven des „Lebens überhaupt" (wo der Geist material entgegensetzend und formal vereinigend opperiert) und der „Einigkeit überhaupt" (wo der Geist material vereinigend und formal entgegensetzend verfährt), als die der Geist erscheint.

Ähnliche Theorien dialektischer Entfaltung liefert Hölderlin auch für das poetische Ich und die Form des Tragischen. Ähnlich wie für den Geist entwickelt Hölderlin im zweiten Teil des Fragments eine Theorie des (poetischen) Ich, die auf die Frage nach den letzten Bedingungen von Subjektivität abzielt und ebenfalls die radikale Figur des dialektischen Gegensatzes in das Ich einfügt. In komplizierter Auseinandersetzung mit Fichtes Gedanken eines sich in unmittelbarer Einheit mit sich (1. Grundsatz) und im mittelbaren Gegensatz zu einem Nicht-Ich (2., 3. Grundsatz) setzenden Ich zeigt Hölderlin, dass die harmonische Entgegensetzung des Ich zu einer äußeren Sphäre *gleichursprünglich* und *wechselbedingend* mit der inneren Einheit des Ich ist (Hölderlin: *Wenn der Dichter einmal des Geistes mächtig ist*, S. 50 f.). Selbstbewusstsein ist demnach kein selbstsuffizientes Phänomen, das letztlich und primär in der unmittelbaren Einheit mit sich seinen Grund findet, sondern zuerst und wesentlich auf eine äußere Entgegensetzung des Ich zu einem Anderen angewiesen. Die *innere* harmonische Entgegensetzung des Ich zu sich, die den Kern von Selbstsein ausmacht, *existiert* nur und *erkennt* sich einzig, indem sie sich zugleich und gleichursprünglich nach außen reproduziert, d. h. im äußeren Gegensatz zu einem anderen Ich verwirklicht. Hölderlin fasst dies in die Maxime: „Seze Dich mit *freier Wahl* in harmonische Entgegensezung mit einer äußeren Sphäre, so wie du in dir selber in *harmonischer* Entgegensezung bist, von Natur, aber unerkennbarerweise so lange du in dir selbst bleibst." (Hölderlin: *Wenn der Dichter einmal des Geistes mächtig ist*, S. 53) Weil die „Realität der Unterscheidung" die „Realität *des Erkennens*" (Hölderlin: *Wenn der Dichter einmal des Geistes mächtig ist*, S. 53) bedingt, ist das „Alleinseyn" (Hölderlin: *Wenn der Dichter einmal des Geistes mächtig ist*, S. 54), ganz wörtlich als die Gründung des Ich im bloß eigenen Sein der fugenlosen Einheit mit sich verstanden, *für* das Ich keine ontologische und epistemologische Option. Hölderlin liefert so im Gewand einer Dichtungstheorie den zumindest prospektiv umfassenden Versuch, die Bereiche von Ich und Welt, Geist und Natur sämtlich in der dialektischen Logik von harmonischer Gegensätzlichkeit und des dialektischen Wechsels zwischen dem Entgegengesetzten zu begründen. Schließlich überführen Hölderlins Überlegungen zur Philosophie des Tragischen und der Tragödie (*Grund zum Empedokles*, *Sophokles-Anmerkungen*) seine Idee der Dialektik nochmals in einen neuen Bereich. Tragisch ist für Hölderlin ein Geschehen, in dem „das Ungeheure, wie der Gott und Mensch sich paart, [...] dadurch sich begreift, daß das gränzenlose Eineswerden durch gränzenloses Scheiden sich reinigt" (Friedrich Hölderlin: „Sophokles-Anmerkungen", in: Ders.: *Theoretische Schriften*, hg.v. Johann Kreuzer, Hamburg 1998, S. 94–110, hier: S. 100). Im Tragischen gerät die maßvolle und harmonische dialektische Entgegensetzung insofern aus dem Gleichgewicht, als in ihr die intensive, übermäßige Einheit des Menschen mit dem Göttlichen an sich selbst umschlägt in die übermäßige, nur noch trennende und zerstörende Entgegensetzung: also indem die schlechten Extreme von Vereinigung und Entzweiung sich berühren und als identisch erweisen. Der tragische Held geht folglich unter, weil er sich der Entgrenzung seiner Endlichkeit im Einswerden mit dem Göttlichen vollständig hingibt und damit nicht nur sich, sondern, als exemplarischer Protagonist einer Epoche, die Gesetze und Ordnungen seiner Zeit mit in die Vernichtung reißt. Freilich ergibt sich gerade hieraus der positive geschichtsphilosophische Sinn tragischer Prozesse im Rückgriff auf das *Vaterlands*-Fragment: Mit dem tragischen Helden geht eine alte Ordnung unter, damit sich im Übergang das Absolute in der Bildung neuer, besserer Ordnungen verwirklichen kann. Die späten *Pindar-Fragmente* betonen demgegenüber erneut die besondere Bedeutung einer stabilen, harmonischen, Unterschied und Einheit in beständigem Wechsel angemessenen vermittelnden Seinsordnung als Bedingung von Beständigkeit im Strom der „reißenden Zeit" (Hölderlin: *Sophokles-Anmerkungen*, S. 97): weil der Mensch in seiner Schwäche „froh ist da, wo er sich halten kann" (Hölderlin: *Pindar-Fragmente*, S. 116). Hölderlins

11 Das Sein als Schein (I): Die tragische Zuspitzung der Pendelbewegung — 185

Extreme in starker Spannung bestehen bleiben, ohne eine andere integrative bzw. erhaltende Kraft *als* diese Spannung zu besitzen. Zum einen sind im Schein die seinslogische Form und der wesenslogische Inhalt vollständig äußerlich und negativ zueinander bestimmt, indem der Schein seinshaft gegen das Wesen zu *bestehen scheint,* Ausdruck der vollständigen Verneinung des Seins zu sein. Zum anderen ist dieses seinshaft-unmittelbare Bestehen des Scheins aber selbst derart inhaltlich affiziert von seinem eigenen wesenslogischen Gehalt der Aufhebung des Seins, d. h. seiner eigenen Geltung unterworfen, dass es einzig *gemäß* dieses Inhalts als reflektierte Unmittelbarkeit und damit nur *in der Verneinung seines Bestehens bestehen* kann. Damit besteht der Schein, negativ gesehen, als die *reine logische Inkonsequenz an sich:* Inkonsequent ist an ihm der *Widerspruch* von Form und Inhalt, wo die seinslogische Form, ohne jedoch deshalb ihr Bestehen zu verlieren, zugleich auch durch den wesenslogischen Gehalt des Scheins bestimmt wird und so einzig „reflektiert", d. h. in ihrer Verneinung, besteht. Inkonsequent ist aber auch die *Integration* von Form und Inhalt, wo dieses reflektierte Bestehen seinslogischer Unmittelbarkeit ein Bestehen *gegen* das Wesen bleibt, obwohl ihm dafür jede geltungstheoretische Grundlage fehlt und der Schein eigentlich unmittelbar sowie vollständig als Selbstaufhebung im Wesen verschwinden müsste. Keines der beiden Verhältnisse (Widerspruch/Integration) vermag sich dabei zu vollständiger Konsequenz seiner Struktur auszubilden, weshalb ihre zentrale Koinzidenz eben diese gemeinsame logische Inkonsequenz bleibt. Der Begriff des Scheins gestaltet derart das *logische Zögern an sich* als gestaltgewordene *Unterbrechung* des Vorgangs der Übersetzung von Gehaltsbestimmungen in Formbestimmungen der *Logik.* Mit anderen Worten: Wo die Form des Scheins (seinshaftes

---

Modelle von Dialektik sind so von einem existenziellen Ton und einer Vernichtungsangst getragen, die sie ebenfalls im Rahmen der Entwürfe des Deutschen Idealismus einzigartig machen.

In einem Brief an seine Verlobte Wilhelmine von Zenge vom 30. November 1800 findet Heinrich von Kleist ein beeindruckendes Bild für diese negative, tragische Dialektik des Individuellen und des Allgemeinen. Kleist berichtet darin, wie er eines Abends in Würzburg spazieren geht und durch das gewölbte Stadttor tritt, um sich zur Stadt hin umzublicken. „Als die Sonne herabsank war es mir als ob mein Glück untergienge", heißt es, und dann weiter: „Warum, dachte ich sinkt wohl das Gewölbe nicht ein, da es doch *keine* Stütze hat? Es steht, antwortete ich, *weil alle Steine aufeinmal einstürzen wollen*". (Heinrich von Kleist: *Sämtliche Werke und Briefe,* hg.v. Klaus-Müller Salget u. a., Bd. 4: *Briefe von und an Heinrich von Kleist 1793–1811,* hg.v. Klaus-Müller Salget und Stefan Ormanns, München 1997, S. 159) Gerade in ihrem bestimmten Widerspruch zueinander halten sich die gegeneinander stürzenden Steine im Ganzen; sie bestreiten sich und gewinnen gerade dadurch Halt. Kleist selbst zieht aus diesem Bild den Trost des Gehaltenwerdens selbst im schlimmsten Moment unglücklichen Verworfenseins im Leben. Das Bild sagt: Weil alle Steine zugleich einstürzen wollen, halten sie sich im Fallen gerade aufrecht. Die Permanenz des Negativen sorgt hier für die Stabilität des Fortgangs.

Bestehen) sich nicht dem Gehalt des Scheins (vollständige Negation des Seins im Wesen) angleicht, also diesen Übergang unterbricht, tritt eine Verzögerung des ‚normalen' logischen Fortgangs der üblichen Form-Inhalt-Einheit ein. Im Schein steht das prozedurale Leben der *Logik* für einen logischen Moment still, weil er gleich einer Autoimmunreaktion des logischen Körpers die vollständige Aufhebung der überwundenen seinslogischen Grammatik in das Wesen zwar nicht vollständig aussetzt, aber auch nicht vollständig zur Geltung bringt.

Dadurch öffnet sich für das vollständig im Wesen aufgehobene Sein eine Art logisches Zeitfenster, in welchem es selbst noch mit seiner Auslöschung konfrontiert wird: Und die Frage stellt sich nun, welche Funktion diese aufwändige logische Prozedur Hegels, die einmal mehr von der auch prozeduralen Komplexität und Vielfältigkeit der *Logik* zeugt, ermöglicht. Denn es reicht nicht aus, auf den zutreffenden Umstand hinzuweisen, dass der Schein mit der eben entwickelten Grundstruktur erstmals in der *Logik* überhaupt die reine Wesensform selbstbezüglicher Negativität – allerdings auf noch unwahre, weil nicht-wesentliche und inkonsequente Weise – etabliert. Denn entscheidend dabei ist eben der Umstand, dass dieser Ursprung absoluter Negativität im Schein gerade darin seine Funktion und Geltung findet, sich dem all-inklusiven Aufhebungsgeschehen *des* Wesens bzw. *in* das Wesen zu widersetzen. Der Schein fungiert als und verwirklicht ein logisches *Zwischen-Sein:* Gegen die Verabsolutierung des teleologischen Mechanismus' der voranschreitenden, bestimmt-negativen Aufhebung, wie er in der „absoluten Kontextualität"[80] bzw. der „absoluten Relationalität" des Wesens erweitert und durch seine Verinnerlichung als Selbstbezüglichkeit des Wesens gänzlich von äußerlichen Widerständen befreit wird, verkörpert der Schein logisch ein Prinzip, das Hegel selbst zutreffend mit dem Terminus „Rest" belegt (GW 11, S. 246). Ein „Rest" ist ein nicht verwertbarer Überschuss, ein nicht weiter prozessierbares Übriggebliebenes, das sich den Operationen und Normen der Verarbeitung nicht fügt und ihnen folglich entgeht, sodass der Arbeitsprozess an ihm nicht vollständig durchgeführt wird. Der Rest ist das, was in dem Arbeitsprozess, in dem er entsteht, nicht weiter verarbeitet werden kann. Zugleich aber ist ein Rest auch etwas, das nicht einfach ignoriert werden kann, dessen Symbolwert darin liegt, als Markierung des Unterschieds zum verfehlten Ganzen weiter Geltung zu besitzen und Beachtung zu verdienen – wenn diese auch einzig darin liegt, nicht übersehen werden zu können. Der Schein bei Hegel vertritt

---

80 „Der Begriff *absoluter Kontextualität* zielt in erster Annäherung darauf, daß es für ein Denken, das sich intern zu organisieren (verstehen/begründen) sucht, nichts gibt, was eine äußere Grenze darstellen könnte: weder unmittelbare Empfindungen noch erste, selbstevidente Grundsätze oder letztinstanzliche (dogmatische) Entscheidungen." (Gerhard Gamm: *Der Deutsche Idealismus. Eine Einführung in die Philosophie von Fichte, Hegel und Schelling,* Stuttgart 1997, S. 109)

dahingehend ein „Rest" an *unaufhebbarer seinslogischer Äußerlichkeit überhaupt*, wie sie sich auf doppelte Weise – als formale Äußerlichkeit der Gedankenbestimmungen gegeneinander wie als inhaltliche Äußerlichkeit des *als* Sein gemeinten unmittelbaren „Realen" gegenüber der Innerlichkeit des Wesens – im Sein als Grundprinzip geltend gemacht hatte. Im Schein besetzt das Sein eine Doppelstelle in Bezug auf das Wesen (außerhalb und innerhalb), die gemäß der genetischen Normativität der *Logik* gewissermaßen undenkbar, in jedem Fall in äußerlicher Betrachtung regelwidrig ist: Als eigentlich bereits vollständig aufgehobene Form kategorialer „Bestimmtheit überhaupt" hat der Schein seine „Nichtigkeit [...] *im* Wesen" (Hervorhebung C.W., GW 11, S. 246), d. h. das in ihm sich überlebende Sein wird als Schein konfrontiert mit seiner aktuellen, rechtmäßigen Gegebenheitsform als aufgehobenes Moment *im* Wesen, dem es als Monument seines Vergangenseins aktuell zugleich immer noch gegenübersteht. Im logischen Zögern des Scheins *erhält* sich in der Form der rhythmischen *Wiederkehr*, wie sie sich als Pendelbewegung seit dem Anfang der *Wesenslogik* über die Stufe des Unterschieds von Wesentlichem und Unwesentlichem angefangen hatte auszubilden und im Schein kulminiert, das Sein als unauslöschbare logische Erinnerung. Auch dieser Aspektkomplex kann übrigens wiederum in historischer Perspektive, d. h. innerhalb der Konstellation des Deutschen Idealismus, verortet werden: Hegel aktualisiert hier nämlich, mit entscheidenden Änderungen, den kantischen Unterschied von „logischem Schein" und „transzendentalem Schein" aus der *Kritik der reinen Vernunft*, indem er vor allem das Konzept des Letzteren seinem Scheinbegriff zugrunde legt. In der Einleitung zur „Transzendentalen Dialektik", der zweiten Abteilung der „Transzendentalen Logik", heißt es bei Kant:

> Der logische Schein, der in der bloßen Nachahmung der Vernunftform besteht, (der Schein der Trugschlüsse,) entspringt lediglich aus einem Mangel der Achtsamkeit auf die logische Regel. So bald daher diese auf den vorliegenden Fall geschärft wird, so verschwindet er gänzlich. Der transzendentale Schein dagegen hört gleichwohl nicht auf, ob man ihn schon aufgedeckt und seine Nichtigkeit durch die transzendentale Kritik eingesehen hat. Eine *Illusion*, die gar nicht zu vermeiden ist, so wenig als wir es vermeiden können, daß uns das Meer in der Mitte nicht höher erscheine, wie an dem Ufer, weil wir jene durch höhere Lichtstrahlen als dieses sehen, oder noch mehr, so wenig selbst der Astronom verhindern kann, daß ihm der Mond im Aufgange nicht größer scheine, ob er gleich durch diesen Schein nicht betrogen wird. (KrV, B 353 f.)

Deutlich ist hier der Anknüpfungspunkt Hegels an Kant, der sich in einer begrifflichen Strukturgleichheit seines Scheinbegriffs zum „transzendentalen Schein" äußert: Der Schein verschwindet wie der „transzendentale Schein" nicht, obwohl er im Prozess des Übergangs vom Sein in das Wesen einen Inhalt verkörpert wie bezeichnet, der durch diesen Übergang bereits (ebenfalls wie im „transzendentalen Schein") als nichtig entwickelt worden ist, also quasi *als* Schein bereits durchschaut worden ist. Auffällig ist an dieser Stelle bei Kant zudem die zentrale Stellung der Termini „Nichtigkeit" und „transzendentale Kritik", die – natürlich objektiviert bzw. entsubjektiviert (im Sinne transzendentaler Subjektivität) – bei Hegel wiederkehren. Vor diesem Hintergrund sind es aber vor allem die Änderungen Hegels gegenüber Kant, die dem Scheinbegriff sein besonderes Gewicht verleihen. Dabei ist die entscheidende Modifikation bei Hegel nicht einmal die bereits angesprochene Evakuierung des Scheins aus den Gefahrenzonen transzendentaler Subjektivität, wie sie sich bei Kant noch in seinen analogischen Beispielen zeigt, die den Schein nämlich allesamt als Ereignis der subjektiven Wahrnehmung diskutieren; denn diese Modifikation gilt ja sozusagen generell für die ‚Übersetzung' der kantischen Logik in die hegelsche.[81] Entscheidend ist vielmehr Hegels *Neubewertung*, die damit einhergeht und dem Täuschungs- bzw. Illusionsgedanken des Scheins bei Kant gegenläufig positioniert ist: Im Gegensatz zu Kant erhält der Schein nicht nur einen „objektiven" Grund im logischen Geschehen selbst und wird von der Wahrnehmungs- und Denkleistung transzendentaler Subjektivität entkoppelt, sondern seine unaufhebbare Artikulation eines Nicht-(mehr)-Wahrens (des Seins) wird als *notwendige* Funktion des aktuellen Stands der Wahrheit (des Wesens) – und nicht als bloß notwendiges Übel sinnvoller Vernunftfunktionen – verstanden. Die Dauerhaftigkeit des Falschen im Schein bringt gerade nicht die Hartnäckigkeit überwundener kategorialer Muster zum Ausdruck: Das würde nur dann gelten, wenn deren Defizienz nicht bereits vollständig erkannt worden und somit Teil eines sich durch Verdunkelung erhaltenden logischen Scheins wäre. Es ist deshalb entscheidend, dass Hegel betont, wie sich das Sein im Schein *trotz* der bereits vollständigen Aufdeckung und begrifflichen Durchdringung seines Aufgehobenseins restituiert, um eben einer Interpretation vorzubeugen, die den Weg über den Schein als bloßen Ausdruck ungenügender Reflexionstätigkeit kennzeichnet.

Der Schein *ist* die *iterative* logische Operation schlechthin: indem er den Punkt der reinen Wiederkehr des Negierten *als* Negiertes, das Vorhandensein eines Verschwundenen (des Seins) *als* Verschwundenes (und nicht als durch die Aufhebung immer schon integriertes, aktuelles) markiert und kategorial festhält. Um diese Denkfigur *logischer* Zeitlichkeit[82] zu verstehen, ist des Öfteren bereits in

---

[81] Vgl. Taiju Okochi: *Ontologie und Reflexionsbestimmungen. Zur Genealogie der Wesenslogik Hegels*, Würzburg 2008, S. 21.
[82] Die Zeitlichkeit der *Logik* liegt nicht allein in ihrer Form der reinen Abfolge als zeitlicher Aspekt der A-Reihe (nach John M. E. McTaggert: „The Unreality of Time", in: *The Philosophy of Time*, hg. v. Robin Le Poidevin, Murray MacBeath, Oxford 1993, S. 23–35), gemäß deren Gesetz des

11 Das Sein als Schein (I): Die tragische Zuspitzung der Pendelbewegung — 189

analogischer Weise – und begründet in Hegels Sprechweise vom „zeitlos vergangene[n] Seyn" (GW 11, S. 241) – auf die *reale* Zeitlichkeit des Erinnerns zurückgegriffen worden; etwa, wenn Iber den Schein mittels des Unterschiedes von Vergangenem und Niegewesenem erklärt: „Dem liegt nun keine denkerische Inkonsistenz zugrunde, sondern vielmehr die Behauptung, daß das Vergangene *als* Vergangenes präsent bleibt und sich somit vom Niegewesenen unterscheidet. Das Sein gerät im Schein aus der Vergangenheit ins Präsens. Genauer: es gerät aus der Vergangenheit ins Präsens, ohne darin nicht mehr vergangen zu sein."[83] Es ist allerdings weiterhin zu beachten, dass im Schein nicht bloß *iterativ* das Sein in seiner bloßen Leerform, als paradoxe *Rückkehr des Falschen auf falsche Weise trotz seiner Falschheit*, zum Ausdruck kommt. Dies wäre eben jene Interpretation des Scheins, die dessen Stufe zu Anfang der *Wesenslogik* als ein reines retardierendes Moment der logischen Entwicklung betrachtet, das für sich selbst keinerlei begrifflichen Eigenwert besitzt, sondern quasi nur die „wahre" Entwicklung verzögert. Demgemäß heißt es bspw. bei Iber: „Der Schein ist die leere Stelle, dieses rein gedankliche Vakuum, welches das Sein hinterließ, als es ein Anderes als das Wesen zu sein nicht mehr vorgab."[84]

Demgegenüber ist aber der *regenerative* Aspekt des Scheins als nähere Bestimmung seiner grundsätzlich *iterativen* Operationsweise unbedingt ernst zu nehmen, damit der positive Effekt des „Scheins überhaupt" in den Blick kommen darf. Im Schein wird das Sein nicht nur als Falsches wieder(ge)holt, sondern auch in bestimmten Aspekten seines einstigen Geltungsanspruchs wiederhergestellt. Das Sein als Terminus für die Art seinslogischen Bestimmens bleibt natürlich verschwunden und grundsätzlich sowie vollständig im Wesen gänzlich aufgehoben; die bestimmte Negation des Seins im Wesen und damit die Geltungsmacht des Wesens für den Stand der logischen Wahrheit darf an keinem Punkt revidiert

---

Auseinander-Hervorgehens die Kategorien gemäß dem Prinzipkomplex der Aufhebung (der analog selbst eine solche Entwicklung durchmacht) allein zu denken sind. Auch der Aspekt der B-Reihe nach McTaggert greift hier: Denn die Kategorienentwicklung kennt auch eine Entsprechung der Aspekte von Vergangenheit und Zukunft dergestalt, dass es für jede Gedankenbestimmung ein logisches Moment gibt, in Bezug auf welches sie der Möglichkeit des Wahren nach *angemessen* ist (ihre logische Gegenwart), und viele weitere logische Momente, zu denen sie dem Wahren nach *unangemessen* ist (ihre logische Zukunft), sowie solche, zu denen sie noch *undenkbar* ist (ihre logische Vergangenheit). Anders gesagt: Jede Entwicklungsposition in der *Logik* lässt sich so beschreiben, dass vergangene Bestimmungen ihrer Norm des aktuell Wahren unangemessen und kommende Bestimmungen mit ihrer je weiterentwickelten Norm des Wahren undenkbar sind. Erst durch eine solche Konstruktion wird es möglich, dass in Bestimmungen wie dem „Schein" die logische Gleichzeitigkeit des Ungleichzeitigkeiten wichtige semantische Effekte auslösen kann.

83 Iber: *Metaphysik absoluter Relationalität*, S. 71.
84 Iber: *Metaphysik absoluter Relationalität*, S. 70.

werden. Zugleich aber kehrt in der Leerform des Seins als Schein, d.h. in der Wiederkehr des Überwundenen und Verschwundenen *als* Überwundenes und Verschwundenes, ein anscheinend unabweisbarer Geltungsanspruch wieder, welcher mit der Äußerlichkeit seinslogischen Bestimmens, wie sie als reine Form selbst in ihrer vollständigen Negation im Schein überdauert, verbunden ist: Ausgedrückt findet sich dies schon allein in der logischen Eigenzeit, die dem erneuten Auftauchen des Scheins in der *Logik* zugestanden wird, und die aufgrund ihrer Ausnahmestellung in der *Logik* bereits an sich selbst bedeutungstragend ist. Es ist entscheidend zu betonen, dass entgegen mancher Lesarten des Schein-Abschnitts[85] dieser in der hier vorgeschlagenen Perspektive nicht so verstanden werden darf, als sei in ihm der nicht genügend durchargumentierte Übergang in das Wesen als einfache Defizienz der begrifflichen Erschließung des Wesens gedacht: So nämlich wird der Schein zu einer bloßen Verzögerung des Voranschreitens bestimmter Negation des Seins, deren Funktion einzig darin liegen kann, am Grad des Widerstands des zu Überwindenden (des Seins) proportional die Größe und Kraft des gegenwärtigen Stands logischer Wahrheit (des Wesens) hervortreten zu lassen. Der Schein aber ist nicht (bloß) platonische *doxa*[86]: Denn damit würde er wieder nur zu einer Variante des kantischen „logischen Scheins" – und somit eben den Charakteristika widersprechen, die ihn klar dem „transzendentalen Schein" zuordnen. Natürlich soll dem grundsätzlich negativen Charakter des Scheins nicht widersprochen werden: Die strenge Zuordnung, die Theunissen in seiner Interpretation der *Logik* für das „Verhältnis von Schein und Kritik"[87] entwickelt, kann und darf grundsätzlich nicht infrage gestellt werden. Gerade wenn man wie Theunissen den Blick auf die *gesamte Logik* richtet und den Schein nicht primär als Gedankenbestimmung einer beschränkten logischen Position zu Anfang der *Wesenslogik*, sondern vor allem als in der ganzen *Logik* von Anfang bis Ende präsentes Prinzip der bloßen „Unwahrheit"[88] versteht, die kategorial das „intentionale Korrelat der Kritik"[89], d.h. der bestimmten Negation, ausmacht, ist dies völlig überzeugend. Es geht hier deshalb nicht um ein Entweder-oder, sondern darum, eine *zusätzliche* Schicht der logischen Funktion des Scheinbegriffs hervorzuheben, die zur negativistischen Lesart Theunissens in ein Ergänzungs-, nicht in ein Widerspruchsverhältnis tritt. Der Unterschied beider Lesarten ist schon deshalb kein krisenhafter, konfligierender, weil sie, wie bereits

---

[85] Vgl. bspw. Iber: *Metaphysik absoluter Relationalität*, S. 14; Henrich: *Hegels Logik der Reflexion*, S. 106f.
[86] Vgl. Theunissen: *Sein und Schein*, S. 72.
[87] Theunissen: *Sein und Schein*, S. 73.
[88] Theunissen: *Sein und Schein*, S. 71.
[89] Theunissen: *Sein und Schein*, S. 72.

angesprochen, mit unterschiedlichen Auflösungen bzw. Reichweiten des Verstehens gekoppelt sind: bei Theunissen der Blick auf Prinzipien und logische Gegenstände der gesamten *Logik*, in meiner Interpretation der Blick auf die besondere logische Position nur im Übergang von der *Seins-* zur *Wesenslogik*. Ebenso wenig besteht ein krisenhafter Widerspruch zwischen der Idee einer *Kontinuität* des Falschen (des Seins) im Schein, die im Ausdruck „Rest" ebenfalls insinuiert ist und ein Verständnis zu unterstützen scheint, welches auf die ungenügende Durchführung der Aufhebung des Seins abhebt, und meiner iterativen Lesart einer bewusst inszenierten *Wiederkehr* des Seins in gestaffelten Pendelbewegungen: also zwischen dem Verständnis, dass das Sein nie richtig aufgehoben worden und deshalb im Schein als Rest anwesend ist, und dem Verständnis, dass das Sein in gewisser Hinsicht bereits vollständig aufgehoben wurde und deshalb im Schein (wiederum nur in gewisser Hinsicht) wiederkehrt. Der Begriff der *Hinsichtnahme* ist hier eben entscheidend: Hegels *Logik* ist ein derart multidimensionales Gebilde, dass sich oftmals verschiedene Funktionskontexte überlagern. In Hinsicht darauf, dass das Wesen zu Anfang der *Wesenslogik* nicht gänzlich und dauerhaft den *gesamten* logischen Raum eingenommen hat, kann von einem homogenen Weiterbestand des Seins in den Stufen Wesentliches/Unwesentliches und Schein gesprochen werden. In Hinsicht darauf, dass das Wesen als seine notwendige und hinreichende Voraussetzung die *vollständige* Aufhebung des Seins bereits hinter sich hat („Das Wesen ist das a u f g e h o b e n e S e y n", GW 11, S. 245) und seinem minimalen logischen Begriff nach *eigentlich* nichts anderes als die bereits vollzogene Aufhebung des Seins *ist*[90], muss dort, wo im Schein irgendein Geltungsanspruch aus dem Bereich des Seins konstatiert wird, der aber in der Gegenwart des Wesens gar nicht mehr existieren *kann*, eben von einer partiellen, punktuellen und ephemären Wiederkehr gesprochen werden. Es macht die Faszination und Komplexität des Abschnitts zum Schein aus, dass Hegel diese Perspektiven überlagert, um verschiedene logische Funktionen mit unterschiedlicher Reich-

---

90 Diese Dopplung drückt sich erstens darin aus, dass im Schein das Sein vollständig und komplett (und nicht nur unvollständig und teilweise) verneint ist, also *gänzlich* aufgehoben vorliegt, denn nur so ist die *Leerheit* des Scheins als sein kategorialer Gehalt überhaupt möglich. Hegel macht dies ausdrücklich klar in seinen Bestimmungen „unmittelbares Nichtdasein" und „reflektierte Unmittelbarkeit". Damit aber bringt der Schein zum Ausdruck, dass das Sein eigentlich bereits vollständig im Wesen verschwunden, die Aufhebung also umfassend zu denken ist. Zweitens zeigt sie sich dann darin, dass der *Maßstab* und *Motor* der zweiten Aufhebung des Seins als Schein in der zweiten Hälfte des Abschnitts „B. Der Schein" eben jene *eigentlich* immer schon gänzlich vollzogene Aufhebung des Seins im Wesen ist: Nur unter dieser Voraussetzung findet die zweite Aufhebung des Scheins im Wesen überhaupt ihre Möglichkeit, nämlich als *Erinnerung* an das bereits vorliegende Wesen. So argumentieren auch Iber (*Metaphysik absoluter Relationalität*, S. 229–231) und Henrich (*Hegels Logik der Reflexion*, S. 108).

weite und Umfang zusammenzustellen, ohne diese sich gegenseitig in die Quere kommen zu lassen. Was als Geltungsanspruch des vollständig verneinten Seins im Schein wiederkehrt – und was gerade *wegen* seiner prinzipiellen *Aufhebbarkeit* im Wesen als iterativ-regenerativ nicht-aufgehoben sich artikuliert –, muss eine klare positive Funktion *für* das Wesen haben und nicht bloß ein Defekt seines verzögerten Erarbeitungsprozesses sein. Der so inszenierte *Rückstoß* seinshafter Äußerlichkeit und Unmittelbarkeit auf der Stufe ihrer geltungstheoretisch eigentlich vollständigen Haltlosigkeit stellt einen bestimmten *Anspruch auf logische Verantwortlichkeit* her, den das Wesen von nun an zu beachten hat und der auch den Schlüssel zu meiner realitätskategorialen Lesart der Reflexionsformen darstellt. Mit anderen Worten: Das Wesen erhält durch die Haltbarkeit des Seins im Schein die Verantwortung zugesprochen, bestimmte Bestimmungen des Bestimmens aus dem Sein auch dort weiterhin zu beachten, wo es diese in seinem Sinn bereits verwandelt hat. Das Wesen muss mit dem Rest an Seinsanspruch umgehen, der weder ganz im Wesen verschwindet, noch ganz als Anderes zum Wesen bestehen bleibt. Gerade die zweite Hälfte des Scheinabschnitts, indem sie das im Schein verkapselte negierte Sein erneut – und nun wirklich restlos – in das Wesen integriert, führt diese Konsequenz weiter aus.

12 Das Sein als Schein (II): Die Verstetigung des Seins als Geltungsanspruch

Die Argumentationsschritte, mit welchen Hegel im zweiten Teil des „Schein"-Abschnitts die Integration des Scheins in das Wesen leistet, interessieren uns hier nicht in aller Kleinteiligkeit, da sie zu unserer Fragestellung nichts Neues beitragen. Wichtig und zu erörtern ist einzig die prinzipielle Art und Weise, der Grund sowie das Ergebnis der scheinbar vollständigen Aufhebung des Scheins im Wesen, d. h. die Rahmenbedingungen und Konsequenzen dieses Vorgangs. Es ist nämlich von entscheidender Bedeutung, dass Hegel jetzt gerade *nicht* in (für die *Logik*) üblicher Weise vorgeht: also den Gegensatz von Schein und Wesen gemäß der sich aus seiner Gegensätzlichkeit ergebenden begrifflichen Widersprüche und logischen Inkonsistenzen im bekannten dreifachen Sinn aufzuheben. Denn die bisher bereits herausgearbeitete Pointe in Bezug auf den Schein ist es ja gerade, dass sein Bestehen trotz der *vollständigen* Aufhebung des Seins eben als Rückkehr gedacht werden muss: Hegel bestätigt dies indirekt, indem er nun die weitere Vorgehensweise ändert und dieser Einsicht anpasst. Denn der Schein als das „an sich nichtige" (GW 11, S. 247) kann nicht (erneut) aufgehoben werden, da er bereits vollständig aufgehoben ist, obwohl er „eine unmittelbare Voraussetzung, eine unabhängige Seite gegen das Wesen" (GW 11, S. 247) noch immer enthält; ein weiterer Aufhebungsversuch würde an diesem Resultat nichts ändern, da sich die Bedingungen bisher noch nicht geändert haben. Folglich gilt es, die übliche logische Bewegungsrichtung und ihren methodischen Kern beinahe umzukehren:

> Es ist aber von ihm [dem Schein, C.W.], insofern er vom Wesen unterschieden ist, nicht zu zeigen, daß er sich aufhebt und in dasselbe zurückgeht; denn das Seyn ist in seiner Totalität in das Wesen zurückgegangen; der Schein ist das an sich nichtige; es ist nur zu zeigen, daß die Bestimmungen, die ihm vom Wesen unterscheiden, Bestimmungen des Wesens selbst sind, und ferner, daß diese Bestimmtheit des Wesens, welche der Schein ist, im Wesen selbst aufgehoben ist. (GW 11, S. 247)

Die Anerkennung der logischen Ansprüche, die das Residuum seinshafter Äußerlichkeit im Schein gerade in seiner vollständigen Negation geltend macht, wird auch darin ersichtlich, dass Hegel hier ein Vorgehen skizziert, welches den Schein nicht aufhebt, sondern *als* Schein bestehen lässt. Der Schein soll nicht umstandslos im Wesen verschwinden, sondern umgekehrt sollen die Charaktere des Scheins so neu *beschrieben* werden, dass ersichtlich ist, inwiefern diese *nichts anderes als* die Charaktere des Wesens sind. Hegel setzt also die Einsicht in die komplexe Bestehensweise des Scheins ganz konsequent auch in der Art und Weise um, wie dessen progressive Identifikation mit dem Wesen operativ aufzuzeigen ist: indem nämlich das perennierende Bestehen des Scheins *belassen* und *von diesem aus* dessen Identität mit den Grundbestimmtheiten des Wesens festgestellt wird. Der Schein verschwindet nicht im Wesen: Das Wesen erweist sich als Inbegriff des Scheins, sodass der Schein nichts anderes als das Wesen ist, aber in der Form einer unaufhebbaren, *von ihm gemeinten* Äußerlichkeit *zum* Wesen. Auf genaueste Weise kehrt so die Figur des Scheins, im Raum seiner teleologischen Entwicklung zum Wesen hin, zugleich stets auf die Artikulation der Bedingungen des Wesens zurück, die es mit seinem Auftreten verkörpert. Genau an dieser Stelle erwächst aus der Struktur des Scheins die Möglichkeit seiner realitätskategorialen Funktion, die später ausführlicher beschrieben wird: nämlich als Einforderung der logischen Bedachtsamkeit gegenüber einem Bezugspunkt des „Bestimmens überhaupt", der nicht anders denn als dem Bestimmen äußerlich zu denken ist, ohne dass er jenseits von Bestimmbarkeit liegt.

Es ist also die Strategie Hegels, die Bestimmungen des Scheins, welche ihn zu einer dem Wesen äußerlichen Bestimmung machen, als eigene Bestimmungen des Wesens aufzuzeigen, ohne zugleich die Differenz zwischen beiden auszulöschen[91]. Dafür müssen die tragenden Charaktere des Scheins, (a) seine „Nichtigkeit" und (b) seine „Unmittelbarkeit", mit den tragenden Charakteren des Wesens, (a) seiner „Negativität" und (b) seiner „Gleichheit mit sich selbst" (GW 11, S. 247), identifiziert werden, um zu zeigen, dass die Charaktere des Scheins, in ihrer Wahrheit verstanden, nichts anderes als die inneren Bestimmungen des Wesens selbst sind und so der Schein *gegen* das Wesen eine Beziehung ist, die eigentlich als Selbstbeziehung des Wesens in sich selbst zu verstehen ist: „Der Schein ist also das Wesen selbst, aber das Wesen in einer Bestimmtheit, aber so daß sie nur sein Moment ist, und das W e s e n ist das Scheinen seiner in sich selbst." (GW 11, S. 249) Die sehr gedrängten Wege dieser Identifikationsbewegung[92] und die Probleme, die sich möglicherweise durch die semantischen Verschiebungen ergeben, die Hegel den Konzepten von Nichtigkeit und v. a. von Unmittelbarkeit im Übergang in Bestimmungen des Wesens aufzwingt[93], brauchen uns hier, wie gesagt, nicht weiter zu interessieren. Für unsere Fragestellung bleibt festzuhalten: Das Verfahren nicht-aufhebender Integration des Scheins in das Wesen, wie es von Hegel hier entworfen worden ist, garantiert, dass auch im Wesen bzw. der Verinnerlichung des Scheins *in* das Wesen der bestimmte Geltungsanspruch des Scheins *gegen* das Wesen in den Bedingungshaushalt des Wesens Eingang findet. Seine Reformulierung in der Grammatik des Wesens be-

---

[91] Vgl. Iber: *Metaphysik absoluter Relationalität*, S. 83 f.
[92] Genauestens zeichnet Iber (*Metaphysik absoluter Relationalität*, S. 83–119) diese nach.
[93] Vgl. dazu Henrich: *Hegels Logik der Reflexion*.

12 Das Sein als Schein (II): Die Verstetigung des Seins als Geltungsanspruch — 195

hält die intensionale Beziehung auf eine Andersheit, deren *Integration als nichtintegrierte* die Bedingung für eben jenen kategorialen minimalen Realitätsbegriff abgibt, wie er dann in den Reflexionsformen ausformuliert werden wird.

An dieser Stelle kommt nun ein weiterer entscheidender Aspekt des Wesens hinzu, durch den erst das Verhältnis von Schein und Wesen weiter geklärt werden kann: nämlich der der selbstbezüglichen Negativität als Kernstruktur des Wesens, die es im Folgenden näher zu erläutern gilt und die insb. in dem Kapitel zu den Reflexionsformen (Kap. 13–15 im Hauptteil II) Berücksichtigung findet.

Diese logische Artikulation einer Bestimmungsform, die weder *bloß gegen* das Wesen besteht, noch *bloß innerhalb* des Wesens ihren logischen Platz findet, ist deshalb möglich, weil die Grammatik des Wesens in ihrer vollen Struktur eine begriffliche Stelle dafür vorgesehen hat, die das „Gegen"-das-Wesen-Bestimmtsein *innerhalb* des Wesens bestimmt und vertritt: und zwar deshalb, weil Hegel den begrifflichen Kern des Wesens überhaupt von der Idee selbstbezüglicher Negativität als „Abstoßen seiner von sich selbst" zu entwickeln sucht. Erst die Reflexionsformen jedoch können hier als wirkliche *Umsetzung* dieser Strukturalität des Wesens unter Beachtung der Geltungsansprüche des Scheins betrachtet werden: Denn in ihnen aktualisieren sich die Strukturvorgaben selbstbezüglicher Negativität des Wesens (absolute Negativität und reflektierte Unmittelbarkeit in ihrer Identität als Wesen) unter Integration der Ansprüche des Scheins zu einer komplexen kategorialen Grundform von „Bestimmtsein überhaupt", die zuallererst als *minimale kategoriale Idee von Realität überhaupt* gelten darf. Der Geltungsanspruch scheinhafter Äußerlichkeit gewinnt demnach erst in den Reflexionsformen eine logische Gestalt, indem er vollständig in wesenshafte *Bestimmungen des Bestimmens* und damit in operative kategoriale Begriffe des Wesens übersetzt wird. Im Folgenden sollen die *Voraussetzungen* dieser integrativen Transformation in den Reflexionsformen, nämlich die Resultate des „Schein"-Kapitels, die vor allem in (a) Hegels Entwicklung der Stufen von Negativität und (b) der Arten von Unmittelbarkeit liegen, etwas genauer beleuchtet werden, um so den argumentativen Schritt hin zur vollen Entfaltung der operativen Infrastruktur des Wesens in den Reflexionsformen im Sinne unserer Fragestellung darstellen zu können.

Herzstück dieses Resultats der Integration des Scheins in das Wesen im zweiten Teil des „Schein"-Kapitels sind die drei Formen von Negativität (und die ihr entsprechenden drei Formen der Unmittelbarkeit[94]), die in ihrem Zusam-

---

[94] Von diesen her entwickelt Henrich (*Hegels Logik der Reflexion*, S. 114 f.) diese Stufen, wohingegen Iber komplementär eher den Blick auf die zugeordneten Begriffe von Negativität richtet (Iber: *Metaphysik absoluter Relationalität*, S. 103–105, 112).

menhang wiederum den Strukturzusammenhang des Wesens selbst bilden: und zwar dergestalt, dass das Wesen nach dem Aufweis der Integration des Scheins als *Einheit von Unmittelbarkeit und Negativität* sich denken lassen muss, d. h. seine Negativität nichts anderes sein darf als die Unmittelbarkeit des Seins, welche in transformierter wesenslogischer Form über die Stufe ihres reflektierten Bestehens als Schein nun als vollständige interne Bestimmung des Wesens reformuliert worden ist.[95] Das Wesen als Nachfolger des Seins *hat* seine Unmittelbarkeit gerade darin, absolute Negativität zu sein; d. h. es gibt scheinbar keine seinslogische Unmittelbarkeit mehr, die etwas anderes als die Form reiner Vermittlung in der Negativität ist.

> Denn das Wesen ist das Selbständige, das i s t als durch seine Negation, welche es selbst ist, sich mit sich vermittelnd; es ist also die identische Einheit der absoluten Negativität und der Unmittelbarkeit. – Die Negativität ist die Negativität an sich; sie ist ihre Beziehung auf sich, so ist sie an sich Unmittelbarkeit; aber sie ist negative Beziehung auf sich, abstossendes Negiren ihrer selbst, so ist die an sich seyende Unmittelbarkeit das Negative oder B e -
s t i m m t e gegen sie. Aber diese Bestimmtheit ist selbst die absolute Negativität und diß Bestimmen, das unmittelbar als Bestimmen das Aufheben seiner selbst, Rückkehr in sich ist. (GW 11, S. 248)

Erneut verdichtet sich die Argumentation zusehends. Es ist Christian Iber zu danken, dass er die schwierigen begrifflichen Bewegungen an dieser Stelle in seinem Kommentar genauestens nachgezeichnet und erschlossen hat.[96] Grundgedanke ist es dabei, dass die Integration des Scheins in das Wesen durch die Identifikation ihrer jeweils tragenden Bestimmungen die Einheit der seinslogischen und der wesenslogischen Unmittelbarkeit in einer absoluten Negativität, die zugleich absolute Unmittelbarkeit ist, *aus sich* erzeugt. Hegel entwickelt an dieser Stelle bei genauerer Betrachtung drei Arten bzw. Stufen von Negativität und Unmittelbarkeit, die es auseinanderzuhalten und in ihrer Verbindung zu erörtern gilt.

1) Die sich auf sich beziehende Negativität des Wesens („Negativität an sich") ist, ganz für sich betrachtet, selbst eine Art von Unmittelbarkeit, weil sie in diesem reinen negativen Selbstbezug ganz in sich bleibt und so als „Gleichheit mit sich" bzw. als Freiheit von der Beziehung auf Anderes ebenfalls „unmittelbar" heißen kann – obwohl sie, anders als die seinslogische Unmittelbarkeit, weder diffe-

---

[95] Henrich hat sich mit dieser Reformulierung seinslogischer Unmittelbarkeit kritisch auseinandergesetzt (Henrich: *Hegels Logik der Reflexion*, S. 111 ff.).
[96] Iber: *Metaphysik absoluter Relationalität*, S. 103–112.

renzlos in sich noch „*gegen* die Vermittlung gefasst"[97] ist. Damit ist sozusagen (allerdings natürlich im Rahmen der durchgängig nicht-formalen *Logik* Hegels gesprochen) die eher formallogische Seite der selbstbezüglichen Negativität in ihrem *Charakter der Unmittelbarkeit* beschrieben, indem hier rein auf die *Form der Beziehung*, nämlich als Beziehung der Sichselbstgleichheit, geachtet wird: Denn was sich nur auf sich bezieht (unabhängig von seinem substanziellen Gehalt), bezieht sich auf nichts anderes und bleibt damit in seinem Beziehen sich gleich, weshalb es „unmittelbar" heißen darf.

2) Nimmt man dagegen den *Gehalt* dieser besonderen Art der Selbstbeziehung in den Blick, ergibt sich die zweite Form der Unmittelbarkeit des Wesens, die zur ersten in einem bestimmten Gegensatz steht, so wie sie selbst nur *als* Gegensatz zum Wesen zu denken ist. Denn das sich selbst negierende Negative ist „negative Beziehung auf sich, abstossendes Negieren ihrer selbst, so ist die an sich seyende Unmittelbarkeit das Negative oder B e s t i m m t e gegen sie" (GW 11, S. 248). Das sich selbst negierende Negative – hier greift Hegel auf die einfache formallogische Idee der doppelten Negation zurück – *bedeutet* im Resultat seines Vollzuges an sich selbst das Verschwinden des Negativen und das Setzen eines reinen Positiven, das als Anderes zur sich negierenden Negation – und damit „gegen" diese – bestimmt ist. Das Negative, das sich negiert, setzt damit resultativ das reine Positive als Anderes gegen sich selbst: Das (seinslogisch) Andere aber zur reinen Negativität, d. h. zur Grundstruktur von Vermittlung und „Bestimmtheit überhaupt", ist die reine Unmittelbarkeit. Im Unterschied zur seinslogischen Unmittelbarkeit zeigt sich nun hier, dass diese Unmittelbarkeit zugleich das *Produkt einer Vermittlung* – und damit dieser nicht bloß entgegengesetzt – ist. Sie ist deshalb reflektierte Unmittelbarkeit, die an sich den Gegensatz zur Vermittlung aufgehoben hat, weil sie selbst nur als Vermittlungsprodukt besteht, auch wenn sie das Vermittlungslose *bedeutet*. Diese Unmittelbarkeit bleibt zwar als *gegen* das Wesen bestimmte nun bestehen: Ihr Verständnis jedoch, d. h. die Entfaltung ihrer logischen Architektur wie Funktion, ist noch nicht vollendet.

3) Als Einheit der formalen Unmittelbarkeit *des* Wesens (1.) und der gehaltlichen Unmittelbarkeit *gegen* das Wesen (2.) ergibt sich jetzt auf der dritten Stufe ein adäquater wesenslogischer Begriff von Unmittelbarkeit, der dem Schein entspricht. Um als „absolute Negativität" (GW 11, S. 248) verständlich zu sein, gilt es, den Zusammenhang der ersten und zweiten Ebene der Unmittelbarkeit im Wesen als dritte Ebene zu explizieren: „Aber diese Bestimmtheit ist selbst die absolute

---

[97] Henrich: *Hegels Logik der Reflexion*, S. 111. Genau hier liegt die Bedeutungsverschiebung im Begriff der Unmittelbarkeit, aus der heraus Henrich fragt, ob diese Umbesetzung des Begriffs gerechtfertigt ist, ohne seine Grenzen gänzlich aufzulösen.

Negativität und dies Bestimmen, das unmittelbar als Bestimmen das Aufheben seiner selbst, Rückkehr in sich ist." (GW 11, S. 248) Das Verhältnis der sich aus der selbstbezüglichen Negation ergebenden resultativen Unmittelbarkeit, die *gegen* die Negativität bestimmt ist, *zu* dieser sich negierenden Negation, d. h. zu ihrem Ursprung, ist nicht bloß das eines Gegensatzes – schon gar nicht das eines ausschließenden. Das volle Begreifen ihrer Relation aber setzt bereits voraus, die Form des „Widerspruchs", welche sich als volle Gestalt des Unterschieds erst später als Reflexionsbestimmung aus den Reflexionsformen ergeben wird (vgl. GW 11, S. 279–290), hier bereits zur Verfügung zu haben: Widerspruch beschreibt die Einheit des „Scheinen[s] seiner im andern" *und* das „Setzen seiner als des andern" (GW 11, S. 283) dergestalt, dass die sich Gegensätzlichen zugleich „das Ganze und sein Moment" (GW 11, S. 266) der Gegensatzrelation einnehmen: „Die Entgegengesetzten enthalten insofern den Widerspruch, als sie in derselben Rücksicht sich negativ aufeinander beziehende oder sich g e g e n s e i t i g a u f h e b e n d e und gegeneinander g l e i c h g ü l t i g e sind." (GW 11, S. 288)[98] In eben diesem Sinne bilden selbstbezügliche Negation und resultative Unmittelbarkeit einen Widerspruch: Sie sind nicht nur als Andere zueinander bestimmt, sondern auch als Einheit und damit Gleichheit eines sich in diesem Gegensatz auf sich beziehenden und darin bei sich bleibenden Wesens. Denn da die Bestimmtheit der resultativen Unmittelbarkeit *gegen* die selbstbezügliche Negativität eben nur das Resultat dieser Negativität ist, d. h. sich als Vermittlungsprodukt aus ihrer doppelten Negation ergeben hat, kann sie eigentlich rein an sich selbst nichts anderes als diese Negativität sein. Damit aber ist sie „reflektierte Unmittelbarkeit" und somit eben der Schein als in das Wesen integrierter, der jetzt der eigene Schein des Wesens ist, d. h. seine innere Beziehung auf sich als Anderssein, wo er zuvor noch gegen das Wesen zu bestehen schien.

Zugleich ist auch das Verhältnis der selbstbezüglichen Negativität zu der sich aus ihr ergebenden resultativen Unmittelbarkeit ein *negatives* – damit aber verwirklicht es eben jene Relation, die die selbstbezügliche Negativität schon an sich hat. Die operative Logik des Verhältnisses von resultativer Unmittelbarkeit (Produkt) und selbstbezüglicher Negativität (Produzierendes) fügt an allen drei Funktionsstellen die Identität der selbstbezüglichen Negativität ein: Die resultative Unmittelbarkeit ist *an sich nichts anderes als* die selbstbezügliche Negativität, weil sie logisch gesehen ihr Ergebnis ist bzw. das, was im ständigen Wechsel an ihre Stelle tritt; das Gegensatzverhältnis zwischen resultativer Unmittelbarkeit und selbstbezüglicher Negativität ist *relational nichts anderes als* die selbstbe-

---

[98] Vgl. dazu genauer Claudia Wirsing: „Dialectics", in: *The Oxford Handbook of German Philosophy in the Nineteenth Century*, hg. v. Michael N. Forster, Kristin Gjesdal, Oxford 2015, S. 651–673.

12 Das Sein als Schein (II): Die Verstetigung des Seins als Geltungsanspruch — 199

zügliche Negativität, weil es ein negatives Verhältnis ist, in welchem sich die Negativität auf sich selbst (in Form der resultativen Unmittelbarkeit) bezieht (und damit ein Widerspruchsverhältnis bildet, das Inbegriff von Negativität ist). Damit jedoch kehrt die erste Unmittelbarkeit des Wesens, die Sich-selbst-Gleichheit des Negativen im Bezug auf sich selbst, ebenfalls zurück: Der Bezug der selbstbezüglichen Negation auf das sich aus ihr gegen sie ergebende Unmittelbare *ist nichts anderes als* das Sich-auf-sich-Beziehen der Negativität, in welchem die selbstbezügliche Negativität ganz bei sich bleibt im negativen Bezug auf ihr Anderes (die Unmittelbarkeit). Die Struktur absoluter Negativität ist erreicht: nicht nur darin, dass die Negativität in ihrem Anderen, der Unmittelbarkeit, ganz bei sich selbst und so im Abstoßen von sich zu sich zurückkehrt. Absolut ist sie auch dahingehend, dass Hegel den Kernprozess des Wesens, die selbstbezügliche Negativität, als ein *Moment* des diskutierten Verhältnisses in ihrer Funktionsweise auf *jedes andere* Moment des Verhältnisses ausweitet, sodass schließlich das Wesen nichts anderes ist als ein selbstbezügliches negatives Verhältnis, das sich in einem selbstbezüglichen negativen Verhältnis auf sich als anderes selbstbezügliches negatives Verhältnis (Unmittelbarkeit) bezieht: Radikaler und konzentrierter ist der Gedanke positionsloser negativer Vermittlung – man könnte sagen: des *reinen Bestimmens und „Bestimmtseins überhaupt" in seiner absolut-minimalen Grundverfassung* – niemals gedacht worden. „Positionslos" ist die reine selbstbezügliche Negativität, weil sie keinerlei externen Gegenstand hat, auf den sie sich bezieht, sondern die reine Grundform von „Vermittlung überhaupt", isoliert von allen gegenständlichen Kontexten, darstellt.

Es ist deutlich geworden, dass die Integration des Scheins in das Wesen weder den Unterschied zwischen beiden verwischen, noch diesen Unterschied in einen neuen bloßen Gegensatz zu ihrer Einheit im Wesen hineindrängen darf. Die logische Grammatik des Wesens hebt zwar alles Unvermittelte, *bloß* gegen die Vermittlung Stehende in sich auf, sie übersetzt es aber dabei in Vermittlungs- und Bestimmungsansprüche, die auch ein Bestimmtes als *gegen* das absolute wesenslogische Bestimmen bestimmen können. Das Unmittelbare ist nicht unbestimmt als Anderes bzw. Äußeres zum absoluten wesenslogischen Bestimmen; zugleich aber ist es in der *Rolle* des Anderen zum wesenslogischen Bestimmen bestimmt. In der vollständigen Integration des Scheins in das Wesen durch Reinterpretation seiner Bestimmungen erlaubt die Vollständigkeit seiner Transposition gerade nicht, die mit dem Schein gemeinten Ansprüche an ein kategoriales Denken von Äußerlichkeit als legitimationslos auszuzeichnen. Die iterativ-regenerative Dynamik des Scheins macht es vielmehr notwendig, in der Integration des Scheins in das Beschreibungssystem des Wesens dessen Geltungsansprüche *als sie selbst* mit zu übernehmen. „Scheinen in ihm selbst" heißt demnach für die Grammatik des Wesens: Die Ansprüche des Scheins sind so zu denken, dass sie deren Formulierbarkeit in Ausdrücken des Wesens zulassen, ohne *thematisch* bloß zur Funktion des Wesens herabgesetzt zu werden.

In dieser Hinsicht nämlich ist die Logik von „Bestimmtheit überhaupt" im Wesen *all-inklusiv*, ohne gleichmachend zu sein: Vielmehr erlaubt sie es aufgrund ihrer besonderen minimalen Prozessbeschaffenheit selbstbezüglicher Negativität, die Kraft des Unterschieds wahrheitsgemäß so weit als möglich zu entfalten. Wie in der zweiten und dritten Stufe der Negativität sichtbar geworden ist, gilt die wesenslogische Form des selbstbezüglichen Unterscheidens als Kernzelle von wahrhaftem „Bestimmtsein überhaupt", die im gegensatzgenerativen Unterscheiden zugleich in sich bleibt, nicht nur für das je Andere *im* Unterschied, sondern auch für das Andere *zum* Unterschied: D. h. die Bestimmung von „Bestimmtheit überhaupt" im Wesen ist so zu denken, *dass ihre Selbstbeziehung auf Gleiches im Unterscheiden identisch ist mit der Negation ihres bloßen Insichseins in diesem Vollzug.* Daran zeigt sich für die noch zu entwickelnde Form minimaler kategorialer Bestimmtheit von „Realität überhaupt" bereits eine entscheidende Einsicht: Das Verbleiben im Medium der eigenen Bestimmtheit selbstbezüglicher Negativität ist undenkbar ohne seinen Bezugspunkt eines Anderen *zum* Bestimmtsein, der gleichwohl nicht außerhalb *von* „Bestimmtheit überhaupt" gedacht werden kann. Weil Hegel die Wahrheit des Wesens aus dem logisch radikal reduzierten Nukleus selbstbezüglicher, rein relationaler Negativität[99] als Minimalformation von „Vermittlung überhaupt" und damit von „Bestimmtsein überhaupt" entwickelt, ist es ihm möglich, auf komplexe Weise die kategoriale Minimalform des „Realen überhaupt" als Zusammenhang von Bestimmungsrichtungen und Bestimmtheitsfeldern noch *vor* allen festen Entitätsvektoren (Subjekt, Objekt etc.) zu denken: dergestalt, dass Inklusion und Exklusion der Bestimmungsrichtungen auf vernünftige Weise differenziell und zugleich integrativ verbunden werden können. Die Entgegensetzung von Bestimmtheit und Unbestimmtheit, Negativität und Unmittelbarkeit, Begriff und Sein setzt die gemeinsame logische Materie einer begrifflichen „Bestimmtheit überhaupt" voraus, um diesen Gegensatz vernünftig denken zu können, ohne dass damit die Dimension der Äußerlichkeit ihres Andersseins immer schon in der Einheit des absoluten begrifflichen Bestimmens verschwunden wäre: Der bestimmende Gegensatz *des* Unterschieds ist zugleich der bestimmte Gegensatz *zum* Unterschied als Gegensatz *im* Unterschied, ohne doch bloß *durch* den Unterschied zu sein. Das Andere zur selbstbezüglichen Negativität als ihr zugleich eigenes Setzungspro-

---

[99] Vgl. Iber (*Metaphysik absoluter Relationalität*, S. 189 ff.), der überzeugend aufgezeigt hat, was es bedeutet, eine rein selbstbezügliche Relation ohne Relata als logische Grundstruktur zu denken.

dukt wie unvermitteltes Anderssein ist nur der Schein eines Anderen. Nach dem, was wir bisher über den Schein festgestellt haben, heißt dies eben nicht nur, dass es *als* Anderes nur reflektiert, d. h. bloß in negierter Form als Anderes *zum* Wesen zu denken ist und eigentlich gänzlich und restlos in das Wesen fällt, nur Funktion seines Tuns ist. Es heißt eben auch – und die Logik der Reflexionsformen wird dies klar ausbuchstabieren –, dass in der wesenlosen Andersheit der Unmittelbarkeit *gegen* das Wesen, gerade dort, wo sie als ein Unterschied *im* Wesen aufgedeckt worden ist, in welchem sich das Wesen in sich auf sich selbst bezieht, der unüberwindbare seinshafte Geltungsanspruch von Äußerlichkeit, der vorher von Hegel mit dem Terminus „Schein" dargestellt worden ist, wesenslogisch reformulierbar als er selbst erhalten bleiben muss. Das In-sich-Bleiben im begrifflichen „Bestimmen überhaupt" ist nur so zu denken, dass es auf ein Anderes *als* das begriffliche Bestimmen bezogen ist, das freilich zugleich immer schon als von der Art begrifflichen Bestimmtseins gedacht werden muss, um ein Anderes zum Bestimmen und dessen setzenden Vermittlungen sein zu können. Diese Formation einer „unendliche[n] Bestimmtheit" (GW 11, S. 248) ist so gerade nicht als Ausdruck einseitiger bloßer Immanenz zu denken, als welche das Wesen hier etabliert werden soll: Damit würde man die Umfassendheit ignorieren, die Hegel im Blick hat. Das

> Aufzeigen, daß das Unwesentliche nur Schein [ist], und daß das Wesen vielmehr den Schein in sich selbst enthält, als die unendliche Bewegung in sich, welche seine Unmittelbarkeit, als die Negativität, und seine Negativität als die Unmittelbarkeit bestimmt und so das Scheinen seiner in sich selbst ist (GW 11, S. 249),

wird dann reduzierend bzw. einseitig missverstanden, wenn man nicht die komplexen Entwicklungsstufen des Anfangs der *Wesenslogik* im Blick hat, in denen Hegel gerade gegen die Gefahr einer bloßen Innerlichkeitskonzeption des Wesens und eines bloßen Konstruktivismus des Bestimmens vorgeht – und damit erst die Möglichkeit eröffnet, die Formation wesenslogischer Bestimmtheit als minimale Matrix von kategorialer „Realität überhaupt" den sich erst später ergebenden entitätslogischen Unterschieden wie Subjekt/Objekt, Innerlichkeit/Äußerlichkeit etc. *zugrunde zu legen*. Dass die logische Subjektformation des Wesens nicht mit abstrakter Subjektivität und folglich mit dem alten, überwundenen Begriff einer Innerlichkeit des Wesens zusammenfallen darf, ist der dringlichste Imperativ zu Beginn der *Wesenslogik*; aus ihr (d.i. die Subjektformation des Wesens) aber ergibt sich die Möglichkeit, die von Hegel solchen Unterscheidungen streng vorgeordnete Logik des absoluten reflexiven Zusammenhangs von Bestimmtsein und Bestimmtwerden in einer bisher unmöglichen philosophischen Grundsätzlichkeit als konsequente und überzeugende Entfaltung eines minimalen kategorialen

Realitätsbegriffs zu verstehen. Dabei erfüllt der Schein die wichtige Funktion, einen bestimmten Gehalt des Seins gegenüber seiner reibungslosen Aufhebung im Wesen auszusondern und ihm eine verzögerte regenerative Rhythmik der Integration zuzuweisen, durch welche dieser einen überdauernden Geltungsanspruch für sich gewinnt: sodass sich dieser Gehalt des Seins auch im zweiten Anlauf der Aufhebung des Seins (als Schein) in das Wesen dergestalt erhält, als er sich in wesenslogische Termini methodischer Reflexionsbedingungen übersetzt, die den ständigen *Widerstand* gegen die Verinnerlichung des „Bestimmtseins überhaupt" im Wesen – und damit gegen die Bedingung der Subjektivierung des Bestimmens – garantieren. Gerade im Verschwinden bloßer seinshafter Äußerlichkeit als Operationsfeld von „Bestimmtheit überhaupt" im Wesen bleibt die unauslöschliche logische Erinnerung an den Schein zurück und bringt sich so zur Geltung, dass sie in ihrem Verschwundensein Bestand hat: als Scheinen des Wesens in ihm selbst. Derart ist das Unabgegoltensein dieser Äußerlichkeit gerade Funktion ihres Verschwundenseins: Nur *als* Verschwundene kann sie in der Grammatik des Wesens zu einem unabgegoltenen Geltungsanspruch werden, dem sich die Infrastruktur des Wesens beständig zu stellen hat. Die Reflexionsformen als vollständige Ausformulierung der wesenslogischen Generativität von „Bestimmtheit überhaupt" werden dies in vollem Umfang zur Geltung bringen und damit als die gesuchte kategoriale Minimalform von „Realität überhaupt" fungieren.

13 Die Reflexionsformen: Vorüberlegungen

In der Erörterung der *Kritik der reinen Vernunft* hinsichtlich ihrer Realitätskategorien (Kap. 1 im Hauptteil I) war eingangs der Untersuchung ein fundamentales Problem der kantischen Ontologie sichtbar geworden. Etwas vereinfacht gesagt, lautete es: Kant muss, ausgelöst durch gewisse Prämissen und Konsequenzen seiner Epistemologie (bspw. die notwendige transitive Struktur des Erscheinungsbegriffs und die Bedingungen seines Gehaltvollseins), ein vorgängiges und unmittelbares An-sich-Bestimmtsein der Realität$_1$ (Beschreibungsebene des „Ding an sich") als ihre integrale und wesentliche Form annehmen, um ihr nachfolgendes Bestimmtwerden durch das Subjekt zuallererst widerspruchsfrei denken zu können. Zugleich aber kann er dieses An-sich-Bestimmtsein der Realität$_1$ im Rahmen seines Gesamtsystems, was „Bestimmtheit überhaupt" ist und wie sie entsteht, nicht konsistent entwickeln. Damit verfällt Kant der Kritik Hegels am nicht-schlüssigen Systemcharakter bestimmter Philosophien bzw. Wissenschaften, insofern sie der „Endlichkeit der F o r m" (GW 20, S. 58, § 16) des Denkens unterworfen sind: nämlich in der Entwicklung ihres Systems auf nicht zureichend begründete oder gar unbegründete Bedingungen verwiesen zu sein, die leicht mit den Konsequenzen des Systems in Widerstreit geraten können, aber aufgrund ihrer ungenügenden reflexiven Vermittlung diesen Widerstreit verdecken und nicht bewusst machen. „Ein Inhalt hat allein als Moment des Ganzen seine Rechtfertigung, außer demselben aber eine unbegründete Voraussetzung oder subjective Gewißheit" (GW 20, S. 56, § 14): Deshalb gilt, dass „der Standpunkt, welcher so als u n m i t t e l b a r e r erscheint, innerhalb der Wissenschaft sich zum R e s u l t a t e […] machen" (GW 20, S. 59, § 17) muss (vgl. auch TWA 8, S. 114 f., § 41 [Zusatz 1]). Kants Erkenntnistheorie, die den Anspruch erhebt, an die Stelle der Ontologie als philosophischer Disziplin zu treten, verfällt demnach Hegels Kritik *unzureichend begründeter Voraussetzungen*, die von der Theorie selbst nicht mehr eingeholt werden können.

Das theoretische Objekt bei Kant (die Realität$_1$) wiederum, welches den Gegenstand dieser Kritik unzureichend begründeter Voraussetzungen darstellt, ist zugleich seinem kategorialen Inhalt nach an sich nichts anderes als der Inbegriff der *uneinholbaren realen Voraussetzung selbst*: insofern nämlich die Realität$_1$ („Ding an sich") der stets zeitlich und ontologisch *vorausliegende* Bezugspunkt jedweder subjekthaften begrifflichen Intentionalität ist und, nach Kant, in ihrer steten *Vorgängigkeit* dem Begrifflichen gegenüber als Unbestimmtes bzw. Unbestimmbares erscheinen soll. *Die uneinholbare Voraussetzung von Kants reiner theoretischer Vernunft ist der reine Funktionsbegriff uneinholbarer realer Voraussetzung selbst*. Es ist in dieser Hinsicht der Witz der theoretischen Philosophie

Kants, dass ihre unbegründete Voraussetzung (Metaebene) der Inbegriff des Voraussetzens selbst (Objektebene) in Gestalt des „Ding an sich" ist. Damit aber ist in gewisser Hinsicht eine präzise Aufgabe der Grundlagentheorie verbunden, die sich aus der problemorientierten Reformulierung des kantischen Programms ergibt. Diese Aufgabe taucht im Theoriedesign Hegels, in der Entwicklung wahrhafter, minimaler, kategorialer Realitätsstrukturen, im Übergang zur Theorie der Reflexionsformen in der *Wesenslogik* folgerichtig wieder auf. Sie lautet: Eine Philosophie *kategorialer minimaler Realität überhaupt* im Raum des Logischen muss zu einem Teil notwendig eine *Logik der realen Voraussetzung* enthalten. Eine Voraussetzung ist nicht nur eine Metabestimmung von subjektiven Denkoperativen, sondern das ontologische Grundprinzip des „Realen überhaupt" in Bezug auf jedwede Akte von Subjektivität. In einer solchen Philosophie gilt es deshalb, das seinslogisch nur als unabhängiges und an sich unmittelbares „*Vorausseiendes*" Denkbare der existenziell und formal stets vorgängigen Realität$_1$ in den Zusammenhang begrifflicher Vermittlung, den es auch als dem subjektiv Begrifflichen gegenüber Vorausliegendes an sich haben muss, zu transformieren: d. h. das *Vorausseiende* des „Realen überhaupt" als *Voraussetzung* zu denken bzw. die klassische cartesische „reale Unterscheidung" als „reale Voraussetzung" zu reformulieren. Eben dies unternehmen, in Zusammenführung der Logik des Scheins und der absoluten Negativität, die Stufen der Reflexionsformen als Entwicklungsprozess. In der Reflexion auf den unauftrennbaren, als Ganzes fundamentalen Zusammenhang eines minimalbestimmten Rahmens intentionaler begrifflicher Bezugnahmen überhaupt auf ein ihnen *als* unabhängiges gegebenes *Anderes* und in der Entwicklung des nur *als* Reflexion denkbaren Zusammenhangs beider in den verschiedenen Richtungen von „Bestimmtheit überhaupt", die sich aus ihnen in ursprünglicher Verkettung ergeben, erreicht die philosophische Entwicklung eines minimalen und wirklich grundlegenden Funktionsbegriffs von kategorialer minimaler „Realität überhaupt" ihren Höhepunkt.

14 Die absolute Reflexion als Ergebnis und Anfang

Hegel führt in den dritten Abschnitt des ersten Kapitels der *Wesenslogik* ein, indem er „das Wort der fremden Sprache" (GW 11, S. 249), den Terminus „Reflexion" also, der bereits das letzte Wort des zweiten Abschnitts gewesen ist, auf äußerst abstrakte Weise und in denkbar komprimierter Form erörtert, bevor er sich dann in drei Unterabschnitten den einzelnen Stufen der Reflexionsformen zuwendet. Adorno zitiert am Anfang seines Hegel-Essays *Skoteinos oder Wie zu lesen sei* ein charakteristisches Satzgefüge eben dieser kurzen Einführungsabschnitte, um daran zu verdeutlichen: „Im Bereich großer Philosophie ist Hegel wohl der einzige, bei dem man buchstäblich zuweilen nicht weiß und nicht bündig entscheiden kann, wovon überhaupt geredet wird, und bei dem selbst die Möglichkeit solcher Entscheidung nicht verbrieft ist."[100] Wenn eben diese Sätze, die die in der Forschung vieldiskutierte Wendung „Das Werden im Wesen, seine reflectirende Bewegung, ist daher die **Bewegung von Nichts zu Nichts, und dadurch zu sich selbst zurück**" (GW 11, S. 250) enthalten, in isolierter Form tatsächlich eine Art von Unzugänglichkeit nachzuweisen scheinen, so klärt sich der gesamte Abschnitt im Zusammenhang einer genauen Interpretation, wie sie auch hier versucht wird, jenseits aller angeblichen Dunkelheit doch auf. Hegel kommt es darauf an, die ganz eigensinnige Art und Weise, wie er den stark vorbesetzen, durch traditionelle Bedeutungen vereinnahmten Begriff der Reflexion – analog zu seiner Neuinterpretation des Scheins – umzubesetzen gedenkt, deutlich zu machen: Überhaupt ist das „Erste Kapitel" der *Wesenslogik* davon geprägt, dass tragende Termini der abendländischen Metaphysik wie *Wesen*, *Schein* und *Reflexion* von Hegel gegen den Strich gelesen werden, um sie einer erweiterten Funktionalität zugänglich zu machen, die imstande wäre, die ‚alten' Probleme der abendländischen Ontologie zu lösen.

Hegel weicht also von den gewöhnlichen Vorgaben hinsichtlich dessen, was „Reflexion" philosophisch meint, deutlich ab. Mindestens zwei Transformationsrichtungen sind dabei zu unterscheiden, die allerdings beide darin übereinkommen, den Begriff jenseits seines konventionellen Themenfeldes von Subjektivität und Bewusstsein neu zu verorten. „Es ist aber hier nicht, weder von der Reflexion des Bewußtseyns, noch von der bestimmtern Reflexion des Verstandes, die das Besondere und Allgemeine zu ihren Bestimmungen hat, sondern von der

---

[100] Theodor W. Adorno: *Zur Metakritik der Erkenntnistheorie. Drei Studien zu Hegel*, Frankfurt am Main 2003, S. 326.

Reflexion überhaupt die Rede." (GW 11, S. 254) Reflexion meint hier also weder allgemeiner die Denktätigkeit des Verallgemeinerns überhaupt (im Sinne von „über etwas reflektieren"),[101] noch spezifischer die Denktätigkeit des Selbstbewusstseins, sich seiner eigenen Denkhandlungen bewusst zu sein (im Sinne von „reflexiv denken").[102] Mit Reflexion sind also hier im Rahmen der *Wesenslogik* keine „epistemische[n] Tätigkeiten eines Subjekts im Sinne inneren Handelns"[103] geimeint, sondern wie Michael Quante zu Recht feststellt, „eine das Subjekt allererst konstituierende Reflexion, die nicht selbst schon nach dem Modell absichtlichen Handelns konzipiert werden darf."[104] „Reflexion überhaupt" als die „reine absolute Reflexion" (GW 11, S. 250), ganz isoliert als Ergebnis der bisherigen Überlegungen genommen, bezeichnet hier vielmehr die bis zu diesem Punkt herausgearbeitete *Logik von Bestimmtheit überhaupt* im Wesen.[105] Hegel macht dies ganz klar, indem er der Art von Bestimmtheit im Wesen, welche die Reflexion ist, die Art der „Bestimmtheit überhaupt" aus dem Sein nochmals kurz und prägnant gegenüberstellt: „In dem Werden des Seyns liegt der Bestimmtheit das Seyn zu Grunde, und sie ist Beziehung auf An d e r e s." (GW 11, S. 239) Dem „Werden" des Seins steht die „Bewegung" der Reflexion gegenüber: Beide kommen darin überein, „Bestimmtheit überhaupt" als je verschiedene Weisen von Prozessualität zu verstehen. „Bestimmtheit überhaupt" ist Bestimmtwerden bzw. sich vollziehendes Bestimmen. Im Wesen ist die Reflexion die Form, wie das Wesen a) strukturell *in sich selbst mit sich in seinem Anderssein zusammenhängt,*

---

101 „Die Reflexion wird gewöhnlicher Weise in subjectivem Sinne genommen, als die Bewegung der Urtheilskraft, die über eine gegebene unmittelbare Vorstellung hinausgeht, und allgemeine Bestimmungen für dieselbe sucht oder damit vergleicht." (GW 11, S. 254, Anm.)
102 Vgl. zu den Bedeutungen von „Reflexion" Iber: *Metaphysik absoluter Relationalität*, S. 122 f., 132 f.
103 Michael Quante: „Die Lehre vom Wesen. Erster Abschnitt. Das Wesen als Reflexion in ihm selbst.", in: *Kommentar zu Hegels Wissenschaft der Logik*, hg. v. Michael Quante und Nadine Mooren unter Mitarbeit v. Thomas Meyer und Tanja Uekötter, Hegel Studien, Beiheft 67, Hamburg 2018, S. 275–324, hier: S. 293, Fußnote 19.
104 Quante: *Die Lehre vom Wesen*, S. 293, Fußnote 19.
105 Ich folge hier Iber, der, gegen große Teile der älteren Forschung (vgl. Iber: *Metaphysik absoluter Relationalität*, S. 133 f.), die dezidiert nicht-subjektive, rein logische Struktur der Reflexion bei Hegel herausarbeitet und weitergehend (für unsere Frage aber ohne Belang) diese subjektlose objektive Struktur der Reflexion als Lösungsmöglichkeit sowohl gegenüber den Aporien der Selbstbewusstseinstheorien des Idealismus, wo sie sich auf Reflexivität stützen müssen (Iber: *Metaphysik absoluter Relationalität*, S. 135–138), als auch gegenüber der ebenfalls subjektlosen Identitätsphilosophie Schellings ansieht (Iber: *Metaphysik absoluter Relationalität*, S. 139–141). Seine Lesart trifft sich darin mit meiner, die Form und Funktion von Reflexion im Wesen als ein den Gegensätzen von Subjekt und Objekt, Ich und Welt selbst in ihrer einfachsten reinen Form noch *vorgelagertes* generatives Geschehen zu begreifen.

b) funktional dadurch mit sich vermittelt ist und c) begrifflich-semantisch in dieser Vermittlung der eigene Grund der Bestimmtheiten ist, die in ihm anzusiedeln sind. D. h. die Refelxion ist die wesenslogische Art und Weise, wie Unmittelbarkeit und Vermittlung, Positivität und Negativität, Selbstbezüglichkeit und Beziehung-auf-Anderes in der besonderen Form ihres *inneren* Zusammenhangs der „unendliche[n] Bewegung"[106] (GW 11, S. 249) einer *Selbstbeziehung im Anderssein* eine neue Grammatik der Bestimmtheit (also der Bestimmtheit von „Bestimmtheit überhaupt") ermöglichen. Unmittelbarkeit als das Andere *zum* Wesen, als reine negative Vermittlung, ist Schein, reflektierte Unmittelbarkeit, weil sie nichts anderes *als* das Wesen ist bzw. das Wesen als *Anderes*, das so in sich selbst scheint, d. h. in sich reflektiert ist, wo es sich auf die Unmittelbarkeit gegen sich bezieht. Dergestalt wird also die bereits ausführlich erläuterte Generativität von Unmittelbarkeit und sich negierender Negation auseinander als Ganzes des Wesens als „Reflexion" bezeichnet, „als die unendliche Bewegung in sich, welche seine Unmittelbarkeit, als die Negativität, und seine Negativität als die Unmittelbarkeit bestimmt und so das Scheinen seiner in sich selbst ist" (GW 11, S. 249). Reflexion ist mithin

> die Bewegung des Werdens und Uebergehens, das in sich selbst bleibt; worin das unterschiedene schlechthin nur als das an sich negative, als Schein bestimmt ist. [...] Die reflectirende Bewegung [...] ist das Andre als die N e g a t i o n a n s i c h, die nur als sich auf sich beziehende Negation ein Seyn hat. (GW 11, S. 249)

Christian Iber hat richtig festgestellt, dass Hegel hier seinslogische Termini („Übergehen" – „Werden" – „Anderes") zur Beschreibung einer wesenslogischen Struktur benutzt.[107] Seine Charakterisierung dieses Vorgehens als „inadäquat" – in Bezug auf den immanenten Stand der Begriffsbildung in der *Logik* sicherlich berechtigt –, verkennt allerdings, dass hier erneut mit großer Konsequenz die iterativ-regenerative Logik des Scheins in der Terminologie für das Wesen aufgenommen und damit die seinslogische Verantwortlichkeit des Denkens, wie es sich im Schein herausgebildet hat, ernst genommen wird. Wenn es als ein Ziel dieses Kapitels angesehen werden kann, nicht nur die rein prozessuale Form wesenslogischer Grammatik als den Begriff des Wesens selbst, sondern auch die minimale Form kategorialer „Realität überhaupt" herauszuarbeiten, welche die Struktur des Verhältnisses letzter Bestimmungsrichtungen und ihrer irreduziblen

---

[106] Unendlich ist diese Bewegung nicht im Sinne von endloser, sich in schlechter Unendlichkeit ohne Ergebnis vollziehender, sondern als eine solche, die zwischen Momenten verläuft, die in der Bewegung in ihr Anderes kein Anderes, sondern sich selbst erreichen.
[107] Iber: *Metaphysik absoluter Relationalität*, S. 122.

Abhängigkeit voneinander meint, dann wird eben die Beachtung dieser seinslogischen Verantwortlichkeit – und damit der normativen Funktion dieser Begriffsbildung – eine tragende Funktion haben müssen.

In einer längeren, erneut sehr dichten und komplizierten Passage dieses Einleitungsabschnitts in die Reflexionsformen gibt Hegel ferner noch einmal eine Art Überblick über die Arten und Funktionen der Negativität des Wesens:

> Die reflectirende Bewegung hingegen ist das Andre als die N e g a t i o n a n s i c h, die nur als sich auf sich beziehende Negation ein Seyn hat. Oder indem diese Beziehung auf sich eben diß Negiren der Negation ist, so ist die N e g a t i o n a l s N e g a t i o n vorhanden, als ein solches, das sein Seyn in seinem Negirtseyn hat, als Schein. Das Andere ist hier also nicht das S e y n m i t d e r N e g a t i o n oder Grenze, sondern die N e g a t i o n m i t d e r N e g a t i o n. Das E r s t e aber gegen diß Andere, das Unmittelbare oder Seyn, ist nur diese Gleichheit selbst der Negation mit sich, die negirte Negation, die absolute Negativität. Diese Gleichheit mit sich oder U n m i t t e l b a r k e i t ist daher nicht ein e r s t e s, von dem angefangen wird, und das in seine Negation überginge, noch ist es ein seyendes Substrat, das sich durch die Reflexion hindurch bewegte; sondern die Unmittelbarkeit ist nur diese Bewegung selbst. (GW 11, S. 249 f.)

Hegel unterscheidet jetzt zwei Aspekte am Fundament der Struktur des Wesens, nämlich an der „sich auf sich beziehenden Negation", also an der reinen wesenslogischen Vermittlungsform *reflexiver* Selbstbezugnahme des Negativen, das sein Sein rein in diesem negierenden Selbstbezug hat. Damit fragt er nach dem *Reflexiven*, welches die Reflexion als Verhältnis sich negierender Negation ausbildet: Er bestimmt also, was das Reflexive an der Struktur der Reflexion ist. Bezugnehmend auf eine frühere Erörterung der vorliegenden Arbeit könnte man außerdem sagen, dass Hegel dabei näherhin die Aspekte von (1.) *Selbstbezüglichkeit* und (2.) *Selbstreferenzialität* der sich negierenden Negation unterscheidet: dass er also die *Arten von Reflexivität* an der Reflexion durchdenkt.

(1.) Unter der Hinsicht der *Selbstbezüglichkeit* der reflexiven Negativität betont Hegel ihren „Gleichheitsaspekt" bzw. den Aspekt der Unmittelbarkeit an ihr: Als „negierte Negation"[108] (oder, etwas unglücklich hier, weil eigentlich für die Einheit beider reserviert, als „absolute Negativität") ist die Unmittelbarkeit im Wesen, die ja eigentlich *gegen* das Geschehen negierender Vermittlung steht, nichts anderes als das Mit-sich-gleich-Sein der Negation im Vollzug ihres negierenden Selbstbezuges. *Selbstbezüglich* ist die Reflexivität der Negation demnach, wo die „Bewegung selbst" der sich negierenden Negation eine Unmittelbarkeit als Sichselbst-Gleichheit bedeutet, weil diese die Beschreibung ihres Selbstverhältnisses

---

[108] „Negierte Negation" deshalb, weil die Funktion des Negierens als Anderswerdens hier zugunsten des Gleichheitsaspekts der Negation mit sich hintangestellt wird.

ausmacht: Unmittelbarkeit geht demnach der reflexiven Negativität nicht voraus oder in sie als Anderes hinein („nicht ein e r s t e s , von dem angefangen wird, und das in seine Negation überginge, noch ist es ein seyendes Substrat, das sich durch die Reflexion hindurch bewegte", GW 11, S. 249 f.), sondern ist wesenslogisch nur als *Selbstbeschreibung* der reflexiven Negativität zu fassen.

(2.) Unter der Hinsicht der *Selbstreferenzialität* hingegen, also unter dem Aspekt der reflexiven *Selbstanwendung* der Funktionen der Negation auf sich, ergibt sich für Hegel der Ungleichheitsaspekt reflexiver Negativität: Das „Negieren der Negation", in welchem sich die Negation scheinbar in ihr Gegenteil aufhebt, als „*Negation als Negation*" bzw. „*Negation mit der Negation*" bezeichnet, und in welchem sie so in ihrem gesetzten Anderen ungleich mit sich zu werden scheint, erläutert die Art und Weise, wie die Negation in ihrem Reflexivwerden unter sich selbst fällt und sich so innerlich in ihren Gegensatz aus reflektierter Unmittelbarkeit (Schein) und selbstbezüglicher Negativität auseinanderlegt.

Zusammengefasst: Bezüglich ihrer Selbstbezüglichkeit ist die sich negierende Negation an sich selbst unmittelbar, weil mit sich selbst gleich. Bezüglich ihrer Selbstreferenzialität (ihrer Anwendung auf sich selbst) setzt die sich negierende Negation das Unmittelbare als Anderes zu ihr.

Daraus aber ergibt sich eine andere Formation des „Anderen" bzw. der „Andersheit überhaupt": „Das Andere ist hier also nicht das S e y n m i t d e r N e g a t i o n oder Grenze, sondern die N e g a t i o n m i t d e r N e g a t i o n ." (GW 11, S. 249) Als „internalisierte Andersheit"[109] macht die reine Form absoluter Reflexion die Grammatik des Anderen zu einem Effekt des Gleichen: Andersheit *gegen* die sich negierende Negation ist Produkt derselben und damit *nichts anderes* als diese, gerade wo aus ihr *Andersheit* hervorgeht. Das *Nicht-Anders-Sein der Andersheit* in der reinen absoluten Reflexion (analog zur Nicht-Unmittelbarkeit der Unmittelbarkeit im Wesen), wo die Unmittelbarkeit *gegen* die sich negierende Negation eine reflektierte ist, d.h. eine aufgehobene, markiert auch den Übergangspunkt, an dem Gleichheitsaspekt und Ungleichheitsaspekt der Reflexivität des Negativen, Selbstbezüglichkeit und Selbstreferenzialität, Unmittelbarkeit *der* reflexiven Negation und Unmittelbarkeit *gegen* die reflexive Negation in der Bewegung der einen „absolute[n] Reflexion" (GW 11, S. 250) zusammengehen und die Identität von „absoluter Reflexion" und „absoluter Negativität" bedeuten: Die Gleichheit *der* Negation, die diese schon an sich selbst hat, besteht gerade wesentlich darin, im Anderen *gegen* sie (der reflektierten Unmittelbarkeit) bei sich selbst anzukommen und so gerade in der Ungleichheit mit sich zusammenzugehen.

---

109 Iber: *Metaphysik absoluter Relationalität*, S. 125.

Es ist jetzt entscheidend – deshalb ist diese Struktur hier auch so genau auseinandergelegt worden – zu sehen, in welcher Weise Hegel diese reine Form absoluter Reflexion weiter charakterisiert; eben hier fallen die berühmten Worte:

> Das Werden im Wesen, seine reflectirende Bewegung, ist daher die Bewegung von Nichts zu Nichts, und dadurch zu sich selbst zurück. Das Uebergehen oder Werden hebt in seinem Uebergehen sich auf; das Andre, das in diesem Uebergehen wird, ist nicht das Nichtseyn eines Seyns, sondern das Nichts eines Nichts, und diß, die Negation eines Nichts zu seyn, macht das Seyn aus. – Das Seyn ist nur als die Bewegung des Nichts zu Nichts, so ist es das Wesen; und dieses h a t nicht diese Bewegung i n s i c h, sondern ist sie als der absolute Schein selbst, die reine Negativität, die nichts ausser ihr hat, das sie negirte, sondern die nur ihr Negatives selbst negirt, das nur in diesem Negiren ist. (GW 11, S. 250)

Erneut ist auffällig, dass Hegel diese reine Form absoluter Reflexion mittels eines weiteren hinzugenommenen seinslogischen Terminus, den des „Nichts" nämlich, zu beschreiben sucht. „Werden", „Übergehen", „Nichts", „Anderes", „Sein" sind allesamt tragende Kategorien der *Seinslogik*, mit denen Hegel hier paradoxerweise eine Struktur beschreibt, die die „Erinnerung" an die seinslogische Verantwortung, die der Schein etabliert hatte, an dieser Stelle vernachlässigt. Denn was Hegel hier beschreibt, ist gerade das *Verschwinden von Andersheit in der absoluten Innerlichkeit des Wesens*, in dessen *reiner* „absolute Relationalität" (Iber)[110] bzw. „absoluter Kontextualität" (Gamm)[111] nämlich alle Fixierungen bzw. gegeneinander festen Bestimmtheiten zu „Nichts" werden. Alles löst sich hier in der einen reinen Bewegung bloßer Negativität auf. Hegel entwirft das Wesen als Prozessualität absoluter Bewegung, die gemäß der aristotelischen Bewegungsart der *enérgeia*, die ihr Ziel nicht außerhalb ihrer in einem Produkt hat, sondern in ihrem Vollzug selbst und so zugleich unendlich wie in jedem Punkt bereits vollendet ist, alle bestimmenden Gegensetzungen in der Einheit eines mit sich selbst erfüllten Vollzuges auslöscht. Dergestalt erscheint das Wesen, betrachtet als reine „absolute Reflexion", als substanzloser reiner Selbstvollzug ohne vorausgehende Unmittelbarkeit, der das Bewegtsein akzidentell zukäme („dieses [das Unmittelbare, C.W.] *hat* nicht die Bewegung *in sich*"). Zudem erscheint das Wesen in seiner „reine[n] Negativität" zugleich als „absolute[r] Schein", weil diese gesamte Bewegung sich rein aus der reflexiven Selbstnegation des Negativen, d. h. rein aus sich selbst, erzeugt[112] – so wie der Schein das Bestehen in und durch die eigene Negation ist. Wie radikal und konsequent Hegel dies denkt, zeigt sich daran, wie wichtig es ihm ist, nochmals zu betonen, dass die „reine Negativität [...] nichts ausser ihr hat, das sie negirte, sondern

---

110 Iber: *Metaphysik absoluter Relationalität*, S. 140.
111 Gamm: *Der Deutsche Idealismus*, S. 109.
112 Vgl. Iber: *Metaphysik absoluter Relationalität*, S. 130.

die nur ihr Negatives selbst negirt, das nur in diesem Negiren ist" (GW 11, S. 250). Die absolute Bewegung absoluter Vermittlung, die das Wesen ist, und die sich nur aus dem Funktionskern reiner selbstbezüglicher Negativität denken lässt, bleibt in den Momenten ihres Vollzuges *ganz* in sich, denn sie negiert sich einzig selbst: sodass die erste *gegenständliche* Negation, die etwas negiert, und die zweite *reflexive* Negation, welche wiederum die erste Negation negiert, an sich dasselbe sind, d. h. *beide* keinen anderen Gegenstand als sich selbst haben[113] und deshalb den Gleichheits- bzw. Unmittelbarkeitsaspekt des Wesens verwirklichen. Zugleich geht erst aus der Beziehung der Selbstnegation und der Negation dessen, was sich *aus* der Selbstnegation ergibt (die reflektierte Unmittelbarkeit als Scheinen des Wesens in ihm selbst), die Sichselbstgleichheit des Negativen hervor: dass das negierte Negative „nur in diesem Negieren ist", meint den Umstand, dass die Unmittelbarkeit der selbstbezüglichen Negation und des „Negativen überhaupt" eben einzig darin zu finden ist, dass erst der Übergang der Negativität in ein Anderes (die Unmittelbarkeit) als Negationsbeziehung die Sich-selbst-Gleichheit der absoluten Negativität ermöglicht; sowohl das Negative der Negativität (die Unmittelbarkeit) als auch die Einheit der selbstbezüglichen Negativität, die sie nur im Bezug auf ihr Anderes findet, *sind* nur im emphatischen Sinn durch diese und in dieser Bewegung reiner Selbstnegation.

Für den minimalen kategorialen Realitätsbegriff ist das bisher eine äußerst unbefriedigende Bilanz: Die absolute Reflexion bleibt ganz und gar in sich, vollzieht sich widerstandslos an sich selbst und stößt damit in den Bewegungen ihrer reflexiven Selbstvermittlung an jedem Punkt wieder nur auf sich als Sich-selbst-Gleiches und kein Anderes. Wenn Hegel von dieser Stelle aus weiterkommen will, benötigt er einen Perspektivwechsel, der gewisse Implikationen dieser „logisch-autistischen" Struktur so herausarbeitet, dass die seinslogische Verantwortlichkeit wieder aufgegriffen werden kann. Dies wird im Folgenden zu zeigen sein.

Der Begriff reiner, absoluter Reflexion führt also dazu, dass sich diese Reflexionsbewegung unmittelbar selbst aufhebt: dass also aufgrund der vollständigen *Nichtigkeit von Andersheit überhaupt* bezüglich ihres *Andersseins* und der vollständigen Auflösung aller fixierter Bestimmtheiten gegeneinander in dieser Bewegung kein wirkliches Übergehen zwischen Verschiedenen mehr stattfindet. Das Verschwinden der seinslogischen Verantwortlichkeit in der Bewegung absoluter Reflexion wird kontrastiv durch deren vollständige Formulierung in seinslogischen Termini nur umso deutlicher – und die Notwendigkeit, bei dieser subjektlosen, reinen, absolut prozessualen Form von Reflexion nicht stehen zu

---

[113] Die reflexive Negation, welche die gegenständliche Negation negiert, ist zugleich die gegenständliche Negation, weil deren primärer Gegenstand einzig sie selbst ist.

bleiben, wird dringlich markiert. Die *Konturierung eines substanzlosen, absoluten und völlig selbstgenügsamen Formierungsprozesses reiner negativer Autogenerativität von Unterschieden aus Unterschieden*, d. h. das Denken des absoluten Grundes absoluter Vermittlung, droht, in die grenzenlose, bestimmungslose Sichselbstgleichheit des Seins zurückzufallen, eben weil dieses Denken den begrenzten, begründeten und im Schein herausgearbeiteten Ansprüchen des Seins auf Andersheit nicht mehr genügen kann. Die nun folgende Entwicklung der Reflexionsformen als Stufenfolge, welche diese Kernstruktur absoluter Reflexion erneut gemäß der Pendelbewegung des Seins aufbricht, ohne bereits seinshafte, substanzielle Fixierungen in die *Wesenslogik* zurückzubringen, – wie es die Reflexionsbestimmungen später im Wesen in der „Erscheinung" und der „Wirklichkeit" in zunehmender Weise vollziehen –, erscheint aus dieser Perspektive als notwendige Konsequenz, um eine angemessene, entwicklungsfähige und problemorientierte kategoriale Logik von „Bestimmtheit überhaupt" sowie weitergehend einen Begriff von minimaler kategorialer Realität zu entwerfen. Denn der reine minimale Begriff von „Realität überhaupt" verlangt es, dass logisch Ungleichzeitiges synchronisiert und synthetisiert werden muss, ohne damit die generelle Entwicklungsrichtung der *Logik* (vom Sein über das Wesen zum Begriff) aufzuheben bzw. ohne konflikthaft eine zweite logische Ordnung der Kategorien zu etablieren: Seinslogische Andersheit muss *als* seinslogische Andersheit, d. h. mit einem widerständigen „Rest" (vgl. Kap. 11 im Hauptteil II) an seinshafter Äußerlichkeit und Unmittelbarkeit, *in* den Beschreibungsrahmen des Wesens als reiner Reflexion integriert werden. Die Andersheit muss zu einem begrifflichen Element im Zusammenhang der Logik wesenslogischer absoluter Bestimmtheit werden, um einerseits die *Vorgängigkeit des Realen überhaupt* gegenüber dem (Subjekt-)Begrifflichen mit der andererseits ebenso vorhandenen Begriffsförmigkeit des vorgängigen Realen zusammenzudenken. Hegel hat die Möglichkeit einer solchen punktuellen Überlagerung der logischen Stadien zu Anfang der *Wesenslogik* von langer Hand vorbereitet, indem über die Stufe des Scheins seinslogische Andersheit und Unmittelbarkeit in einen unabweisbaren *Verantwortlichkeitsanspruch* transformiert worden sind, dem sich das reflexionslogische Denken zu stellen hat. Die Reflexionsformen werden diesen Verantwortlichkeitsanspruch auf der Höhe der Möglichkeiten wesenslogischen Denkens einlösen und in seiner vollständigen Anerkennung die partielle Asynchronizität des Logischen (seinslogische und wesenslogische Ansprüche) wieder vollständig synchronisieren. Damit wird die Homogenität des Wesens wieder so erreicht, dass von da an in der schrittweisen ganzheitlichen Zusammenführung von Wesen und Sein der Problemstand herausgearbeitet werden kann, der dann bezüglich der Perspektive eines *vollständigen* logischen Begriffs des Wirklichen den Übergang in die Logik des Begriffs notwendig macht.

15 Die kategoriale Minimalform von „Realität überhaupt": Setzende, äußere, bestimmende Reflexion

„Diese reine absolute Reflexion, welche die Bewegung von Nichts zu Nichts ist, bestimmt sich selbst weiter" (GW 11, S. 250) – so lapidar kennzeichnet Hegel nun die Notwendigkeit, der drohenden Abstraktheit und Innerlichkeit des Wesens als reiner Reflexion entgegenzutreten, indem die Erinnerung an die seinslogische Verantwortlichkeit durch das Wesen als Reflexion selbst wiederaufgenommen wird: und zwar dadurch, dass sich diese reine Reflexion *selbst* weiterbestimmt, also aus den eigenen logischen Funktionen und Bedingungen heraus Leerstellen benennt, die durch weitere Entfaltung der Struktur reflexiver Negation erst noch gefüllt werden müssen, um den Ansprüchen des Wesens an die „Wahrheit", als welche es gleich zu Beginn gesetzt worden ist, Genüge zu tun. Dies kann nur gelingen, indem die *Art des Übergangs* zwischen reflektierter Unmittelbarkeit und reflexiver Negativität, die logischen *Konsequenzen*, die sich aus seiner Verfasstheit ergeben sowie deren noch unentfaltete *Bedingungen* (also das gesamte Geschehen des Scheinens des Wesens in sich selbst) nochmals näher betrachtet werden. Ziel ist es, die drohende mechanische Geschlossenheit, Innerlichkeit und Abstraktheit dieses letztbegründenden Vollzuges reinen „Bestimmtseins überhaupt" aufzubrechen und damit die Anschlussstellen sowie Argumentationsperspektiven zu öffnen, die in den Reflexionsformen verborgen liegen. Man könnte auch sagen, die drei Reflexionsformen explizieren kritisch den *Bedeutungsgehalt* der reinen absoluten Reflexion, indem sie gemäß der hegelschen Einheit von Darstellung und Kritik die nähere Thematisierung derselben als kritische Überschreitung und Entfaltung ins Werk setzen: Die Reflexionsformen sind verschieden perspektivierte wie zugleich progressiv zusammenhängende Metabestimmungen der reinen Reflexion. Mit den Reflexionsformen gibt sich die reine absolute Reflexion (1.) selbst ein explizites Wissen von ihrer Arbeitsweise und den operativen Funktionen, aus denen danach die Kategorien der *Wesenslogik* hervorgehen sollen, und sie gibt sich (2.) die Handlungsprozeduren, mit denen sie die Entfaltung der wesenslogischen Bestimmungen – den Bedingungen des Wesens gemäß – vollziehen kann. Rezeptionsgeschichtlich gesehen reformuliert Hegel mit den Reflexionsarten die drei Grundsätze Fichtes aus der *Wissenschaftslehre*[114]. Bereits darin liegt der Hinweis, die ursprünglich mit diesen Grundsätzen erhobenen Geltungsansprüche bei Fichte auf den Entwurf des Grundschemas kategorialen

---

[114] Vgl. Iber: *Metaphysik absoluter Relationalität*, S. 142.

„Realseins überhaupt" (vgl. Kap. 3 im Hauptteil I) auch zumindest als thematischen Hintergrund der hegelschen Begriffsbildung zu verstehen.

1 Setzende Reflexion

Die Stufe der „setzenden Reflexion" expliziert die reine absolute Reflexion unter der bereits beschriebenen Problemstellung, alles Andersseins verschwinden zu lassen. Zugleich entdeckt sie aber gerade in deren Mechanismen das Potenzial der Überschreitung dieser Gefahr. Ich will mich im Folgenden auf eben jene zentralen Überschreitungsperspektiven konzentrieren.

Die reine absolute Reflexion, so beginnt Hegel den Abschnitt, „besteht also darin s i e s e l b s t und n i c h t s i e s e l b s t und zwar in Einer Einheit zu seyn" (GW 11, S. 250), wobei „sie selbst" hier die sprachliche Codierung der wesenslogischen Unmittelbarkeit ist, indem in der Verstärkung der Apposition des „selbst" die Beziehung der „einfache[n] Gleichheit mit sich" gemeint ist. Die setzende Reflexion geht also von der Bestimmung aus, dass die „sich auf sich beziehende Negativität" (GW 11, S. 250) als Anfang, Kern und Gesamtstruktur der reinen absoluten Reflexion auch im „Negiren ihrer selbst" (GW 11, S. 250), also darin, „n i c h t s i e s e l b s t" zu sein, doch ganz bei sich als Negativität ist.

Die sich auf sich beziehende Negativität ist sowohl die einfache Unmittelbarkeit, die sie an sich hat – als Sichselbstgleichheit der reflexiven Negation –, als auch das durch ihre Selbstnegation entstehende (d. h. gesetzte) Andere zu ihr, die reflektierte Unmittelbarkeit als Produkt der Aufhebung der Negation durch sich, die doch als Unmittelbarkeit zugleich nichts anderes als diese Negativität ist. Der Aspekt des „G e s e t z s e y n [s]" (GW 11, S. 251) dieser Unmittelbarkeit als das Andere zur reflexiven Negativität betont mithin den Umstand, dass *diese Unmittelbarkeit auf unmittelbare Weise* an ihr selbst reflektiert, d. h. aufgehoben ist, weil sie eben aufgrund ihres Vermitteltseins durch Negativität immer schon nichts anderes als die Negativität ist. In dieser Unmittelbarkeit verlässt sich die Negativität nicht (nur), sondern sie kehrt (auch) in sich zurück, ist also „so sehr a u f g e h o b e n e Negativität als sie Negativität ist" (GW 11, S. 250). Als gesetzte Unmittelbarkeit ist diese „nur als R ü c k k e h r des Negativen in sich" (GW 11, S. 251): nämlich gänzlich Vermittlungsprodukt selbstbezüglicher Negativität und damit bloßer Schein von Unmittelbarkeit, verstanden als Anderes *zur* Negativität.

Im Aspekt des „Gesetztseins" der Unmittelbarkeit innerhalb der reinen absoluten Reflexion beschwört Hegel in nochmals intensivierter Form die Gefahr eines logischen *Konstruktivismus* reinen Denkens als Selbstbeschreibung wesentlichen Bestimmtseins: nämlich alle an sich selbst *als* ungedacht bestimmten Gegenständlichkeiten einzig in der Weise des Effekts reiner begrifflicher Vermittlung zu fassen, als deren Produkt und damit, ihrem Sein nach, letztlich bloß als „Gedankendinge". Das gleitende, unmittelbare Ineinanderübergehen von Negation und Unmittelbarkeit, das sich unter der Regierung der reinen selbstbezüglichen Negativität vollzieht, lässt die *logische Eigenzeit der Andersheit*[115] des Unmittelbaren, die seine Selbstständigkeit betont, verschwinden. In der von Hegel deutlich betonten „Einheit" der setzenden Reflexion in ihrer Ausgangsformation hat der *bestehende* Unterschied von Negativität und Unmittelbarkeit keinen *Bestand*, weil er stets wieder in die Einheit der sich negierenden Negativität zurückfällt. Somit ist der erste Befund, der über die reine absolute Reflexion in Gestalt des Aspekts ihres *Gesetztseins* ausgesprochen wird, hochgradig unbefriedigend. Denn eine sinnvolle kategoriale Matrix minimalen „Realseins überhaupt" muss die *Beständigkeit des Anderen* als Herausforderung und Bedingung ihres Begriffs in eine *logische Eigenzeit des Auseinander und Gegeneinander* der „Bestimmungselemente überhaupt" übersetzen können: d. h. sie muss räumliche Verhältnisse in der zeitlichen Übergängigkeit von Unmittelbarkeit und absoluter Negativität verorten.[116]

Eben hier setzt nun der nächste hochbedeutsame Gedankenschritt innerhalb der „setzenden Reflexion" an:

> Die Reflexion ist also die Bewegung, die, indem sie die Rückkehr ist, erst darin das ist, das anfängt oder das zurückkehrt.
> Sie ist S e t z e n , insofern sie die Unmittelbarkeit als ein Rückkehren ist; es ist nemlich nicht ein anderes vorhanden, weder ein solches, aus dem sie, noch in das sie zurückkehrte; sie ist also nur als Rückkehren oder als das Negative ihrer selbst. Aber ferner ist diese Unmittelbarkeit die aufgehobene Negation und die aufgehobene Rückkehr in sich. Die Reflexion ist als Aufheben des Negativen Aufheben i h r e s A n d e r n , der Unmittelbarkeit. Indem sie also die Unmittelbarkeit als ein Rückkehren, Zusammengehen des Negativen mit sich selbst ist, so ist sie eben so Negation des Negativen als des Negativen. So ist sie V o r a u s - s e t z e n . (GW 11, S. 251)

Hegel geht jetzt dazu über, von den Produkten der reinen absoluten Reflexion auf deren Tätigkeitsweisen zurückzugehen, d. h. vom „Gesetztsein" auf das „Setzen" als reinen Akt zurückzublicken. Ziel ist es dabei, durch die weitere und noch grundlegendere Entfaltung der Logik reflektierter Unmittelbarkeit im Wesen, also durch eine noch genauere und feinere Kritik der Arbeitsweise ihres Zustandekommens inner-

---

115 „Logische Eigenzeit" meint hier, dass die gesetzte Unmittelbarkeit auf unmittelbare Weise sofort in ihrem Entstehen zugleich als Negativität, d. h. als dasselbe wie ihr Grund, erkannt wird und deshalb zu keinem logischen Zeitpunkt von diesem wirklich unterschieden ist.
116 Zeitlich schmilzt alles zum selben zusammen; räumlich tritt es in Gegenstände, als gegeneinander Stehendes, auseinander.

halb der selbstbezüglichen Negativität, die bloße Immanenz und Geschlossenheit der setzenden Reflexion aufzubrechen. Schließlich muss stets mitbedacht werden, dass Hegel in jedem Fall – auch wenn die Frage nach minimaler kategorialer „Realität überhaupt" ‚lediglich' eine Interpretationsperspektive der vorliegenden Arbeit und nicht exoterisches Programm ist – in der *Wesenslogik* das explizit formulierte Ziel verfolgt, die Gefahr einer bloßen Immanenzstruktur des Wesens, wie sie zu Anfang der *Wesenslogik* als Hypothek der klassischen Metaphysik entworfen wird, gänzlich hinter sich zu lassen. Auch in der „Verstandesphilosophie" des Wesens sollen bereits die Richtungen auf eben jene echte „Wahrheit" aufgespürt werden, als die das Wesen zu Beginn angesprochen wird. Hegel zeigt nun, dass die Bestimmung der reinen Tätigkeit selbstbezüglicher Negativität *nur* als „Setzen" logisch *unvollständig* ist: dass also Setzen, gedacht in seiner kategorialen Form als reine Bestimmungshandlung des „Begrifflichen überhaupt", in seiner Geltung nicht als selbstgenügsam zu fassen ist. Hegel macht klar, dass gerade *aufgrund* der Art der schrankenlosen Übergängigkeit von selbstbezüglicher Negativität und reflektierter Unmittelbarkeit ineinander (nämlich Übergängigkeit *als* negatives Verhältnis zu sein) die produzierende Negation eben der Negativität auch *untersteht*, durch welche sie ihr Produkt bestimmt und die sich in der gesamten Relation als *ihr* Selbstverhältnis ausbildet. Pointiert gesagt: Die sich negierende Negation entkommt sich selbst nicht, weil sie das ganze Verhältnis bestimmt; deshalb verschwindet sie ebenso, wie sie das seinslogische Unmittelbare verschwinden lässt. Deshalb ist die Unmittelbarkeit nicht nur „Zusammengehen des Negativen mit sich selbst", sondern auch „Negation des Negativen als des Negativen" (GW 11, S. 251): D. h. (1.) dass in der gesetzten Unmittelbarkeit nicht nur die selbstbezügliche Negativität im Verlassen ihrer selbst zu sich zurückkehrt und sich so zuallererst *gewinnt*, weil sich die gesetzte Unmittelbarkeit als reflektierte, immer schon verneinte und nichts anderes als Negativität seiende erweist. (2.) Im Setzen der Unmittelbarkeit *verliert* sich die selbstbezügliche Negation auch, d. h. in ihr verschwindet zugleich auch umgekehrt das „Negative überhaupt", weil die Unmittelbarkeit kraft ihres Gehalts den Prozess ihrer Erzeugung zugleich auch zum Verschwinden bringt.[117] Buchstabiert man den Setzungsprozess selbstbezüglicher Negativität vollständig aus, so wird das logische Moment sichtbar, durch das er sich selbst unterbricht und seiner Immanenz entweicht – durch das er logisch als angewiesen auf eine Anerkennung von Andersheit erscheint, die weder wie im bloßen Sein ein *ganz* Äußeres zu ihm ist, noch gänzlich

---

[117] Nach Anton Friedrich Koch hebt Hegel durch die selbstbezügliche Negation die Widersprüchlichkeit unseres Denkens in der prozessualen Entwicklung des logischen Raums auf (Koch: *Die Evolution des logischen Raums*, S. 308). Der selbstbezüglichen Negation kommt somit eine therapeutische Funktion zu, indem sie das Widerspruchsprinzip zur „Selbstkorrektur des Denkens" (Koch: *Die Evolution des logischen Raums*, S. 133) erhebt.

(im Sinne eines reinen Immanenzbegriffs des Wesens) der Verfügung des Setzens untersteht. Die Tätigkeit heißt dort, wo sie diese Aufhebung als Unterbrechung ihrer selbst in Szene setzt, eine *voraussetzende* und die Unmittelbarkeit eine *vorausgesetzte*. Hegel gelingt es an dieser Stelle erneut, einen scheinbar selbstverständlich gewordenen Begriff der Alltagssprache, der in ihr sogar weitaus gebräuchlicher als der des „Setzens" ist, philosophisch aufzuladen und zugleich auf komplexe Weise neu zu entfalten. Demnach gilt: „Als Voraussetzen läßt die Reflexion der Unmittelbarkeit eine nicht nur phantasmagorische Selbständigkeit zuwachsen. Mithin ist die Unmittelbarkeit nicht mehr bloße Bestimmtheit oder sich reflektierend, sondern unabhängig und in stärkerem Sinne ein Anderes der Reflexion als das ursprünglich Gesetzte."[118]

Das *Voraussetzen* als Aspekt, unter dem der unendliche Vollzug des negativen Setzens sich selbst *aussetzt* (d. h. unterbricht und zum Verschwinden bringt), ist aber auch deshalb der einzig adäquate Fortgang der Beschreibung der reinen absoluten Reflexion, weil in ihm die *Wesenslogik* den Ergebnissen ihres bisherigen Gangs wieder entsprechend wird: *Setzen, Voraussetzen und Aussetzen* bilden die Bedingung dafür, auf der Stufe der reinen absoluten Reflexion die logische Verantwortlichkeit gegenüber dem Schein wieder anzuerkennen. Unmittelbarkeit ist *durch* das Setzen selbstbezüglicher Negativität *auch* als *vor* ihr liegend bestimmt, d. h. als ihr auch vorausgehend und auch von ihr unabhängig vorliegend. Das aber ist kein Widerspruch, der stets nur wieder auf das Gleichsein der Unmittelbarkeit mit dem „durch" des Setzens und Gesetztseins und damit auf einen Konstruktivismus des Setzens zusammenschmilzt, der in allen von ihm abhängigen Prozessen *nichts anderes als er selbst* ist. Die Reflexionsformen sind eben der Ort in der *Logik*, wo diese schwierige Grenzfigur, die zugleich nach dem hier gemachten Vorschlag als Begriff minimaler kategorialer „Realität überhaupt" zu denken ist, entfaltet und begründet wird: wie sich die reflektierte Unmittelbarkeit, dieser „Schein" ihrer selbst, *als* von der Reflexion bestimmte, d. h. als unbestimmt bestimmte[119], *von* diesem „Bestimmtwerden überhaupt" aspektional freistellt, indem sie eine Unabhängigkeit gegen das sie setzende Bestimmen geltend macht,

---

118 Iber: *Metaphysik absoluter Relationalität*, S. 152.
119 Damit geht Hegel an dieser Stelle auch über seine Kritik des kantischen „Ding an sich" hinaus, wie sie vor allem in der *Enzyklopädie* zu finden ist. Denn dort hatte er Kants ontologische Unterscheidung dadurch kritisiert, dass in ihr eigentlich nur die Bestimmung des Unbestimmten als leichteste, einfachste, aber auch leerste überhaupt gesetzt worden sei (vgl. GW 20, S. 80 f., § 44) und somit das Bestimmen die Unbestimmtheit regiert. In der Logik der Reflexionsformen hingegen versucht er dem begrifflichen Anspruch gerecht zu werden, dass das als unbestimmt Bestimmte in Aspekten seiner Unbestimmtheit nicht dem ursprünglichen Bestimmen weiter untersteht.

welches *nicht* der initialen Aktionsform des Bestimmtwerdens bloß untersteht und doch zugleich kein eigentliches Außen gegen dieses einnimmt. Mit anderen Worten: Hegel denkt an diesem Punkt den Umstand, dass dem reflektierten Unmittelbaren eine Dimension der *Geltung* seines Gehalts zukommt (Unabhängigkeit vom Setzen), die nicht den Bedingungen seiner logischen *Genese* (Gesetztwerden) untersteht und doch diese nicht außer Kraft setzt. Somit umreißt der Abschnitt zur „setzenden Reflexion" klar die Aufgabe: Aus dem Inneren der Logik reiner Reflexion und unter Beachtung der Norm seinslogischer Verantwortlichkeit muss die Gegenläufigkeit der Unmittelbarkeit *in* ihrer Bestimmtheit durch die Reflexion verstanden werden, um *gegen* die Bedingungen der Genese ihres Gesetztseins durch Reflexion einen Aspekt von Geltung an ihr aufzuspüren, die diesen Bedingungen nicht untersteht und nicht nur deren Effekt ist, ohne ihnen *ganz* äußerlich zu sein.

Weder ist deshalb Manfred Frank zuzustimmen, der in Überspitzung dieser Gegenläufigkeit im Voraussetzen bei Hegel die Rückkehr eines völlig negationsfreien ontologischen Fundamentes sieht, mit dem sich schließlich die Abhängigkeitsrichtung gänzlich umkehrt und die Reflexion als Epiphänomen absolut vorgängiger, unmittelbarer und undifferenzierbarer Einheit eines schellingschen oder hölderlinschen „Seins" entlarvt wird.[120] Noch ist Christian Iber gegenteilig zuzustimmen, der diese Dimension von Unmittelbarkeit *letztlich* wieder nur als leeren Schein begreift, der als durch das Wesen selbst gesetzter am Ende der Betrachtung keine wirklich gleichberechtigte Geltung gegenüber dem Gesetztsein nach sich zieht und eben nur Funktionsweise der Selbstentfaltung des Setzens der Reflexion ist.[121] Bereits in der „setzenden Reflexion" markiert der Aspekt des Voraussetzens eben jene *Grenze*, auf der die logische Figur minimaler kategorialer Realität ihren Ort hat: Die Unmittelbarkeit ist demzufolge nicht bloßer Schein, sondern wiederhergestellter Schein im Sinne seinslogischer Verantwortlichkeit, und muss also in ihren Ansprüchen für die Beschreibung der „Reflexionsform überhaupt" ernst genommen werden.

Möglich wird diese Denkfigur, weil durch das Voraussetzen eine *zweite Richtung des Bedingtseins* in die reine absolute Reflexion eingeführt wird, die gegenüber der ersten kein leerer Schein ist. Vielmehr gilt, dass diese zweite Richtung zwar als durch die erste Richtung *entdeckte*, aber nicht gänzlich *kon-*

---

120 Vgl. hierzu Manfred Frank: *Der unendliche Mangel an Sein. Schellings Hegelkritik und die Anfänge der Marxschen Dialektik*, 2. Aufl., München 1992, S. 46–50.
121 Iber: *Metaphysik absoluter Relationalität*, S. 156f.

stituierte verstanden werden darf.[122] So erfolgt die Verdopplung des logischen Richtungssinns, der das Setzen als Genese der Unmittelbarkeit leitet und zwei geltungstheoretisch gleich*wertige*, wenn auch nicht gleich*ursprüngliche* Bedingungsrichtungen sichtbar macht. Hierzu heißt es:

> Die Reflexion also f i n d e t ein Unmittelbares v o r, über das sie hinausgeht, und aus dem sie die Rückkehr ist. Aber diese Rückkehr ist erst das Voraussetzen des Vorgefundenen. Diß Vorgefundene w i r d nur darin, daß es v e r l a s s e n wird; seine Unmittelbarkeit ist die aufgehobene Unmittelbarkeit. – Die aufgehobene Unmittelbarkeit umgekehrt ist die Rückkehr in sich, das A n k o m m e n des Wesens bey sich, das einfache sich selbst gleiche Seyn. Damit ist dieses Ankommen bey sich das Aufheben seiner und die von sich selbst abstossende, voraussetzende Reflexion, und ihr Abstossen von sich ist das Ankommen bey sich selbst. (GW 11, S. 252)

Die „reflectirende Bewegung" als „a b s o l u t e r G e g e n s t o ß in sich", in welchem das „Hinausgehen über das Unmittelbare [...] vielmehr erst durch diß Hinausgehen" (GW 11, S. 252) besteht, wodurch die „Bewegung [...] sich als Fortgehen unmittelbar in ihr selbst um[wendet] und [...] nur als Selbstbewegung" (GW 11, S. 252) ist, muss als *Explikation eines Zusammenhangs von gegenläufigen Bedingungsrichtungen und reinen logischen Geltungshandlungen* verstanden werden. Dabei ist der „Schein des Anfangs" (GW 11, S. 251), den die voraussetzende Reflexion erzeugt, im Sinne der seinslogischen Verantwortlichkeit des Scheins zu verstehen, um nicht in die Geschlossenheit des bloßen Setzens zurückzufallen. Indem die Reflexion die Unmittelbarkeit als vorausgesetzte bestimmt und somit deren Bedingung bildet, bestimmt sie sich zugleich *als* wiederum *durch* diese bedingt, d. h. als bedingt durch ein ihr Vorausliegendes, welches ihren Grund abgibt, weil es bestimmt ist als den Vermittlungs- und Bestimmungsvollzügen der Reflexion unverfügbar Vorgegebenes, von dem sie auszugehen hat. Wenn dieser zirkuläre Ablauf einsinnig im Verständnis seines Gehalts auf den initialen Setzungsakt der Reflexion zurückgeführt wird, geht zum einen seine echte Zirkularität verloren, zum anderen wird der in der Entwicklung des Scheins etablierte Anspruch seinslogischer Verantwortlichkeit wiederum fallen gelassen und so die von Hegel gerade kritisierte Immanenz des Wesens bestätigt.

Die Pointe dieser Entfaltung ist es vielmehr, dass die Reflexion im Aussetzen ihres Setzungsaktes durch das Voraussetzen ein Anderes (Unmittelbares) *zur* Reflexion als gegeben anerkennt, dessen Sein ihr darin unverfügbar ist, als sie von diesem auszugehen hat. Zugleich aber ist dieses Andere völlig für das Be-

---

[122] Auch hier verhält es sich wie bei Fichte, wo nämlich das Nicht-Ich keineswegs vom Ich gesetzt, d. h. konstruiert, wird, sondern das Ich nur den *Unterschied* zum Nicht-Ich gesetzt und ihm damit eine Bestimmung gegeben hat (nämlich ein Nicht-Ich zu sein).

stimmen der Reflexion *offen*, insofern es diesem vollständig entspricht und mit dem reflexionslogischen Bestimmen folglich *demselben Raum von Bestimmtheit überhaupt* („Selbstziehung") zugehört. Sowohl die sich negierende Negation als auch die als vorausgesetzt gesetzte Unmittelbarkeit teilen denselben Grad von vollständiger Bestimmtheit im Sinne des Vermitteltseins durch begriffliche Strukturen. Die Reflexion der selbstbezüglichen Negativität als logische Grundform verstandesmäßigen „Bestimmens überhaupt" gibt somit *aus sich selbst*, d. h. aus der Bedeutsamkeit ihres Vollzuges heraus, den Raum für die Geltung eines Unmittelbaren, ihrem Bestimmen in einer Hinsicht Vorausliegenden frei. Dieses Vorausliegende ist aber darin kein Anderes im Sinne des Seins mehr, als es auch in seinem Voraussein der vollständigen Bestimmbarkeit durch die Reflexion offen steht, insofern es *nichts als Bestimmbarkeit* und darin als immer schon notwendig bestimmt zu denken ist. Es hat dieses Bestimmtsein durch die Reflexion damit *ursprünglich* an sich, ohne gänzlich auf dieses zurückzugehen. Dass Unmittelbarkeit *gesetzt* ist durch den reinen Akt des Bestimmens, d. h. als reflektierte Unmittelbarkeit in diesem Setzen gründet, meint den Umstand, dass es als jeder reflexiven Bestimmung vorgängig *an sich bereits bestimmt* zu denken ist, *damit* es nachfolgend vom Bestimmen der „Reflexion überhaupt" bestimmt werden kann. Beide Bestimmtheitsweisen sind vielmehr Konkretisierungsrichtungen eines übergreifenden logischen Raums von „Bestimmtheit überhaupt", an dem sie gleichursprünglich partizipieren und diesen so erfüllen. Die Unmittelbarkeit darf nicht aus der Bestimmtheit des Wesens wie ein Äußerliches herausfallen (seinslogischer Realismus des Unmittelbaren), ohne zugleich ganz auf die einseitige Bestimmtheit des Setzens durch die Reflexion zusammenzuschrumpfen (wesenslogischer Konstruktivismus des Unmittelbaren). Die so etablierte Geltung des Vorausgesetzten *gegen* die Genese des Setzens wird demnach denkmöglich, wenn man Setzen und Vorausgesetztes bzw. Bestimmtsein des Vorausgesetzten durch das Setzen *als* gegen das Setzen, im Sinne einer inneren Differenzierung, versteht. Mit dieser realen Differenzierung umreißen beide Bestimmungsrichtungen zuallererst einen ihnen wiederum vorausliegenden logischen Raum absoluten Bestimmtseins, *innerhalb* dessen verschiedene Ebenen und Richtungen von Bestimmtsein und Bestimmtwerden als Bedingungsgefüge und zugleich Irreduzible widerspruchsfrei denkbar sind. Dieser logische Raum ist das Feld minimaler kategorialer „Realität überhaupt", und er kann in kategorialer Analyse nur entdeckt werden, indem er sich als notwendig zu denkendes reines *Beziehungsfeld* aus den Bewegungen der reinen absoluten Reflexion ergibt. Eben diese Entwicklung wird in der „äußeren Reflexion" konsequent weitergeführt; sie zeigt sich schon im Übergang von der setzenden zur äußeren Reflexion, welcher noch im Abschnitt zur „setzenden Reflexion" liegt.

2 Äußerliche oder reale Reflexion

Die „äusserliche oder reale Reflexion" (GW 11, S. 252) ist in der Forschung immer wieder und fast durchgängig in der Stigmatisierung als „schlechtes Verstandesdenken" (um das es in der *Wesenslogik* auf einer ersten, exoterischen Ebene bekanntlich geht[123] und welches in der äußeren Reflexion in der Tat am schärfsten und deutlichsten hervortritt) eindeutig negativ bewertet worden. Paradigmatisch hierfür ist v. a. Henrichs Aufsatz „Hegels Logik der Reflexion" in seiner ersten Fassung (1971), in welchem er die äußere Reflexion zum einen als vollendeten Ausdruck eben jenes schlechten Verstandesdenkens und zum anderen innerhalb des Fortgangs der Reflexionsformen als bloßen Exkurs, der der Reflexion nichts Neues mehr hinzufüge und letztlich nur ihre generellen Abirrungen aufzeige, begreift. So vermerkt Henrich: „Wird also zum Gedankengang der ‚setzenden Reflexion' nichts hinzugefügt, so kann auch die ‚äußere Reflexion' nicht mehr als eine Anmerkung sein. In ihr würde demnach dargelegt, was sich ergibt, wenn die Reflexion beim Voraussetzen ihre eigene setzende Tätigkeit vergessen macht."[124] Die äußere Reflexion gerinnt so zum Abbild eben jener angeblichen makrostrukturellen Unwahrheit des „Wesens überhaupt", als welche bspw. Michael Theunissen den gesamten Zusammenhang von Reflexionsformen und Reflexionsbestimmungen unter dem Aspekt der defizienten Bestimmungslogik des Verstandes sowie der „Einheit von Darstellung und Kritik" der Metaphysik begreift.[125] Zwar erkennen sowohl der spätere Henrich als auch Iber[126] in der äußeren Reflexion schließlich doch eine *notwendige und erweiternde Stufe* im Reflexionsbegriff: Denn erst durch das Verschwinden des Setzens in der äußeren Reflexion

---

[123] „Dieser, (der schwerste) Theil der Logik enthält vornehmlich die Kategorien der Metaphysik und der Wissenschaften überhaupt; – als Erzeugnisse des reflectirenden Verstandes, der zugleich die Unterschiede als s e l b s t ä n d i g annimmt, und zugleich a u c h ihre Relativität setzt; – beides aber nur neben- oder nacheinander durch ein A u c h verbindet, und diese Gedanken nicht zusammenbringt, sie nicht zum Begriffe vereint." (GW 20, S. 145, § 114)

[124] Henrich: *Hegels Logik der Reflexion*, S. 126. Auch Klaus J. Schmidt vertritt in seinem Kommentar zur *Wesenslogik* den Standpunkt, dass Hegel mit der äußeren Reflexion als Ableitung aus der setzenden Reflexion – auch aufgrund der Tatsache, dass es sich doch um einen „relativ kleinen Abschnitt" handle – „keine besondere Problematik verbunden zu haben" scheint (Klaus J. Schmidt: *G.W.F. Hegel. Wissenschaft der Logik – die Lehre vom Wesen: Ein einführender Kommentar*, Paderborn 1997, S. 46). Darüber hinaus konstatiert auch er ihre neutrale und mehr Verwirrung stiftende Funktion: dass nämlich der „besagte Abschnitt [...] kaum als Muster einer klaren Derivation gelten [kann]. Er deutet die Problematik mehr an, als daß er sie löst" (Schmidt: *G.W.F. Hegel*, S. 46). Eben dem soll hier klar widersprochen werden.

[125] Theunissen: *Sein und Schein*, S. 14.

[126] Vgl. Iber: *Metaphysik absoluter Relationalität*, S. 166.

ist dieses gezwungen, sich wieder hervorzuarbeiten und sich dabei um die Aspekte der äußeren Reflexion anzureichern. In der äußeren Reflexion wird die in der setzenden Reflexion „unverarbeitete", d. h. immer schon aufgehobene Differenz von Setzen (Reflexion) und Voraussetzen (Unmittelbarkeit) exponiert und festgehalten. Gleichwohl bilden hauptsächlich immer wieder die bloß negativen Aspekte der äußeren Reflexion, verstanden als Rückfall in ein schlechtes seinslogisches Denken, den Konsens in der Forschung: zeige doch die äußere Reflexion lediglich, dass die Verstandesmetaphysik des Wesens eigentlich nichts anderes sei als die Wiederaufnahme und Entfaltung der schlechten begrifflichen Bedingungen der *Seinslogik* mit ungenügenden begrifflichen Mitteln.[127] Gegenstand der Kritik sind dabei, kurz zusammengefasst, die folgenden Aspekte:

(1) In der äußeren Reflexion bezieht sich die Reflexion auf das vorausgesetzte Unmittelbare als auf ein ihr Äußerliches, d. h. auf ihr eigenes Nichtsein. Äußerlich ist die Reflexion also deshalb, weil sie das Unmittelbare als „eine Voraussetzung h a t" (GW 11, S. 252), „von dem sie als von einem Fremden anzufangen" (GW 11, S. 253) beginnt, das Reflexionsprodukt (Unmittelbarkeit) also dem Reflexionsprozess als ein Anderes zu ihm unmittelbar voraussetzt, sodass, wie Iber treffend formuliert hat, „ihr Verhältnis zu sich keines der Re-flexion mehr ist. Die äußere Reflexion ist ‚negativ sich auf sich beziehende Reflexion'."[128] Bezüglich der äußeren Reflexion bezeichnet Hegel mit dem Zusatz „real" also erst einmal eine bestimmte Art von *Äußerlichkeit*, welche das seinslogische Grundverhältnis von „Beziehungshaftigkeit überhaupt" restituiert: ein Verhältnis, in welchem sich zwei Bestimmungen als äußerliche, nur andere gegeneinander gegenüberstehen – hier also das äußerliche Gegeneinander von Reflexion und Unmittelbarkeit (als Produkt der sich äußerlich werdenden Reflexion). Als „reale Reflexion" aber ist das Negative zur Reflexion (Unmittelbare) nicht *in* ihr (der äußeren Reflexion) aufgehoben, sondern ihr *seiendes Substrat* bleibt für die Reflexion im Sinne uneinholbarer Vorgängigkeit bestehen. Daher ist der Schein der Unabhängigkeit der vorausgesetzten Unmittelbarkeit im Grunde genommen eine Abhängigkeit der Reflexion von „substratbestimmtem" Sein als ihrer Ursache, ihrem Anlass und ihrem Grund.[129]

(2) Eine weitere Kritik an der äußeren Reflexion bezieht sich demzufolge darauf, bloßes Verstandesdenken zu sein, das *nicht spekulativ* ist, weil es sich auf ein seinslogisch äußerliches, fremdes, schlechthin gegebenes Unmittelbares bezieht, durch welches es (a) absolut *begrenzt* wird und dem gegenüber das Denken

---

127 Vgl. Theunissen: *Sein und Schein*, S. 36.
128 Iber: *Metaphysik absoluter Relationalität*, S. 171.
129 Vgl. Iber: *Metaphysik absoluter Relationalität*, S. 172: „So ergibt sich [...] das Verhältnis der Andersheit von *substratbestimmter* Unmittelbarkeit und Reflexion."

(b) ein *nachträgliches, bloß formales Tun* im Sinne der reinen und empirischen Verstandeshandlungen Kants ist. In der äußeren Reflexion bilde sich deshalb so, kurz und bündig erklärt, der alte metaphysische Realitätsbegriff ab: nämlich im Bezug der Reflexion auf die pure Positivität eines seienden, reflexionslosen Substrats, wie es sich etwa in der Realitätskategorie des Daseinskapitels zeigt. Insofern reformuliert die äußere Reflexion die *verschleiernde Kategorie* der Realität[130], insofern in ihr gemäß der Kategorie des Daseins erneut die negativen, vermittelnden Anteile in der scheinbar ungesetzten, „pure[n] Positivität"[131] des Realen verschwinden sollen. Demgemäß ist das Unmittelbare in der äußeren Reflexion ein scheinbar an sich selbst Unvermitteltes bzw. als primär unvermittelt *zu Denkendes*, in welchem sich die Reflexion nur *nachträglich* entäußern kann und welches deshalb als in seiner Vorgängigkeit schlechthin nicht vollständig Einholbares erscheint. Kants transzendentale Voraussetzung des „Ding an sich" (vgl. Kap.1.1.5 und 1.1.6. im Hauptteil I) scheint hier erneut als der kritische Hintergrund durch, auch deshalb, weil Hegel eben diese Äußerlichkeit der Reflexion in den kantkritischen Teilen seiner *Logik* immer wieder herbeizitiert (vgl. auch GW 20, S. 80 f., § 44): „Der Widerspruch des Ding-an-sich besteht darin, daß es als solches *außer* unserer Reflexion *gesetzt* ist."[132]

(3) Der sich daraus ergebende *schlechte Gegensatz von nur vorausgesetztem, bestimmungslosem Objekt und nur nachgängigem, bestimmend-erkennendem Subjekt*[133] führt die Reflexion aus dem Bereich der Äußerlichkeit gerade nicht in das Stadium der Innerlichkeit der setzenden Reflexion zurück. So ist eine Überwindung der äußeren Reflexion nicht durch ihre „Rückführung", sondern einzig und allein durch ihre „Fortführung"[134] möglich, die aber quasi einem Sprung zurück in den Gang des Wahren gleichkommt.

Der vorliegenden Arbeit aber soll es nicht um diese negativen Aspekte gehen, die sich besonders betonen lassen (Hegel selbst leistet dieser Betonung Vorschub, wenn er in der längeren „Anmerkung" zum Abschnitt zur äußeren Reflexion (GW 11, S. 254 f.) diese v. a. auf die Verstandesphilosophie Kants bezieht), sondern um die für unsere Fragestellung zentralen *positiven* Aspekte, d. h. um die spezifischen

---

130 Theunissen: *Sein und Schein*, S. 216.
131 Iber: *Metaphysik absoluter Relationalität*, S. 172.
132 Iber: *Metaphysik absoluter Relationalität*, S. 198.
133 Iber fasst vier „wesentliche Momente des Verstandesdenkens", welche die äußere Reflexion voraussetzt: 1. ein „unmittelbar gegebene[s] Substrat", 2. „unmittelbar gegebene[] Bestimmungen", 3. „Erkennen als eines bloßen Beziehens solcher unmittelbar gegebenen Bestimmungen auf ein solches Substrat" und 4. den Gegensatz von erkennendem Subjekt und vorausgesetztem Objekt (Iber: *Metaphysik absoluter Relationalität*, S. 181).
134 Iber: *Metaphysik absoluter Relationalität*, S. 186.

Fortschrittsaspekte der äußeren Reflexion gegenüber der setzenden Reflexion, die in der Forschung gemäß dieses Überblicks entweder verkannt oder zu einseitig und als zu ephemer betrachtet werden. Es wird sich zeigen, dass für unsere Frage nach der kategorialen Struktur von „Realität überhaupt" gerade die äußere Reflexion von zentraler Bedeutung ist. In einem entscheidenden Abschnitt heißt es bei Hegel:

> Die äusserliche Reflexion s e t z t also ein Seyn v o r a u s , e r s t e n s nicht in dem Sinne, daß seine Unmittelbarkeit nur Gesetztseyn oder Moment ist, sondern vielmehr, daß diese Unmittelbarkeit die Beziehung auf sich, und die Bestimmtheit nur als Moment ist. Sie bezieht sich auf ihre Voraussetzung so, daß diese das Negative der Reflexion ist, aber so daß dieses Negative a l s Negatives aufgehoben ist. – Die Reflexion in ihrem Setzen, hebt unmittelbar ihr Setzen auf, so hat sie eine u n m i t t e l b a r e V o r a u s s e t z u n g . Sie f i n d e t also dasselbe vor, als ein solches, von dem sie anfängt und von dem aus sie erst das Zurückgehen in sich, das Negiren dieses ihres Negativen ist. (GW 11, S. 253)

Bedeutend wird die Denkfigur der Voraussetzung gerade durch den für die äußere Reflexion so zentralen „Wegfall des Setzens" bzw. das „Gegebensein einer unmittelbaren und stabilen Voraussetzung"[135], von der die Reflexion abhängt und zu der sie hinzutritt. Die äußere Reflexion ist insofern die Konsequenz der setzenden Reflexion, als das *durch* das Setzen vorausgesetzte Unmittelbare seine volle seinslogische Vollständigkeit wiederzuerlangen scheint und sich vom Setzungsakt der Reflexion so weit emanzipiert, dass es den Charakter eines Ungesetzten annimmt: dass es also *quasi-naturalisiert* hinter seine eigenen Bedingungen zurückreicht und in die Bedingungslosigkeit überzugehen scheint. So wird das Vorausgesetzte in ihr quasi isoliert fokussiert, d. h. der Aspekt des Vorausgesetztseins des Unmittelbaren tritt prägnant in den Vordergrund und der Aspekt des Gesetztseins des Unmittelbaren tritt zurück; das Unmittelbare wird nicht (mehr) als ein Produkt des Setzens der Reflexion erkannt, das es doch ebenso ist. Die äußere Reflexion scheint aus genau diesem Grund einerseits hinter die Erklärungskraft der setzenden Reflexion zurückzufallen, indem sie deren Modell vereinseitigt und verkürzt, nämlich der Aspekt des Setzens des Unmittelbaren verlorengeht. Andererseits aber – und dies wird in der Vergrößerung dieses kritischen Aspekts oft vernachlässigt – *ergibt* sich die äußere Reflexion erst aus der setzenden Reflexion, die sie fortführt und weshalb sie ein „Mehr an logischen Strukturen"[136] gegenüber der setzenden Reflexion aufweist: Sie entsteht überhaupt erst aus der Möglichkeit der gesetzten Unmittelbarkeit und baut deren Möglichkeitsraum weiter aus. Deshalb gilt es, diesen Möglichkeitsraum mit logi-

---

[135] Iber: *Metaphysik absoluter Relationalität*, S. 167.
[136] Iber: *Metaphysik absoluter Relationalität*, S. 175.

schen Beschreibungselementen zu füllen, und hier bietet sich im Rahmen unserer Exegese erneut die seinslogische Verantwortlichkeit an, deren grundsätzliche iterativ-regenerative Dynamik für den Anfang der *Wesenslogik* bereits herausgearbeitet worden ist. So verstanden, inszeniert sich die seinslogische Pendelbewegung erneut in der äußeren Reflexion: D. h. die positiven Geltungsansprüche seinslogischer Andersheit im Wesen, die Hegel seit Beginn der *Wesenslogik* verfolgt, erweisen sich auch in der äußeren Reflexion nur als ein *scheinbarer* Rückfall in schlechte, bloß defizitäre seinslogische Strukturen; folglich erweist sich auch dieser Rückgang als Entfaltung und Festigung eines berechtigten Geltungsanspruchs von integrativer Äußerlichkeit *für* die positiven Aspekte des Wesens, die hier als minimale kategoriale „Realität überhaupt" gedacht werden.

Die äußere Reflexion erweist sich nun vor allem dahingehend als notwendiges und begriffserweiterndes Stadium der absoluten Reflexion, als erst hier die Reflexion anfängt, *bestimmend* zu werden, d. h. Bestimmtheit durch den echten, stabilen und tragenden Unterschied überhaupt erlangt. „Die Reflexion muß sich notwendig ein Sein, eine Unmittelbarkeit, voraussetzen, um sich als deren immanente Reflexion darstellen zu können."[137] Erst im völligen Durchgang der äußeren Reflexion erhält die Gesamtstruktur der Reflexion alle Bedingungen, nach denen echte reale Bestimmtheit bzw. die grundsätzliche Bestimmtheit des kategorialen minimalen „Realen überhaupt" sinnvoll gedacht werden kann. Die „Reflexion überhaupt" ist nämlich, das zeigt die äußere Reflexion, als *ganzer* Zusammenhang nur voll bestimmt und bestimmungsfähig, wenn sie von einem Unmittelbaren als *Anderem* zu ihr anfängt. Ihre absolute Bestimmtheit im Ganzen nämlich, d. h. die vollständige Dynamik ihres Zusammenhangs von Vermittlung als „Bestimmen überhaupt", kann sie nicht rein durch sich selbst erzeugen, indem sie alle Bedingungen und Parameter von Setzen und Gesetzsein selbst setzt, sondern sie ist stets angewiesen auf *ein Anderes als das Setzen*, das sich zugleich aber nicht einfach außerhalb des logischen Raumes des Bestimmens befindet, zu welchem das Setzen gehört. Jedes „Bestimmen überhaupt" also ist auf ein Vorgängiges, *zu ihm anderes* Bestimmtsein verwiesen, mit dem es denselben Raum von *Bestimmtsein* teilt, den es gleichwohl nicht selbst hervorbringt, *um* dieses überhaupt erst bestimmen zu können. Die transitive Intentionalitätsstruktur von Bestimmen als logische Matrix realen Gegebenseins *von* etwas *für* jemanden ist nicht selbstgenügsam in dem Sinne, dass ihr absolut unbestimmtes Objekt als bloße Materie von reiner Bestimmungslosigkeit und reiner Bestimmungsmöglichkeit wie ein ganz Anderes zu ihm gegeben ist. „Bestimmen überhaupt" verwirklicht sich erst dann selbstbestimmt *als* ein Bestimmen, wenn es auf ein An-

---

137 Iber: *Metaphysik absoluter Relationalität*, S. 169.

deres als sein eigenes Bestimmen verwiesen ist, das aber gleichwohl an sich selbst schon bestimmt sein muss und deshalb kein Anderes gemäß der seinslogischen Ordnung von Außen/Innen, Unbestimmtheit/Bestimmtheit bzw. Unmittelbarkeit/ Vermittlung ist – in dem Sinne also, als es einen übergreifenden Raum von Bestimmt*sein* als logisch vorgelagerte Ordnung eines „Begrifflichen überhaupt" konturiert, dem beide Seiten der absoluten Reflexion gerade in ihrem iterativ-regenerativen Anderssein zugehören: Denn auch das unmittelbare Andere in der äußeren Reflexion ist schließlich gesetzt worden, und d. h. vor allem: Es ist eine *bestimmte* Unmittelbarkeit im Raum des „Begrifflichen überhaupt".

,Fortschrittlich' ist die äußere Reflexion gegenüber der setzenden Reflexion auch darin, quasi eine *Metaperspektive auf das Setzen* darzustellen, weil sie nämlich die Bedingungen jedes Setzens, d. h. jeden „Bestimmens überhaupt", beschreibt: nämlich das *Aussetzen des Setzens* als notwendige Bedingung dafür, das Setzen in seiner Vernünftigkeit sinnvoll begreifen zu können. Die Äußerlichkeit des vorausgesetzten Unmittelbaren wird so zu einer Funktionsbeschreibung des Setzens selbst: Entscheidend ist nicht, inwiefern dieses Unmittelbare zur Sphäre des Seins dazugehört[138], sondern entscheidend ist vielmehr, dass sich in ihm die Geltungsansprüche einer Andersheit artikulieren und behaupten, auf die jeder Akt des Bestimmens als auf sein intentionales Gegenstück angewiesen ist und die er nicht selbst vollständig hervorbringt (Konstruktivismus), ohne doch dabei auf ein abstrakt und gänzlich Äußerliches (im Sinne eines Verlassens des Raumes des „Begrifflichen überhaupt") verwiesen zu sein; denn beide teilen denselben Raum von begrifflicher „Gestalthaftigkeit überhaupt". Gerade deshalb muss auch in der äußeren Reflexion stets die Gesamtstruktur der absoluten Reflexion betrachtet werden, d. h. sowohl der Zusammenhang von Reflexion und Unmittelbarkeit als auch der Zusammenhang der drei Reflexionsformen. Denn nur so kommt entgegen der bloß kritischen Haltung gegenüber der Äußerlichkeit der Unmittelbarkeit in der äußeren Reflexion in den Blick, wie genau diese Äußerlichkeit im Kontext der iterativ-regenerativen seinslogischen Verantwortlichkeit funktioniert und woraus sie ihre unbestrittene Geltung bezieht.

Aus diesem Grund ist es wenig sinnvoll, wie Iber[139] *innerhalb* der äußeren Reflexion nur den Pol der vorausgesetzten Unmittelbarkeit als Statthalter des „Realen überhaupt" im Raum des Logischen bzw. der Realität zu begreifen. Wie die vorliegende Arbeit gerade zeigen möchte, geht es in den Reflexionsformen eben nicht darum, „Realität überhaupt" als eine fixierte Entität *innerhalb* über-

---

[138] Dies richtet sich gegen Iber: *Metaphysik absoluter Relationalität*, S. 174, der zu sehr auf eine seinslogische Verdopplung der Reflexion im Sinne von Innen und Außen abhebt.
[139] Vgl. Iber: *Metaphysik absoluter Relationalität*, S. 176.

greifender logischer Strukturen zu begreifen, sondern darum, die fundamentalste logische Form von „Realität überhaupt" selbst als eine komplexe Struktur von dynamischen Bestimmungsrichtungen zu denken, die allen isolierten und einzelnen begrifflichen Fixierungen noch vorausliegen. „Realität überhaupt" ist also nicht bloß isolierte Positivität eines Seins, das aller Reflexion vorausliegt, sondern der komplexe Funktionszusammenhang von Bestimmen, Bestimmtsein und Bestimmtwerden sowie von Setzen, Voraussetzen und Aussetzen in dem *einen* großen Zusammenhang des „Begrifflichen überhaupt", wie er sich als absolute Reflexion darstellt. Die Annahme, dass in der äußeren Reflexion die selbstbezügliche Negativität, d. h. das Setzen der absoluten Reflexion, sich im *Voraussetzen* als *Aussetzen* ihrer selbst vergisst und ein Anderes (Unmittelbares) wird[140], wodurch das Begreifen der Struktur der äußeren Reflexion doch wieder nur auf einen Begriff des vorausgesetzten Unmittelbaren als bloßen Sekundäreffekt eines sich aus den Augen verlierenden Setzens (Konstruktivismus) hinausläuft, kann daher als höchst ungenügend betrachtet werden. Stattdessen ist es sinnvoller zu durchdenken, inwiefern die absolute Reflexion bzw. das Setzen in der äußeren Reflexion seine eigene Geltung durchschaut, *indem* sie sich als auf ein vorausliegendes Anderes angewiesen erkennt, das aber gleichwohl Teil derselben wesenslogischen Struktur des Vermitteltseins und damit des Bestimmtseins ist.

3 Bestimmende Reflexion

Die bestimmende Reflexion schließlich führt diese nun bereits herausgearbeiteten Bedeutungsdimensionen der wesenslogisch *vollständigen formalen* Beschreibung minimaler kategorialer Realität zusammen, indem sie gemäß dem Prinzip der Aufhebung die setzende und die äußere Reflexion in der Transformation ihres gegensatzartigen Unterschieds in Momente *eines* Verstehenszusammenhangs vereint. Dazu heißt es:

> Das Unmittelbare ist auf diese Weise nicht nur a n s i c h , das hiesse für uns oder in der äussern Reflexion, d a s s e l b e , was die Reflexion ist, sondern es ist g e s e t z t , daß es dasselbe ist. Es ist nemlich durch die Reflexion als ihr Negatives oder als ihr Anderes bestimmt, aber sie ist es selbst, welche dieses Bestimmen negirt. – Es ist damit die Aeusserlichkeit der Reflexion gegen das Unmittelbare aufgehoben; ihr sich selbst negirendes Setzen ist das Zusammengehen ihrer mit ihrem Negativen, mit dem Unmittelbaren, und dieses Zusammengehen ist die wesentliche Unmittelbarkeit selbst. – Es ist also vorhanden, daß die

---

140 Iber: *Metaphysik absoluter Relationalität*, S. 174.

äussere Reflexion nicht äussere, sondern eben so sehr immanente Reflexion der Unmittelbarkeit selbst ist; oder daß das was durch die setzende Reflexion ist, das an und für sich seyende Wesen ist. So ist sie b e s t i m m e n d e   R e f l e x i o n. (GW 11, S. 253f.)

Das in der äußeren Reflexion nur *gegen* das Setzen der „Reflexion überhaupt" gesetzte Vorausgesetzte des Unmittelbaren ist jetzt „ebenso sehr" und „in Wahrheit" an sich selbst wieder *als* Setzen bestimmt, *ohne* damit sein Vorausgesetztsein erneut, wie in der „Setzenden Reflexion", ganz an das Setzen zu verlieren. Folglich geht seine Andersheit und damit die seinslogische Verantwortlichkeit des Bestimmens der Reflexion gegenüber dieser Andersheit nicht erneut darin verloren, bloßer Effekt des Setzens der „Reflexion überhaupt" zu sein: Aber die Unmittelbarkeit kann sich auch nicht mehr, wie tendenziell in der äußeren Reflexion als Rückkehr der Gefahren des „Scheins" betont, als fundamentale Andersheit gegenüber dem Bestimmen und Reflektiertsein absoluter Negativität behaupten. Folglich führt die „bestimmende Reflexion" erstmals ganz aus, dass auch das vorausgesetzte Unmittelbare wesentlich und tragend an einem Setzen bzw. Gesetztsein *teilhat*, welches jedoch nicht einfach mit dem Vollzug des Setzens der Reflexion identifiziert werden darf. Das Unmittelbare „ist nur in der Reflexion in sich, aber es ist nicht diese Reflexion selbst" (GW 11, S. 255): „Das G e s e t z t e ist daher ein A n d e r e s, aber so, daß die Gleichheit der Reflexion mit sich schlechthin erhalten ist." (GW 11, S. 255)

Mit der Kennzeichnung der „Reflexion in sich" des Unmittelbaren bezeichnet Hegel deshalb eine nun ganz wesentliche *Differenzierung in der Ordnung des Raums des Begrifflichen überhaupt:* Das Unmittelbare als Anderes zum Setzen der Reflexion (*Setzen erster Ordnung*) hat immer schon teil an einem *Setzen zweiter Ordnung* als einem *Setzen über dem Setzen:* Es ist als „Reflexion in sich" *an sich* und jeder Bestimmung durch das Setzen der Reflexion *Vorgängiges* immer schon in sich selbst bestimmt (gesetzt). Gerade deshalb ist es *für* das Setzen der Reflexion unendlich bestimmbar und diesem in jeder denkbaren Weise *offen*. Das Setzen der Reflexion wiederum ist durch das *Aussetzen*, welches dem Voraussetzen der äußeren Reflexion entspringt, von dem Setzen über dem Setzen *getrennt*, zugleich jedoch natürlich als Vollzug derselben letztgültigen Gattung objektiven begrifflichen „Bestimmtseins überhaupt" untrennbar mit diesem verbunden. Das Setzen über dem Setzen (*Setzen zweiter Ordnung*) umfasst den Unterschied von Reflexion (*Setzen erster Ordnung*) und Unmittelbarem, indem es ihren Widerspruch von Setzen und Voraussetzen vereint, ohne ihn auszulöschen. Daraus entsteht also ein neuer begrifflicher Hyperraum des Begrifflichen, welcher den einzelnen Akten von Setzen und Voraussetzen vorausliegen muss, damit diese überhaupt stattfinden können.

Folglich erkennt sich die Reflexion im Unmittelbaren als ihrem Anderen *als Anderes*[141]: d.h. sie erkennt in ihrem vollen Unterschied zum Unmittelbaren ihren eigenen Unterschied als *Setzen erster Ordnung* zum *Setzen zweiter Ordnung*. Das aber heißt, sie erkennt sich in einer Gestalt des „Begrifflichen überhaupt" (*Setzen zweiter Ordnung*), die über sie selbst als Akt setzenden Bestimmens (*Setzen erster Ordnung*) hinausgeht und doch nicht erneut in seinslogische Gegensätze *außerhalb* von „Bestimmtsein überhaupt" zurückfällt. Wo die Reflexion im Anderen der Unmittelbarkeit zur immanenten Bewegung der *Sache selbst* wird (Reflexion in sich), da erkennt sich das setzende Bestimmen der Reflexion (*Setzen erster Ordnung*) im Unmittelbaren als *an sich selbst gegen sich selbst bestimmt:* so aber als Teil eines übergreifenden, dynamischen logischen Raums von objektivem Bestimmtsein (*Setzen zweiter Ordnung*), innerhalb dessen erst die unterschiedenen Bewegungen von Setzen, Aussetzen und Voraussetzen *als* einzelne stattfinden können. Man sollte deshalb keinesfalls, wie es bspw. Christian Iber tut, die bestimmende Reflexion – in Weiterführung der Kritik an der äußeren Reflexion – darauf verkürzen, hier „restituiere" sich der „ontologisch-metaphysische Schein der Unmittelbarkeit im Wesen"[142] bloß und erneut: D.h. man sollte nicht das als pure Regression verstehen, was klarerweise auch positive, realitätskategoriale Funktionalität im Sinne des argumentativen Fortschritts ermöglicht. Nur in der vollen Anerkennung der *seinslogischen Veranwortlichkeit gegenüber dem Anderssein* ist es möglich, eine vorausgesetzte Unmittelbarkeit als notwendigen Bezugspunkt von „Bestimmtwerden überhaupt" (*Setzen erster Ordnung*) zu denken, welche *gegen* die Reflexion und trotzdem als *in sich* reflektiert, d.h. als *immer schon bestimmt*, widerspruchsfrei konzipiert werden kann. Deshalb ist „Realität überhaupt" als minimales Gegebensein im Koordinatensystem von Vorliegen (Unmittelbarkeit) und Bezugnehmen (*Setzen erster Ordnung*) auch nicht einfach auf die Prozessualität des Setzens der Reflexion (*Setzen erster Ordnung*) in ihrem Unterschied von Setzen und Voraussetzen zurückzuführen[143]. Vielmehr differenziert sich als minimale kategoriale „Realität überhaupt" ein übergreifender Raum von „Bestimmtsein überhaupt" (*Setzen zweiter Ordnung*), gemäß der nicht-absoluten Logik seinslogischer Andersheit, in verschiedene Sphären bzw. Register des Setzens und Gesetztseins aus, ohne auf *eine* der in ihm eingelagerten Bestimmungsrichtungen (v.a. der des Setzens der Reflexion) zusammenzuschmelzen und deshalb entlang der starren, festen Äußerlichkeiten von Unbestimmtheit/Bestimmtheit, Unbegrifflichkeit/Begrifflichkeit, Vorliegendem/Zugreifendem etc. letztgültig beschreibbar zu sein. Sichtbar wird hingegen vielmehr,

---

[141] Iber: *Metaphysik absoluter Relationalität*, S. 191.
[142] Iber: *Metaphysik absoluter Relationalität*, S. 193.
[143] Auch dies legt, trotz anderslautender Einsichten im Laufe seiner Interpretation, Iber nahe (Iber: *Metaphysik absoluter Relationalität*, S. 196f.).

dass diese Unterscheidungen nicht sinnvoll letztbegründend für einen minimalen kategorialen Begriff des „Realen überhaupt" sein können, sondern zuallererst Sinn ergeben im Rückgang auf eine noch vorausliegende Matrix eines logisch-differenzierten Kontinuums des Begrifflichen, welches sich in *zueinander andere* dynamische Bezugsrichtungen von Unmittelbarkeit und Reflexion auseinanderlegt. Der kategoriale minimale Begriff von „Realität überhaupt" zeigt sich so als Matrix von verschalteten Bedingungen von Bestimmungsrichtungen als Regelsystem darüber, wie sich feste entitätische Bestimmungen (Reflexionsbestimmungen) des Realen vernünftig minimal denken lassen müssen. Indem sich die Reflexion und ihr Setzen als ein Anderes *im* Unmittelbaren voraussetzen und sich *als* ausgesetzt erkennen, *anerkennen* sie einen ihnen vorausliegenden und durch sie beständig aktualisierten objektiven operativen Rahmen von „Begriffsförmigkeit überhaupt". Dieser ist nicht auf die Aktstruktur des Setzens und ihre Konstruktionskraft zu reduzieren, sondern gibt zuallererst deren Bedingung ab, wenngleich er zum selben logischen Register von „Bestimmtheit überhaupt" gehört. Dieser Raum gestaltet im inneren Auseinanderhalten von Unmittelbarkeit und Reflexion, von gegebenem bestimmtem Bezugspunkt alles Bestimmens und operativer Bestimmungsprozedur sowie in ihrem wechselseitigen Bedingtsein durcheinander eine komplexe Strukturformation von minimaler „Realität überhaupt". Wie sich diese angemessene und innerhalb der *Logik* unwidersprochene minimale logische Struktur dann aber in ihrer Fortentwicklung derart ‚überlebt', dass die vollständige logische Struktur des Realen nicht mehr in ihre Zuständigkeit, sondern in die Sphäre der Logik des Begriffs fällt, ist nicht mehr unser Thema.

Das Problem des Abschnitts zur „Bestimmenden Reflexion" ist es indes, dass Hegel hier auf die Explikation der Überführung von setzender und äußerer Reflexion ineinander fast gänzlich verzichtet, diese nur mit wenigen Strichen andeutet, um die sich aus der Produktionslogik der bestimmenden Reflexion *nachfolgend ergebenden* Produkte von deren Tun – die Reflexionsbestimmungen – bereits in den Blick zu nehmen. Dafür stellt er die verschiedenen Arten des *Gegebenseins überhaupt* zwischen *Seins-* und *Wesenslogik* gegenüber, d. h. den Unterschied von seinslogischem „Dasein" und wesenslogischem „Gesetztsein", als Grundformen der jeweiligen festen „Bestimmtheit überhaupt". Hegel durchdenkt dabei wiederum einen Prozess, der sich an der seinslogischen Pendelbewegung ausrichtet: indem nämlich das „Gesetztsein" von etwas als Negation eines scheinbar Unmittelbaren (Dasein) an sich selbst, weil sich dieses eben durch die Reflexion, d. h. den Prozess begrifflicher „Vermittlung überhaupt", bedingt findet, wiederum eine *gegen* diese Vermittlung durch die Reflexion gerichtete Selbstständigkeit erlangt, die es als selbstständige Bestimmung erscheinen lässt. Der „Schein", der sich dann wiederum aus der fixierten Selbstständigkeit der Reflexionsbestimmungen gegeneinander ableitet – „als freye, im Leeren ohne

Anziehung oder Abstossung gegen einander schwebende Wesenheiten" (GW 11, S. 256) –, erweist sich als unmittelbar sich selbst aufhebend, wo „die Reflexionsbestimmtheit die Beziehung auf ihr Andersseyn an ihr selbst" (GW 11, S. 257) darstellt: also ihre „Reflexion in sich" in „Reflexion in Anderes" unmittelbar übergeht und nur in dieser Einheit besteht. Damit aber sind die Überlegungen bereits zur nächsten Phase der *Wesenslogik* übergegangen: zu verfolgen, wie sich aus der reinen Struktur selbstbezüglicher Negativität als Keimzelle von „Bestimm*werden* überhaupt" wieder feste, jetzt zwar wesenslogisch gebildete, aber zunehmend seinshaft fixierte Kategorien ergeben, die gemäß der „Einheit von Darstellung und Kritik" (Theunissen) der *Logik* am Ende der *Wesenslogik* einen erneuten großen Übergang in ein Anderes, die Logik des Begriffs, notwendig machen. „Die Reflexion ist bestimmte Reflexion; somit ist das Wesen bestimmtes Wesen, oder es ist Wesenheit." (GW 11, S. 258) In unserer Lektüre aber ging es darum – und darauf sei am Ende der vorliegenden Untersuchung noch einmal eindringlich verwiesen –, den *internen* Schritt innerhalb der *Wesenslogik* von den Reflexionsformen zu den Reflexionsbestimmungen als einen solchen zu begreifen, der mit einem *funktionalem Gefälle* verbunden ist: Indem nämlich in der *Wesenslogik* zwischen dem „Ersten Kapitel" und dem „Zweiten Kapitel" vom Produzierenden zum Produkt, von der Reflexion zur bestimmten Reflexion, von der Dynamik wesenslogischen Bestimmens zum Bestimmtsein der Wesenheiten übergegangen wird, kommt den Überlegungen des „Ersten Kapitels" die Möglichkeit zu, den begrifflich-genetischen Rahmen *eines* kategorialen minimalen Begriffs von „Realsein überhaupt" abzugeben, welcher „in der ‚Logik der Reflexion' im Grunde methodisch thematisiert wird und [seine] fundamentale Grundstruktur zuerst in der bestimmenden Reflexion konstituiert"[144].

---

[144] Chong-Hwa Cho: *Der Begriff der Reflexion bei Hegel in Bezug auf die* Wesenslogik *in Hegels Wissenschaft der Logik*, Berlin 2006, S. 81.

Schlussbetrachtung

Es ist im Durchgang durch die komplexe Argumentation des „Ersten Kapitels" der *Wesenslogik* deutlich geworden, inwiefern der gesamte Zusammenhang von Wesen, Schein sowie der sich aus ihrem Verhältnis ergebenden „Reflexionsformen" als Weg der Herausarbeitung eines *kategorialen minimalen Begriffs von Realität überhaupt* verstanden werden kann. Dieser Begriff bleibt auch dort gültig, wo die *Logik* in ihrem Fortgang und mit dem Ziel, einen logisch *nicht minimalen, systematisch vollständigen* kategorialen Begriff von Realsein zu entwickeln, die Resultate der *Wesenslogik* in der Logik des Begriffs kritisch überschreitet. Der wesenslogische kategoriale Minimalbegriff von „Realität überhaupt" wird in seiner Geltung also bis zum Ende der Logik nicht unterbunden. Hegel entwickelt diesen Begriff minimaler kategorialer Realität aus einer Reduktion auf die Idee von „Vermittlung überhaupt" in der Form wahrhafter Negativität als „sich auf sich beziehende Negation", die die noch *abstrakte Negativität* der *Seinslogik* überwindet und es möglich macht, Gültigkeits- und Wahrheitspotenziale bestimmter Theoreme der *Wesenslogik* sicherzustellen.

Minimales Realsein greift nicht erst auf der Ebene, auf der substanzielle allgemeinste Bestimmungen wie Subjekt/Objekt o.Ä. in Form zueinander äußerlicher Entitätsweisen eine Struktur von existierender Äußerlichkeit bilden, sondern diesen kategorialen, *generischen* Sekundärstrukturen von Realität liegt eine *generative* begriffliche Grundstruktur voraus, die als *vorgängige Wirksamkeit interagierender Bestimmtheit* gedacht werden muss und *aus der* sich erst die generischen Bestimmungszentren wie begriffliche Kristallisationen (wie Subjekt/Objekt) ergeben. Der in der vorliegenden Arbeit aus Hegels Reflexionsformen herausgearbeitete kategoriale minimale Begriff von „Realität überhaupt" hat sich als eine *reine Verhältniskategorie (absoluter Relationalität) von Bestimmungsrichtungen überhaupt* erwiesen, welcher die irreduziblen, nicht weiter rückführbaren oder weiter zu vereinfachenden *Verhältnisse von Bestimmungsrichtungen überhaupt* beschreibt, die ein *bezugnehmendes Subjekt überhaupt* (Reflexion) und seine *Beziehung auf ein Gegebensein überhaupt* (Unmittelbarkeit) konsistent gestalten. Indem dieser Minimalbegriff so eine Ebene ‚tiefer gelegt' wird und als Dynamik reiner Relationalitäten allen fixierten kategorialen Entitäten vorhergeht – eben das beschreibt Hegel durch den Unterschied und die Abfolge von rein relationalen „Reflexionsformen" und fixierten „Reflexionsbestimmungen" –, formuliert er *operative Normen* dafür, wie diese fixierten abstraktesten Begriffe des Realen (Subjekt/Objekt, Identität/Unterschied, Reales/Ich etc.) minimal zu denken sind, ohne in destruktive Widersprüche zu geraten. Die minimale Realitätskategorie stellt damit ein Regelsystem darüber bereit, in welcher begrifflichen

Form und in welcher Zugänglichkeit *für* begriffliche Formen gegebene reale „Gegenständlichkeit überhaupt" notwendig zu denken ist. Damit formuliert dieser kategoriale Begriff von „Realität überhaupt" die notwendigen, normgebenden, minimalen (aber eben nicht die hinreichenden, vollständigen) logischen Bedingungen dafür, welchen einfachsten Bestimmungsregeln die grundsätzlichen Elemente von „Bezugnehmen überhaupt" unterliegen und wie „Gegebensein überhaupt" als Basisform des Realen an sich und durch Bezugnehmen darauf kategorial bestimmt ist.

Mit dem sich daraus ergebenden begrifflichen Normsystem der minimallogischen Bedingungen von „Realität überhaupt", also denjenigen Normen, welche sich aus der Erzeugungsregel der minimallogischen Realitätskategorie darüber ergeben, wie wir die grundlegenden Strukturen des Realseins richtig zu bilden haben, sind folglich drei zentrale Anforderungen verbunden:

1) Das „Reale überhaupt" muss als etwas bezüglich des Subjekts Anderes und vor dessen repräsentationalen Bestimmungen Liegendes gedacht werden. Eine sinnvolle Begründung von *kategorialer* Realität muss demnach von einer *subjektunabhängigen Voraussetzung* ausgehen, da der Gegenstand ihrer Betrachtung („Realität überhaupt") sich auf ein von der sozialen Wirklichkeit und ihren Bestimmungen unabhängiges Gegebensein bezieht.

2) Diese subjektunabhängige Realität wiederum darf, um sinnvoll, d. h. objektiv, gedacht werden zu können, selbst nicht unbestimmt sein, muss also bereits an sich selbst eine Bestimmtheit haben, demnach in irgendeiner Form *begrifflich* sein; denn eine Begrifflichkeit von etwas Unbegrifflichem lässt sich nicht denken. Damit gemeint ist eine Begriffsstruktur *vor* den repräsentationalen Begriffsformen des Subjekts, welche damit

3) die *(Real-)Norm der Objektivität* für eben diese nachträglich setzenden Subjektbestimmungen darstellen, sodass beide Bestimmungen (die begriffliche Bestimmtheit kategorialer Realität und die nachträglichen Subjektbestimmungen) deckungsgleich sind. Zugleich aber dürfen diese beide Bestimmungen nicht dieselben sein, sondern sind verschiedene, nicht aufeinander rückführbare Arten von Bestimmtheit – aus der Subjektperspektive erscheint die Realbestimmtheit als etwas Unbestimmtes, das bestimmt werden muss –, und doch sind sie, auf der Ebene minimaler kategorialer „Realität überhaupt", nur verschiedene Arten *einer* übergreifenden Bestimmtheit.

In diesem Begriff ist also festgelegt, *wie* Gegebensein und Bezugnehmen, Bestimmtsein und Bestimmtwerden, Vorgängigkeit und Nachträglichkeit aufeinander logisch *abgestimmt* sind: und zwar so, dass ihre *Abstimmung* aufeinander den Gesamtraum eines objektiven Begrifflichen (*Setzen zweiter Ordnung*) zu denken nötigt, *innerhalb* dessen zuallererst die Verhältnisse von Unmittelbarkeit und

Reflexion, Bestimmungslosigkeit und Bestimmtheit, Voraussetzen und Setzen, Gegebensein und Bezugnehmen *relative* zu diesem Gesamtraum sinnvolle Beschreibungskategorien sind. Die Aporien der fichteschen und vor allem der kantischen kategorialen Realitätsbegriffe, die daraus entstehen, dass beide in verschiedener Weise einerseits letzte *fixierte* kategoriale Entitäten und andererseits letzte irreduzible Verhältnisse von Unmittelbarkeit und Vermittlung, Bestimmungslosigkeit und Bestimmen annehmen, werden so vermieden, ohne doch zugleich die unbezweifelbare Beschreibungskraft solcher Unterschiede zu negieren bzw. fallen zu lassen. Hegel gelingt dies, indem er *en détail* aufzeigt, dass die aporetische Logik solcher fixierter und sich im Begriff des Realen ergänzender Gegensätze von Gegebensein und Bezugnehmen, Vermittlungslosigkeit und Vermittlung, Vorgängigkeit und Nachträglichkeit etc. ein Set von *unvollständigen Gedanken* ausmacht,[1] die sich bei konsequenter Durcharbeitung zur Darstellung letzter Bestimmungsrichtungen aus dem Keim reiner selbstbezüglicher Negativität überschreiten. Die verschiedenen Gefahren solcher unvollständigen Gedanken des minimalen „Realen überhaupt" werden dabei innerhalb der Stadien der Entwicklung dieser Vorstellung mit untersucht: Demgemäß zeigt die „setzende Reflexion" die Probleme bzw. Aporien eines *minimalen Idealismus*, der entsteht, wenn man den realen Unterschied von Gegebensein (Unmittelbarkeit) und Bezugnehmen (Reflexion) einseitig in Richtung eines Konstruktivismus des Setzens auflöst. Die „äußere Reflexion" durchdenkt demgegenüber die Blindheiten eines *minimalen Realismus*, welcher den realen Unterschied von der uneinholbaren Vorgängigkeit und Andersheit des unmittelbar „Gegebenen überhaupt" gegenüber dem setzenden Bestimmen her denkt. Beide allerdings zielen schon in ihrer eigenen logischen Prozessualität darauf, diese Einseitigkeiten nicht gelten zu lassen, sondern an sich selbst immer schon überschritten zu haben: Die „bestimmende Reflexion" ist nur letzter Ausdruck dieser Vollständigkeit, welche sowohl setzende als auch äußere Reflexion bereits an sich tragen. Die Reflexionsformen in ihrem Zusammenhang geben sich so als *reine normative Prozessformen* dafür zu erkennen, adäquate Begriffe von Realität als Verhältnis fixierter Letztbestimmungen aus ihnen erst zu bilden. Hegel zeigt damit, dass eine wahre, philosophisch konsistente und wirklich *grundlegende* Ontologie (verstanden im deskriptiv-weiten, nicht in Hegels kritischem Sinne der *Seinslogik*) niemals in das Gebiet von Einzelwissenschaften wie der Physik fallen kann, ganz gleich welchen Wissensstand diese auch erreicht haben: Eben weil diese Einzelwissenschaften notwendigerweise von *fixierten* Gegenstandsbegriffen als von letzten Gegebenheitsweisen ausgehen müssen, ohne die diesen noch zugrunde liegenden ope-

---

[1] Vgl. dazu auch Siemens: *Nichts – Negation – Anderes*, S. 259 f.

rativen Formen von Bestimmen und Bezugnehmen überhaupt sowie den vorgängigen logischen Raum, in welchen solche letzten fixierten Unterscheidungen als Regelsystem ihrer Erzeugung immer schon eingelassen sind, fassen zu können. Damit kommen wir zurück zum eingangs erwähnten Problem dieser Arbeit: dass nämlich eine ausschließlich „idealistische" oder „realistische" Position die Bedingungen ihrer Analyse nur einseitig einfangen und nicht hinreichend begründen kann, weil sie das begriffliche und evaluative Theoriedesign ihrer Position immer schon voraussetzen muss und damit in der Beantwortung ihrer Frage stets normativ Stellung bezieht. Dass auch solche idealistischen bzw. realistischen Neuansätze, wie sie bspw. in jüngster Zeit von Markus Gabriel vertreten werden, oft gerade deshalb unbefriedigend bleiben, weil sie die Voraussetzungen stets nur neu verlagern, statt ihre Fundamente zu klären, zeigt sich in drastischer Weise in der fehlenden kategorialen Begründungsleistung des von Gabriel selbst eingeführten „Neuen Realismus"[2]: „An *irgendeiner* Stelle muss man eine Wirklichkeit *einführen*, die selbst nicht konstruiert ist. Man muss *irgendwo anfangen* und *annehmen*, dass man zu diesem Anfangspunkt einen direkten Zugang hat. Der Realismus ist *deswegen* unvermeidbar."[3] Zwar lautet dessen „Grundidee [...] dass wir die Wirklichkeiten, auf die wir Bezug nehmen, tatsächlich begrifflich und perspektivisch vermittelt erfahren. Diese Begriffe und Perspektiven sind selbst Wirklichkeiten und deswegen ihrerseits erkennbar."[4] Gleichwohl löst er das Verhältnis der komplexen Bestimmungsrichtungen, wie sie in der Minimaldefinition von „Realität überhaupt" geregelt werden, bereits von Anfang an nach einer Seite hin auf, indem er *in diesem* Verhältnis bereits das bestimmte Unbestimmtsein (Realismus) als das kausal und rational tragende Principium voranstellt. In der Analyse der Reflexionsbestimmungen aber hat sich gezeigt, dass es kein Erstes, Grundlegendes im Verhältnis von vorausgehender bestimmter Unbestimmtheit (Objekte der äußeren Welt als das Reale) und Bestimmen (Denktätigkeit des Subjekts) geben kann: Weder ist die Realität ein Erstes, welches vom Subjekt nur abgebildet wird, noch ist das Subjekt ein Erstes, welches die Realität bloß konstituiert.

Die Reflexionsformen geben eine logische Grammatik für die verschiedenen Realitätskategorien (Sein, Dasein, Wirklichkeit etc.) an, deren Bestimmungsverhältnisse sie regeln. „Realität überhaupt" (Verhältniskategorie zweiter Ebene) ist die Angabe der Minimalbedingungen bzw. logischen Normen, denen jeder logi-

---

2 Markus Gabriel: *Der Neue Realismus*, Berlin 2014.
3 Markus Gabriel: „Wir Verblendeten", in: *Zeit Online:* http://www.zeit.de/2014/24/neuer-realismus-5-genforschung-neurowissenschaft, 5. Juni 2014, 8:00 Uhr, DIE ZEIT Nr. 24/2014, S. 1. [Herv. C.W.] (Stand: 28.2.2021).
4 Gabriel: *Wir Verblendeten*, S. 1 (Stand: 28.2.2021).

sche Begriff von Realität (erste kategoriale Ebene) genügen muss und die er nicht verletzen darf, will er nicht in eben jene Aporien und Widersprüche geraten, die mit Kants begrifflicher Zweiteilung von Realität („Ding an sich" und „Erscheinungen") und Fichtes „absolutem Ich" (der *Grundlage*), welches alle Transgessivität des Realitätsbegriffs nur aus und durch das (absolute) Ich als „alle Realität" begreift, aufgetreten sind. Solche Widersprüche lassen sich in einem *Normsystem reiner logischer Verhältnisse* vermeiden, welches diese Aporien von vornherein schon überwunden hat. Im minimalen kategorialen Begriff von „Realität überhaupt" als reiner Verhältniskategorie von Bestimmtheit und Unbestimmtheit erweist sich dieses reine logische Verhältnis nicht nur als ein bloß logisches Problem, sondern eben als die *minimale Struktur von Realität überhaupt*. Diese Struktur ist keine Struktur von festen begrifflichen Elementen, sondern die Struktur einer *Erzeugungsregel*, welche das normative Gerüst dafür bereitstellt, wie die grundlegenden Strukturen des Realseins widerspruchsfrei zu bilden sind. Daher lassen sich normative Regeln für die Bildung von Realitätsbegriffen aus den Erzeugungsregeln der Reflexionsformen ableiten. So hatte sich bspw. aus der dritten Reflexionsform die Regel ergeben, dass sich Bestimmtheit und Unbestimmtheit nicht einseitig auf je einen Pol eines Grundverhältnisses von Realität verteilen lassen (subjektive Bestimmung vs. objektive Unbestimmtheit). Eine weitere Regel besagte, dass das dem Bestimmen Gegenüberstehende, sich ihm widersetzende Unbestimmte an sich eine „familienähnliche" eigene Art von Bestimmtheit (begrifflicher Form) besitzen muss, um bestimmt werden zu können und um sich diesem Bestimmtwerden widersetzen zu können.

Die *Wesenslogik* ist deshalb auch der hervorragende Ort für einen solchen Minimalbegriff, weil sie gerade *aufgrund* ihrer Unabgeschlossenheit und Offenheit bezüglich des Gesamtgangs der *Logik* erlaubt, verschiedene Register innerhalb des Objektiv-Begrifflichen noch von ihrer weitestmöglichen Anspannung her zu konzipieren. Im realen Bezugsverhältnis eines *Denkens überhaupt* auf *irgendetwas Gegebenes* ist dieses Gegebene das, worauf ich mich in Akten des Bestimmens beziehen kann bzw. wonach ich mich richten kann, und das diesen Akten gegenüber vollständig *offen* und *erschließbar* ist. Es ist dies aber nur deshalb, weil es ihnen gegenüber zugleich *vorgängig* und *anders* ist, d. h. nicht gänzlich auf sie zurückgeht oder aus ihnen resultiert. Dass es jedoch, obwohl vollständig erschließbar durch diese Akte, zugleich nicht gänzlich in diesen aufgeht, gründet wiederum in einer *Begriffsförmigkeit* dieses Gegebenseins *an sich*, die seine *vorgängige objektive begriffliche Bestimmtheit* ausmacht und die einen Gesamtraum des Begrifflichen erkennen lässt, der mit dem „Realen überhaupt" zusammenfällt.

Hegels Modell erlaubt es so auf eine vollständige Weise, zwei widerstreitende und zugleich erfahrungs- wie denkevidente Mindestanforderungen an jeden (sowohl logisch reduzierten, logisch vollständigen wie empirisch vollständigen) Begriff des „Realen überhaupt" miteinander konsistent zu vereinen. Einerseits muss die logische Grundform des Realen die *Widerständigkeit* beschreibbar machen, die jedes Gegebensein für jedes Bezugnehmen (in welchen Graden auch immer) ausbildet. Im realen Unterschied steht das Gegebensein jedem bestimmenden Bezugnehmen *entgegen*, d. h. es ist an sich selbst *Gegenständlichkeit (Widerständigkeit):* Real ist das, was *anders* ist und bleibt als mein Bezugnehmen, weil sein Gegebensein und die Art seines Gegebenseins nicht vollständig von den Akten des Bezugnehmens hervorgebracht und durchformt werden können.[5] Andererseits muss die logische Grundform des Realen die *Offenheit* und die *Erschließbarkeit* beschreibbar machen, die jedes Gegebensein für jedes Bezugnehmen (in welchen Graden auch immer) entwickelt und die im *Gelingen* von Wissen, Verstehen und Nutzbarmachung von Wirklichkeit ihre Erscheinungsform haben. Das zur intentionalen Struktur jedes setzenden Bezugnehmens als reziprok gegebene Vorliegende ist nicht durch einen letzten, *bloß* gegensatzartigen Unterschied vom Bezugnehmen getrennt, wie es die dichotomischen kantischen Relationen von „Ding an sich"/Subjektivität, Unbestimmtheit/Bestimmtheit und Unbegrifflichkeit/Begrifflichkeit beschreiben. Reales „Gegebensein überhaupt" muss als ein *vorgängig jedem begrifflichen Zugriff bereits in sich begrifflich Bestimmtes* gedacht werden. Es ist der Logik seines Gegebenseins gemäß ein *Selbst-Bestimmtes,* d. h. dem begrifflichen Zugriff gegenüber nicht bloß durch *diese setzende Begrifflichkeit* in *seiner eigenen Begrifflichkeit Konstituiertes:* Es ist das *in sich selbst bestimmte Widerständige zum setzenden Bestimmen intentionaler Bezugnahmen.* Hegel beschreibt dies über die „Reflexion-in-sich" des Unmittelbaren gerade in seiner Andersheit, die aus der Notwendigkeit und Pendelstruktur des Scheins und dessen Widerstandspotenzialen gegenüber seiner reinen Verinnerlichung im Wesen hergeleitet wird. Damit wird der Rahmen eines *Begrifflichen überhaupt* als Matrix von „Realität überhaupt" denknotwendig, welcher Gegebensein und Bezugnehmen überspannt und beide *im Auseinanderhalten verbindet sowie im Verbinden auseinanderhält,* welcher also die logische Realität der produktiven „Negativität überhaupt" ist. Das Begriffliche des setzenden Bestimmens (*Setzen erster Ordnung*) findet sich so *selbst* im unmittelbar Gegebenen *als Anderes* (*Setzen zweiter Ordnung*) vor und die Prozessualität des realen Unterschieds von Gegebensein und Bezugnehmen ist nichts anderes als die Selbstbezüglichkeit eines sich im Gegebenen uneinholbar anders werdenden Begrifflichen des Set-

---

5 Auch hierin zeigt sich wieder Fichtes Einsicht, dass das, was das Ich setzt, wenn es ein Nicht-Ich setzt, nicht das Nicht-Ich als Gegebenes oder die Art seines Gegebenseins ist, sondern der *tragende Unterschied* etwas Anderes als es selbst zu sein.

zens erster Ordnung, das sich aber gerade darin als prinzipiell absolut erkennt, weil eben beide Seiten das Begriffliche sind. Die Selbstbezüglichkeit des Setzens erster Ordnung ergibt sich also, weil dieses Setzen auf etwas anderes im Unmittelbaren stößt, nämlich auf das *Setzen zweiter Ordnung*, und damit auf etwas, das ebenfalls ein Setzen ist und worin das *Setzen erster Ordnung* aber zugleich in seiner Begrifflichkeit im Unmittelbaren anders wird. Unmittelbarkeit und Reflexion sind also Andere zueinander und zugleich Teil desselben logischen Raums des kategorialen Minimalbegriffs (*Setzen zweiter Ordnung*). Erst *innerhalb* dieses Rahmens eines Hyperbegrifflichen (*Setzen zweiter Ordnung*) können Unterschiede wie unbestimmt/bestimmt, vorgängig/nachträglich, Rezeptivität/Spontaneität etc. auf die in ihm differenzierten Pole des realen Unterschieds verteilt werden; damit sind diese Unterschiede stets relativ, nie absolut zu denken. Die *vernünftige Pluralität* von Bezugnahmen auf Gegebenes wie auch die *vernünftige Entscheidbarkeit von Wissens- und Geltungsansprüchen* gegenüber den Bezugnahmen auf Gegebenes sind zwei Seiten derselben „Realität überhaupt", die metaphysisch zusammengedacht werden müssen. Konkreter gesagt: Dass unser Denken realer Gegenständlichkeiten diesen auch wirklich und objektiv *entsprechen* kann, an ihrer begrifflichen Selbstbestimmtheit ein Maß findet, welches sowohl erschließbar als auch überprüfbar ist, und dass jedoch zugleich diese realen Gegenständlichkeiten nicht auf einzelne Akte begrifflicher Bezugnahmen zusammenschmelzen, immer wieder auch anders ausfallen können und damit Potenziale von Widerständigkeit in jedem Zugriff ausbilden, wird mit dem minimalen kategorialen Begriff von „Realität überhaupt" auch auf metaphysisch-logischer Ebene konsistent denkmöglich.

Damit werden bestimmte Charakteristika wesenslogischen Verstehens, die in kanonischen Deutungen wie bspw. der von Michael Theunissen in einem bloß negativ-kritischen Licht erscheinen, wieder in ihrer Produktivität lesbar.

> Indessen setzt der reflektierende Verstand ja nicht nur die Relativität seiner Bestimmungen; er nimmt sie auch als ‚*selbständig*' an. Daß er das eine und ‚*auch*' das andere tut, [...] verwickelt ihn in den Widerspruch, auf den die Theorie ‚selbständiger Reflexionsbestimmungen' hinausläuft; beruht doch der reflexionslogische Widerspruch auf dem spannungsvollen Nebeneinander von ‚Selbständigkeit' und ‚Gesetztsein'. Desgleichen ist das unvermittelte ‚*Auch*' Gegenstand der in der Wesenslogik an der Metaphysik und den Wissenschaften überhaupt geübten Kritik.[6]

Abgesehen davon, dass dieses „*auch*" von Gesetztsein und Selbstständigkeit keineswegs „unvermittelt" ist, also eine aggregathafte Unverbundenheit meint,

---

6 Theunissen: *Sein und Schein*, S. 26 f.

und Theunissen auch nicht vornehmlich die vorgängigen Reflexionsformen, sondern die sich aus ihnen ergebenden Reflexionsbestimmungen in den Blick nimmt[7], verstellt Theunissens einseitige Ausrichtung auf das bloß metaphysikkritische Potenzial der *Wesenslogik* als umfassende Kritik des „Scheins" deren realitätskategoriale Potenziale. Denn gerade die genaue Bestimmung dieses *„auch"* als wesenslogisch reformulierte Ordnung der Andersheit zwischen Unmittelbarkeit und Reflexion wie zwischen Setzen erster und *Setzen zweiter Ordnung* ermöglicht es Hegel, Selbstständigkeit und Gesetztsein, Widerständigkeit und Erschließbarkeit von Gegebensein und Bezugnehmen im Zusammenhang des hyperbegrifflichen logischen Raums des „Realen überhaupt" zusammenzubringen. Im „auch" steckt ein Beschreibungspotenzial für operative logische Sachverhalte, die im Blick auf das bloß kritische Verfahren der Darstellung verlorengehen. Theunissens weitergehende Lektüre dieses „auch" als logischer Partikel für die Verschlüsselung sozialer „Herrschaft"[8] und damit prinzipiell unangemessener, logisch wie sozial ungerechter Verhältnisse führt deshalb in gewisser Hinsicht zu weit – und zwar deshalb, weil er sich nicht weit genug auf den Text einlässt. Denn die von Theunissen zentrale kritisierte „Selbständigkeit" der Glieder der Reflexionsbestimmungen ist, wie gezeigt, über die Logik selbstbezüglicher Negativität gedacht, und damit nicht über eine vertikale Struktur von Herrschaft, sondern über eine horizontale Struktur wesenslogischer Andersheit und eine Struktur von Selbst- wie Fremdüberschreitung. Außerdem unterschlägt Theunissen ganz klar die Wechselseitigkeit, in welcher Reflexionsbestimmungen ihre jeweilige Negation in sich hineinnehmen und deshalb keine *einseitigen* Überordnungsverhältnisse ausbilden, wie er überhaupt die Zielrichtung des ganzen wesenslogischen Unternehmens übergeht, Vermittlung und „Bezugnehmen überhaupt" von der Selbstständigkeit der Glieder her beschreibbar zu machen. Das von Theunissen aufgestellte *„normative Ideal"* der *Seins-* wie der *Wesenslogik* – „die Hypothese, daß alles, was ist, nur in der Beziehung und letztlich nur als die Beziehung auf ‚sein Anderes' es selbst sein könne"[9] – ist deshalb ebenfalls viel zu einseitig und verkürzend, will man verstehen, welche produktiven normativen Potenziale wesenslogischen Denkens von Hegel entwickelt wurden.

---

[7] Dies hängt mit Theunissens These zusammen, dass die Logik der Reflexionsbestimmungen letztlich für die gesamte *Wesenslogik* gelte und den Kern aller vorhergehenden und folgenden Teile derselben ausmache (Theunissen: *Sein und Schein*, S. 31f.). Hier dagegen ist gerade der Bruch zwischen Reflexionsformen und Reflexionsbestimmungen (bei aller weiteren Kontinuität) in den Blick genommen worden.
[8] Theunissen: *Sein und Schein*, S. 28–30 [Herv. C.W.].
[9] Theunissen: *Sein und Schein*, S. 29.

Nicht zuletzt ruht auf einer solchen Rekonstruktion der *notwendigen* minimalen kategorialen Struktur von „Realität überhaupt" in den Reflexionsformen die Möglichkeit, die *Vernünftigkeit des vollen, ganzen Begriffs von Rationalität als Geist überhaupt* im Fortgang der *Logik* wie der Geistphilosophie denken zu können: Die Bedeutsamkeit dieses minimalen Begriffs ist also enorm. Das kann man sich in Bezug auf die Kategorie des Grundes klarmachen, mit welcher der Teil der tragenden Reflexionsbestimmungen in der *Wesenslogik* endet: Der Grund als reflexionslogische Bestimmung stellt gewissermaßen eine weitere Schneise innerhalb der *Wesenslogik* dar.[10] Mit ihm ist die Erörterung der reinen Reflexionsbestimmungen abgeschlossen, d.h. der festen wesenslogischen Bestimmungen, deren Sein einzig in der negativ-dialektischen Relationalität liegt. Mit den nächsten Schritten nach dem Grund, den Kategorien der Existenz und des Dings, erfolgt dann vollends die „Wiederherstellung der Unmittelbarkeit oder des Seyns" (GW 20, S. 152, § 122) im Rahmen des Wesens.

Ein wichtiger sprachlicher Unterschied bei Hegel, der einen wesentlichen Unterschied in den logischen Sachen kennzeichnet, ist die von Michael Theunissen herausgearbeitete Differenz von *„dasselbe sein"* und *„nichts anderes als"* sein[11]. Wenn etwas bei Hegel „nichts anderes als" etwas anderes ist, dann ist es nämlich nicht einfach dasselbe wie dieses: Es ist *in Wahrheit* dieses andere Etwas, sodass die Relation beider die Wahrheit über das eine wie das andere bedeutet. In dieser Hinsicht sind die Reflexionsbestimmungen überhaupt, d.h. die Logik ihrer Form, *nichts anderes als* der Grund, d.h. der Grund ist *nichts anders als* das wahre Verhältnis von Identität und Unterschied: Der Grund ist die Wahrheit über das, was Reflexionsbestimmungen logisch darstellen, und damit die Wahrheit über das Wesen, wie es [Wesen] sich nach dem Einschnitt zwischen Reflexionsformen und Reflexionsbestimmungen in der reinen reflexionslogischen Relationalität von fixierten reflektierten Bestimmungen ausprägt. Günter Kruck hat diesen Aspekt in seinem Kommentarartikel zum „Grund"-Kapitel der *Logik* prägnant und umfassend herausgearbeitet. Das Leibniz'sche „Prinzip des zureichenden Grun-

---

10 Ich lasse hier die genaue argumentative Entwicklung der Logik des Grundes über die Schritte des „formellen", „realen" und „vollständigen Grundes", die sich m.E. mit den Reflexionsformen (setzende, äußere, bestimmende Reflexion) parallelisieren lassen, beiseite und konzentriere mich nur auf das Resultat der Entwicklung der Kategorie des Grundes und seine systematischen Konsequenzen. Zum Grund in Hegels *Wesenslogik* vgl. Iber: *Metaphysik absoluter Relationalität*, S. 485–498; Peter Rohs: *Form und Grund. Interpretation eines Kapitels der Hegelschen Wesenslogik*, Bonn 1969; Günter Kruck: „Die Logik des Grundes und die bedingte Unbedingtheit der Existenz", in: *G.W.F. Hegel. Wissenschaft der Logik*, hg.v. Anton Friedrich Koch und Friedrike Schick, Klassiker Auslegen, Bd. 27, Berlin 2002, S. 119–140; Claudia Wirsing: *Grund und Begründung*, S. 155–177.
11 Theunissen: *Sein und Schein*, S. 364; vgl. Iber: *Metaphysik absoluter Relationalität*, S. 86.

des", in seiner Wahrheit verstanden, bringt die reflexionslogische Einsicht zum Ausdruck, dass für jedes bestimmte Etwas prinzipiell ein Bestimmungsgrund angebbar sein muss, der festlegt, *weshalb dieses erste Etwas so ist und nicht anders*[12]. In der Kategorie des Grundes kommt das bestimmt-fixierte Wesen dergestalt zu seiner Wahrheit, dass der Grund nicht nur *eine*, nämlich die letzte der Reflexionsbestimmungen ist, sondern er ist „*die* wesentliche Bestimmtheit"[13] überhaupt. In der Kategorie des Grundes artikuliert sich die Wahrheit darüber, wie sich feste, produzierte „Bestimmungen überhaupt" im Verhältnis der Wesentlichkeit wahrhaft aufeinander beziehen.

Die bis zu diesem Punkt der *Wesenslogik* erarbeitete Form reflektierter Bestimmungen im Verhältnis von Identität und Unterschied, wie sie sich letztlich im „Widerspruch" formuliert findet, erhält somit erst im „Grund" ihren eigentlichen, wahren Sinn. Denn im Widerspruch als letzter Stufe der Erörterung der Reflexionsbestimmungen von Identität und Unterschied beschreibt Hegel, dass reflektierte Bestimmungen durch ein widersprüchliches *Sowohl-als-auch* gekennzeichnet sind: Jede Bestimmung ist das, was sie auf bestimmte Weise ist, indem sie *für sich*, d. h. *gegen* ein Anderes, abgesetzt ist; zugleich aber wird dieses *Fürsichsein* einzig dadurch erreicht, dieses Andere an sich zu haben: „Das N e g a t i v e soll eben so selbständig, die negative Beziehung a u f s i c h , f ü r s i c h seyn, aber zugleich als negatives schlechthin diese seine Beziehung auf sich, sein Positives, nur im Andern haben." (GW 20, S. 151, § 120) Die reflektierte Form des Bestimmungswissens im Wesen beschreibt so den Umstand, dass jede Bestimmung ihr Bestimmtsein *nur* im negativen Bezug auf ein Anderes hat, das sie deshalb zur gleichen Zeit aus sich *ausschließt* und in sich *einschließt*, ohne eine von diesem negativen Fremdbezug völlig freie Substanz der Selbstidentität wie im seinslogischen Bestimmen zu haben. Damit ist die Form *selbstbezüglicher Negativität* als Struktur reflexionslogischen festen Bestimmtseins erreicht: Der negative Bezug von Etwas auf sein Gegenteil ist an sich selbst negiert, weil das Gegensätzliche zum eigenen Inhalt der Identität wird. Günter Kruck hat das in ein einleuchtendes Beispiel gesetzt: „Der Baum ist als Baum nur etwas, weil seine Identität dadurch fixiert werden kann, daß er nicht Blume ist, daß er also durch das Nicht-Blume-Sein bestimmt ist. Indem aber diese Bestimmheit die Bestimmtheit des Baumes ausmacht, ist dieses Gesetztsein (das Sein-durch-anderes) ebenso sehr verschwunden; es ist nämlich zur Bestimmtheit des Baumes selbst geworden."[14]

---

12 Vgl. Kruck: *Die Logik des Grundes*, S. 123.
13 Kruck: *Die Logik des Grundes*, S. 125.
14 Kruck: *Die Logik des Grundes*, S. 126.

Die Wahrheit dieses Widerspruchs ist das Verhältnis des Grundes: Bestimmungen, die sich in dieser reflektierten, rein relationalen Weise bestimmend aufeinander beziehen, treten in das Verhältnis ein, füreinander den wesenhaften *Grund ihres Bestimmtseins* darzustellen. Gerade in ihrem Unterschied sind so beide Bestimmungen identisch, weil sie ihre Identität nur im Unterschied zueinander besitzen. Freilich, auch das ist entscheidend, braucht es vom *Bestimmungswissen* zum *Grundwissen* einen weiteren Schritt, der darin besteht, die konstitutive, normgebende Kraft der „Relationalität überhaupt" im wesenslogischen Verhältnis als eine sich *direktional verengende* zu verstehen. Denn wo im bloßen Bestimmungswissen „die Bestimmtheit von etwas im Rekurs auf *irgendeinen* Unterschied von anderem erhoben werden kann"[15], da fordert die Beziehung von Grund und Begründetem, dass beide stärker in ihrer jeweiligen individuellen Substanz aneinander gebunden sind: Der bloße Unterschied von *Etwas* zu *irgendeinem Anderen* enthält noch nicht die Notwendigkeit, dass dieses Andere auch Grund oder Begründetes für dieses Etwas sein kann. Hegel gebraucht hier die starke Formulierung, dieses Andere müsse *„sein* Anderes" bzw. „sein Entgegengesetztes" sein:

> Als sich auf sich beziehender Unterschied ist er gleichfalls schon als das mit sich Identische ausgesprochen, und das Entgegengesetzte ist überhaupt dasjenige, welches das Eine und sein Anderes, sich und sein Entgegengesetztes, in sich selbst enthält. Das In-sich-seyn des Wesens so bestimmt ist der Grund. (GW 20, S. 151, § 120)

Pointiert können wir festhalten: Jeder Unterschied macht zwar ein Bestimmungsverhältnis aus, aber ein bloßes Bestimmungsverhältnis noch lange kein Begründungsverhältnis im engeren Sinne, denn nicht jeder Unterschied begründet sogleich einen Begründungszusammenhang. Zu sagen „Der Baum ist nicht Blume", bedeutet noch nicht, dass sie einander auch begründen müssen, nur weil sie sich unterscheiden. Erst dort, wo etwas sich widerspricht, d. h. der *Unterschied* ein *bestimmender* und somit *normsetzender* ist, entsteht eine Begründung von etwas in Bezug auf *sein* Entgegengesetztes, durch welches es begründet wird. So stehen Widerspruchsverhältnisse, zumindest an dieser Stelle, immer auch in Begründungsverhältnissen.

Das Wesen ist mithin dort Grund, wo es die *gesamte Form eines Verhältnisses* beschreibt, in der sich zwei Bestimmtheiten reflexionslogisch in ihrem Unterschied durch das jeweils Andere konstituieren: aber so, dass sie in die Relation füreinander wirklich *wesentlicher* Reflexionselemente treten, die den substanzi-

---

15 Kruck: *Die Logik des Grundes*, S. 125.

ellen normativen Kern ihres Bestimmtseins ausmachen – eben als Grund und Begründetes. Grund und Begründetes konstituieren sich in ihrem Unterschied derart durch das jeweils Andere, dass sie unmittelbar einander durchsichtig sind, vom einen auf das Andere sogar unmittelbar *geschlossen* werden kann, weil sie füreinander *ihr* Anderes – und nicht nur *irgendein* Anderes – sind. Die Norm ihrer Verwendung, so könnte man sagen, ergibt sich erst in ihrem Begründungsverhältnis, dem Bezug auf *ihr* Anderes. Als „absoluter Grund" ist mithin bei Hegel eben die *Gesamtformation* dieses reflexionslogischen Verhältnisses des Grundes bezeichnet: Grund ist in diesem Sinne nicht bloß der eine Pol im Verhältnis von Grund – Begründetem, sondern die gesamte Struktur. Möglich ist dies begrifflich deshalb, weil beide Pole gemäß der bereits erörterten Form wesenslogisch-reflektierter Bestimmungen sowieso jeweils ein Element des Verhältnisses *und* zugleich auch das Ganze des Verhältnisses sind, d.h. „das Ganze und sein eignes M o m e n t" (GW 11, S. 266), indem „jedes so für sich ist, als es nicht das A n d e r e i s t" (GW 20, S. 149, § 119), und sie sich so jeweils an sich als Entgegengesetzte haben. Dieses Zugleichsein von Moment und Ganzem bildet erst die volle Identität des Grundverhältnisses aus. Der Grund ist deshalb „d a s W e s e n als T o t a l i t ä t gesetzt" (GW 20, S. 152, § 121), weil in ihm der ganze Zusammenhang von Selbstbezug und Unterschied, Einheit und Gegensatz als Moment einer Bestimmung erscheint. Im Grund wird das Verhältnis der Reflexion vollends zur Form des Insichseins des Wesens. Als „Wahrheit" der reinen Reflexionsbestimmungen, d.h. als ihre Vollendung, überschreitet der Grund diese zugleich, weil er in seiner Einheit die Unmittelbarkeit des Seins wieder herstellt. Identität und Unterschied bilden nicht mehr nur bloß eine negative Beziehung. Der Grund ist vielmehr in ihrer Einheit das mit sich identische Wesen, dessen Unmittelbarkeit eben in der Negativität des reflexionslogischen Unterschieds besteht. Begründetsein nämlich heißt, dass „Etwas [...] sein Seyn in einem andern hat" (GW 20, S. 152, § 121), nämlich das Begründete im Grund. Der reflexionslogische Unterschied von Begründetem und Grund aber ist zugleich die Identität beider *als* Grund: Denn das „Begründete und der Grund sind ein und derselbe Inhalt" (TWA 8, S. 248, § 121 [Zusatz]). Deshalb ist der „Unterschied zwischen beiden [...] der bloße Formunterschied der einfachen Beziehung auf sich" (TWA 8, S. 248, § 121 [Zusatz]): Grund ist die „Reflexion-in-sich, die eben so sehr Reflexion-in-Anderes und umgekehrt ist" (GW 20, S. 152, § 121). Was als Grund unterschieden vom Begründeten ist, ist zugleich die Einheit beider. Die Einheit des absoluten Grundes *ist* der Unterschied zwischen sich und dem Begründeten als Unterschied seiner von sich selbst. Das Wesen des Grundes ist Grund und Begründetes zugleich. Das vom Grund unterschiedene Begründete ist der Grund selbst als sich von sich selbst unterscheidender und in diesem Unterschied sich mit sich vermittelnder. Fichtes Unterscheidung von „Unterscheidungsgrund" und „Beziehungsgrund" aus der *Grundlage* wird von Hegel aufgenommen:[16] Grund ist das, was sich im Unterscheiden von Grund und Begründetem auf sich selbst bezieht. Der Grund ist im Begründeten ganz bei sich und gewinnt sich überhaupt erst, weil er Grund nur darin sein kann, ein Begründetes hervorzubringen.

Welche Bedeutung dies wiederum für die Frage nach den Reflexionsformen und dem sich aus ihnen ergebenden kategorialen Begriff minimaler Realität hat, wird schnell deutlich: Indem sich die Bestimmung des „Grundes" als letzte definitorische Konsequenz fester Reflexionsbestimmtheit aus der rein relationalen, dynamischen Matrix der Reflexionsformen ableitet und diesen Komplex innerhalb der *Wesenslogik* abschließt, wirft sie ein besonders explikatives Licht auf eben diesen ihren Ursprung der Reflexionsformen. Was sich als Beziehung des absoluten Grundes in letzter Instanz der Reflexionsbestimmungen aus den Reflexionsformen ergibt, ist in deren Selbstbeschreibung und Funktionsweise bereits angelegt. Die einzelnen Reflexions*bestimmungen* sind in dieser Hinsicht fixierte und vereinseitigende Ausformulierungen dessen, was in den Reflexions*formen* in der *Einheit* in sich differenzierender Prozessualität in Funktion getreten ist. Dergestalt expliziert die soeben erläuterte Beziehung des absoluten Grundes die kategoriale Art und Weise, wie in der wesenslogisch entwickelten minimalen Matrix des „Realen überhaupt" das vorausgesetzte Unmittelbare so sehr *Grund* des setzenden „Bestimmens überhaupt" sein kann, wie dieses wiederum Grund des reflektierten Unmittelbaren ist: ohne dass beiden wiederum ein weiterer Grund vorausgeht, der nur in *einem* der beiden Pole (Konstruktivismus oder Realismus) besteht. Genau hier liegt zugleich die weitreichende Pointe des absoluten Grundes in seiner Kompetenz, die Struktur des kategorialen minimalen Realen als die seines eigenen Grundes innerhalb der *Logik* retrospektiv weiter zu explizieren: Dass Unmittelbarkeit in ihrem etablierten, begrenzten Anspruch seinslogischer Andersheit gegenüber dem Setzen der Reflexion zugleich dessen *Grund* ist wie umgekehrt, verlangt eine *Begriffsartigkeit* dessen, was jeweils den Grund des Begründeten abgibt. Grund und Begründetes zu sein, ist eine Beziehung, die in der Einheit des „absoluten Grundes" als Formation *eines* logischen Raumes wurzelt, in welchem sich der Zusammenhang des Grundes im Unterschied von Grund und Begründetem in verschiedener Weise *auf*

---

[16] Das antithetisch-synthetische Verfahren leistet bei Fichte die Ausdifferenzierung des Systems und stellt den widersprüchlichen Motor dar, durch den die Dialektik ihre Dynamik erhält. Während das antithetische Verfahren versucht, aufgrund eines „Unterscheidungsgrundes" das Entgegengesetzte im Gleichen aufzusuchen (zwei Gleiche sind in mindestens einem Merkmal unterschieden), sucht das synthetische Verfahren aufgrund eines „Beziehungsgrundes" das Gleiche im Entgegengesetzten auf (zwei Entgegengesetzte sind in mindestens einem Merkmal gleich) (vgl. Fichte: GA I,2, S. 272).

sich selbst bezieht. Das minimale kategoriale Reale in der Form des Grundes zu denken, heißt demnach, den intentionalen Objekten setzenden Bestimmens (Gegebenheit des Unmittelbaren) relativ zur bestimmenden Intentionalität setzenden Bestimmens *die begründende Kraft als ein begründendes Sein* zuzuerkennen. Das aber – und darauf haben in der Nachfolge Hegels sowohl Wilfrid Sellars als auch John McDowell sehr nachdrücklich und wiederholt hingewiesen – verlangt, die *Intelligibilität* bzw. *Begriffsförmigkeit* dessen anzuerkennen, was als Grund fungieren soll (das Unmittelbare), um die rationale Kraft der *Inferentialität*, die das Zentrum begründender Potenziale ausmacht, wirksam werden zu lassen. Begründen ist eine Beziehung zwischen begrifflichen Entitäten, die *füreinander* Grund und Begründetes sind; die Substanz von Elementen *innerhalb* einer Formation des Grundes muss eine begriffliche sein. Wilfrid Sellars' wirkmächtige Kritik des „Mythos des Gegebenen" im Anschluss an Quines Kritik des Empirismus ruht gerade auf der Explikation des Widerspruchs, dass ein selbst unbegriffliches, rein materielles Substrat realer Unmittelbarkeit (bloße Natur) in empiristischen Wissenstheorien die Funktion eines unbezweifelbaren letzten Grundes für Wissensansprüche basaler Sätze (Elementaraussagen etc.) übernehmen soll, aber dazu aufgrund ihrer (i.e. Unmittelbarkeit der bloßen Natur) selbst nicht begrifflichen Substanz gar nicht in der Lage sein kann. Denkt man nun innerhalb einer solchen Matrix minimaler kategorialer Realität wie bei Hegel einen Raum des *Setzens zweiter Ordnung*, der sich aus der Logik von Setzen, Voraussetzen und Aussetzen ergibt, so ermöglicht es dieser, der „Gegebenheit überhaupt" (Unmittelbarkeit) eine *begründende Kraft* für das *Setzen erster Ordnung* zuzugestehen und damit Wissensansprüche einer Theorie der Natur wirksam zu begründen, ohne diese Gegebenheit zum bloßen Setzungseffekt der Reflexion zu degradieren und ihr damit je normbildende Kraft gegenüber verschiedenen Wissensansprüchen der Reflexion abzuerkennen. Die in der minimalen kategorialen Struktur von „Realität überhaupt" eingefaltete Form des absoluten Grundes beleuchtet die Vernünftigkeit des begrifflichen Raumes des Setzens zweiter Ordnung, *innerhalb* dessen sich die Bestimmungsrichtungen von Unmittelbarkeit und Reflexion etablieren, als eine Struktur von *Begriffsförmigkeit*, die jedem Unterschied von Gegebensein und Bezugnahme, Realität und Intentionalität, Natur und Geist vorausgehen und diese Unterschiede *übergreifen* muss. Das Unmittelbare bzw. Gegebene, auf das sich das setzende Bestimmen als seinen realen Gegenstand bezieht, muss selbst, – um die Möglichkeit dieses Bezugs als eines durch das Unmittelbare begründeten zu erklären –, von begrifflicher Natur sein, ohne in der Begrifflichkeit des setzenden Bezuges aufzugehen oder gänzlich mit dieser begrifflichen Setzung zusammenzuschmelzen. Eben damit werden die weitreichenden Wissens- und Geltungsansprüche, die Hegel in seinem Begriff des Geistes vertreten und entwickeln wird, überhaupt erst möglich gemacht.

Siglenverzeichnis und Abkürzungen

1 Werke Kants

Die Schriften Kants werden zitiert nach der Band- und ggf. auch der Seitenzahl der Akademie Ausgabe von Kants Gesammelten Schriften, Berlin 1900 ff. Die Zitate der *Kritik der reinen Vernunft* erfolgen ebenfalls nach der Akademie-Ausgabe [im Folgenden: KrV mit der Paginierung der Erstauflage (A) bzw. Zweitauflage (B)].

(AA)   *Kants Gesammelte Schriften* [„Akademieausgabe"], Königlich Preußische Akademie der Wissenschaften, Berlin 1900 ff.

(KrV)   Kritik der reinen Vernunft (1781/87)

(Prol.) Prolegomena zu einer jeden künftigen Metaphysik, die als Wissenschaft wird auftreten können, eingel. u. mit Anm. hg. v. Konstantin Pollok, Hamburg 2001.

2 Werke Jacobis

Jacobi, Friedrich H. ([1815] 2004): „Einleitung in des Verfassers sämmtliche philosophische Schriften", in: Schriften zum transzendentalen Idealismus. Werke, Bd. 2,1, hg. v. Walter Jaeschke und Irmgard-Maria Piske unter Mitarbeit von Catia Goretzki, Hamburg, S. 375–433. [Jacobi: *Einleitung*, JWA 2,1]

Jacobi, Friedrich H. ([1787] 2004): „David Hume über den Glauben oder Idealismus und Realismus. Ein Gespräch", in: *Schriften zum transzendentalen Idealismus. Werke*, Bd. 2,1, hg. v. Walter Jaeschke und Irmgard-Maria Piske unter Mitarbeit von Catia Goretzki, Hamburg, S. 5–112. [Jacobi: *David Hume*, JWA 2,1]

Jacobi, Friedrich Heinrich ([1785] 2000): Über die Lehre des Spinoza in Briefen an den Herrn Moses Mendelssohn, hg. v. Marion Lauschke, Hamburg. [Jacobi: Über die Lehre des Spinoza]

(JWA)   *Jacobi*, Friedrich H.: *Werke. Gesamtausgabe*, hg. von Klaus Hammacher, Walter Jaeschke, Hamburg/Stuttgart-Bad Cannstatt 1998 ff.

3 Werke Fichtes

Der vorliegenden Arbeit liegt der Text A zugrunde, d. h. die *Grundlage der gesammten Wissenschaftslehre als Handschrift für seine Zuhörer*, welche Fichte bogenweise an die Hörer seiner Privatvorlesung in Jena als Werk im Zeitraum vom 14. Juni 1794 bis August 1775 ausgegeben hat und die 1794/95 bei Christian Ernst Gabler in Leipzig verlegt wurde. Die Varianten B („Neue unveränderte Auflage" bei Johann Friedrich Cotta 1802 in Tübingen) und C („Zweite verbesserte Ausgabe" bei Christian Ernst Gabler 1802 in Jena und Leipzig) werden angegeben, sofern sie für die Interpretation von Bedeutung sind. Zitiert wird nach der Gesamtausgabe der Bayerischen Akademie der Wissenschaften unter Angabe der Abteilung, des Bandes und der Seitenzahl.

(GA)   *Grundlagen der gesammten Wissenschaftslehre als Handschrift für seine Zuhörer 1794/95*, in: *Gesamtausgabe der Bayrischen Akademie der Wissenschaften*, Bd. I,2, hg. v. Reinhard Lauth, Hans Jacob, Stuttgart-Bad Cannstatt 1965, S. 249–451.

4 Werke Hegels

Die Schriften Hegels werden, soweit verfügbar, nach der Historisch-Kritischen Gesamtausgabe von Meiner zitiert. Bei den „Zusätzen" der *Enzyklopädie der philosophischen Wissenschaften* wird auf die zwanzigbändige Werkausgabe des Suhrkamp Verlags zurückgegriffen.

(GW)   *Gesammelte Werke*, in Verbindung mit der Deutschen Forschungsgemeinschaft hg. v. der Nordrhein-Westfälischen Akademie der Wissenschaften und der Künste, Hamburg 1968 ff.

(TWA) *Werke in zwanzig Bänden*, hg. v. Eva Moldenhauer, Karl Markus Michel, Frankfurt am Main 1969–71.

Personenregister

Adorno, Theodor W.   44, 205
Agamben, Giorgio   22
Ameriks, Karl   35
Angehrn, Emil   145, 160
Aristoteles   35, 78

Baudrillard, Jean   22
Baumanns, Peter   116
Benjamin, Walter   136, 157
Blume, Thomas   32, 58, 68
Böhme, Gernot   18, 25, 31
Böhme, Hartmut   18, 25, 31
Bondeli, Martin   13
Brandom, Robert B.   55 f., 68, 88
Brandt, Reinhard   26

Carnap, Rudolf   4, 149
Cassirer, Ernst   53
Chiba, Kiyoshi   12
Cho, Chong-Hwa   231
Cleve, James V.   35
Cramer, Konrad   35, 106

Davidson, Donald   23, 48, 58, 88, 108
De Vos, Lu   145
Descartes, René   46, 123, 139
Detel, Wolfgang   48 f.
Devitt, Michael   66
Dürr, Suzanne   106

Eidam, Heinz   126

Fichte, Johann G.   2, 5, 7, 16, 18, 22 f., 25–27, 39, 42 f., 45, 48, 52–54, 79, 87, 94, 100–124, 126–130, 133 f., 152, 178, 184, 186, 213, 218, 236 f., 243 f.
Förster, Eckart   12, 20, 22, 28–30, 32, 34, 36, 45, 48 f., 56–58, 67, 95, 109, 112, 119, 122, 124–128
Frank, Manfred   34, 36, 48, 54, 58, 66, 79, 113, 218
Frege, Gottlob   68, 105
Friedrich Schiller   16, 66

Gabriel, Markus   235
Gamm, Gerhard   186, 210
Götze, Martin   103
Graeser, Andreas   26, 36, 44, 57
Grundmann, Thomas   80

Hanewald, Christian   100, 124, 126 f.
Hanna, Robert   12, 32
Hegel, Georg W.F.   1–3, 5–7, 15 f., 20, 25 f., 31, 34–37, 43 f., 53–56, 58, 68, 79, 81, 99–101, 107, 109 f., 114, 117 f., 123, 130, 133–140, 143–160, 162–173, 175 f., 178 f., 181 f., 186–191, 193–197, 199–201, 203–219, 221–225, 228, 230–232, 234, 236 f., 239–245
Heidegger, Martin   79, 88 f.
Heidemann, Dietmar H.   11, 18 f., 28, 30, 35, 46 f., 80 f.
Henrich, Dieter   30, 42, 69, 72, 106, 135, 140, 149, 156, 161–163, 166 f., 190 f., 194–197, 221
Hindrichs, Gunnar   51
Höffe, Otfried   44
Hölderlin, Friedrich   22, 85, 87, 123, 182–184
Holz, Hans H.   13, 66–68, 157
Honnefelder, Ludger   26, 37, 67, 69 f., 74
Horstmann, Rolf-Peter   2 f., 24, 29, 35, 37, 40, 52–54, 79
Hösle, Vittorio   7, 143, 146, 149–151
Houlgate, Stephen   2 f., 55, 140, 146
Hühn, Lore   22, 107, 124, 160

Iber, Christian   31, 45, 138 f., 146, 149, 154, 156, 160 f., 165, 169, 173, 175, 178 f., 189–191, 194–196, 200, 206 f., 209 f., 213, 217 f., 221–229, 240
Irrlitz, Gerd   38, 44, 55

Jacobi, Friedrich H.   2, 4 f., 16, 18, 25, 43, 53, 56 f., 78, 82 f., 85–99, 106
Janke, Wolfgang   106, 114

Kant, Immanuel   1–5, 11–72, 74–93, 95–98, 100f., 106, 108f., 115f., 120, 123, 126, 129f., 133–135, 137f., 152f., 162, 173, 178f., 187f., 203f., 217, 222f., 236
Kleist, Heinrich von   185
Koch, Anton F.   6, 27, 80, 100, 140, 143, 147–149, 154, 156, 159, 216, 240
Kruck, Günter   240–242

Larmore, Charles   11f., 107
Lauth, Reinhard   123f.
Lemanski, Jens   33
Lewis, Clarence I.   30
Lewis, David   105
Longuenesse, Béatrice   79
Luhmann, Niklas   179
Lütterfelds, Wilhelm   81

Marshall, Colin   41, 50, 52
McDowell, John   6, 15, 30, 47, 50, 68, 79, 245
McTaggert, John M. E.   156, 188f.
Merleau-Ponty, Maurice   24
Mittelstaedt, Peter   28, 67
Mittmann, Jörg-Peter   103
Mosser, Kurt   11

Okochi, Taiju   188

Parrini, Paolo   12
Pinkard, Terry   15
Pippin, Robert B.   6, 15, 55f., 135
Platon   21, 31, 43, 77f., 80, 173
Putnam, Hilary   66

Quante, Michael   130, 133–135, 143, 175, 206
Quine, Willard V. O.   23, 30f., 71, 88, 149, 245

Rawls, John   11
Rescher, Nicholas   56
Rohs, Peter   24, 240

Sandkaulen, Birgit   5, 18, 23, 26, 38–40, 52–54, 82f., 96, 106
Schäfer, Rainer   114, 170
Scheier, Claus-Artur   179

Schelling, Friedrich W. J.   2, 7, 16, 43, 53f., 87, 100f., 107, 160, 186, 206, 218
Schick, Friedrike   106f., 137, 140, 154, 156, 159, 240
Schlegel, Friedrich   16, 21, 36
Schmidt, Andreas   100
Schmidt, Klaus J.   221
Schönrich, Gerhard   18, 21, 23f., 32f., 37, 42f., 59f., 68
Schulze, Gottlob Ernst   7, 54
Searle, John   4
Sedgwick, Sally   101
Sell, Annette   81
Sellars, Wilfrid   23, 30–32, 46f., 58, 68, 88, 245
Siemens, Stephan   149, 234
Siep, Ludwig   145
Soller, Alois K.   126
Stelzner, Werner   105f.
Stevenson, Leslie   32
Stolzenberg, Jürgen   11, 18, 79, 103f.
Strawson, Peter F.   11, 15, 54f.

Theunissen, Michael   135f., 153, 180, 190f., 221–223, 231, 238–240
Trendelenburg, Adolf   143
Tye, Michael   19

Urbich, Jan   22, 157

Vieweg, Klaus   118, 133, 140, 146f., 153, 156, 159

Watkins, Eric   61
Welsch, Wolfgang   2, 24, 32, 68, 133, 146–148
Westphal, Kenneth R.   61
Wettstein, Ronald H.   30
Wiesing, Lambert   19, 23
Willaschek, Markus   59
Wirsing, Claudia   117, 140, 143, 153, 156, 159, 198, 240
Wolff, Michael   156
Wood, Allen   61

Zambrana, Racío   3f.
Zöller, Günter   67

Sachregister

Absolute 22, 134, 160, 167, 172, 184
Absolutes Ich 6, 105 f., 108 f., 113 f., 116–119, 123 f., 125, 130, 166, 236
Abstraktion 45, 62, 96, 112, 122, 138, 160
Affiziert 19, 57, 83 f., 96, 122 f., 182, 185
Affiziertsein 17–19
Allgemeinheit 23 f., 64, 67, 150, 166, 171
Anfang 1, 20, 30, 77, 92, 97, 140 f., 143–146, 151, 153, 156 f., 159 f., 165, 170, 187, 189–191, 201, 205, 212, 214, 216, 219, 225, 235
Anschauung 15, 17–24, 26, 31–33, 37 f., 40, 42 f., 47, 51, 56 f., 59 f., 63–65, 70–75, 77, 79 f., 87, 103, 107
Ansichsein 43, 80, 166
Anstoß 43, 54, 102, 109, 118 f., 124, 126–130
Aporie 16, 45, 55, 82, 96, 106, 129 f., 134, 179, 206, 234, 236
Apriorisch 11, 23, 26–29, 35, 37, 64, 73, 75, 80 f., 87

Begriff 1–7, 11–15, 19–23, 25 f., 30–34, 36–41, 43–45, 47–49, 52–56, 60, 62–65, 67–89, 91–101, 103, 106–108, 110, 112–120, 122 f., 125–127, 129 f., 133–136, 138–146, 148–154, 156 f., 159, 162 f., 166–170, 174, 177, 180, 182 f., 185 f., 191, 195, 197, 200 f., 205, 207, 211 f., 215, 217, 221, 227, 230–238, 240, 244 f.
Begriffslogik 1, 6, 141, 154, 156, 159
Begründung 1, 3, 6, 37, 45, 134, 141, 146, 159, 163, 233, 240, 242
Bestimmung 1, 15, 23, 26, 28–31, 34 f., 37, 40, 44, 49–52, 54, 56, 59, 63 f., 67, 67–69, 74–78, 83, 93–96, 111, 116, 120 f., 123, 125 f., 128, 135, 137 f., 140 f., 148, 161–163, 165, 167–174, 178, 181–183, 189, 191–196, 199 f., 205 f., 213 f., 216 f., 219 f., 222 f., 228, 230, 232 f., 236, 238–244

Bewegung 22, 33 f., 72, 81, 93, 114, 143 f., 147 f., 160, 170 f., 175–177, 196, 201, 205–211, 213, 215, 219 f., 229
Bewusstsein 7, 32, 42, 44, 47, 50–52, 54, 58, 65, 70 f., 73, 86, 90–97, 99, 101–104, 106, 108–111, 113–117, 118 f., 120, 124 f., 128, 139, 141, 144–146, 167, 168, 180, 205
Beziehung 3, 6, 14, 20 f., 27, 38, 43–45, 56, 58, 60, 68–71, 76, 80 f., 94, 96–99, 102, 107, 115 f., 130, 138, 141, 146, 162, 166 f., 171 f., 176, 178, 181–183, 194–198, 206–208, 211, 214, 224, 231 f., 239, 241–245

Dasein 17, 37, 42, 46, 50 f., 57, 64, 66, 70–73, 76–78, 95, 98, 107, 109, 135, 139, 176, 182, 223, 230, 235
Dialektik 15, 22, 55, 60, 65, 73, 79, 86, 114 f., 156, 170, 182, 184 f., 187, 218, 244
Differenz 6, 23, 30 f., 38, 49, 72, 83, 86, 106, 110, 145, 166, 174, 179, 183, 194, 222, 240
Ding an sich 5, 12–18, 21, 23, 25–29, 34–46, 48–64, 71, 77 f., 80–83, 85, 88, 90 f., 94, 96, 98, 118, 122, 124, 126–128, 130, 133 f., 138, 178 f., 203 f., 217, 223, 236 f.
Drittes 22, 90, 174

Einbildungskraft 22, 32, 59, 72, 86, 90, 100 f., 124–127
Einheit 3, 20, 28–32, 35, 37, 39, 49–53, 56, 60, 64–66, 69, 72–74, 78 f., 82 f., 95, 107 f., 111, 113, 115 f., 119 f., 124, 133–137, 141, 143–145, 153, 161 f., 167, 173, 182–184, 186, 196–200, 208, 210 f., 213–215, 218, 221, 231, 243 f.
Empfindung 5, 15, 17–28, 32, 34, 37, 39 f., 43, 47, 56, 58 f., 62, 66, 68, 70 f., 77 f., 81, 85 f., 89–91, 94, 109, 186
Entgegensetzung 37, 111 f., 114 f., 165, 167, 182–184, 200

Sachregister — **251**

Entwicklung 7, 18, 103, 114, 133 f., 141, 143 – 145, 147 f., 169 f., 189, 194 f., 203 f., 212, 216, 219 f., 234, 240
Erkenntnis 26 – 28, 30, 32, 38, 40, 42, 44, 48, 50 f., 58, 64, 69, 78, 80, 87 – 89, 93, 105
Erscheinung 5, 13 – 15, 17 f., 20, 22, 26 f., 34, 36, 38 – 41, 44, 46, 49 – 58, 60, 62 – 67, 69, 71 f., 75, 78 – 80, 83, 85, 97, 129, 168 f., 169, 178 f., 212, 236
Evolution 133, 147 – 149, 157, 216

Feigenblatt-Realismus 66, 127
Für-sich-Sein 106, 108, 117, 128, 167, 241

Gegebensein 3, 6, 19 f., 22 f., 44, 46, 51, 61, 70, 73 – 77, 85, 95, 103, 109 f., 112, 129 f., 166, 178, 224 f., 229 f., 232 – 234, 236 f., 239, 245
Gegensatz 4, 23, 32, 36, 43, 47, 54, 65, 70, 84, 98, 106 f., 109, 113 – 115, 124, 126, 134, 144 – 146, 153, 159, 165, 170, 177, 182 – 184, 188, 193, 197 – 200, 209, 223, 243
Geist 18, 21, 23 – 26, 32 f., 36 f., 42 – 44, 48 f., 52, 57, 59 f., 68, 87, 100, 104, 109, 130, 133 – 135, 137, 143 – 147, 166, 169 – 171, 175, 179, 182 – 184, 240, 245
Gesetztsein 104, 112, 121, 214 f., 217 f., 224, 228, 229, 230, 238 f., 241
Grund 3, 17, 22, 24, 26, 33 – 35, 42, 44, 48 – 53, 56 – 58, 61, 64, 69, 79, 86 f., 90, 92 f., 95, 98, 100, 102 – 104, 106 f., 110, 116 f., 126, 128, 133, 145, 159, 163 f., 178, 181, 184, 188, 193, 206 f., 212, 215, 219, 222, 224, 226, 231, 240 – 245
Grundsatz 49, 68, 75, 102 – 105, 109 – 121, 123, 184

Idealismus 1 f., 5 – 7, 14, 16, 18 – 20, 29, 34, 46, 53, 58 f., 66, 68 f., 79, 92, 100, 105, 108, 127, 133 f., 136, 139, 147 f., 168, 178, 185 – 187, 206, 210, 234
Idee 4, 15, 30, 45 f., 49, 62, 65, 68, 81, 83, 87 f., 97, 116, 139 – 141, 144, 149, 151 f., 155, 157, 163, 166, 168 f., 171, 179, 184, 191, 195, 197, 232

Identität 6, 23 f., 30 f., 50, 56, 69, 71 f., 79 f., 87, 103 – 106, 110, 115 f., 139, 150, 160, 162, 166 f., 183, 194 f., 198, 209, 232, 240 – 243

Kategorie 1 f., 4 – 6, 12 – 15, 22, 24, 27 – 29, 36, 39 f., 43 f., 46 f., 52 f., 56, 62, 64, 66 f., 69 – 78, 80 – 82, 84, 93, 96 f., 101 – 103, 106, 109 f., 112 f., 115 f., 120 – 122, 133, 136, 138, 140 f., 144, 147, 149 – 155, 159, 162, 167, 171, 181, 189, 210, 212 f., 221, 223, 231, 240 f.

Logik 1, 3 f., 6, 14 f., 17, 31, 34, 41 – 46, 48, 52, 55, 57, 60, 62 f., 68, 76, 81, 100, 109, 112, 114, 123, 133 – 163, 165 – 172, 176, 180 – 191, 193 – 198, 200 f., 204, 206 f., 212, 215, 217 f., 221, 223, 229 – 232, 234, 236 f., 239 – 242, 244 f.

Materie 20, 31, 37, 57, 63, 66, 81, 111 f., 137, 145, 182, 200, 225
Methode 136, 139 – 143, 146, 153, 156, 159, 162 f., 170
Minimalbedingungen 7, 26, 81, 94, 151 f., 155, 159, 167, 235
Minimalbegriff 1, 4, 151 f., 159, 232, 236, 238
Minimalform 156, 162, 200, 202, 213

Naturalismus 5, 97
Negation 34, 74 – 76, 84, 109 – 112, 114 – 117, 119 – 123, 129, 142, 149, 160, 170, 172 f., 175, 181 f., 186, 189 f., 193, 196 – 200, 207 – 211, 213 – 216, 220, 230, 232, 234, 239
Nicht-Ich 25, 45, 54, 94, 101 f., 106, 110 – 130, 184, 219, 237
Norm 3, 6, 38, 86, 88, 138, 143, 158, 161, 174, 183, 186, 189, 218, 232 f., 235, 243
Noumenon 35 f., 39 f., 55 f., 58, 79

Objekt 6, 20, 22 – 24, 27 f., 30, 32, 37, 39, 42, 45, 47 f., 55 – 58, 62 f., 65, 67, 69, 71 – 73, 75, 79, 81 f., 90, 105, 111 f., 119, 127, 133, 145, 150, 163 f., 166, 200 f., 203, 206, 223, 225, 232, 235, 245

252 — Sachregister

Objektivität 5, 27f., 30, 48, 63f., 68f., 72, 81, 105, 119, 139, 144, 172, 233
Ontologie 4, 12, 50f., 69, 82, 89, 133, 149f., 172, 188, 203, 205, 234

Pendelbewegung 169–171, 176, 178, 181, 187, 191, 212, 225, 230
Prinzip 45, 65, 71, 75, 97, 99, 103, 115, 123, 136, 142f., 152, 173, 180, 186, 190f., 227, 240
Prozess 37, 50, 55, 74, 133f., 147, 149, 154, 163, 166, 170, 172, 175, 184, 187, 216f., 230

Qualität 30, 66, 72, 73–76, 109
Quantität 74–76, 116, 120

Rationalität 97, 240
Realismus 1f., 4f., 16, 18–21, 26, 28f., 34, 48, 53, 58, 66, 85, 92, 100, 106, 118, 124, 126f., 136, 139, 168, 179, 220, 234f., 244
Realität 1–7, 11–15, 17–22, 24–32, 34–36, 39, 41–43, 46–54, 58f., 62–78, 80, 82–88, 90–97, 100–103, 108–110, 112–125, 129f., 133–135, 138–143, 151f., 155–157, 159, 162–164, 166, 168, 174, 177f., 184, 195, 200–204, 207, 212f., 216–218, 220, 223–227, 229f., 232–238, 240, 244f.
Realphilosophie 133, 147–149
Reflexion 6, 16, 32, 82, 92, 102, 106f., 133, 136f., 139–141, 150–153, 156, 160, 162f., 166f., 171, 177, 183, 190f., 194–197, 204–232, 234, 237–240, 243–245
– absolute Reflexion 205f., 209–215, 217f., 220, 225–227
– bestimmende Reflexion 163, 213, 227–231, 234, 240
– setzende Reflexion 139, 214–216, 218, 220–224, 226, 228, 234
Reflexionsbestimmung 31, 140, 155f., 162, 164, 167, 188, 198, 212, 221, 230–232, 235, 238–241, 243f.
Reflexionsformen 107, 139, 156–158, 162–164, 168f., 175, 177, 192, 195, 198, 201–205, 208, 212f., 217, 218, 221, 226, 231f., 234–236, 239f., 244
Reflexivität 1, 107, 110, 206, 208f.
Repräsentation 42f., 60, 68, 71, 98f., 103
Rückfall 4, 23, 160, 176f., 180, 222, 225
Rückfallbewegung 172, 175f.

Schein 34, 44, 61, 63, 65, 136f., 153, 156, 162, 167–170, 175–182, 185–199, 201f., 204f., 207–210, 212, 214, 217–219, 221–223, 228–230, 232, 237–240
Schemata 27, 49, 75, 78, 89, 108
Sein 4f., 13, 24, 34, 44, 48, 50f., 54, 79, 85–88, 91, 95, 97, 102, 104–109, 113f., 117, 124, 128, 135f., 139–141, 145f., 149–151, 153–155, 157, 159–162, 165–193, 196, 200, 202, 206–210, 212, 215f. 218–227, 238–241, 243, 245
Seinslogik 1, 114, 140, 150, 153f., 156, 159, 161, 168f., 210, 222, 232, 234
Selbstbewusstsein 5, 42, 46, 69, 79, 94, 103, 106f., 116, 184, 206
Selbstbeziehung 80, 107, 144, 166–168, 194, 197, 200, 207
Sichselbstgleichheit 173, 197, 211f., 214
Sinnlichkeit 17–20, 23, 30, 36, 38, 47, 56, 82–84, 86, 89, 96
Subjekt 3, 5f., 15, 17, 19–27, 29f., 32, 34f., 45–47, 50–53, 57–62, 64–67, 78–83, 85, 88, 90–94, 96, 98, 102f., 105–108, 110, 113, 116, 119, 122, 129f., 133, 138f., 145, 163f., 166, 178f., 200f., 203, 206, 212, 223, 232f., 235
Subjektivismus 111, 123, 178
Subjektivität 6f., 11f., 20f., 27, 34f., 39, 41, 49, 63f., 81–84, 90, 92, 96f., 106f., 119, 129, 133, 138f., 165–167, 184, 188, 201, 204f., 237
Substanz 3, 38f., 43, 45, 60f., 67, 76, 79, 87, 94f., 97, 116f., 119, 123, 134, 139, 165–167, 181, 241f., 245

Tathandlung 102–106, 108f., 113, 127
Tätigkeit 25, 104, 106, 108f., 112, 117, 119f., 122–129, 166, 206, 216f., 221
Totalität 38, 49, 97, 120–122, 124, 133, 193, 243

Sachregister

Transgressivität 5, 76, 85, 88, 96, 99, 121, 129 f.
Transzendentale Ästhetik 14 f., 17 f., 29, 37 f., 40, 62 f.
Transzendentale Logik 14 f., 62 f., 187
Transzendentalphilosophie 12, 29, 45, 66, 101

Übergehen 159, 165, 207, 210 f.
Überschreitung 36, 51, 77, 81, 90, 94, 175, 213 f.
Unmittelbarkeit 6, 15, 17–19, 21, 145, 150, 161, 165, 168, 171–173, 175, 181 f., 185, 191 f., 194–201, 207–220, 222, 224–230, 232–234, 238–240, 243–245
Unterschied 5, 11, 13 f., 18 f., 26, 30, 34 f., 38, 40–45, 48, 52, 63 f., 72, 74, 80, 82–84, 87, 90, 94, 96, 99, 106, 108, 111 f., 117 f., 121, 126, 128, 134 f., 137, 139–141, 150 f., 154, 159, 164–168, 172–175, 179, 184, 186 f., 189 f., 197–201, 215, 219, 221, 225, 227–230, 232, 234, 237 f., 240–245
Ursprung 23, 106, 138, 145, 157, 186, 198, 244

Verantwortlichkeit 6, 192, 207 f., 211, 213, 217–219, 225 f., 228
Verhältnis 5 f., 14, 17, 20, 27, 30 f., 33 f., 40, 46, 50, 53, 57, 61, 65, 76, 80 f., 84 f., 92 f., 95, 97, 107, 117 f., 120–122, 133, 140 f., 147, 150, 153, 167, 171, 173–175, 182 f., 185, 190, 195, 198 f., 207 f., 215 f., 222, 232–236, 230–243
Verhältniskategorie 235 f.
Vermittlung 1, 22, 47, 124, 144 f., 159, 165, 168, 181, 196 f., 199–201, 203 f., 207 f., 211 f., 225 f., 230, 232, 234, 239
Vernunft 2 f., 5, 11–14, 17 f., 20, 25 f., 31, 33, 36, 41, 44, 49, 52–55, 63, 65, 67, 73, 76, 78, 86–89, 91, 99–101, 106 f., 133, 138 f., 151, 153, 187, 203
Verstand 17, 19, 27–29, 31 f., 36, 39 f., 43, 47, 49, 52, 57, 62, 68, 70 f., 73, 81, 86 f., 89, 91, 96, 99, 101, 127, 133, 138, 142, 151 f., 172, 205, 221, 238
Voraussetzung 2, 3, 7, 12 f., 18, 29, 44 f., 60 f., 72, 80, 82, 83, 89, 109, 135–139, 142–144, 146–148, 151, 167, 176, 191, 193, 195, 203 f., 222–224, 233, 235
Vorstellung 17 f., 20, 25 f., 30–32, 35, 37–40, 42, 44–47, 49–51, 53, 57 f., 64 f., 74, 79, 85–88, 90–93, 102, 105, 112, 127, 137, 144, 149, 206, 234

Wahrheit 6, 14, 25 f., 30, 34, 58, 80, 86, 137–140, 144 f., 153, 155, 159, 167, 175, 188–190, 194, 200, 213, 216, 228, 240–243
Wesen 7, 34, 38, 41, 56, 62, 90, 92, 95, 109, 127, 129, 134, 153–156, 159–163, 165–177, 179–182, 185–202, 205–213, 215–222, 225, 228 f., 231 f., 237, 240–243
Wesenslogik 1, 3, 6, 45, 135, 139–141, 147, 150–156, 159, 161–163, 165, 167–169, 171 f., 175 f., 187–191, 201, 204–206, 212 f., 216 f., 221, 225, 230–232, 236, 238–241, 244
Widerspruch 28, 54, 60, 99, 111 f., 114–116, 120, 122–125, 141, 178 f., 182 f., 185, 191, 198, 217, 223, 228, 238, 241 f., 245
Wirklichkeit 1 f., 4 f., 11–13, 15, 29 f., 42, 44, 52, 62–66, 69–73, 75–78, 86, 88 f., 95, 98, 100, 108, 123, 130, 134 f., 137–140, 143, 145, 147, 150 f., 166, 168, 175, 212, 233, 235, 237
Wissen 30, 36, 46 f., 55, 68, 71, 79, 85–88, 100, 102, 106 f., 113, 117, 133, 140 f., 144 f., 150, 160, 167 f., 213, 237 f.
Wissenschaft 2–4, 12, 22, 53, 55, 81, 88, 105, 133–137, 139 f., 144–147, 149, 153 f., 156, 159 f., 171, 203, 206, 221, 231, 238, 240

Zirkel 38, 106, 143
Zweiteilung 5 f., 128, 236

Literaturverzeichnis

Adorno, Theodor W. ([1959] 1995): "Kants *Kritik der reinen Vernunft*", in: Ders.: *Nachgelassene Schriften*, Bd. IV, 4, hg. v. Rolf Tiedemann, Frankfurt am Main.
Adorno, Theodor W. (2003): *Zur Metakritik der Erkenntnistheorie. Drei Studien zu Hegel*, Frankfurt am Main.
Agamben, Giorgio (2012): *Der Mensch ohne Inhalt*, Berlin.
Ameriks, Karl (2004): "Apperzeption und Subjekt. Kants Lehre vom Ich heute", in: *Warum Kant heute? Systematische Bedeutung und Rezeption seiner Philosophie in der Gegenwart*, hg. v. Dietmar H. Heidemann, Kristina Engelhard, Berlin/New York, S. 76–100.
Angehrn, Emil (2007): *Die Frage nach dem Ursprung. Philosophie zwischen Ursprungsdenken und Ursprungskritik*, München.
Aristoteles (1995): "Physik", in: Ders.: *Philosophische Schriften*, Bd. 6, hg. u. übers. v. Hans Günter Zekl, Hamburg.
Baudrillard, Jean (2007): *Das Ereignis*, Weimar.
Baumanns, Peter (1990): *J.G. Fichte. Kritische Gesamtdarstellung seiner Philosophie*, Freiburg/München.
Benjamin, Walter (1991): "Goethes Wahlverwandtschaften", in: Ders.: *Abhandlungen. Gesammelte Schriften*, Bd. I.1, Frankfurt am Main, S. 123–201.
Benjamin, Walter (1991): "Ursprung des deutschen Trauerspiels", in: Ders.: *Abhandlungen. Gesammelte Schriften*, Bd. I.1, Frankfurt am Main, S. 203–430.
Böhme, Hartmut und Gernot (1985): *Das Andere der Vernunft. Zur Entwicklung von Rationalitätsstrukturen am Beispiel Kants*, Frankfurt am Main.
Blume, Thomas: "Sellars im Kontext der analytischen Nachkriegsphilosophie", in: *Wilfrid Sellars. Empirismus und die Philosophie des Geistes*, Paderborn 1999, S. VII–XLV.
Bondeli, Martin (2006): *Apperzeption und Erfahrung. Kants transzendentale Deduktion im Spannungsfeld der frühen Rezeption und Kritik*, Basel.
Brandom, Robert B. (2001): *Articulating Reasons. An Introduction to Inferentialism*, Cambridge, Mass./London.
Brandt, Reinhard (2017): "Kant", in: *Sonderheft Information Philosophie* 3/4 (2012), S. 27–32.
Brooks, Thom/Stein, Sebastian (2017): *Hegel's Political Philosophy. On the Normative Significance of Method and System*, Oxford.
Carnap, Rudolf (1972): "Empirismus, Semantik und Ontologie", in: *Bedeutung und Notwendigkeit. Eine Studie zur Semantik und modalen Logik*, Wien/New York, S. 257–278.
Carnap, Rudolf ([1928] 2004): *Scheinprobleme in der Philosophie. Das Fremdpsychische und der Realismusstreit*, Hamburg.
Cassirer, Ernst ([1907] 1995): *Das Erkenntnisproblem in der Philosophie und Wissenschaft der neueren Zeit*, Bd. 3, Darmstadt.
Chiba, Kiyoshi (2012): *Kants Ontologie der raumzeitlichen Wirklichkeit. Versuch einer antirealistischen Interpretation der "Kritik der reinen Vernunft"*, Berlin/New York.
Cho, Chong-Hwa (2006): *Der Begriff der Reflexion bei Hegel in Bezug auf die Wesenslogik in Hegels ‚Wissenschaft der Logik'*, Berlin.
Cleve, James V. (1999): *Problems from Kant*, New York/Oxford.

Cramer, Konrad (1987): "Über Kants Satz: Das: Ich denke, muß alle meine Vorstellungen begleiten können", in: *Theorie der Subjektivität*, hg. v. Konrad Cramer, Hans Friedrich Fulda, Rolf-Peter Horstmann, Ulrich Pothast, Frankfurt am Main, S. 167–203.
Davidson, Donald (1974): "On the Very Idea of a Conceptual Scheme", in: Ders.: *Inquiries into Truth and Interpretation*, Oxford, S. 183–198.
Davidson, Donald (2004): "Eine Kohärenztheore der Wahrheit und der Erkenntnis", in: Ders.: *Subjektiv, intersubjektiv, objektiv*, Frankfurt am Main, S. 233–270.
De Vos, Lu (2006): "Wissen, reines", in: *Hegel-Lexikon*, hg. v. Paul Cobbe, Darmstadt, S. 502–507.
Descartes, René (1992): *Meditationes de prima philosophia*, Lateinisch/Deutsch, übers. u. hg. v. Lüder Gäbe, 2. Aufl., Hamburg.
Detel, Wolfgang (2011): *Geist und Verstehen. Historische Grundlagen einer modernen Hermeneutik*, Frankfurt am Main.
Devitt, Michael (1984): *Realism and Truth*, Oxford.
Dürr, Suzanne (2018): *Das ‚Princip der Subjektivität überhaupt': Fichtes Theorie des Selbstbewusstseins (1794–199)*, Paderborn.
Eidam, Heinz (1997): "Fichtes Anstoß. Anmerkungen zu einem Begriff der Wissenschaftslehre von 1794", in: *Fichte-Studien* 10, S. 191–208.
Förster, Eckart (2011): *Die 25 Jahre der Philosophie*, Frankfurt am Main.
Frank, Manfred (1992): *Einführung in die frühromantische Ästhetik*, Frankfurt am Main 1989.
Frank, Manfred: *Der unendliche Mangel an Sein. Schellings Hegelkritik und die Anfänge der Marxschen Dialektik*, 2. Aufl., München.
Frank, Manfred (1997): *Unendliche Annäherung. Die Anfänge der philosophischen Frühromantik*, Frankfurt am Main.
Frank, Manfred (2002): *Selbstgefühl. Eine historisch-systematische Erkundung*, Frankfurt am Main.
Frank, Manfred (2009): "Was heißt ‚frühromantische Philosophie'?", in: *Athenäum* 19, S. 15–43.
Frank, Manfred (2009/10): *Idealismus und Realismus. Vorlesung im Wintersemester 2009/ 2010*, S. 7. Abgerufen auf: https://www.scribd.com/document/237151069/Idealismus-Und-Realismus-1 (Stand: 28. 2. 2021).
Frege, Gottlob ([1918/19] 1966): "Der Gedanke. Eine logische Untersuchung. Beiträge zur Philosophie des deutschen Idealismus I", in: Ders.: *Logische Untersuchungen*, hg. u. eingeleitet v. Günther Patzig, Göttingen, S. 30–53.
Gabriel, Markus (2014): *Der Neue Realismus*, Berlin.
Gabriel, Markus (2014): "Wir Verblendeten", in: *Zeit Online*: 5. Juni 2014 (24), 8:00 Uhr, S. 1. Abgerufen auf: http://www.zeit.de/2014/24/neuer-realismus-5-genforschung-neurowissenschaft (Stand: 28. 2. 2021).
Gamm, Gerhard (1997): *Der Deutsche Idealismus. Eine Einführung in die Philosophie von Fichte, Hegel und Schelling*, Stuttgart.
Götze, Martin (2001): *Ironie und absolute Darstellung. Philosophie und Poetik in der Frühromantik*, Paderborn.
Graeser, Andreas (1988): "Kommentar", in: Ders.: *Georg Wilhelm Friedrich Hegel. Einleitung zur Phänomenologie des Geistes*, Stuttgart, S. 21–175.

Grundmann, Thomas (2004): "Was ist eigentlich ein transzendentales Argument?", in: *Warum Kant heute? Systematische Bedeutung und Rezeption seiner Philosophie in der Gegenwart*, hg. v. Dietmar H. Heidemann, Kristina Engelhard, Berlin/New York.
Hanewald, Christian (2001): *Apperzeption und Einbildungskraft. Die Auseinandersetzung mit der theoretischen Philosophie Kants in Fichtes früher Wissenschaftslehre*, Berlin/ New York.
Hanna, Robert (2001): *Kant and the Foundations of Analytic Philosophy*, Oxford.
Heidegger, Martin (2001): *Sein und Zeit*, Tübingen.
Heidemann, Dietmar H. (2004): "Vom Empfinden zum Begreifen. Kant im Kontext der gegenwärtigen Erkenntnistheorie", in: *Warum Kant heute? Systematische Bedeutung und Rezeption seiner Philosophie in der Gegenwart*, hg. v. Dietmar H. Heidemann, Kristina Engelhard, Berlin/New York, S. 126–150.
Henrich, Dieter (1966): "Fichtes ursprüngliche Einsicht", in: *Subjektivität und Metaphysik. Festschrift für Wolfgang Cramer*, hg. v. Dieter Henrich, Hans Wagner, Frankfurt am Main, S. 188–232.
Henrich, Dieter (1976): *Identität und Objektivität*, Heidelberg.
Henrich, Dieter (2010): "Hegels Logik der Reflexion", in: Ders.: *Hegel im Kontext*, Berlin, S. 95–157.
Henrich, Dieter (2019): *Das Ich, das viel besagt. Fichtes Einsicht nachdenken*, Frankfurt am Main.
Hindrichs, Gunnar (2017): "‚Ich denke' und ‚Ich bin'", in: *Konzepte* 3, S. 101–110.
Höffe, Otfried (2014): *Immanuel Kant*, 8. Aufl., München.
Hölderlin, Friedrich (1992): *Sämtliche Werke und Briefe*, hg. v. Jochen Schmidt, Frankfurt am Main.
Hölderlin, Friedrich (1998): "Wenn der Dichter einmal des Geistes mächtig ist …", in: Ders.: *Theoretische Schriften*, hg. v. Johann Kreuzer, Hamburg, S. 39–62.
Hölderlin, Friedrich: "Pindar-Fragmente" (1998), in: Ders.: *Theoretische Schriften*, hg. v. Johann Kreuzer, Hamburg, S. 111–118.
Hölderlin, Friedrich (1998): "Seyn, Urtheil", in: Ders.: *Theoretische Schriften*, hg. v. Johann Kreuzer, Hamburg, S. 7–9.
Hölderlin, Friedrich (1998): "Sophokles-Anmerkungen", in: Ders.: *Theoretische Schriften*, hg. v. Johann Kreuzer, Hamburg, S. 94–110.
Holz, Hans H. (1968): "Prismatisches Denken", in: *Über Walter Benjamin*, Frankfurt am Main, S. 62–111.
Holz, Hans H. (2010): "Realität", in: *Ästhetische Grundbegriffe. Historisches Wörterbuch in sieben Bänden*, Bd. 5, hg. v. Karlheinz Barck, Martin Fontius, Dieter Schlenstedt, Burkhart Steinwachs, Friedrich Wolfzettel, Stuttgart/Weimar, S. 197–227.
Honnefelder, Ludger (1990): *Scientia transcendens. Die formale Bestimmung der Seiendheit und Realität in der Metaphysik des Mittelalters und der Neuzeit*, Hamburg.
Horstmann, Rolf-Peter (1997): "Was bedeutet Kants Lehre vom Ding an sich für seine transzendentale Ästhetik?", in: Ders.: *Bausteine kritischer Theorie. Arbeiten zu Kant*, Bodenheim, S. 35–55.
Horstmann, Rolf-Peter (2004): "Kant und Carl über Apperzeption", in: *Kant in der Gegenwart*, hg. v. Jürgen Stolzenberg, Berlin/New York, S. 131–147.
Horstmann, Rolf-Peter (2004): *Die Grenzen der Vernunft. Eine Untersuchung zu Zielen und Motiven des Deutschen Idealismus*, 3. Aufl., Frankfurt am Main.

Hösle, Vittorio (1998): *Hegels System. Der Idealismus der Subjektivität und das Problem der Intersubjektivität*, 2. Aufl., Hamburg.
Houlgate, Stephen (2006): *The Opening of Hegel's Logic. From Being to Infinity*, West Lafayette, Ind.
Houlgate, Stephen (2014): "Der Anfang von Hegels Logik", in: *Hegel. 200 Jahre Wissenschaft der Logik*, hg. v. Anton Friedrich Koch, Friedrike Schick, Klaus Vieweg, Claudia Wirsing, Hamburg, S. 59–70.
Houlgate, Stephen (2017): "Hegel's Theory of Intelligibility by Rocío Zambrana (Review)", in: *Journal of the History of Philosophy* 55/1, S. 172–173.
Hühn, Lore (1994): *Fichte und Schelling. Oder: Über die Grenze menschlichen Wissens*, Stuttgart/Weimar.
Hühn, Lore (1997): "Das Schweben der Einbildungskraft. Eine frühromantische Metapher in Rücksicht auf Fichte", in: *Fichte Studien* 12, S. 127–151.
Hühn, Lore (2002): "Zeitlos Vergangen. Zur inneren Temporalität des Dialektischen in Hegels ‚Wissenschaft der Logik'", in: *Der Sinn der Zeit*, hg. v. Emil Angehrn, Christian Iber, Georg Lohmann, Romano Pocai, Velbrück, S. 313–331.
Iber, Christian (1990): *Metaphysik absoluter Relationalität. Eine Studie zu den beiden ersten Kapiteln der Wesenslogik*, Berlin.
Iber, Christian (2002): "Hegels Konzeption des Begriffs", in: *G.W.F. Hegel. Wissenschaft der Logik*, hg. v. Anton Friedrich Koch, Friedrike Schick, Klassiker Auslegen, Bd. 27, Berlin, S. 181–201.
Irrlitz, Gerd (2002): *Kant-Handbuch. Leben, Werk, Wirkung*, Stuttgart/Weimar.
Janke, Wolfgang (1970): *Sein und Reflexion. Grundlagen der kritischen Vernunft*, Berlin.
Janke, Wolfgang (1990): "Limitative Dialektik. Überlegungen im Anschluss an die Methodenreflexion in Fichtes Grundlage 1794/95, § 4 (GA I,2, 283–85)", in: *Fichte-Studien* 1, S. 9–25.
Kleist, Heinrich von (1997): *Sämtliche Werke und Briefe*, Bd. 4: *Briefe von und an Heinrich von Kleist 1793–1811*, hg. v. Klaus Müller-Salget, Stefan Ormanns, München.
Koch, Anton F. (2006): *Versuch über Wahrheit und Zeit*, Paderborn.
Koch, Anton F. (2006): *Wahrheit, Zeit und Freiheit. Einführung in eine philosophische Theorie*, Paderborn.
Koch, Anton F. (2013): "Rezension zu Quante. Die Wirklichkeit des Geistes", in: *Zeitschrift für Philosophische Forschung* 67, S. 319–322.
Koch, Anton F. (2014): *Die Evolution des logischen Raumes. Aufsätze zu Hegels Nichtstandard-Metaphysik*, Tübingen.
Koch, Anton F. (2014): "Kant, Fichte, Hegel und die Logik. Kleine Anmerkungen zu einem großen Thema", in: *Internationales Jahrbuch des Deutschen Idealismus/International Yearbook of German Idealism* 12, Berlin/New York 2017, S. 291–316.
Kruck, Günter (2002): "Die Logik des Grundes und die bedingte Unbedingtheit der Existenz", in: *G.W.F. Hegel. Wissenschaft der Logik*, hg. v. Anton Friedrich Koch, Friedrike Schick, Klassiker Auslegen, Bd. 27, Berlin, S. 119–140.
Larmore, Charles (2012): *Vernunft und Subjektivität. Frankfurter Vorlesungen*, Berlin.
Lauth, Reinhard (1994): "Das Fehlverständnis der Wissenschaftslehre als subjektiver Spinozismus", in: Ders.: *Vernünftige Durchdringung der Wirklichkeit. Fichte und sein Umkreis*, Neuried, S. 29–54.

Lemanski, Jens (2012): "Die Königin der Revolution. Zur Rettung und Erhaltung der Kopernikanischen Wende", in: *Kant-Studien* 4, Bd. 103, S. 448–472.
Lewis, Clarence I. (1929): *Mind and the World Order. Outline of a Theory of Knowledge*, New York.
Longuenesse, Béatrice (2007): "Kant on the Identity of Persons", in: *Proceedings of the Aristotelian Society* 107, Teil 2, S. 149–167.
Luhmann, Niklas: *Soziale Systeme. Grundriß einer allgemeinen Theorie*, Frankfurt am Main 1985.
Lütterfelds, Wilhelm (2004): "Kant in der gegenwärtigen Sprachphilosophie", in: *Warum Kant heute? Systematische Bedeutung und Rezeption seiner Philosophie in der Gegenwart*, hg. v. Dietmar H. Heidemann, Kristina Engelhard, Berlin/New York, S. 150–177.
Marshall, Colin (2013): "Kant's One Self and the Appearance/Thing-in-itself Distinction", in: *Kant-Studien* 4, Jg. 104, S. 421–441.
McDowell, John (1996): *Mind and World*, Cambridge, Mass.
McTaggert, John M. E. ([1910] 1990): *A Commentary on Hegel's Logic*, Bristol.
McTaggert, John M. E. (1993): "The Unreality of Time", in: *The Philosophy of Time*, hg. v. Robin Le Poidevin, Murray MacBeath, Oxford, S. 23–35.
Merleau-Ponty, Maurice ([1945] 1966): *Phänomenologie der Wahrnehmung*, Berlin.
Mittelstaedt, Peter (2004): "Der Objektbegriff bei Kant und in der gegenwärtigen Physik", in: *Warum Kant heute? Systematische Bedeutung und Rezeption seiner Philosophie in der Gegenwart*, hg. v. Dietmar H. Heidemann, Kristina Engelhard, Berlin/New York, S. 207–231.
Mittmann, Jörg-Peter (1992): *Das Prinzip der Selbstgewißheit. Fichte und die Entwicklung der nachkantischen Grundsatzphilosophie*, Bodenheim.
Mosser, Kurt (2008): *Necessity and Possibility. The Logical Strategy of Kant's ‚Critique of Pure Reason'*, Washington, D.C.
Okochi, Taiju (2008): *Ontologie und Reflexionsbestimmungen. Zur Genealogie der Wesenslogik Hegels*, Würzburg.
Parrini, Paolo (Hg.) (1994): *Kant and Contemporary Epistemology*, Dordrecht.
Pinkard, Terry (1990): "How Kantian was Hegel?", in: *Review of Metaphysics* 43, S. 831–838.
Pippin, Robert B. (1989): *Hegel's Idealism. The Satisfactions of Self-Consciousness*, Cambridge.
Robert, Pippin B. (2003): "Hegels Begriffslogik als die Logik der Freiheit", in: *Der Begriff als die Wahrheit. Zum Anspruch der Hegelschen "Subjektiven Logik"*, hg. v. Anton Friedrich Koch, Alexander Oberauer, Konrad Utz, Paderborn, S. 223–237.
Pippin, Robert B. (2011): "Brandoms Hegel", in: *Hegel in der neuen Philosophie*, hg. v. Thomas Wyrwich, Hegel-Studien, Beiheft 55, Hamburg, S. 367–406.
Pippin, Robert B. (2011): "Vorwort", in: *Die Wirklichkeit des Geistes. Studien zu Hegel*, hg. v. Michael Quante, Berlin, S. 15–18.
Pippin, Robert B. (2017): "The Many Modalities of *Wirklichkeit* in Hegel's *Wissenschaft der Logik*", in: *Hegel. Une pensée de l'objectivité*, hg. v. Jean-Renaud Seba, Guillaume Lejeune, Paris, S. 111–125.
Platon (1972): *Parmenides*, Griechisch/Deutsch, hg. v. Hans Günter Zekl, Hamburg.
Platon (2007): *Sophistes*, Griechisch/Deutsch, hg. v. Christian Iber, Frankfurt am Main.
Putnam, Hilary (1978): "Realism and Reason", in: Ders.: *Meaning and the Moral Sciences*, London, S. 123–140.

Quante, Michael (2011): *Die Wirklichkeit des Geistes*, Berlin.
Michael Quante (2018): "Die Lehre vom Wesen. Erster Abschnitt. Das Wesen als Reflexion in ihm selbst.", in: *Kommentar zu Hegels Wissenschaft der Logik*, hg. v. Michael Quante und Nadine Mooren unter Mitarbeit v. Thomas Meyer und Tanja Uekötter, Hegel Studien, Beiheft 67, Hamburg, S. 275–324.
Quine, Willard V. O. ([1953] 1980): "Two Dogmas of Empiricism", in: Ders.: *From a Logical Standpoint of View. Nine Logico-Philosophical Essays*, 2. Aufl., Cambridge, Mass./ London, S. 20–46.
Quine, Willard V. O. (1993): "Three Indeterminacies", in: *Perspectives on Quine*, hg. v. Robert Barrett, Roger Gibson, Oxford, S. 1–16.
Rawls, John (1971): *A Theory of Justice*, Cambridge, Mass.
Rescher, Nicholas (1974): "Noumenal Causality", in: *Kant's Theory of Knowledge. Selected Papers from the Third International Kant Congress*, hg. v. Lewis White Beck, Dodrecht/ Boston, S. 175–183.
Rohs, Peter (1969): *Form und Grund. Interpretation eines Kapitels der Hegelschen Wesenslogik*, Bonn.
Rohs, Peter (2001): "Bezieht sich nach Kant die Anschauung unmittelbar auf Gegenstände?", in: *Kant und die Berliner Aufklärung*, Bd. 2, hg. v. Volker Gerhardt, Rolf-Peter Horstmann, Ralph Schumacher, Berlin/New York, S. 214–228.
Sandkaulen, Birgit (2007): "Das ‚leidige Ding an sich'. Kant – Jacobi – Fichte", in: *System der Vernunft. Kant und der Frühidealismus*, Bd. 2., hg. v. Wilhelm G. Jacobs, Hans-Dieter Klein, Jürgen Stolzenberg, Hamburg, S. 175–201.
Sandkaulen, Birgit (2016): "‚Ich bin und es sind Dinge außer mir'. Jacobis Realismus und die Überwindung des Bewusstseinsparadigmas", in: *Internationales Jahrbuch des Deutschen Idealismus/International Yearbook of German Idealism* 11 (2013), Berlin/New York, S. 169–196.
Sandkaulen, Birgit (2017): *"Ich bin Realist, wie es noch kein Mensch vor mir gewesen ist". Friedrich Heinrich Jacobi über Idealismus und Realismus*. Vorträge der Klasse für Geisteswissenschaften der Nordrhein-Westfälischen Akademie der Wissenschaften und der Künste, Paderborn.
Schäfer, Rainer (2001): *Die Dialektik und ihre besonderen Formen in Hegels Logik. Entwicklungsgeschichtliche und systematische Untersuchungen*, Hamburg.
Scheier, Claus-Artur (2017): "Differenz der Hegelschen und Luhmannschen Philosophie des Systems", in: *Idee, Geist, Freiheit. Hegel und die zweite Natur*, hg. v. Wolfgang Neuser, Pirmin Stekeler-Weithofer, Würzburg, S. 225–236.
Schelling, Friedrich W. J. ([1827] 1976): "Zur Geschichte der Neueren Philosophie", in: Ders.: *Schriften von 1813–1830*, Darmstadt, S. 283–482.
Schick, Friedrike (1994): *Hegels Wissenschaft der Logik – metaphysische Letztbegründung oder Theorie logischer Formen?*, München.
Schick, Friedrike (2018): "Fichtes Kritik des Reflexionsmodells von Selbstbewusstsein", in: *Fichte-Studien* 45, S. 328–347.
Friedrich Schiller (2004): "Über die ästhetische Erziehung des Menschen in einer Reihe von Briefen", in: Ders.: *Sämtliche Werke*, Bd. 5, hg. v. Wolfgang Riedel, München, S. 570–669.
Schlegel, Friedrich (1963): *Kritische Friedrich-Schlegel-Ausgabe*, Bd. XVIII, hg. v. Ernst Behler, München/Paderborn.

Schmidt, Andreas (2004): *Der Grund des Wissens. Fichtes Wissenschaftslehre in den Versionen von 1794/95, 1804/11 und 1812*, Paderborn.
Schmidt, Klaus J. (1997): *G.W.F. Hegel. Wissenschaft der Logik. Die Lehre vom Wesen: Ein einführender Kommentar*, Paderborn.
Schönrich, Gerhard (2004): "Externalisierung des Geistes? Kants usualistische Repräsentationstheorie", in: *Warum Kant heute? Systematische Bedeutung und Rezeption seiner Philosophie in der Gegenwart*, hg. v. Dietmar H. Heidemann, Kristina Engelhard, Berlin/New York, S. 126–150.
Schulze, Gottlob Ernst (1996): *Aenesidemus oder Über die Fundamente der von Herrn Professor Reinhold in Jena gelieferten Elementar-Philosophie*, hg. v. Manfred Frank, Hamburg.
Searle, John (1998): *Mind, Language and Society. Philosophy of the Real World*, New York.
Sedgwick, Sally (Hg.) (2000): *The Reception of Kant's Critical Philosophy. Fichte, Schelling, and Hegel*, Cambridge.
Sell, Annette (2013): *Der lebendige Begriff. Leben und Logik bei G.W.F. Hegel*, Alber-Reihe Thesen, Bd. 52, München.
Sellars, Wilfrid (1992): *Science and Metaphysics. Variations on Kantian Themes*, Atascadero.
Sellars, Wilfrid (1997): *Empiricism and the Philosophy of Mind*, Cambridge, Mass./London.
Siemens, Stephan (2010): "Nichts – Negation – Anderes. Eine Kritik an Henrichs ‚Formen der Negation in Hegels Logik'", in: *Jahrbuch für Hegelforschung*, Bd. 12, hg. v. Helmut Schneider, S. 225–266.
Siep, Ludwig (2000): *Der Weg der Phänomenologie des Geistes. Ein einführender Kommentar zu Hegels "Differenzschrift" und "Phänomenologie des Geistes"*, Frankfurt am Main.
Soller, Alois K. (1997): "Fichtes Lehre vom Anstoß, Nicht-Ich und Ding an sich in der Grundlage der gesamten Wissenschaftslehre. Eine kritische Erörterung", in: *Fichte-Studien* 10, S. 175–189.
Stelzner, Werner (1995): "Selbstzuschreibung und Identität", in: *Fichtes Wissenschaftslehre 1794. Philosophische Resonanzen*, hg. v. Wolfram Hogrebe, Frankfurt am Main, S. 117–140.
Stevenson, Leslie (2011): *Inspirations from Kant. Essays*, Oxford, New York.
Stolzenberg, Jürgen (1986): *Fichtes Begriff der intellektuellen Anschauung. Die Entwicklung in den Wissenschaftslehren von 1793/94 bis 1801/02*, Stuttgart.
Stolzenberg, Jürgen (1994): "Fichtes Satz ‚Ich bin'. Argumentanalytische Überlegungen zu Paragraph 1 der Grundlage der gesammten Wissenschaftslehre von 1794/95", in: *Fichte-Studien* 6, S. 1–34.
Stolzenberg, Jürgen (Hg.) (2007): *Kant in der Gegenwart*, Berlin/New York.
Strawson, Peter F. (1995): *The Bounds of Sense. An Essay on Kant's Critique of Pure Reason*, London/New York.
Strawson, Peter F. (2003): *Individuals. An Essay in Descriptive Metaphysics*, London/New York.
Theunissen, Michael (1994): *Sein und Schein. Die kritische Funktion der Hegelschen Logik*, 1. Aufl., Frankfurt am Main.
Trendelenburg, Adolf ([1840] 1964): *Logische Untersuchungen*, Hildesheim.
Tye, Michael (1995): *Ten Problems of Consciousness. A Representational Theory of the Phenomenal Mind*, Cambridge, Mass./London.

Urbich, Jan (2012): *Darstellung bei Walter Benjamin. Die ‚Erkenntniskritische Vorrede' im Kontext Ästhetischer Darstellungstheorien der Moderne*, Berlin/Boston.
Urbich, Jan (2013): "Poetische Eigenzeiten in Hölderlins ‚Brod und Wein' im Licht seiner Zeitphilosophie", in: *Zeit der Darstellung. Ästhetische Eigenzeiten in Kunst und Wissenschaft*, hg. v. Michael Gamper, Helmut Hühn, Berlin, S. 209–244.
Jan Urbich (2016): *Benjamin and Hegel. A Constellation in Metaphysics. Walter Benjamin-Lectures at the Càtedra Walter Benjamin*, Girona.
Vieweg, Klaus (2003): "Der Anfang der Philosophie. Hegels Aufhebung des Pyrrhonismus", in: *Das Interesse des Denkens. Hegel aus heutiger Sicht*, hg. v. Klaus Vieweg, Wolfgang Welsch, München, S. 131–146.
Vieweg, Klaus (2012): *Das Denken der Freiheit. Hegels Grundlinien der Philosophie des Rechts*, München.
Watkins, Eric (2005): *Kant and the Metaphysics of Causality*, Cambridge.
Welsch, Wolfgang (1996): *Vernunft. Die zeitgenössische Vernunftkritik und das Konzept der transversalen Vernunft*, Frankfurt am Main.
Wolfgang Welsch (2005): "Hegel und die analytische Philosophie. Über einige Kongruenzen in Grundfragen der Philosophie", in: *Jenaer Universitätsreden VI*, hg. v. Klaus Manger, Jena, S. 139–223.
Welsch, Wolfgang (2008): "Absoluter Idealismus und Evolutionsdenken", in: *Hegels Phänomenologie des Geistes. Ein kooperativer Kommentar zu einem Schlüsselwerk der Moderne*, hg. v. Klaus Vieweg, Wolfgang Welsch, Frankfurt am Main, S. 655–689.
Welsch, Wolfgang (2012): *Homo mundanus. Jenseits der anthropischen Denkform der Moderne*, Weilerswist.
Westphal, Kenneth R. (2004): *Kant's Transcendental Proof of Realism*, Cambridge.
Wettstein, Ronald H. (1983): *Kritische Gegenstandstheorie der Wahrheit. Argumentative Rekonstruktion von Kants kritischer Theorie*, 2. Aufl., Würzburg.
Wiesing, Lambert (2009): *Das Mich der Wahrnehmung. Eine Autopsie*, Frankfurt am Main.
Willaschek, Markus (1997): "Der transzendentale Idealismus und die Idealität von Raum und Zeit", in: *Zeitschrift für philosophische Forschung* 51/4, S. 537–564.
Wirsing, Claudia (2012): "Schranke, Sollen, Freiheit – kategoriale Elemente des Bildungsbegriffs bei Fichte und Hegel", in: *Freiheit und Bildung bei Hegel*, hg. v. Andreas Braune, Jiří Chotaš, Klaus Vieweg, Folko Zander, Würzburg, S. 99–119.
Wirsing, Claudia (2013): "Rezension zu Quante: Die Wirklichkeit des Geistes", in: *Hegel-Studien* 47, S. 212–216.
Wirsing, Claudia (2013): "Das reine Zusehen. Absolute Bildung in Hegels Wissenschaft der Logik", in: *Bildung der Moderne*, hg. v. Michael Dreyer, Michael N. Forster, Kai-Uwe Hoffmann, Klaus Vieweg, Tübingen, S. 181–196.
Wirsing, Claudia (2014): "Grund und Begründung. Die normative Funktion des Unterschieds in Hegels Wesenslogik", in: *Hegel. 200 Jahre Wissenschaft der Logik*, hg. v. Anton Friedrich Koch, Friederike Schick, Klaus Vieweg, Claudia Wirsing, Hamburg, S. 155–177.
Wirsing, Claudia: "Dialectics" (2015), in: *The Oxford Handbook of German Philosophy in the Nineteenth Century*, hg. v. Michael N. Forster, Kristin Gjesdal, Oxford, S. 651–673.
Wolff, Michael (2014): "Hegels Dialektik – eine Methode? Zu Hegels Ansichten von der Form einer philosophischen Wissenschaft", in: *200 Jahre Wissenschaft der Logik*, hg. v. Anton Friedrich Koch, Friedrike Schick, Klaus Vieweg, Claudia Wirsing, Hamburg, S. 71–86.

Wood, Allen (1984): "Kant's Compatibilism", in: *Self and Nature in Kant's Philosophy*, hg. v. Allen Wood, Ithaca, NY, S. 57–101.
Zambrana, Racío (2015): *Hegel's Theory of Intelligibility*, Chicago/London.
Zöller, Günter (1984): *Theoretische Gegenstandsbeziehung bei Kant. Zur systematischen Bedeutung der Termini "objektive Realität" und "objektive Gültigkeit" in der "Kritik der reinen Vernunft"*, Berlin.

www.ingramcontent.com/pod-product-compliance
Lightning Source LLC
Chambersburg PA
CBHW031424150426
43191CB00006B/385